고래

WHALES, DOLPHINS & PORPOISES

Whales, Dolphins & Porpoises

First published in Great Britain in 2015 by Ivy Press

Korean translation copyright © 2016 by Sungkyunkwan University Press.
This translation of Whales, Dolphins & Porpoises originally published in
English in 2015 is published by arrangement with THE IVY PRESS Limited
through Yu Ri Jang Literary Agency, Seoul.

고래

A natural history and species guide
WHALES, DOLPHINS & PORPOISES

고래와 돌고래에 관한 모든 것

애널리사 베르타 엮음 | 김아림 옮김

사람의무늬

고래 고래와 돌고래에 관한 모든 것
WHALES, DOLPHINS & PORPOISES

초판 1쇄 발행 2016년 4월 29일
초판 8쇄 발행 2024년 10월 31일

엮 은 이	애널리사 베르타
옮 긴 이	김아림
펴 낸 이	유지범
펴 낸 곳	성균관대학교 출판부
책 임 편 집	신철호
편 집	현상철·구남희
외주디자인	최세진
마 케 팅	박정수·김지현
등 록	1975년 5월 21일 제1975-9호
주 소	03063 서울특별시 종로구 성균관로 25-2
대 표 전 화	(02)760-1253~4
팩 시 밀 리	(02)762-7452
홈 페 이 지	http://press.skku.edu

ISBN 979-11-5550-156-6 03490

사람의무늬는 성균관대학교가 일반 대중을 위해 새롭게 시도한 브랜드명입니다.

차례

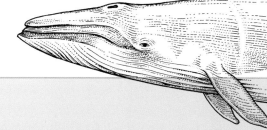

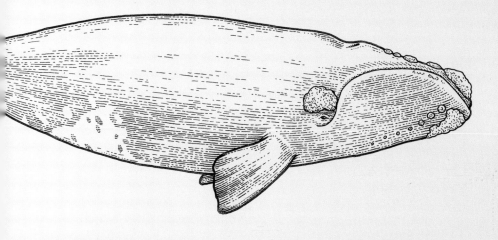

들어가며

고래와 돌고래는 고래목이라고 알려져 있으며 현재 생존하는 종은 90가지가 확인되었다. 비록 고래목 가운데 몇몇 종이 멸종 위기에 처해 있지만 가끔은 새로운 종이 발견되었다는 흥분되는 소식도 들린다. 이 안내서는 독자들이 이 멋지고 카리스마 있는 바다 포유류인 고래류의 생물학적 특성을 이해하고 종을 분류할 수 있게 해줄 개괄적인 소개를 담았다.

1부에서는 해양 생물학에 대한 이야기를 싣고 있다. '계통발생과 진화'에서는 고래류가 어디에서 기원했고 어떻게 진화해왔는지, 열대지방에서 극지방에 이르기까지 어떻게 퍼져나갔는지를 다룬다. '해부학과 생리학'에서는 고래의 머리, 몸통, 부속지(지느러미, 지느러미발, 꼬리)가 완전한 수상생활을 가능하게 해주었다는 점을 알려준다. 그리고 몇몇 고래류에게서 고주파음을 내고 받아들이는 등 새로운 적응이 나타났다는 점도 다룬다. 이런 적응은 고래류가 오늘날까지 어떻게 생존해왔는지를 이해할 수 있도록 역사적인 설명을 제공할 뿐 아니라, 고래를 어떻게 보호해야 할지에 대한 힌트도 준다.

그리고 '행동'에서는 이빨고래류의 고도로 복잡한 사회에서부터 혼자 사는 종에 이르기까지, 고래류의 사회적 조직에 대해 집중적으로 살핀다. 또한 고래가 무엇을 먹는지도 다룬다. 고래류는 다양한 먹이를 먹도록 진화되었다. 길이가 1~2mm보다 작은 동물성 플랑크톤부터, 3m도 넘는 커다란 오징어까지 먹이의 종류는 여러 가지다.

'먹이와 먹이 찾기'에서는 고래류가 먹이를 찾는 장소를 비롯해 어떻게 먹이를 잡는지에 대해 살핀다. 물고기 한 마리를 잡을 때와 동물성 플랑크톤 떼를 한꺼번에 먹을 때는 서로 다른 기술을 활용하게 마련이다. '생활사'에서는 고래류의 성장과 번식, 살아남기에 대해 다룬다. 고래의 나이를 측정하는 방법도 알아볼 것이다. 고래류의 번식을 살펴보면, 많은 종이 매년 새끼를 낳지 않는다는 사실을 알 수 있는데, 이것은 사람들이 고래를 보존하려 노력할 때 고려해야 할 핵심적인 요인이다. '서식지와 서식 범위'에서는 디지털 기기와 위성 원격측정기 같은 최신 기술을 활용해 고래가 사는 장소, 이동 패턴, 머무는 범위를 추적하는 방법

사교적인 동물

병코돌고래는 보통 무리를 지어 다니며 서로 장난을 친다.

을 알려준다. '보호와 관리'에서는 멸종 위기에 처한 몇몇 종과 이들을 위협하는 주된 요인 그리고 고래를 보호하기 위한 주요 보전 노력에 대해 알아본다.

2부에서는 '종 식별 도구와 지도'를 통해 고래와 돌고래를 여러 종으로 구별할 수 있게 하는 독특한 몸의 특성들을 알아본다. 몸의 크기와 색깔, 반점, 꼬리와 지느러미발의 모양이 그것이다. 고래류는 공중, 땅 위, 바닷속 등 여러 곳에서 관찰할 수 있다. 고래가 물 위에서 보이는 특징적인 행동 가운데는 '물 위로 뛰어오르기'가 있는데, 이때 고래가 어떤 종인지 식별할 수 있다. 그 다음 절에서는 고래를 관찰하는 법을 살핀다. 고래를 가까이에서 관찰할 때 어떤 도구가 필요한지를 비롯해, 전 세계적으로 고래를 가장 잘 볼 수 있는 장소도 알려준다. 이 체크리스트를 보면 전 세계 여러 지역별로 어떤 종의 고래 무리와 마주칠 수 있는지 알 수 있을 것이다.

이 책에서 가장 큰 비중을 차지하는 **3부에는** '고래 종 목록'이 실려 있다(62~275p를 보라). 목록 뒤에는 고래류 분류 목록, 흔히 사용되는 이름, 색인 등의 부록도 딸렸다. 이 책을 읽은 여러분이 고래와 돌고래류를 찾아보고 여러 종을 분류할 줄 알게 되어 이 동물의 아름다움을 감상하고 즐기기를 바란다. 이 동물의 미래는 궁극적으로 인류의 미래이며, 그것은 전 세계 바다와 그 서식 동물을 보호하려는 우리의 노력과 능력에 달려 있다.

물 위로 뛰어오르기

고래류 특유의 '물 위로 뛰어오르는' 행동을 보여주는 혹등고래의 모습이다. 이 행동이 나타나는 이유에 대해서는 자기 영역을 과시하기 위해서, 다른 고래에게 위험을 알리거나 신호를 보내기 위해서라는 등 여러 가지 설명이 있다.

생물학적 특성

계통발생과 진화

해양 포유류의 대부분은 고래목(Cetacea)에 속하는데, 여기에는 고래, 돌고래, 쥐돌고래가 포함된다. 'Cetacea'라는 이름은 그리스어로 고래를 뜻하는 'ketos'에서 비롯되었다. 현존하는 고래에는 두 무리가 대부분을 이루는데 하나는 이빨고래아목(Odontoceti)이고, 다른 하나는 수염고래아목(Mysticeti)이다. 이 두 무리 중에서 가짓수가 더 다양한 것은 10개의 과, 34개의 속, 76개의 현존하는 종(이 가운데 1종은 거의 멸종 위기다)을 포함하는 이빨고래아목이다. 여기에 비하면 수염고래아목에는 4개의 과, 6개의 속, 14개의 현존하는 종이 존재할 뿐이다. 이빨고래아목에는 향유고래, 바다고래, 강돌고래, 외뿔고래과(흰고래, 외뿔돌고래), 바다돌고래, 쥐돌고래가 포함된다. 한편 수염고래아목에는 참고래, 꼬마긴수염고래, 쇠고래, 대왕고래, 긴수염고래, 정어리고래, 브라이드고래, 혹등고래, 밍크고래, 남극밍크고래 그리고 최근에 발견된 오무라고래가 있다.

고래의 진화적인 유연관계

고래목의 기원은 육상 포유류다. 고래가 진화적으로 소, 염소, 낙타, 하마를 포함하는 우제류(육상 포유류인 유제류 가운데 발굽이 짝수인 동물 무리)와 가장 가깝다는 강한 증거가 있다. 고래목과 우제류는 가까운 친척 관계라 케타르티오닥틸라(Cetartiodactyla)라는 분기군(clade) 안에서 같은 집단으로 묶인다. 고래목 안에서 여러 과 사이의 유연관계에 대해서는 아직 논쟁 중이다. 일단 이빨고래아목 안에서는 과 수준의 진화 역사를 기술하기 위한 분자적, 해부학적 모든 데이터가 학계의 전반적인 동의를 얻은 상태다. 이빨고래아목의 기저가 되는 조상 무리는 향유고래류다(향유고래과, 꼬마향고래과). 이 조상 무리에서 그 다음으로 갈라져 나온 무리는 인도강돌고래과이며, 부리고래과, 중국강돌고래(바이지과), 남아메리카강돌고래(보토과와 프란시스카나과)가 그 뒤를 잇는다. 가장 최근에 갈라져 나온 무리는 외뿔고래상과로, 흰고래, 외뿔돌고래(외뿔고래과)와 쥐돌고래(쇠돌고래과), 바다돌고래(참돌고래과)가 여기 들어간다.

그렇지만 이빨고래아목과는 달리 수염고래아목에서는 상위 유연관계의 계통도를 나타낼 때 분자적인 데이터(DNA 서열 같은)와 해부학적인 데이터가 서로 충돌한다. 분자적인 데이터에 따르면 참고래와 북극고래(참고래과)가 기저를 이루지만, 해부학적인 데이터에 따르면 꼬마긴수염고래과와 참고래과가 서로 형제 관계이며 그 뒤를 긴수염고래과와 쇠고래과가 따른다. 쇠고래의 진화적인 위치 또한 논쟁거리다. 해부학적인 데이터에 따르면 쇠고래과와 긴수염고래과는 가까운 친척이지만, 분자적인 데이터에 따르면 쇠고래과는 긴수염고래과 안에 들어간다.

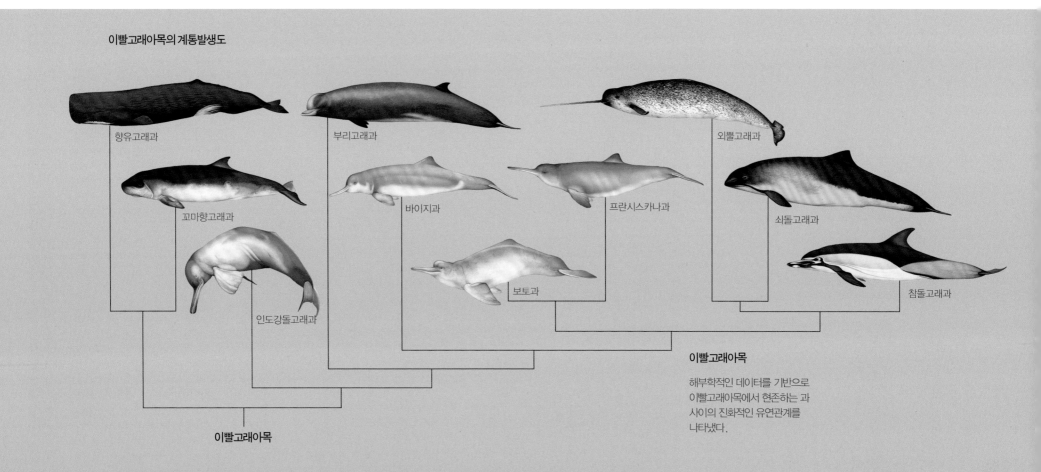

이빨고래아목의 계통발생도

향유고래과
부리고래과
외뿔고래과
꼬마향고래과
바이지과
프란시스카나과
쇠돌고래과
인도강돌고래과
보토과
참돌고래과

이빨고래아목

이빨고래아목

해부학적인 데이터를 기반으로 이빨고래아목에서 현존하는 과 사이의 진화적인 유연관계를 나타냈다.

고래의 기원

고래목이 제일 처음 화석으로 발견된 것은 지금으로부터 약 5,250만 년 전인 신생대 에오세 초기였다. 이 화석이 발견된 곳은 오늘날의 인도와 파키스탄 근방이었다. 파키스탄과 인도 남부에서 이뤄진 최근의 발견으로는, 지금은 멸종된 우제류인 인도휴스 같은 라오엘리드류가 고래의 가장 가까운 친척일 가능성이 있다고 한다. 인도휴스는 고양이 정도의 몸집을 지녔고 긴 코와 꼬리, 늘씬한 몸통을 지닌 동물이었다. 그리고 앞다리와 뒷다리에는 4~5개의 발가락이 있었고 그 끝에는 오늘날의 사슴과 비슷한 발굽이 달려 있었다. 라오엘리드류는 앞다리와 뒷다리의 뼈가 몹시 두껍고 조직이 조밀했는데 이것은 부력을 조절하기 위해 진화적으로 적응한 것이었다. 또한 라오엘리드류가 거의 물에서 살았다는 사실은, 고래가 진화하기 이전부터 수상생활이라는 방식이 지구상에 나타났음을 알려준다.

고래의 친척

고래의 가장 가까운 친척이며 물에서 생활했던, 사슴과 비슷한 라오엘리드류 인도휴스의 복원도.

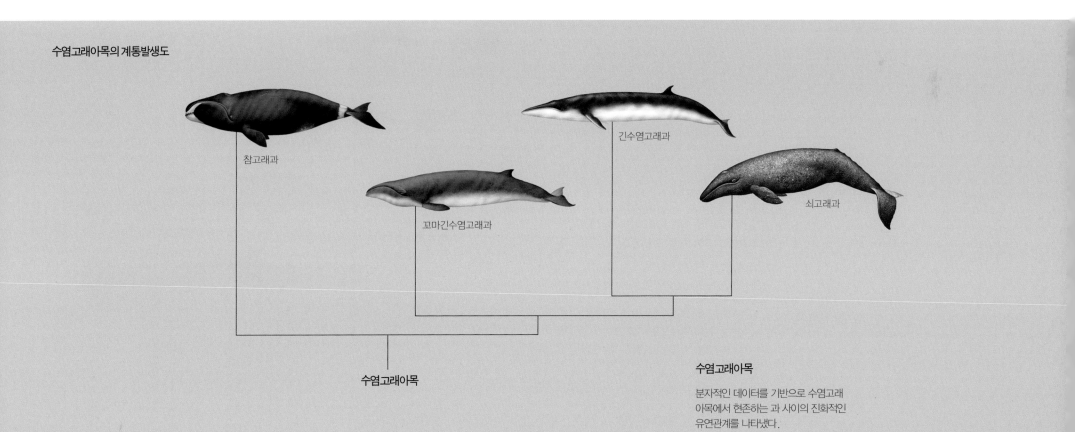

수염고래아목의 계통발생도

참고래과

긴수염고래과

꼬마긴수염고래과

쇠고래과

수염고래아목

수염고래아목

분자적인 데이터를 기반으로 수염고래아목에서 현존하는 과 사이의 진화적인 유연관계를 나타냈다.

초기 고래에는 다리가 있었다

고래목으로 갈라져 나오는 가장 이른 줄기였던 파키케투스과(예: 파키케투스), 암블로세투스과(예: 암블로세투스), 레밍토노케투스과 (예: 쿠트키케투스)는 모두 신생대 에오세 초, 중기(5,000만 년 전)에 오늘날의 인도와 파키스탄에서 살았다고 알려져 있다. 이들은 모두 반수생동물이어서 육지뿐만 아니라 물에서도 살 수 있었다. 이 초기 고래들은 앞다리와 뒷다리가 잘 발달되어 있었고 물고기를 먹고 사는 습성에 맞는 이빨도 갖추고 있었다. 나중에 갈라져 나온 고래류(로드호세투스 같은 프로토케투스류)가 나타난 시기를 보면, 고래목이 전 지구적으로 퍼진 것은 4,900~4,200만 년 전임을 알 수 있다. 이들은 눈이 크고 콧구멍의 위치가 머리뼈 뒤쪽으로 크게 옮겨졌다는 점에서 초기 고래류와는 다르다. 오늘날 고래목의 가장 가까운 친척인 바실로사우루스과(도루돈 같은)는 4,100~3,500만 년 전에 지구상에 널리 퍼져 살았다. 이 중 가장 잘 알려진 종인 바실로사우루스 이시스(Basilosaurus isis)는 몸통이 뱀 같았으며 최대 길이가 17미터였다. 이집트 북부 중앙의 에오세 중기 고래 계곡에서는 이 동물의 뼈대 수백 개가 발견되었다.

화석으로 남은 고래들

이 도표는 화석으로 남아 있거나 현존하는 고래류의 계통을 연대순으로 보여준다.

화석으로 남은 고래와 그 가까운 친척들

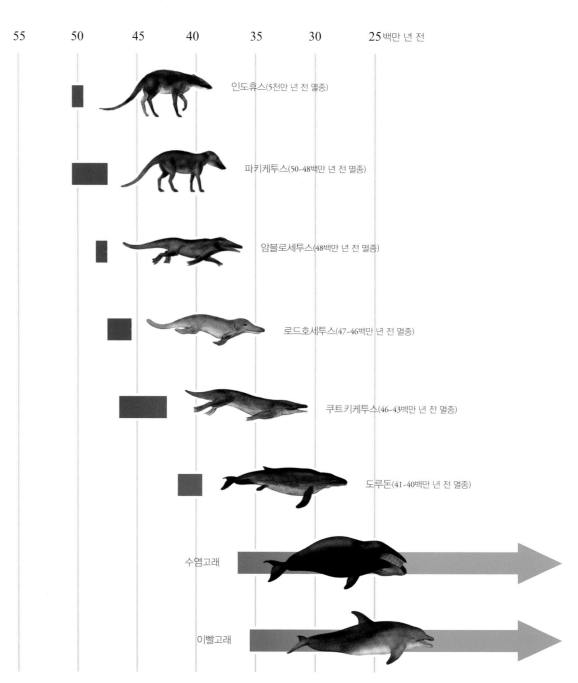

55　　50　　45　　40　　35　　30　　25백만 년 전

인도휴스(5천만 년 전 멸종)

파키케투스(50-48백만 년 전 멸종)

암블로세투스(48백만 년 전 멸종)

로드호세투스(47-46백만 년 전 멸종)

쿠트키케투스(46-43백만 년 전 멸종)

도루돈(41-40백만 년 전 멸종)

수염고래

이빨고래

오늘날의 고래

오늘날의 고래류(진화적 꼭대기 종)는 지금으로부터 약 3,370만 년 전 신생대 올리고세 무렵에 살았던 바실로사우루스 같은 고대 고래류(진화적 줄기종)에서 기원했다. 네오세티 같은 오늘날의 고래류가 다양하게 진화한 것은, 남쪽 대륙이 떨어져 나가고 대양의 순환 패턴이 다시 구성되었던(산소 동위원소의 비중이 높아진 것을 통해 알 수 있다) 현상과 연관된다. 이에 따라 고래의 먹잇감이 늘어났으며(작은 조류의 하나인 규조류 등) 유기 영양물질이 풍부한 물이 깊은 바다에서 올라왔다.

진화적으로 꼭대기에 있는 오늘날의 고래류와 진화적으로 줄기에 있는 고래류는 짧게 뭉툭해진 두개골을 갖고 있는지 여부에 따라 갈린다. '짧게 뭉툭'해지는 과정을 통해 말단의 뼈는 연장되어 몸 뒤쪽으로 자리를 옮기며, 콧구멍은 머리 꼭대기로 이동해 분수공을 형성한다(16페이지를 보라).

이빨고래류와 수염고래류가 다른 점은 이빨의 유무다. 그리고 이빨고래류는 초음파 위치 측정(반향정위)을 할 수 있게 되었는데, 이로써 자신을 둘러싼 대상이 스스로 만들어낸 고주파의 음을 반사할 수 있었다. 이 반사된 음을 통해 개별 먹잇감을 뒤쫓았다. 한편 수염고래류는 먹이를 섭취하는 새로운 메커니즘을 개발했다. 입속의 여과기인 '수염판'을 사용해 먹이를 한꺼번에 걸러 먹게 된 것이다.

비록 오늘날 대부분의 고래들은 완전히 바다에서만 서식하지만, 화석으로만 남아 있는 초기 고래류의 조상들은(파키케투스와 같은) 민물에서만 먹이를 찾았다. 이 사실은 이들 고대 동물의 이빨과 뼈에 남아 있는 탄소와 산소 동위원소 비율을 보고 알 수 있다.

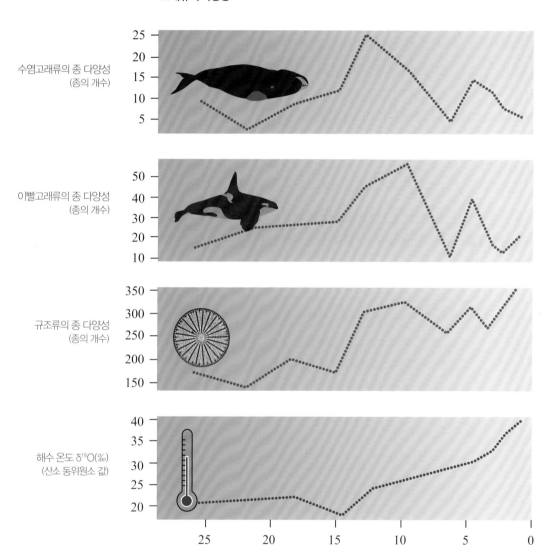

고래류의 다양성

수염고래류의 종 다양성
(종의 개수)

이빨고래류의 종 다양성
(종의 개수)

규조류의 종 다양성
(종의 개수)

해수 온도 $\delta^{18}O$(‰)
(산소 동위원소 값)

종 다양성과 식량, 수온의 관계

고래류의 종 다양성은 기후 변화(해수 온도 같은)에 따라 야기된 식량의 증감과 연관된다. 산소 동위원소 값의 차이는 지질학적으로 먼 옛날에 일어난 온도 변화에 대해 알려준다.

가장 오래 전에 이름 붙여진 이빨고래류는 북대서양(북아메리카)에서 기원했다. 최근에 발견된 이빨고래류인 코틸로카라속은 진화적으로 줄기에 해당한다. 고대 동물의 뼈는 밀도가 높지만 그 속에 텅 빈 공간도 있었는데, 이것은 오래 전인 3,200만 년에서 3,500만 년 전 사이부터 반향정위가 나타났다는 이론을 뒷받침한다. 진화적으로 꼭대기에 있는 이빨고래류, 즉 오늘날 고래의 과들은 약 2,300만 년에서 2,600만 년 전인 신생대 마이오세에 분화되어 모습을 드러냈다. 그리고 이빨고래류와 수염고래류 양쪽에서 현존하는 고래 속들은 약 1,600만 년 전인 신생대 홍적세에 나타났다. 강돌고래의 형태학과 진화적 유연관계에 대한 분석에 따르면, 해양 이빨고래류는 다양한 경로로 강 생태계에 침투한 것으로 보인다. 오늘날 몇몇 고래들의 활동 범위와 서식지는 과거에 비해 많이 달라졌다. 예를 들어 남아메리카 라플라타강돌고래의 먼 친척들의 경우, 예전에는 활동 범위가 캘리포니아 주 남부를 포함하여 더 넓었다. 이러한 활동 범위의 차이는 흰고래 친척의 화석에서도 나타난다. 이들은 오늘날 북극 바닷물에 살지만, 신생대 마이오세에는 멕시코의 바하 칼리포르니아 같은 남쪽까지도 내려와 살았다.

이빨고래류의 몇몇 화석들은 먹이를 섭취하는 면에서 독특한 적응을 보이기도 한다. 지금은 멸종한, 외뿔고래과(외뿔고래와 흰고래)의 친척인 오도베노케톱스속은 신생대 플라이오세 초기(300만 년에서 400만 년 전)페루에 살았다. 이 동물은 엄니가 있었고 연체동물처럼 먹이를 흡입해 먹는 습성을 지녔던 것으로 추정되어, 바다코끼리에 수렴 진화했다고 본다(진화적 유연관계가 아닌 생태학적 특성의 유사성으로 볼 때). 화석으로 발견되어 최근에 이름이 붙여진 돌고래인 세미로스트룸 케루티(Semirostrum ceruttii, 주걱턱돌고래)는 신생대 플라이오세에 캘리포니아 주에서 살았으며, 생김새를 복원한 결과, 아래턱을 이용해 바다 밑바닥에서 먹이를 훑어 먹은 것으로 보인다. 이 동물은 먹잇감을 찾기 위해 아래턱이 크게 발달해서 지금껏 알려진 어떤 포유류보다도 아래턱이 튀어나왔다.

오도베노케톱스

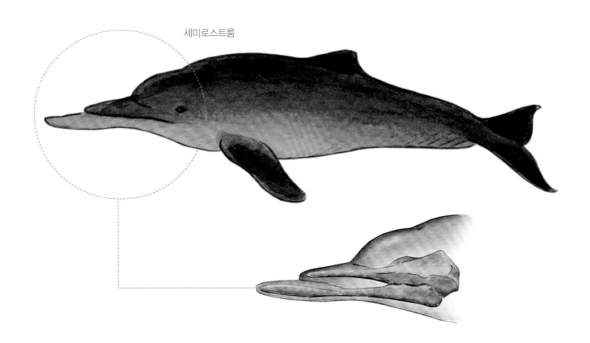

세미로스트룸

먹이를 구하기 위해 특화된 몸

지금은 멸종해 화석으로 남은 외뿔고래와 흰고래의 친척, 오도베노케톱스속(위 그림)은 아래로 구부러진 커다란 엄니와 뭉툭한 주둥이를 지녔다. 주둥이 앞쪽에 두드러지는 근육 반흔과 아치형 입천장 그리고 이빨이 없는 특성으로 보아 이 동물은 바다 밑바닥에서 연체동물을 흡입해 먹었던 것으로 보인다. 먹이를 훑어 먹었던 멸종한 돌고래류 세미로스트룸 케루티(아래 그림)는 아래턱이 주둥이 끝 너머로 길게 튀어나와 있었다. 이를 보면 이 동물은 바다 밑바닥을 따라 훑어가며 먹잇감을 찾았을 가능성이 있다.

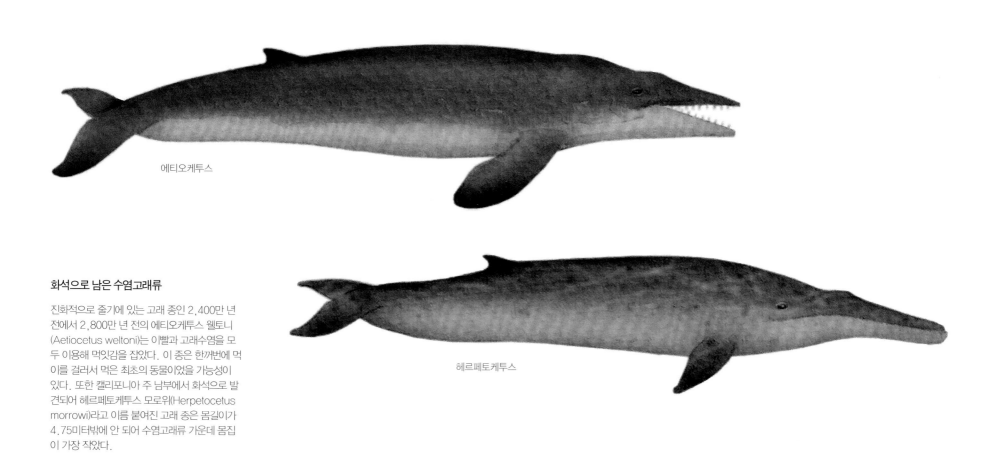

에티오케투스

헤르페토케투스

화석으로 남은 수염고래류

진화적으로 줄기에 있는 고래 종인 2,400만 년
전에서 2,800만 년 전의 에티오케투스 웰토니
(Aetiocetus weltoni)는 이빨과 고래수염을 모
두 이용해 먹잇감을 잡았다. 이 종은 한꺼번에 먹
이를 걸러서 먹은 최초의 동물이었을 가능성이
있다. 또한 캘리포니아 주 남부에서 화석으로 발
견되어 헤르페토케투스 모로위(Herpetocetus
morrowi)라고 이름 붙여진 고래 종은 몸길이가
4.75미터밖에 안 되어 수염고래류 가운데 몸집
이 가장 작았다.

수염고래류 가운데 가장 처음으로 이름이 붙여진 종은 남태
평양(오스트레일리아와 뉴질랜드)에 서식했다. 진화적으로 줄
기에 있는 이런 종 가운데서 라노케투스 같은 몇몇은 몸길
이가 5~12미터에 달할 정도로 몸집이 컸다. 또 끝이 뾰족뾰
족한 잘 발달된 이빨을 지녔고 먹잇감을 한 마리씩 사냥하
는 경향이 있었다. 한편, 에티오케투스 웰토니를 비롯해 화
석으로 남은 몇몇 분류군들은 이보다 몸집이 작았으며, 이
빨과 고래수염을 전부 활용해 오늘날의 수염고래와 비슷하
게 떼를 지어 다니며 먹이를 걸러 먹었다.

화석으로 남은 수염고래류 가운데 제일 처음으로 발견되었
으며, 이빨이 없는 종류로는 제일 처음 갈라져 나온 에오미

스티케티드과가 있다. 이 종은 몸길이가 10미터가 될 정도
로 상대적으로 몸집이 크며 두개골이 길쭉했다. 이들은 신
생대 올리고세에 북태평양과 남태평양 지역 양쪽에서 나타
났으며, 진화적으로 줄기에 위치한 이빨 있는 수염고래류
몇몇과 동시대에 살았다. 진화적으로 꼭대기에 있는 수염고
래류가 오랜 옛날 어떻게 먹이를 구했는지는 여전히 논란거
리다. 플라이오세(250만 년에서 350만 년 전) 후기의 헤르페
토케투스 모로위에 대한 기능 분석에 따르면, 몸 측면으로
먹이를 흡입하는 전략은 오늘날의 쇠고래와 비슷할 것으로
추측된다. 비록 그 전략이 쇠고래와는 독립적으로 진화했지
만 말이다. 이빨고래류의 경우와 마찬가지로, 진화적으로

꼭대기에 있는 수염고래류는 신생대 마이오세에 폭발적으로
로 퍼져 나갔다. 고래류의 종 다양성은 신생대 마이오세 중
후반(1,400만 년 전)에 가장 높았으며 이때부터 감소하기 시
작했다. 이 때문에 오늘날의 동물상은 종 다양성 면에서 과
거에 비해 몹시 떨어진다.

해부학과 생리학

고래는 몸집 면에서 꽤나 다양하다. 수염고래류 가운데는 지구상에서 가장 큰 동물인 흰수염고래도 있다. 이 고래는 몸길이가 33미터고 몸무게는 15만 킬로그램에 달한다. 반면에 이빨고래류는 몸집이 다양하다. 몇몇 수염고래 못지않게 덩치가 큰 향유고래가 있는가 하면 몸길이 1.4미터에 몸무게 42킬로그램밖에 안 되는 바키타돌고래도 있다. 이빨고래류는 대개 암컷보다 수컷이 크지만, 수염고래류는 일반적으로 수컷에 비해 암컷의 몸집이 더 크다. 수염고래류 대부분은 몸에 저장된 지방을 신진대사에 필요한 자원으로 삼는데, 특히 먹이를 구하기 힘든 겨울철에 이렇게 한다. 따라서 여분의 몸집은 이들이 살아남는 데 꼭 필요하며 자손을 남길 성공률을 높이고 암컷이 새끼를 보다 잘 돌보도록 해준다.

적응

고래류는 수상생활에 완전히 적응하기 위해 수많은 진화적인 적응을 거쳤다. 호흡은 머리 꼭대기로 이동한 분수공을 통해 이루어진다. 이빨고래류는 분수공이 하나뿐인 데 비해 수염고래류는 분수공이 둘이다. 수염고래류는 전체 몸길이의 3분의 1을 차지할 정도로 머리가 아주 크다.

고래류는 요대(pelvic girdle)가 없기 때문에 척추에 천골이 포함되지 않는다. 외부로 드러나 있던 고래류의 뒷다리는 아주 작아졌거나 아예 존재하지 않는다. 그리고 앞다리는 지느러미발 또는 가슴지느러미로 바뀌었는데, 팔꿈치 부위는 잘 구부러지지 않고 뻣뻣하며 조종간 역할을 한다. 참고래나 북극고래 같은 몇몇 수염고래류는 지느러미발이 넓적해 방향을 천천히 튼다. 한편 혹등고래의 지느러미발은 유난히 길며 유체역학적으로 효율적이다. 혹등고래는 먹이를 먹거나 사회적인 과시 행동을 할 때 이 지느러미발을 흔들기도 한다. 이빨고래류 대부분의 지느러미발은 먹잇감을 쫓을 때 빠른 속도를 유지하며 방향을 틀 수 있도록 돕는다. 흰고래나 강돌고래같이 강이나 빙하가 떠다니는 곳에서 살아가는 이빨고래류의 지느러미발은 이런 환경에 알맞게, 이리저리 몸을 잘 틀 수 있도록 진화했다.

고래들의 몸 크기 비교

흰수염고래

몸 크기

고래류는 몸집이 상당히 다양하다. 인간의 몸을 기준으로 해서 이들의 몸집을 분류해 보면 몸길이가 3미터까지는 '작음', 3~10미터는 '중간', 10미터 이상은 '큼'으로 나눌 수 있다. 고래류의 종들 상당수는(47종) '작음'에 속하며 31종은 '중간'이고, '큼'으로 분류되는 종은 11종뿐이다(50~55페이지를 참고하라).

향유고래

다이버

바키타돌고래

혹등고래

15.25미터(50피트)

수염고래류과 이빨고래류의 해부학

고래의 골격은 물속에서 생활하기 위해 엄청난 적응을 거친 결과다. 예컨대 윗다리는 짧게 축소되고 편평해져 노 모양이 되었다. 팔꿈치 관절은 움직일 수 없게 되었으며, 물갈퀴로 둘러싸이게 됨에 따라 앞다리는 노를 젓는 데만 거의 사용되었다. 앞발가락 뼈는 뼈가 추가되면서 점점 길어져 물갈퀴가 외부와 접촉하는 면적이 넓어졌다. 뒷다리 역시 축소되어 근육에 둘러싸인 몇 개의 뼈들로 흔적만 남았다. 몸통을 추진시키는 힘센 지느러미발 근육을 지탱할 수 있도록, 척추는 커다란 등뼈들로 구성되어 있다. 목을 구성하는 척추의 일부 또는 전부는 융합되어 있다(오른쪽 북극고래 그림을 참고하라). 그 결과 목이 움직이지 않게 되었는데, 이것은 이 동물이 유체역학적으로 효율성 있게 움직이는 데 중요하다. 한편 등지느러미는 지느러미발과 비슷하지만, 안에 지지해주는 뼈가 없으며 결합조직으로 이루어져 있다(아래 병코돌고래 그림을 참고하라).

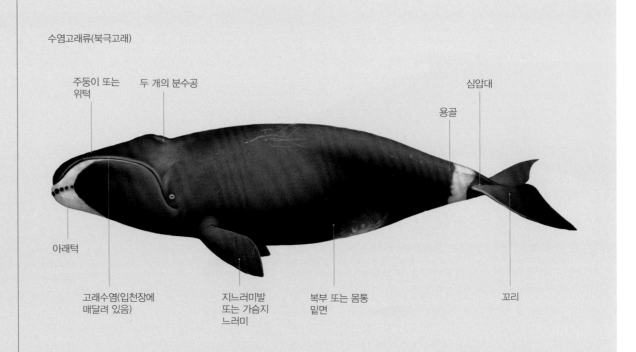

수염고래류(북극고래)

주둥이 또는 위턱
두 개의 분수공
심압대
용골
아래턱
고래수염(입천장에 매달려 있음)
지느러미발 또는 가슴지느러미
복부 또는 몸통 밑면
꼬리

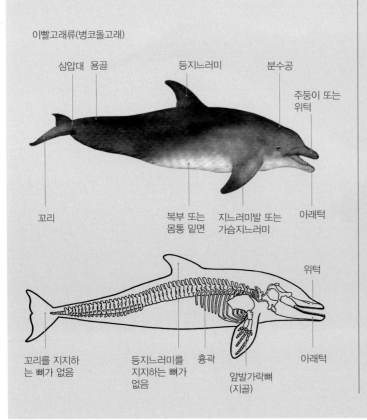

이빨고래류(병코돌고래)

심압대 용골
등지느러미
분수공
주둥이 또는 위턱
꼬리
복부 또는 몸통 밑면
지느러미발 또는 가슴지느러미
아래턱
위턱
꼬리를 지지하는 뼈가 없음
등지느러미를 지지하는 뼈가 없음
흉곽
앞발가락뼈 (지골)
아래턱

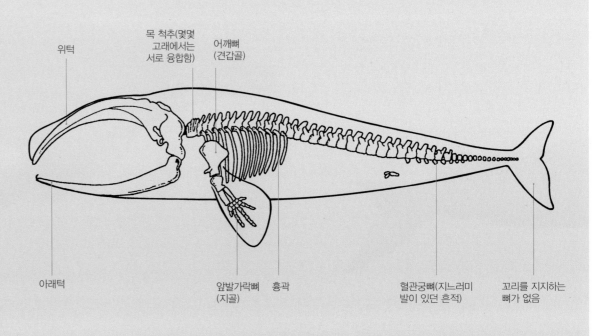

위턱
목 척추(몇몇 고래에서는 서로 융합함)
어깨뼈 (견갑골)
아래턱
앞발가락뼈 (지골)
흉곽
혈관궁뼈(지느러미발이 있던 흔적)
꼬리를 지지하는 뼈가 없음

돌고래 머리의 개략도

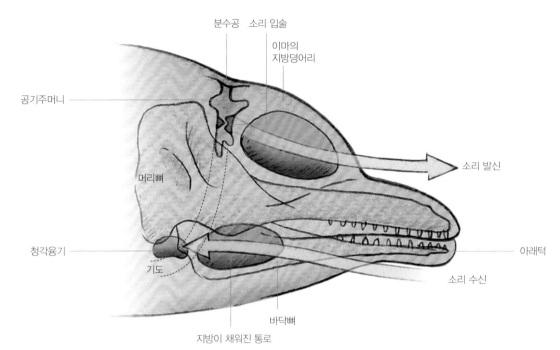

분수공　소리 입술

이마의
지방덩어리

공기주머니

머리뼈

소리 발신

청각융기

기도

아래턱

소리 수신

바닥뼈

지방이 채워진 통로

소리의 발신과 수신

돌고래가 소리를 내고 그것을 듣는 체계는, 물속에서 소리를 감지하고 해석하는 것이 가능하도록 매우 많은 변형을 겪어왔다. 돌고래가 내는 소리는 소리 입술이라는 부위 사이의 공기의 움직임으로 만들어진다. 소리 입술이 열리고 닫힘에 따라 공기의 흐름이 통했다 막히는데 이 움직임은 펄스가 있는 음향을 만든다. 이마의 지방덩어리는 물속에서 소리를 한데 모으는 음향 렌즈 역할을 한다. 돌고래는 외부로 드러난 귀는 사라졌지만, 대신 소리를 수신하는 새로운 경로를 진화시켰다. 몸 안에 귀가 있는 것이다. 소리는 지방으로 채워진 아래턱의 통로를 따라 내부의 귀로 전해진다.

고래류의 경우 근육질의 편평한 꼬리는 안에 뼈가 없는 대신 억센 섬유질의 결합조직으로 구성되어 있다. 꼬리는 위아래 수직 운동을 통해 몸통을 추진하는 힘을 낸다. 꼬리의 모양은 고래 종마다 다르지만 대부분은 고래가 효율적으로 빠르게 헤엄치도록 해준다('종 식별' 장을 참고하라). 물속에서 저항력을 최소화하기 위해, 많은 소형 수염고래류(예컨대 참돌고래과)들은 빠른 속도로 헤엄치다가 물 위로 뛰어오른 다음 물 위를 미끄러지듯 움직인다. 그리고 대부분의 고래류는 등지느러미가 있어(역시 '종 식별' 장을 참고하라) 균형을 잡아 안정적으로 헤엄칠 수 있다.

고래류의 지느러미, 지느러미발, 꼬리에는 동맥과 정맥이 서로 가까이에 있고 서로 반대방향으로 흐른다. 그 결과 몸이 너무 뜨겁거나 차갑지 않게 조절하는 라디에이터가 된다. 역방향으로 흐르는 열 교환기인 셈이다. 고래류는 일반적으로 피부가 부드러우며 만지면 탄력을 느낄 수 있다. 몸에는 털이 거의 없지만 몇몇 종은 머리 위에 짧고 뻣뻣한 털이 드문드문 나 있기도 하다. 커다란 수염고래에서 볼 수 있는 두툼한 지방층은 몸통이 매끈한 유선형이 되도록 하며, 몸의 열기를 지키고 에너지원을 저장한다.

수염고래류는 성체가 되어도 이빨이 나지 않지만, 먹이를 섭취하는 새로운 방식을 진화시켰다. 바로 케라틴(포유동물의 털, 손톱, 발톱을 구성하는 물질)으로 된 수염판을 이용하는 것이다. 수염판이 위턱에 늘어져 있어 크릴새우 같은 먹잇감을 한꺼번에 많은 양을 체로 거르는 것이다. 긴수염고래는 자기의 몸무게보다 더 많은 양의 바닷물을 삼킬 수 있다. 긴수염고래는 한 번에 7만 리터의 바닷물을 삼킨다고 보고되었는데, 이 안에는 10킬로그램의 크릴새우가 들어 있다. 고래류는 입과 목구멍이 아래로 늘어져 외부로 드러나는 목구멍 주름이 생긴다. 대부분의 이빨고래류는 많은 이빨로 먹잇감을 잡는데, 특히 물고기 떼를 먹고 사는 종이 그렇다. 이빨고래류는 반향정위를 활용해 먹잇감을 뒤쫓는 활발한 사냥꾼이다. 반향정위란 분수공 근처의 소리 입술에서 고주파의 소리를 방출함으로써 이루어진다. 이 소리는 머리 윗부분 이마의 지방덩어리로 초점이 맞추어져 방출된다. 이 고주파가 메아리로 되돌아오면, 아래턱의 지방 통로를 통해 내부의 귀로 전해진다.

부리고래나 향유고래 역시 이빨이 별로 없거나 아예 없으며, 바다 깊이 잠수해 주로 오징어를 잡아먹는다. 민부리고

래는 척추동물 가운데 가장 오래 그리고 가장 깊이 잠수한 기록을 보유하고 있다. 한 번 숨 쉰 후 2,992미터 아래로 잠수해 137분 동안 버틴 기록이다. 깊이 잠수하는 고래류에게서는 순환계통과 호흡계통에 다양한 변형이 나타난다. 예컨대 혈액 양이 많고 갈비뼈가 유연하며 완전한 폐허탈(폐포 안의 공기가 소실되거나 폐가 팽창되지 않아 호흡에 장애가 생기는 현상—역주)에도 견딜 수 있다는 점이 그렇다. 인간의 폐와는 달리 고래는 근육과 폐에 많은 양의 산소를 저장할 수 있기 때문이다.

몇몇 고래류는 뇌의 크기가 큰 것이 특징인데, 특히 운동과 정신 기능을 담당하는 뇌의 앞부분인 대뇌 부위가 크다. 그중에서도 이빨고래류는 몸집에 비해 뇌가 크다. 대부분의 이빨고래류는 몸집이 비슷한 다른 동물보다 뇌가 4~5배나 더 크다고 알려졌다. 이빨고래류보다 몸집 대비 뇌의 크기가 큰 동물은 인간뿐이다. 이처럼 돌고래나 범고래 같은 이빨고래류가 몸집 대비 뇌의 비율이 높은 이유는, 이들의 사회 구성과 행동이 복잡하기 때문이라고 설명할 수 있다.

행동

여기에서의 '행동'이란 유기체가 서로에게 반응하거나 환경적 신호에 반응하는 방식을 뜻한다. 다른 포유동물과 마찬가지로 고래류의 행동은 먹이를 구하거나, 포식자로부터 안전하고자 하거나, 짝짓기 상대를 찾거나, 후손을 키워야 할 필요에 따라 이루어진다. 하지만 이런 여러 활동에 고래류의 독특한 특징이 있다면 비록 숨을 쉬기 위해 이따금 수면 밖으로 나와야 하지만 물속에서 이뤄진다는 점이다. 이 점은 몇몇 독특한 적응으로 이어졌는데, 특히 먹이를 찾는 행동이 그런 적응에 해당한다(26~31페이지를 참고하라). 물속에서 대부분 생활하는 동물들의 행동을 탐구하는 것은 꽤 도전적인 과제이지만, 장기적인 연구가 이어지고 기술이 발전함에 따라 우리는 고래류의 행동이 갖는 복잡성을 점점 더 많이 이해하게 되었다.

무리 짓는 행동

고래류는 사회적인 동물이다. 그렇기에 고래가 다른 개체들과 어울리는 사회적인 맥락에서 어떤 행동을 하는지를 이해하는 것은 중요하다. 고래류의 무리 짓는 습성, 즉 군거성은 몹시 다양한 스펙트럼 위에 있어서 상대적으로 혼자 지내는 종에서부터 아주 사회적인 종까지 존재한다. 먼 바다에 사는 돌고래 가운데 참돌고래와 줄무늬돌고래는 수백에서 때로는 수천 마리가 떼를 지어 다닌다. 일반적으로 이빨고래류는 수염고래류에 비해 군거성이 더 강하다. 하나의 이유를 든다면 수염고래류의 경우 이빨고래류보다 몸집이 더 커서 포식자로부터 잡아먹힐 위험이 적으며, 먹이를 두고 경쟁할 필요도 적기 때문이다. 하지만 예외는 존재한다. 혹등고래는 수염고래류이지만 군거성이 꽤 높으며, 강돌고래는 이빨고래류이지만 상대적으로 사회성이 떨어진다. 또한 단독으로 활동한다고 여겨졌던 종이지만, 사실은 먼 거리에서 저주파 발성을 통한 음향적 의사소통으로 서로 어울릴 수도 있는데 대왕고래가 그런 예다.

포식자를 피하려는 행동

무리는 포식자로부터 자기 몸을 방어하는 제1선이다. 바다에서는 숨을 곳이 마땅치 않지만 그래도 동물 개체들에게는 포식자를 피할 방법이 있다. 바로 떼로 몰려다니는 것이다. 무리의 구성원들은 여러 가지 방법으로 포식자로부터 자기를 지킬 수 있다. 예컨대 떼 지어 포식자를 공격하거나 여럿이 방어 대형을 꾸린다.

꽃 모양 대형 짓기

향유고래 성체들은 외부의 공격으로부터 취약한 새끼를 지키기 위해 그림처럼 꽃 모양으로 새끼를 빙 둘러싼다. 암컷들은 꼬리를 바깥쪽으로 향하고 새끼를 정중앙에 둔다. 필요할 경우, 꼬리를 바닷물 표면에 내려쳐 범고래 같은 포식자를 내쫓기도 한다.

무리 지어 살기의 장점과 단점

여럿이 생활하는 것에는 장점과 단점이 있는데, 많은 참돌고래과 종은 그 균형을 맞추기 위해 다음과 같이 행동한다. 자기가 사는 무리의 크기와 구성을 계속해서 다양하게 바꾸는 것이다. 이렇듯 역동적으로 뭉쳤다 떨어졌다 하는 무리 속에서 개체들은 변화하는 상황에 따라 이합집산한다. 예를 들어 많은 개체수로 이뤄진 먹이 떼가 있다면, 고래류 개체들은 서로 뭉쳐 먹잇감을 수면을 향해 몰 것이다(28~31페이지를 보라). 포식자에게 잡아먹힐 위험이 커도 무리의 크기는 커질 수 있다. 반대로 먹잇감의 무리가 적거나 포식자에게 먹힐 위험이 적으면 고래류의 무리는 크기가 줄어든다.

무리 생활은 서식지의 영향을 받기도 한다. 무리가 클수록 탁 트인 먼 바다에서 발견되고, 무리가 작을수록 협소한 만이나 강에서 발견되는 경향이 있다.

단점

- 먹잇감을 두고 경쟁이 심해진다.
- 짝짓기 상대를 두고 경쟁이 심해진다.
- 서로 공격성이 심해진다.
- 병이나 기생충이 퍼질 위험이 있다.
- 포식자에게 발견될 위험이 있다.

장점

- 포식자로부터 안전하다(떼 지어 있으면 보호받는다).
- 협동을 통해 먹잇감을 발견해 사냥할 수 있다.
- 새끼 양육에 도움을 받는다.
- 새끼를 사회화할 수 있다.
- 짝짓기 상대에 접근할 가능성이 커진다.
- 친족 선택이 가능하다(23페이지를 참고하라).

무리 짓기 패턴

몇몇 돌고래들은 낮과 밤에 무리 짓는 패턴이 다르다. 하와이에 사는 스피너돌고래의 경우 밤에는 코나 해변에서 다소 떨어진 곳에 200~400개체가 무리 지으며 먹이를 먹는다. 하지만 낮 동안에는 20~100개체로 구성된 다소 작은 무리로 쪼개져 해안 가까이의 만에 머무른다.

짝짓기 행동

고래류는 대부분 짝짓기 상대를 여럿 가지는 전략을 취한다. 수컷이든 암컷이든, 번식기가 한 번 지나갈 때 여러 상대와 교미하는 것이다. 암컷은 일반적으로 공격적이거나 경쟁적인 행동을 보이지 않지만, 짝짓기를 할 때는 수컷에게 경합이나 경주를 벌이도록 유도한다. 이렇게 함으로써 암컷은 수컷을 비교하고 개체 각각의 적응도를 판단할 기회를 가진다. 반대로 수컷은 서로 직간접적으로 경쟁을 벌이는 경우가 많다. 혹등고래는 레크(lek)에 모여 교미를 벌이는데, 이곳에서는 수컷 여러 마리가 자기들을 기다리는 암컷에 가까이 다가가려고 다툼을 벌인다. 수컷은 상대 수컷을 내쫓으려고 공중에 높이 올라갔다 다시 철썩 내려가며 물보라를 일으키거나, 지느러미발이나 꼬리로 물 표면을 내려친다(58~59페이지를 보라). 참고래 같은 몇몇 고래 종에서는 수컷의 정소가 몸집에 비해 큰 사실에서도 알 수 있듯, 암컷 몸속에서 여러 수컷의 정자가 경쟁을 벌이기도 한다. 수컷들은 자기의 자손이 태어날 확률을 높이려고 암컷을 마구 덮친다. 비록 짝짓기 상대가 여럿인 종들의 상당수가 수컷 경쟁을 벌이지만, 어떤 종은 수컷들이 서로 협력하기도 한다. 예를 들어 큰돌고래 수컷은 암컷에게 접근할 기회를 얻기 위해 서로 단단히 힘을 모은다. 향유고래 등은 암컷 무리가 더 널리 퍼져 있기 때문에 수컷들은 암컷 무리 사이를 이리저리 옮겨 다닌다.

혹등고래 수컷이 벌이는 경쟁

혹등고래 수컷은 암컷과 짝짓기를 하려고 다른 수컷과 치열하게 다툰다. 암컷의 주의를 끌려고 경쟁하는 과정에서 수컷은 공격성이 높아지기도 한다.

수컷이 벌이는 치열한 경쟁

1. 서로 경쟁하는 무리 형성

혹등고래 수컷이 암컷 한 마리를 두고 있을 때는 치열한 경쟁이 벌어진다. 암컷에게 가까이 다가갈 위치를 점하려고 하는 것이다.

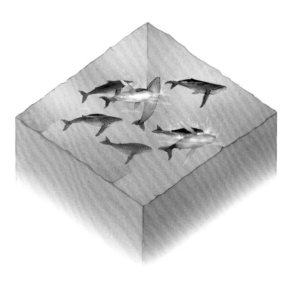

2. 적극성 강화

이제 암컷이 수컷들 앞으로 헤엄쳐 온다. 그러면 수컷 몇몇이 물 위를 뒹굴고 높이 뛰어올랐다 철썩 떨어지며 물보라를 일으켜 다른 수컷이 암컷에게 다가가지 못하게 방해한다.

3. 공기방울 뿜기

집단 전체가 물속에 잠수한다. 수컷들은 분수공으로 공기방울을 뿜어내는데, 이것은 공격성을 표출하는 한 가지 방식이다.

4. 들이받기

수컷들은 서로 머리와 몸통을 들이받는다. 경쟁의 전체 과정이 끝나면 최후의 승자인 수컷 한 마리가 암컷과 함께 유유히 사라진다. 혹등고래의 교미는 정확히 관찰된 바가 없지만 아마도 경쟁이 끝난 이 시점에서 이뤄질 것으로 여겨진다.

양육 행동

고래류의 새끼는 조숙한 채 태어난다. 다시 말하면 완전히 발달된 상태에서 태어나는 것이다. 새끼는 태어날 때부터 호흡하고 자기 힘으로 자유롭게 움직일 수 있다. 하지만 양육 과정은 필요하며 그 기간은 종에 따라 1년 이하(대부분의 수염고래류)에서 3년 정도(거두고래)고 13년이나 되는 종도 있다(향유고래). 대개 암컷은 새끼를 혼자서 온전히 보살핀다. 젖을 떼고 나면 새끼는 대부분 자기가 태어난 무리와 출생지를 떠난다. 하지만 거두고래와 특정 지역에 사는 범고래는 자기 집단으로 돌아오려는 성질인 유소성을 가진다. 이들 종은 교미를 하는 경우에도 자기가 태어난 무리를 벗어나지 않는다. 이러한 모계 사회에서는 개체들이 서로 가까운 친척 관계이기 때문에 짝짓기를 할 때는 다른 무리에 접촉함으로써 근친 교배를 피한다. 중요한 점은 이런 동물 사회에서 개체들은 친족 선택(kin selection)의 영향을 받아 행동한다는 사실이다. 예를 들어 암컷 범고래가 자기 아들이 먹이를 구하도록 돕는 이유는, 아들을 살아남게 만들어 그에 따라 어미인 자신의 유전자가 후대로 계속 이어질 확률을 높이기 위해서다.

몇몇 종의 암컷은 양육 무리를 구성해 다른 암컷의 새끼를 같이 키워주기도 한다. 이렇듯 무리의 모든 어미가 새끼를 돌보는 행동은 큰돌고래, 향유고래, 거두고래에게서 많이 나타난다고 기록되어 있다. 이때 만약 암컷이 서로 친척 관계라면 다시 친족 선택으로 행동이 설명된다. 새끼를 다른 암컷이 돌봐주면, 어미는 양육에 드는 힘을 아껴 물속에 더 깊이, 오래 잠수해 먹잇감을 찾을 수 있으니 유리하다. 아직 잠수할 능력이 모자란 새끼는 무리의 다른 어미들과 함께 바닷물 표면 근처에 머무른다. 새끼의 사회화에 도움을 받을 수 있다는 점도 양육 무리의 중요한 장점이다. 다른 어미들을 통해 새끼는 무리라는 사회적인 그물에 섞여들 기술을 배운다. 그에 따라 성공적으로 사냥하고 짝짓기를 하는 성체로 자라나는 것이다.

어미-새끼 쌍

어미와 새끼로 추정되는 줄무늬돌고래 두 쌍이 그리스 코린토스만의 바닷물 위를 헤엄치고 있다. 새끼들은 어미 옆에서 등지느러미 뒤로 헤엄치고 있는데, 이곳은 젖먹이 새끼의 위치다. 이 지역에서는 어미-새끼의 쌍이 더 큰 혼성 무리(암컷과 수컷이 섞인) 안에서 하위 집단으로 존재한다.

먹이 찾기 행동

고래류의 먹이 찾기 행동은, 호흡하기 위해 수면으로 가끔 올라와야 하면서도 동시에 깊이 잠수해야 하는 과제를 해결하기 위해 진화되었다. 이 문제를 풀고자 해부학적, 생리학적인 여러 적응이 나타났다(16~19페이지를 보라). 몇몇 고래들은 무리를 지어 먹잇감을 찾고 사냥한다. 협동이 이루어지거나 잘 조직된 먹이 찾기 행동은 범고래, 혹등고래(26~29페이지를 보라), 더스키돌고래, 큰돌고래를 포함한 여러 종과 관련해 잘 기록되어 있다. 개체들은 먹이를 찾기 위해 넓게 줄 지어 퍼지거나, 먹이를 찾았을 때 무리 구성원에게 알리는 청각적이거나 시각적인 신호를 보내 서로 협동한다. 물고기 떼 근처를 배회하면서 이들을 둥그렇게 몰아넣을 때에도 협동하는데 더스키돌고래나 참돌고래가 그렇게 한다. 먹잇감들을 기포로 된 장벽이나 진흙 기둥, 진흙 둑 같은 장애물로 몰아넣기도 한다.

학습 행동

동물행동학이란 동물의 행동을 연구하는 학문이다. 고래류를 대상으로 한 행동학 연구는 보상이 많지만 꽤 까다롭다. 바다에서 오랫동안 인내심을 갖고 지켜보아야 하며, 섬세한 도구를 사용하는 경우도 많다. 행동학적 데이터를 수집하는 데 활용되는 기술이나 방법은 연구에서 어떤 질문을 묻고자 하는지에 따라 다르다(옆 박스를 참고하라). 하지만 사용되는 기술에 상관없이 모든 행동학 연구에서 사용되는 근본적인 도구가 있다면 바로 에소그램이다(옆 페이지를 보라).

먹잇감 몰아넣기

남아프리카공화국 콰줄루나탈의 세인트존스 항구에서 조금 떨어진 곳에서 긴부리참돌고래들이 정어리 떼를 공처럼 몰아넣어 바닷물 표면으로 끌어가고 있다. 돌고래들은 한 마리씩 순서대로 먹이 떼를 맛본 다음 정어리 떼를 몰아넣고, 숨을 쉬기 위해 바닷물 표면으로 올라온다. 식량 공급원과 거리상 분리되어 있기 때문에 생기는 산소 공급 문제를 해결하기 위해 이러한 행동 전략을 취하는 것이다. 쿠퍼상어나 더스키상어를 비롯해 바다새인 케이프가넷 같은 포식자들 또한 이런 방식으로 수많은 먹잇감을 둥글게 공처럼 몰아넣는다.

행동 데이터 수집하기

다음 질문은 고래목의 행동에 대한 물음과 그 물음에 대답하기 위해 사용할 수 있는 방법과 기술이다.

질문

- 개체들은 집단 안에서 다른 개체들과 어울리는 것을 선호하는가?

- 어미와 새끼의 거리는 새끼의 연령에 따라 달라지는가?

- 암컷은 어떤 방식으로 수컷을 선택하는가?

- 연령과 성별에 따라 물에 뛰어드는 행동이 어떻게 다양하게 나타나는가?

방법

- 배를 타고 나가 관찰해 종이와 연필로 스케치하든가, 디지털화된 데이터시트와 사진 식별법(아래 설명을 보라)을 사용한다.

- 육지에서 쌍안경이나 삼각대에 연결된 작은 망원경(스포팅 스코프), 경위의(수평과 수직 각도를 관측하는 기기)를 통해 관찰한다.

- 스노클 잠수를 통해 물속에서 비디오를 찍어 관찰한다.

- 흡착컵 태그가 달린 시간 기록기를 사용해 단기간(24시간 이내) 밀착 관찰한다.

에소그램: 더스키돌고래의 행동 상태들

에소그램은 어떤 동물의 행동을 확인하고 기록하는 체계적인 방식이다. 이것은 행동 상태(장기간에 걸친 폭넓은 수준의 행동들)와 사건(단기간에 걸친 세세한 수준의 행동들)으로 구성할 수 있다.

먹이 찾기: 먹이를 찾거나 잡아먹는 행동은, 오랫동안 깊이 잠수하다가 크게 숨 몰아쉬기, 방향 없이 이리저리 움직이는 행동을 보고 예측할 수 있다. 또는 근육이 서로 매끄럽게 움직이며 갑자기 속도를 내서 헤엄치거나, 소리 없이 물 위로 뛰어올랐다가 머리부터 다시 들어가는 행동, 물 위로 매끄럽게 뛰어오르는 행동, 꼬리로 물 표면을 철썩 치는 행동을 보고도 알 수 있다.

휴식: 움직임이 거의 없고 3노트 이내의 속도로 천천히 헤엄친다.

사회행동: 다른 개체나 무생물과 접촉한다. 대개 방향 없이 이리저리 맴돌거나 몸통과 가슴지느러미를 문지르고, 뒹굴거나 배를 위로 하고 헤엄치고, 머리를 물 위로 내밀고, 물에 풍덩 뛰어들거나 추격하고, 물 위로 치솟고, 짝짓기를 하고, 해초를 가지고 논다.

이동: 방향 없이 3노트 이내의 속도로 천천히 움직이면서 바닷물 표면 가까이로 간다. 적극적으로 활동을 보이지 않으며 표면 근처를 천천히 헤엄치든가 떠 있는 경우가 많다.

병코돌고래

혹등고래

범고래

향유고래

사진 식별법

동물 개체의 자연적인 특징을 포착하거나 확인하기 위해 사진을 활용하는 방법이다. 병코돌고래는 사진과 같이 등지느러미 뒷부분에 난 자국과 금으로 확인할 수 있으며, 범고래 역시 등지느러미 뒤의 자국과 금, 등의 반점 무늬로 확인 가능하다. 그리고 향유고래는 꼬리의 모양으로, 혹등고래는 꼬리 아랫부분의 독특한 흑백 무늬로 확인 가능하다.

먹이와 먹이 찾기

고래류는 작게는 동물성 플랑크톤에서, 크게는 오징어까지 아주 다양한 종류의 먹이를 먹는 독특한 메커니즘을 발전시켜왔다. 온혈동물인 동시에 해양 포식자 가운데 몸집이 가장 큰 축인 고래류는 에너지 소비량이 어마어마해서 먹잇감을 한꺼번에 많이 그리고 자주 먹어야만 한다. 또한 고래류는 역동적인 해양 환경에서 먹잇감을 찾아내고 획득하는 데 필요한 다양한 행동을 진화시켰다. 돌고래들을 비롯한 이빨고래류는 먹잇감을 한 마리씩 먹지만, 몸집이 산처럼 큰 수염고래들은 대개 작은 동물성 플랑크톤을 한꺼번에 삼킨다.

먹잇감을 발견하고 붙잡기

수염고래류에게서 나타나는 먹이를 먹기 위한 적응 가운데 가장 흥미로운 기관은 고래수염이다. 케라틴으로 이뤄진 이 기관은 다량의 작은 먹잇감을 거르는 체나 빗 같은 역할을 한다. 커다란 혀와 잘 늘어나는 목주름(탄력 있는 지방덩어리, 근육으로 이뤄진) 그리고 고래수염이 합쳐지면, 작은 물고기 떼와 동물성 플랑크톤을 한꺼번에 효율적으로 먹을 수 있다. 수염고래류의 입은 굉장히 커서 한 번에 들어가는 먹이의 양도 많다. 예컨대 대왕고래는 자기 몸무게의 150%에 달하는 바닷물을 한 번에 들이킬 수 있다. 그리고 먹잇감을 한 번에 여러 마리 잡기 위해 긴수염고래는 에너지가 많이 드는 돌진을 감행해야 한다(대왕고래, 정어리고래, 브라이드고래, 오무라고래, 혹등고래, 밍크고래도 마찬가지다). 이 과정에서 고래는 빠르게 속도를 붙여 큰 입을 연다. 이렇게 하면 이 동작은 낙하산을 펴는 것과 비슷해진다. 고래의 입은 물과 먹잇감으로 끝도 없이 가득 찬다. 이제 고래는 입을 다물고 먹잇감이 든 바닷물을 커다란 혀를 이용해 수염판으로 밀어낸 다음, 그것을 삼킨다. 이렇듯 먹이를 한꺼번에 삼키는 전략은 꽤 위험하지만, 수염고래류에게는 확실히 이점이 있다. 수염고래처럼 덩치 큰 동물이 지구상에 살아남으려면 꼭 필요한 방식이다.

과학자들이 관심을 갖는 주제는 고래가 먹잇감을 찾아내는 방법이다. 모든 고래가 단 하나의 공통적인 방법을 쓰지는 않지만, 이들은 여러 감각을 조합해 먹이를 탐지하는 것으로 보인다. 얕은 물에 사는 고래들은 먹잇감을 직접 보면서 찾는다. 예컨대 물 아래에서 먹잇감의 윤곽을 올려다보거나 먹잇감 가까이 헤엄쳐 그것을 찾아낼 수 있다. 또한 고래들은 물고기나 크릴새우 떼가 지나가는 소리를 간접적으로 들

먹이에게 돌진하기(왼쪽)

혹등고래 한 마리가 바닷물 표면 근처에서 바닷물고기 까나리에게 돌진해 집어삼키느라 입을 쩍 벌리고 있다. 위턱에 매달려 있는 수염판을 볼 수 있는데, 수염판의 바깥쪽은 빗과 비슷하고 안쪽은 실덩어리로 이루어져 있다. 먹이에게 돌진하는 방식은 에너지가 많이 들지만, 수염고래류에게는 몸집이 작은 먹잇감을 한꺼번에 먹을 수 있어 아주 효율적이다.

반향정위(옆 페이지)

이 그림은 돌고래가 반향정위를 활용해 먹잇감의 위치를 찾아내는 과정을 보여준다. 음파는 이마의 지방덩어리(머리 앞쪽의 노란색 기관)를 거쳐 방출되어, 돌고래 몸 바깥으로 퍼진다. 그러면 목표물에 음파가 튕겨 나오고, 그 메아리 신호가 돌고래에게 다시 전해진다. 돌고래는 아래턱(주황색 점)에서 이 메아리 신호를 받아들여 몸 안쪽의 귀에 전달한다.

는 능력도 있다. 혹등고래를 포함한 몇몇 고래들은 주둥이에 모공과 털이 약간 분포하는데, 이것이 먹이 탐지기의 기능을 한다고 추측된다. 먹잇감이 이 털을 건드리면 고래가 근처에 먹잇감이 높은 밀도로 존재한다는 사실을 알아챈다는 것이다. 더욱 최근의 연구에 따르면 몇몇 고래들은 아래턱을 구성하는 두 개 뼈 사이에 수용 기관을 가진다. 이 기관이 어떤 기능을 하는지는 아직 완전히 밝혀지지 않았지만, 아마도 상어가 먹잇감의 움직임을 감지하는 방식과 비슷하게 고래에게 정보를 전해준다고 여겨진다.

이빨고래류는 대부분 반향정위를 통해 먹잇감을 찾는다. 비강에서 생성된 바이오소나 음파가 돌고래 머리 앞부분의 지방덩어리를 통해 발신된다(19페이지를 참고하라). 그러면 돌고래는 선박이나 박쥐 같은 동물들이 사용하는 능동소나(음파를 방사하고 그 반향을 수신해 표적에 대한 정보를 얻는 방식—

역주)와 비슷한 정확하고 효과적인 방식으로 주변 환경에 대한 정보를 얻는다. 이러한 놀라운 적응 방식은 아주 정확하기 때문에 돌고래는 자기가 노리는 물고기의 크기나 종류가 조금만 달라도 쉽게 알아챌 수 있다. 또 먹잇감이 굴을 파고 들어간 모래나 진흙 속까지도 음파가 뚫고 들어간다. 이빨고래류는 대부분 문어, 오징어 같은 두족류나 물고기를 먹고 살지만, 몇몇 종은 더 큰 해양 포유동물도 먹는다고 알려져 있다.

대부분의 이빨고래류는 앞에서 설명한 반향정위의 도움을 받아 먹이를 구하지만, 몇몇은 직접 눈으로 보고 찾거나 도구를 이용하는 진화된 전략을 보이기도 한다. 예컨대 큰돌고래는 물고기 떼가 진흙 둑에 머물 때 해변을 따라 이들을 쫓다가 물고기들이 물속으로 돌아가기 직전에 뛰어들어 잡아먹는다. 또한 큰돌고래는 주둥이에 해면을 물고 거기에

숨어 있는 먹잇감을 찾거나 그 자리에서 툭툭 떼어내기도 한다(180페이지를 참고하라).

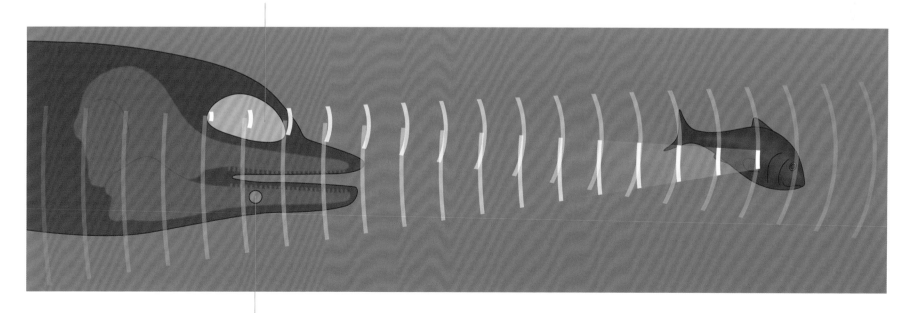

돌고래가 바이오소나 음파를 발신하면, 몸속 지방덩어리를 거쳐 먹잇감인 물고기까지 음파가 나아간다.

먹잇감에서 튕겨 나온 메아리 신호는 돌고래의 턱으로 전해진다.

섭식 기술

수염고래류는 아주 다양한 섭식 전략을 갖고 있으며 이 전략은 종에 따라 다르다. 목구멍에 탄력적인 부위가 없는 쇠고래는 바다 밑바닥에서 바닷물과 먹이를 한꺼번에 빨아들인다. 혀를 이용해 바닷물과 침전물을 입 안에 가져가면 갑각류와 곤쟁이과 새우도 같이 먹을 수 있다. 이 고래는 모래 구덩이에서 뒹굴면서 먹이를 먹기도 한다. 이런 방식을 사용하는 쇠고래의 수염은 짧고 거칠며 두껍다. 지속적인 마찰력을 견디고 침전물이 박혀드는 것을 방지하기 위해서이다. 또 참고래과의 참고래나 북극고래는 먹이를 훑어서 먹는다. 앞서 살핀 다른 고래들처럼 한꺼번에 꿀꺽 삼키는 대신, 이런 고래들은 입을 넓게 벌린 다음 작은 요각류나 크릴새우 떼를 향해 계속 왔다갔다 헤엄친다. 그러면 수염을 통해 물이 빠져나가고 작은 먹이들만 입 안쪽에 남는다. 이것은 돌묵상어나 고래상어가 먹이를 먹는 방식과 유사하다. 참고래나 북극고래의 수염은 고래류 가운데서도 아주 길고 가늘어서, 최대 길이가 4m에 달한다.

공기방울 그물 섭식

수염고래류의 가장 눈에 띄고 놀라운 섭식 행동은 혹등고래에게서 관찰된다. 혹등고래는 서식지 어디에서나 무리를 지어 협동하며 공기방울로 구름이나 그물 같은 형태를 만들어 먹잇감을 한 곳에 몬다. 혹등고래가 청어 떼를 먹고 사는 알래스카 지역에서는, 고래 15마리가 무리를 지어 공기방울 그물을 일으키는 모습이 관찰되었다.

고래들은 공기방울을 만들어 청어, 까나리, 열빙어 등의 물고기 떼를 한 곳에 몰아넣는다. 청어들이 공기방울에 회피 반응을 나타내는 것을 보면, 이 고래들은 공기방울을 도구 삼아 물고기 떼를 서로 단단히 밀집시켜 자기들이 쉽게 잡아먹고자 한다는 것을 알 수 있다. 또는 물기둥을 일으켜 물고기 떼를 바닷물 위로 올려 보내 표면 가까이에 물고기를 몰아넣어 잡아먹는다. 혹등고래는 음파 발신이나 무리 사냥, 먹잇감을 향해 커다란 등지느러미를 흔드는 등의 다른 행동과 공기방울 사냥 방식을 혼합해 더욱 정교한 방법으로 먹잇감을 잡는다. 공기방울 그물은 고래 한 마리가 사용하기도 하고, 여러 마리가 큰 무리를 지어 사용하기도 한다. 최근에는 DTGS 같은 복합계측 태그를 혹등고래에 부착해(30~31페이지를 보라), 이들이 공기방울 그물을 사용하는 여러 독특한 기술을 밝히기도 했다.

그 중에서 '이중 고리'와 '상향식 나선'이라는 두 가지 기술을 소개하겠다. '이중 고리'란 두 마리의 고래가 물 표면 근처에서 고리 모양을 그리면서 여러 번 꼬리를 들어올려 물을 내려치는 것이다(58페이지, '물 위에서 보이는 섭식 행동'을 보라). '상향식 나선'은 다음 페이지에 설명되어 있다.

알래스카 남동부에서 고래 떼가 먹이를 먹는 모습

공기방울 그물로 된 커튼은 폭이 10m에서 20m까지 다양하다. 물고기가 물 표면으로 오면 고래들은 커다란 입을 벌린 채 물 위쪽으로 돌진한다. 이 힘이 물에 압력을 주면서 목주름이 늘어나고, 그러면 고래들은 몰아넣은 물고기 떼를 입 안에 삼킬 수 있다.

걸러 먹기와 밑바닥에서 뒹굴어 먹기

수염고래들이 사용하는 섭식 전략 가운데 하나는 걸러 먹기이다. 입을 벌리고 먹잇감 떼를 계속 쫓아가는 방식이다. 다른 하나는 밑바닥에서 뒹굴어 먹기인데, 침전물과 바닷물을 한꺼번에 머금었다가 먹이만 남기고 나머지는 수염 사이로 빠져나가게 한다. 작은 요각류를 먹을 때는 걸러 먹기를 활용하고, 쌍각류 조개나 갑각류가 목표일 때는 대개 밑바닥에서 뒹굴어 먹기 방식을 활용한다.

걸러 먹기

밑바닥에서 뒹굴어 먹기

상향식 나선 기술

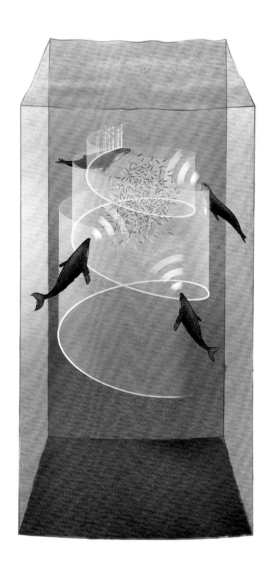

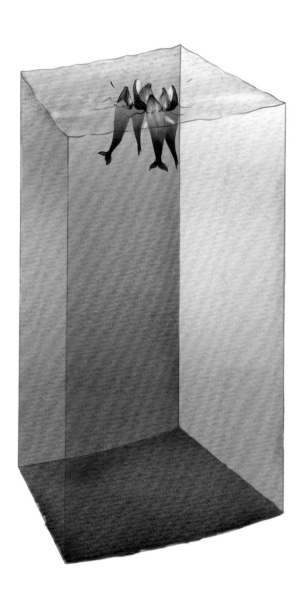

1. 공기방울 일으키기

여러 마리의 혹등고래가 물고기 떼 아래로 잠수한다. 대개 고래 한 마리가 먹잇감 아래까지 위로 나선을 그리며 공기방울 고리를 만든다. 몸통이 선회하는 속도가 늘고 몸통이 돌아가는 모양이 바뀌면서, 공기방울은 위로 올라가면서 좁아지는 나선 모양이 된다. 이런 '상향식 나선' 공기방울 그물은 많은 지역에서 물기둥을 만들어내지만, 공기방울은 깊이 25m 위에서만 생겨나는 것을 볼 수 있다. 그 깊이가 이때 고래들이 잠수한 가장 낮은 위치다.

2. 물고기 떼 가두기

사냥에 참여한 다른 고래들도 협동해서 공기방울을 뿜어내며, 어떤 지역에서는 음파도 내보낸다. 최근의 연구에 따르면 혹등고래들이 음파를 이용해 먹잇감을 조종한다는 증거가 있다. 물고기들은 음파에 방어 행동을 보이기 때문에, 뒤로 물러서며 더욱 밀집된 떼로 둥글게 뭉친다. 이러한 음파 발신은 더 잘 짜인 움직임을 보이도록 동료 고래들에게 신호를 주는 듯 보이기도 한다. 공기방울 그물은 음파를 흡수하며 물고기 떼를 가두고, 동시에 물고기들이 움직일 공간을 점차 줄인다. 또한 물고기들이 음파를 회피하므로, 음파를 보내면 물고기가 그물을 뚫고 나가지 못하게 할 수 있다.

3. 협동해서 먹이 먹기

고래들은 공기방울 그물의 한가운데나 바닷물 표면 근처에서 먹이를 먹는다. 몇몇 고래 무리에서는 고래들이 공기방울 그물을 똑바로 마주하는 경우도 있다. 이 사냥 행동은 고도로 잘 조직되어 있어서 마치 고래 한 마리 한 마리가 정확히 역할 분담을 한 것처럼 보인다. 그 결과 이렇듯 인상적인 협동 사냥이 가능한 것이다.

협동해서 사냥하기

혹등고래를 제외한 수염고래가 대부분 개별적으로 먹이를 먹는다면, 이빨고래류는 대개 큰 무리를 지어 이동하고 먹이를 먹는다. 범고래가 잘 알려진 예다. 범고래는 서식지 어디서든 먹잇감의 종류에 따라 다양한 무리를 지어 같이 사냥한다. 남극에는 크기, 색깔, 먹이 선호도에 따라 구별되는 범고래의 여러 생태형(ecotype)이 있다. 이들은 물고기, 바다표범, 펭귄 또는 다른 고래를 먹고 산다.

협동하는 섭식의 가장 놀라운 사례는 바다표범을 먹는 범고래다. 바다표범이 바닷물에 떠다니는 얼음 위에 안전하게 올라가 있다면, 이 바다표범을 물에 떨어뜨려 잡아먹기 위해 범고래는 다양한 방법을 사용한다. 먼저 범고래는 머리를 물 위로 쑥 내밀어 얼음 덩어리 주위를 빙빙 돌면서, 자기가 좋아하는 바다표범 종(대개는 웨델바다표범)의 위치와 그것을 잡을 위치를 계산한다. 이 단계가 끝나면, 범고래들은 서로 힘을 합쳐 얼음 덩어리를 바닥에서 위로 밀어 뒤집거나 얼음을 깨뜨리거나 얼음 위로 바닷물을 거세게 흘려보내 어떻게든 바다표범이 물에 떨어지게 한다. 바닷물을 흘려보낼 때, 범고래들은 서로 단단히 줄지어 얼음을 향해 물 바로 아래로 다가가다가, 얼음 앞에서 아래로 잠수해 얼음 위로 거센 파도를 일으킨다. 그러면 바다표범이 파도에 휩쓸려 바다에 빠지고, 결국 기다리고 있던 범고래들의 입속에 들어간다.

진흙탕 고리 사냥

고래류가 힘을 합쳐 먹이를 먹는 또 다른 놀라운 사례는 진흙 고리 방식이다. 바닥이 진흙인 하구나 저지대에 사는 큰돌고래는 물고기 떼의 위치를 찾아 단단히 에워싼 다음, 꼬리로 바닥을 때려 흙탕물을 만든다. 그러면 얕은 물을 따라 물고기 떼를 둘러싸고 둥그런 장막이 만들어진다. 이런 식으로 흙탕물 장벽이 생기면 물고기 떼는 그것을 뚫고 헤엄치는 대신, 뛰어넘으려 한다. 돌고래들은 물 밖으로 머리를 내놓은 채 이 진흙 고리 바깥을 따라 기다린다. 진흙 고리는 물 위를 향해 말려 있기 때문에, 물고기 떼가 이 고리를 피해 물 위로 뛰어 도망치면 돌고래가 발견하고 공중에서 휙 낚아채 입속에 넣는다.

손발이 척척 맞는 팀워크

큰돌고래는 협동해서 사냥하는 독창적인 방식을 갖고 있다. 돌고래 한 마리가 흙탕물 장막을 빙 두르며 물고기 떼를 포위한다. 혼란에 빠진 물고기들은 흙탕물 고리 위로 뛰어오르려 하다가 고리 바깥에서 기다리는 돌고래들에게 잡아먹힌다.

진흙탕 고리 사냥

1. 진흙 고리 만들기

돌고래 한 마리가 물고기 떼를 둘러싸고 진흙탕 고리를 만든다. 바닥 가까이 헤엄치면서 꼬리로 침전물을 퍼뜨려 흙탕물을 만드는 것이다.

2. 물고기들을 몰아넣기

진흙탕 고리가 완성되면 물고기 떼가 그 안에 포위된다. 돌고래들은 고리 바깥에서 기다리고 있다.

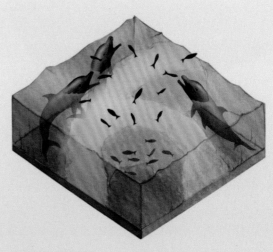

3. 물고기 잡아먹기

돌고래들은 고리를 둘러싼 채 머리를 물 밖으로 내놓는다. 물고기 떼가 진흙탕을 탈출하려고 뛰어오르면 대기하던 돌고래들이 곧장 낚아채 잡아먹는다.

핵심적인 연구 기술

1990년대 후반에 개발된 디지털 음향 태그(DTAG)는 여러 고래류 종 연구에 혁신을 가져왔다. 그동안 20종 넘는 고래류를 이 기기로 연구했다. 디지털 음향 태그는 최대 24시간 동안 고래에 부착 가능하며, 나중에 태그를 떼고 그 안에 든 데이터를 다운로드하면 된다. 그러면 이 태그는 다시 다른 동물 개체에 장착할 수 있다. 4개의 흡착 컵이 달린 태그를 동물에 부착할 때는 고무보트에 고정된 약 14m의 외팔지지대나, 약 8m의 손으로 들 수 있는 탄소섬유 봉을 사용한다. 이 태그의 핵심 기능은 다음과 같다.

- 동물 신체의 방향(가속, 곤두박질하는 움직임, 뒹굴기, 특정 방향으로 향하기)과 깊이감에 대한 정보 제공
- 태그를 부착한 고래(들)가 발신하거나 수신하는 모든 소리를 녹음
- 태그를 뗄 때까지 24시간 동안 녹화 가능
- 주변 환경을 포함한 다양한 매개변수의 변화를 기록(예컨대 수온이나 수심)

옆의 박스에는 여러 고래 종과 이들이 선호하는 먹잇감 그리고 그 종이 보이는 섭식 행동과 먹이 찾기 전략을 정리했다. 이 동물들은 대부분의 시간을 물속에서 지내기 때문에, 사람들은 그동안 바닷물 표면이나 그 근처에서 보이는 행동밖에 관찰하지 못했다. 하지만 이것은 엄청나게 많은 섭식 행동 레퍼토리의 극히 일부에 불과하다. 최근에는 기술이 발달하면서 앞에서 설명한 복합계측 태그로 물속 행동을 기록으로 남길 수 있다. 그에 따라 물속을 들여다보면서 고래목이 보여주는 놀라운 바닷속 세상을 탐구할 수 있게 되었다.

까다롭게 고른 한 끼 식사

수컷 범고래 성체 한 마리가 입에 게잡이바다표범 한 마리를 물고 빙산 앞 바다에 불쑥 얼굴을 내밀었다. 남극에는 식성이 각자 다른 여러 범고래 생태형이 존재한다. 이 가운데는 바다표범이면 종류를 가리지 않는 고래들도 있다.

고래류의 여러 종이 선호하는 먹잇감

종	섭식방법	선호하는 먹이
대왕고래	고래수염: 돌진	크릴새우
혹등고래	고래수염: 돌진	크릴새우와 청어 같은 30cm 이내의 물고기
참고래	고래수염: 걸러 먹기	요각류
쇠고래	고래수염: 빨아들이기	곤쟁이과 새우
큰돌고래	이빨: 진흙탕 고리, 꼼짝 못하게 가두기, 해면 사용, 반향정위	다양한 종류의 소형 물고기와 오징어
범고래	이빨: 꼼짝 못하게 가두기, 얼음 깨기, 센 물살로 바다에 빠뜨리기	물고기(연어 포함), 오징어, 바다표범, 돌고래, 쇠돌고래, 수염고래류
부리고래	이빨: 빨아들이기	심해 오징어

생활사

유기체의 생활사 전략은 개체가 성장과 번식, 생존을 위한 자원을 어떻게 할당하는지에 따라 정의된다. 이런 전략을 기술할 때 지표는 다음과 같다. 개체들의 수명, 성적으로 성숙하고 처음으로 번식하는 연령, 암컷이 평생 낳는 새끼의 수, 생존을 위해 필요한 식량을 구하고자 이동하는 장소와 시점이 그것이다.

생활사 연구

고래류에서 생활사적인 특징이 잘 알려진 것은 몇몇 종에 한정되어 있다. 많은 종은 불완전하게 알려져 있을 뿐이다. 큰돌고래, 혹등고래, 범고래, 북대서양참고래는 고래류 가운데서도 가장 잘 알려진 축에 속한다. 이런 종은 각각 수십 년에 걸쳐 연구되었으며 개체들의 탄생과 죽음이 연대별로 기록되었다. 종단연구라고 불리는 이런 장기 연구는 어떤 종의 생활사적 전략을 특별히 통찰할 수 있게 한다. 그 이유는 이런 연구가 사회 행동과 생태학에 대한 관찰을 토대로 생활 패턴에서 나타나는 개체의 가변성에 대한 정보를 결합해 보여주기 때문이다. 여러 개별 개체군의 특징을 서로 비교하면 어떤 종의 전략에 대한 추가적인 통찰을 얻을 수 있다. 이런 비교는 전략 면에서 종 내부의 가변성을 드러내며, 어떤 경우에는 서식지 특이적인 적응을 보여주기도 한다. 종단 연구는 상대적으로 사람이 접근 가능한(예컨대 배를 쉽게 띄울 수 있는 바닷가 근처에 산다든가) 개체군이 존재하는 종에서 가능하다. 이때 개별 동물이 어떤 종인지는 색깔 패턴이나 등지느러미의 무늬 같은 자연적인 표시를 보고 쉽게 알아낼 수 있다.

종을 식별하는 자연적인 표시들

그동안 수많은 큰돌고래 개체군이 연구되어 온 까닭은 이들 종이 바닷가 근처에 서식하기 때문이다. 이 사진은 미국 캘리포니아 주 남부의 바닷가에서 800m 떨어진 곳에 사는 한 큰돌고래 개체군이다(오른쪽). 이 작은 개체군의 여러 개체들은 등지느러미의 자연적인 표시로 어느 종에 속하는지 알 수 있다(오른쪽 위).

다른 대부분의 고래 종들은 이보다 연구하기가 어려우며, 많은 종의 생활사 전략에 대한 연구는 횡단연구에 기초한다. 횡단연구는 개별 동물들로부터 데이터를 수집해, 어떤 종이나 그 종의 개체군에서 나타나는 생활사적 특징에 대한 한 순간의 스냅 사진을 제공한다. 몇몇 종에서는 직간접적인 자원 이용(예컨대 의도하지 않게 잡힌 어획물)의 결과로 죽은 동물로부터 데이터를 수집한다. 또 어떤 종에서는 바닷가에 떠내려 오거나(또는 꼼짝 못하게 되어) 죽은 동물 개체에서 데이터를 얻기도 한다.

횡단연구가 갖는 또 다른 이점은 각 개체의 몸길이와 연령, 성적 성숙도를 알 수 있다는 점이다. 연령은 수염고래류의 종 대부분에서 귀뼈나 귀를 막은 물질의 생장층을 세어보면 알 수 있다. 이빨고래류에게서는 이빨의 생장층을 보면 된다(오른쪽 박스를 보라). 개체군을 대표하는 샘플을 얻어 몸길이와 나이의 데이터를 보면, 태어났을 때부터 성체까지의 성장률은 개체의 성장 단계(새끼, 청소년, 성체) 추이를 보면 짐작할 수 있다. 성적 성숙도는 생식기관을 보면 판단 가능하다. 암컷은 하나 이상의 황체(난소 여포가 배란이나 임신되고 남은 반흔 조직)가 보여야 성적으로 성숙한 것이다. 수컷은 정소에 정자와 큰 세정관이 있어야 성숙했다고 볼 수 있다.

이러한 확인 과정은 생활사 전략의 특징을 파악하는 데 핵심적인 정보를 제공한다.

연령

큰돌고래 이빨을 염색해 세로 방향으로 자른 이 단면에서는 밝고 어두운 패턴이 명확하게 나타난다. 이것을 생장층이라고 부른다. 나무의 나이테와 비슷한 이 생장층을 세어보면 돌고래의 나이를 알 수 있다. 나이 든 개체일수록 치수강이 빼곡하게 채워진다.

이빨머리

이빨뿌리

치수강

전략들

고래류의 생활사 전략은 다양하며, 수염고래아목과 이빨고래아목 사이에서도 크게 다르다. 수염고래아목의 고래들은 모두 몸집이 크고 수명이 길며, 그 중 많은 종은 겨울에는 열대지역에서 보내고 식량을 구할 때는 온대나 극지방에서 보내며 1년을 단위로 장거리에 걸쳐 이동한다. 이빨고래아목 고래들은 훨씬 다양한 특징을 가진다. 몸집이 작고 상대적으로 수명이 짧은 바키타돌고래와 쥐돌고래에서, 몸집이 크고 상대적으로 오래 사는 향유고래에 이르기까지 폭넓은 특성을 가진다. 서식지 또한 육지에서 먼 바다, 가까운 바다에서 하구 지역이나 민물인 강까지 다양하다. 이빨고래류 가운데 먼 거리를 이동하는 종은 없지만 몇몇은 계절에 따라 다른 행동을 보인다.

이렇듯 다양성을 보이지만, 모든 고래류 종에게는 생활사적으로 공통적인 특징이 여럿 존재한다. 예컨대 모든 고래 종이 큰 몸집의 조숙한 새끼 한 마리를 낳는다. 새끼는 어미 뱃속에서 충분히 발달한 채 출생하며, 태어나자마자 마음대로 움직일 수 있다. 태아가 한꺼번에 두 마리 이상 태어난 사례도 드물게 보고되지만 성공적으로 성체로 자라나지는 못했다. 막 태어난 고래류 새끼의 크기는 수염고래류의 경우 성체

암컷의 3분의 1 정도이고, 이빨고래류의 경우 성체 암컷의 거의 절반 정도이다. 임신 기간은 대부분의 종이 약 1년이지만 향유고래(14~15개월)와 범고래(17개월)를 포함한 여러 종은 이보다 더 길다. 임신 기간이 길어질수록 몸집이 큰 새끼를 낳는 비용을 상쇄하는 데 도움이 된다.

성적 이형성

많은 고래류 종은 수컷 성체와 암컷 성체의 크기가 다르다. 즉 암수에 따라 형질이 다른 성적 이형성(sexual dimorphism)을 보인다. 암수 모두 태어나서 젖을 떼기까지 빠르게 자라고, 그 이후로는 속도가 점점 줄어 완전히 성체가 되면 더 이상 자라지 않는다. 이때 몸집이 큰 쪽의 성은 오랜 기간에 걸쳐 빠르게 성장한다. 예컨대 범고래 암컷은 약 10살일 때 성적으로 성숙하지만, 수컷은 약 16세에 성숙한다. 수염고래류의 암컷은 일반적으로 수컷보다 몸집이 5%

더 크다. 이빨고래류에서는 쇠돌고래나 강돌고래의 경우 암컷이 수컷보다 살짝 크지만, 그 밖의 다른 종에서는 수컷이 암컷보다 크다. 큰돌고래, 알락돌고래, 참돌고래 같은 몸집이 작은 참돌고래과에서는 이러한 성별 간 몸집 차이가 2~10% 정도이지만, 향유고래의 경우 이 차이가 거의 60%에 달한다.

몸의 크기

고래류에서 성별 간 몸집 차이는 종마다 다양하게 나타나는데 이빨고래류에서는 특히 정도가 크다. 이빨고래류에서 쇠돌고래나 강돌고래는 암컷이 수컷보다 크지만, 향유고래를 포함한 나머지 종은 모두 수컷이 크다. 향유고래는 성적 이형성이 가장 크게 나타나는 종이다.

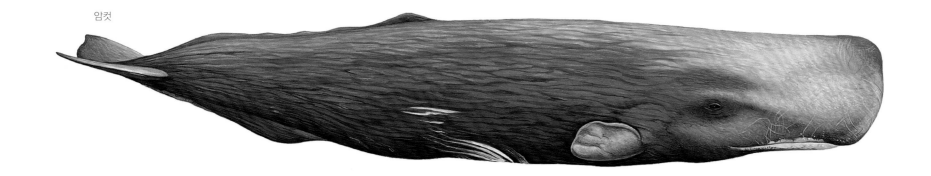

암컷

몸집 크기는 고래류에서 나타나는 성적 이형성의 한 가지 형태일 뿐이다. 이빨의 형태에서도 이형성이 나타난다(오른쪽 그림 참고). 어떤 형태로 나타나든, 성적 이형성은 고래류의 짝짓기 체계에 대한 예측 변수가 될 수 있다. 예컨대 향유고래, 들쇠고래, 범고래는 일부다처제(하나의 수컷이 여러 암컷과 짝짓는) 짝짓기 체계를 보인다고 알려졌다. 이 세 종은 모두 성적 이형성이 큰 편이다. 수컷 성체가 암컷 성체보다 몸집이 훨씬 크다. 이 사실은 이들 종에서 수컷–수컷 경쟁이 나타난다는 지표로 해석되어 왔다. 수컷 향유고래 간의 다툼에서 생기는 상처는 수컷 사이에 경쟁이 벌어진다는 증거

이기도 하다. 하지만 들쇠고래나 범고래는 출생 집단에서 수컷의 분포가 한정되어 있기 때문에, 이들 종은 일부다처제를 보이지 않으며 대신 성적 이형성이 다른 이유로 진화되었을 것으로 추정된다. 한 가지 가설은 범고래의 경우 수컷의 몸집이 클수록 출생 집단에서 먹이를 효율적으로 구할 수 있어, 번식 적응도를 높였으리라는 것이다. 사실 일부다처제는 고래류에서 예외적으로 나타나며 대부분의 종은 난혼 체계를 보인다. 수컷과 암컷 모두 다수의 파트너와 교미하는 것이다.

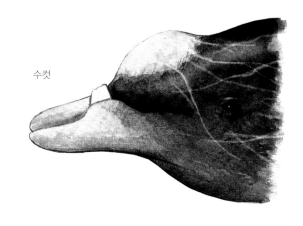

수컷

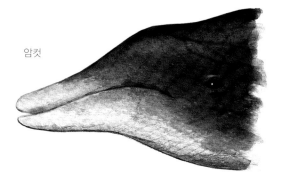

암컷

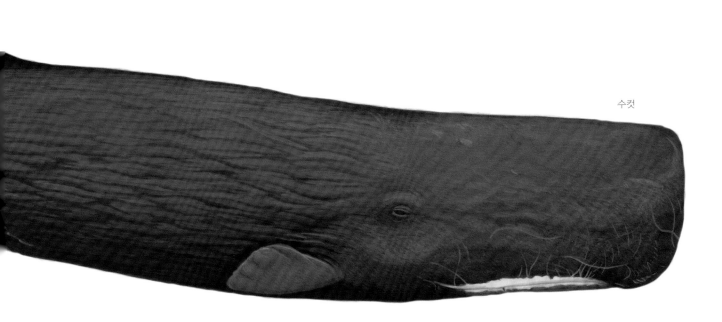

수컷

이빨의 형태

고래류에서 나타나는 성적 이형성의 또 다른 형태는 이빨에서 찾아볼 수 있다. 이빨부리고래속의 여러 종이 가장 극적인 차이를 보인다. 이들은 이빨이 한 쌍뿐인데 그 모양과 크기, 아래턱에 난 위치가 다양하다. 이 이빨은 수컷 성체에게서만 자란다. 과학자들은 이빨이 번식에서 성공을 거두는 데 중요한 역할을 한다고 생각한다. 수컷은 짝짓기 상대에 접근하려는 경쟁에 이빨을 사용하는 한편, 암컷은 짝짓기 상대 수컷을 고르는 기준으로 이빨을 본다. 위 그림 속 허브부리고래가 하나의 사례다.

번식 주기

모든 고래류의 번식 주기는 임신기, 수유기, 휴식기 세 시기로 나뉜다. . 대부분의 종에서 암컷들은 평생 새끼를 낳는다. 임신과 임신 사이의 기간은 최소 2년이지만 대개는 그보다 길다. 번식 가능한 암컷들에게 임신과 수유는 에너지가 많이 드는 일이기 때문이다. 수염고래류 가운데 대왕고래, 브라이드고래, 혹등고래, 정어리고래, 쇠고래는 임신 기간이 11개월이고, 수유기는 6~7개월이다. 그리고 암컷은 2~4년씩 걸러 임신을 한다. 북극고래와 참고래의 경우는 임신 기간이 12~13개월이고, 암컷은 3~7년을 사이에 두고 임신을 한다(오른쪽 그림 참조). 일부 고래 종은 고위도 지역에서 먹이를 구하다가 겨울에는 저위도 지역(대개 열대 지방)으로 1년에 한 번씩 장거리 이동을 한다. 비록 수염고래류에서는 번식 주기가 이 이동 주기와 동기화되어 있지만, 개별 고래 개체들이 번식하거나 이동하는 시점은 그 개체의 몸 상태에 달려 있다. 새로 임신한 암컷들은 겨울이 되면 제일 먼저 이동을 시작해 여름에 다시 되돌아온다. 이렇게 해야 먹이를 찾는 지역에서 보내는 시간이 최대화되므로, 자기와 뱃속에서 자라는 태아가 다음 해까지 버티기 충분한 지방을 저장할 수 있다. 곧 임신할 암컷들은 반대로 제일 먼저 먹이를 찾는 지역을 떠나 겨울을 나는 지역으로 이동한다. 갓 태어난 새끼를 데리고 있는 암컷들이 겨울을 나는 지역에서 가장 나중에 떠난다. 이렇게 해야 새끼가 생애 최초의 먼 여행을 떠나기 전에 충분히 자랄 수 있다. 이런 대규모 이동이 진화적으로 적응하는 데 얼마나 중요한지에 대해서는 여러 가설이 제기되었다. 그 중에는 열대 지방의 물에서 새끼를 낳으면, 새끼가 몸속의 열을 조절할 필요성을 낮추고 범고래로부터 잡아먹힐 위험을 피할 수 있어 생존율이 높아진다는 설명이 있다.

이빨고래류는 번식 주기(오른쪽 그림을 보라)가 수염고래에 비해 다양한 편이다. 이빨고래류는 수유기가 수년이고 장거리 이동을 하지 않는다. 몸집이 작은 돌고래들은 새끼를 낳는 간격이 3년 정도인 종이 많다. 번식 주기는 11~12개월의 임신기, 1~2년의 수유기를 거쳐 수개월의 휴식을 취한 다음 다시 임신에 들어가는 형태다. 향유고래같이 이빨고래류 중에서 몸집이 큰 부류는 주기가 더 길어서, 12~17개월의 임신기와 3년 또는 그 이상의 수유기를 거친다. 이빨고래류에서는 번식을 환경에 동기화하는 현상도 종마다 다양하게 달리 나타난다. 그것은 각 종이 점유하는 서식지에 따라 달라진다. 쥐돌고래같이 온난한 물에서 사는 종은 대개 주변 생태계에 자원이 풍부할 때 새끼를 낳는다. 스피너돌고래같이 열대 지방에서 사는 종은 일 년 중 어느 계절에나 새끼를 낳을 수 있다.

수명

고래류는 다른 몸집 큰 포유동물 종이 그렇듯, 상대적으로 오래 사는 편이다. 수염고래류의 수명은 밍크고래가 60년, 긴수염고래가 100년까지이고, 북극고래는 100년이 넘는다. 북극고래는 고래류 가운데서 가장 장수하는 종이다. 2007년 한 북극고래 안에서 나온 무기 파편을 살핀 결과, 그 개체의 나이는 최소 115~130살로 추정되었다. 최근의 연구 결과에 따르면 북극고래는 200살까지도 살 수 있다고 한다. 반면에 이빨고래류의 수명은 쥐돌고래가 20년, 향유고래가 70년 정도로 다양하다.

북극고래

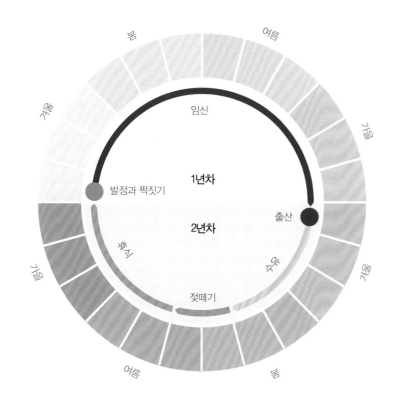

수염고래류의 2년 주기

봄 · 여름 · 겨울 · 가을

임신
1년차
발정과 짝짓기
출산
2년차
봄
가을
여름
후시
젖떼기
수

북대서양참고래

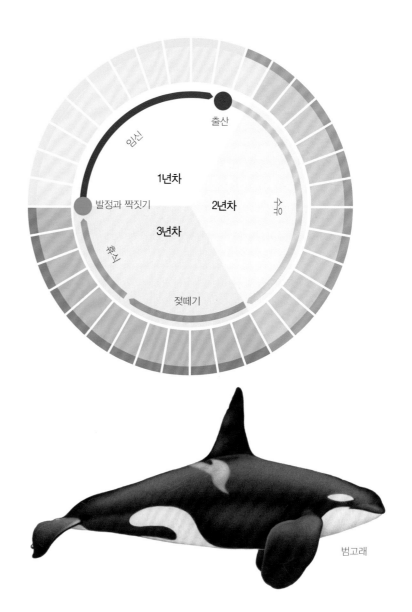

이빨고래류의 3년 주기

임신
1년차
출산
발정과 짝짓기
2년차
수
3년차
후시
젖떼기

범고래

수염고래류의 번식 주기

수염고래류의 번식 주기는 최소 2년이고, 이 주기상의 여러 사건들은 연간 이주 주기와 맞물려 진행된다. 짝짓기와 출산은 대부분 겨울을 나는 지역에서 이뤄지며, 새끼는 먹이를 찾는 지역에서 생애 최초의 여름을 나는 동안 젖을 뗀다. 암컷은 임신한 상태에서 1회의 이주 주기를 완료하며, 새끼를 돌보면서 그 다음 이주 주기 1회 반을 보낸다.

이빨고래류의 번식 주기

이빨고래류의 번식 주기는 통상적으로 최소 3년이다. 많은 종에서 이 주기에는 1년의 임신기와 약 2년의 수유기가 포함된다. 짝짓기, 출산, 젖떼기는(새끼가 스스로 먹이를 찾을 수는 있지만 여전히 어미에게 종속된 상태) 번식 주기에서 서로 구별되는 사건이며, 각기 수개월 이상이 걸린다.

새끼의 성장 속도

갓 태어난 모든 고래류 새끼들은 빨리 자란다. 하지만 수염고래류 새끼는 이빨고래류 새끼보다 훨씬 빠르게 성장한다. 수염고래류 새끼가 빨리 자라는 것은, 부분적으로는 두 고래 집단에서 번식 주기와 이주 패턴이 다른 데 기인한다. 또 한 가지 이유는 모유다. 열량이 높은 모유를 섭취하면 성장이 더 빨라지는데, 수염고래류의 모유는 이빨고래류보다 열량이 3~5배 더 높다. 성장 속도가 빠르고 몸집이 크며 태어나자마자 헤엄칠 수 있으면 그 종의 새끼는 살아남을 확률이 높다. 수염고래류 새끼가 태어난 지 몇 달 지나지 않아 먹이를 찾는 지역으로 성공적으로 여행하려면 이 특성은 무척 중요하다. 이빨고래류는 젖을 떼기 전까지 수유기가 대개 1년 이상이다. 이렇게 되면 새끼에게 투자할 시간이 많아져 새끼의 생존 확률이 더 높아진다(아래 사진 설명을 참고하라).

새끼의 살아남기

이 짧은부리참돌고래 같은 이빨고래류의 새끼는 생존 확률을 높이기 위해 2년 이상을 어미와 같이 보낸다. 그러면서 먹이 구하는 법과 사회화 기술을 익히는 것이다.

개체군 역학

어떤 종의 생활사 전략에 대한 지식은 그들 개체군 역학에 대한 이해의 기초를 제공한다. 개체군 역학이란, 번식과 생존에 대한 개체군 수준의 패턴 때문에 개체수가 변화하는 것을 말한다(오른쪽 아래 박스를 참고하라). 어떤 종에서 여러 개체군의 생활사적 특징을 비교하면, 이런 특징이 어떻게 이토록 다양해졌는지에 대해 알 수 있다. 예를 들어, 알락돌고래는 적도를 사이에 두고 남, 북쪽에서 각기 다른 번식기를 가지며, 태평양 동, 서쪽에서의 개체의 성장 특성도 서로 다르다. 서태평양의 성체 돌고래는 동태평양보다 몸길이가 4~7cm 정도 더 길다. 적도와 태평양의 이 두 가지 사례는 고래류 개체군이 점유하는 서식지에 적응하면서, 그에 따라 특성도 꽤 달라진다는 점을 보여준다. 고래류 개체군이 먹잇감을 쉽게 얻으려고 어떤 행동을 보이는지에 대한 사례도 있다. 예컨대 긴수염고래, 정어리고래, 밍크고래 개체군에서 어린 개체들이 성적 성숙이 빨라진 현상은, 상업적인 고래 포획으로 개체수가 줄어든 이후 먹이를 보다 쉽게 구할 수 있게 되어 개체들의 성장 속도가 빨라졌기 때문이라고 해석할 수 있다.

어떤 개체군이 새끼를 낳는 숫자는 해마다 다른데, 이것은 환경 조건이 매년 달라지기 때문이다. 개체군이 새끼 낳는 숫자가 변동하는 모습과 어떤 환경 변수가 그것을 일으켰는지를 이해하려면 장기적인 연구가 특히 중요하다. 예를 들어 북태평양 동쪽에 서식하는 쇠고래에게서 해마다 태어나는 새끼의 숫자는, 새로 임신하는 암컷들이 계절이 바뀌면서 먹이를 찾는 지역에 얼마나 잘 도달할 수 있는지와 상관관계가 있다.

집단 모니터링

번식과 관련 있는 변수를 골라 모니터링을 하면, 개체군 역학의 자연적인 변동성과 그것의 변화를 알려주는 지표를 이해할 수 있다. 번식 속도가 낮으면(새끼가 성숙하는 데 오래 걸리거나 임신과 임신 사이의 간격이 길면 이렇게 된다), 서식지가 척박해지거나 사람들이 먹이가 될 생물을 많이 잡아갔을 때 그 고래들은 생존에 위협을 받는다. 개체군 역학에 심각한 영향을 주는 환경 변수를 정해 모니터링하는 일은, 개체군이 건강하게 생활하도록 보호와 관리 계획을 수립해 생존 위기에 놓인 개체군을 보호하는 데 필수적이다.

생존율과 번식률

어떤 개체군을 이루는 개체의 수는 시간에 따라 변동한다. 그것은 개체가 생존하고 번식하는 능력과 결부된 자연적 요인의 변동 때문이다. 개체들의 연령 분포를 보면 그 개체군의 생존율이 드러난다. 그리고 암컷이 처음으로 출산하는 연령과, 출산과 출산 사이의 간격, 새끼를 낳아 키우는 암컷의 숫자를 보면 개체군의 번식률을 알 수 있다. 고래류에서 생존율과 번식률은 연령과 성별에 따라 다양하다. 어떤 개체군의 생존율과 번식률을 조합하면 개체군 역학이 드러난다.

쇠고래의 새끼 번식

쇠고래의 번식은 이들 종이 먹이를 먹는 북극해의 봄철에 얼음이 덮이는 양과 밀접한 관련이 있다. 이른 봄, 북극해에 얼음이 상대적으로 많이 녹으면 임신한 암컷들은 먹이를 양껏 먹어 새로 밸 새끼들의 임신과 수유에 필요한 지방을 몸속에 저장한다. 이런 해에는 새끼 번식률이 높다. 하지만 반대로 얼음이 많이 녹지 않아 남쪽까지 얼음판이 뻗어 있는 해가 되면, 그 해 새로 임신한 암컷들은 일시적으로 먹이를 찾는 지역에 접근할 수 없게 되어 실제로 태어나는 새끼 수도 적어진다. 미국 캘리포니아 중부에서는 생애 처음 북극의 먹이 찾는 지역으로 이동하는 쇠고래 새끼의 수를 세는데, 이 결과로 그 해 새끼가 얼마나 태어났는지를 짐작한다. 북극 지방의 환경이 계속 바뀌면서, 이 데이터 모음은 기후 변화가 쇠고래 새끼 출생 수에 미치는 영향을 시간에 따라 분석할 수 있는 귀중한 자료가 되었다.

러시아
추크치해
알래스카
베링해
캐나다
미국
관측 장비
멕시코

🦐 먹이 찾는 지역
--- 쇠고래의 이동 경로

쇠고래 성체 암컷과 새끼의 여행

대부분의 새끼들은 태어난 지 몇 개월 되지 않아 먹이 찾는 지역으로 첫 번째 여행을 떠난다. 그래서 여행 목적지에 도착할 때까지 성체 암컷이 새끼를 돌본다. 암컷들은 평생 해마다 새로 태어난 새끼를 데리고 이런 여행을 반복한다.

서식 범위

어떤 종의 서식 범위는 생존에 필요한 모든 자원의 시공간적 분포량에 따라 정의된다. 고래류는 전 세계 거의 모든 대양과 해안에서 발견된다. 따뜻한 적도 지역에서 민물이 흐르는 강 유역, 얼음으로 덮인 극지방까지 서식지가 다양하다. 고래는 한 서식지에서 다른 서식지로 이동하는 동물이기 때문에, 어느 동물보다도 서식 범위가 넓고 이동 경로도 긴 편이다. 하지만 고래 종 가운데 몇몇은 서식 범위가 좁으며 평생 그들이 고른 적당한 장소에서 먹이를 찾고, 번식하며, 포식자로부터 몸을 숨긴다.

고래 종이나 개체의 서식 범위는 다양한 방법으로 조사할 수 있다. 그 중에서 가장 간단한 것은 사진 식별법이다. 연구자들은 40년에 걸쳐 사진을 활용해 특정 개체에게만 나타나는 독특한 무늬나 얼룩 패턴을 찾아, 그 개체가 언제, 어디서 나타나는지를 포착해왔다. 오랜 기간 동안 동물 개체들의 사진을 맞춰 확인해보면 그 동물의 서식 범위를 알 수 있다. 이 방법은 바닷가에 서식해 사진을 찍기 용이한 동물을 연구할 때 특히 유리하다. 혹등고래같이 멀리 이주하는 종의 서식 범위를 연구할 때 연구자들은 이들 고래가 먹이를 찾는 지역과 새끼를 낳는 지역에서 사진을 찍어 서로 대조해봄으로써 귀중한 정보를 얻는다.

이와는 대조적으로 먼 거리를 이주하지만 쉽게 개체들의 사진을 찍을 수 없는 종을 연구할 때는 위성 원격 측정 장치를 활용해 서식 범위와 이동에 대한 핵심 정보를 알아낸다. 어떤 동물의 지리학적인 위치(위도와 경도)를 알려주는 추적 장치를 이용하면 그 동물의 위치뿐만 아니라 이동 패턴을 알수 있고 더 나아가서 개별 동물들의 서식 범위까지 밝힐 수 있다. 여러 개체들을 대상으로 이 작업을 여러 번 반복하면, 동물들이 발견된 위치에 따라 종의 서식 범위를 정할 수 있게 된다. 개체나 종이 많이 발견되는 중심지를 흔히 행동권(home range)이라고 부르는데, 행동권에는 생존에 필요한 자원이 포함되어 있다(예컨대 특정 서식지 같은).

꼬리 무늬

과학자들은 고래들이 생활하면서 자연스럽게 생기는 꼬리의 얼룩이나 무늬, 색소 침착 패턴을 개별 고래를 알아보는 독특한 지문으로 활용한다.

행동권의 다양성: 떠돌이 고래 대 붙박이 고래

몇몇 고래류들은 중요한 생활사적 사건에 적당한 서식지를 찾기 위해 오랜 시간 동안 먼 거리를 여행한다. 특히 혹등고래와 쇠고래는 계절에 따라 매우 먼 거리를 이주 한다(포유동물 가운데 이주 거리가 가장 길다). 두 종은 여름철 먹이가 풍부할 때는 고위도 지역에서 생활하며 에너지원을 끊임없이 축적해놓는다. 그러다가 가을이 되면 대부분의 개체가 열대 지방으로 이주한다. 이곳에서 굶으며 새끼를 낳아 키우는 것이다. 이들 고래의 두 서식지는 최대 5,000km 떨어진 곳일 수도 있다. 열대 지방의 따뜻하고

얕은, 한적한 바닷물에서 새끼를 낳고 키우며 겨울을 난 뒤 봄이 오면, 고래들은 먹이를 찾는 지역으로 다시 돌아온다. 고래들의 이주 경로는 바닷가와 가까운 경우가 많은데, 이것은 포식자로부터 새끼를 보호하기 위한 목적도 있다. 먹이를 찾는 지역에서 새끼를 낳는 지역으로 이주하고, 다시 되돌아가는 과정에서 고래들의 전체 행동권은 그 길이가 1만 km에 달한다.

여러 돌고래 종들은 이러한 행동 패턴과 반대의 모습을 보인다. 많은 돌고래들은 평생 작은 행동권에서만 생활하기

때문이다. 뉴질랜드 토착종인 헥터돌고래는 폭이 50km인 행동권 안에서만 머무른다고 알려져 있다. 이와 비슷하게 꼬마돌고래를 포함한 몇몇 강돌고래 종 역시 20km 이내의 범위를 벗어나지 않는다. 몸집이 큰 수염고래류와는 달리, 이런 돌고래들은 작은 영역 안에서도 자기들의 생활과 번식에 필요한 에너지원과 자원을 모두 구할 수 있다.

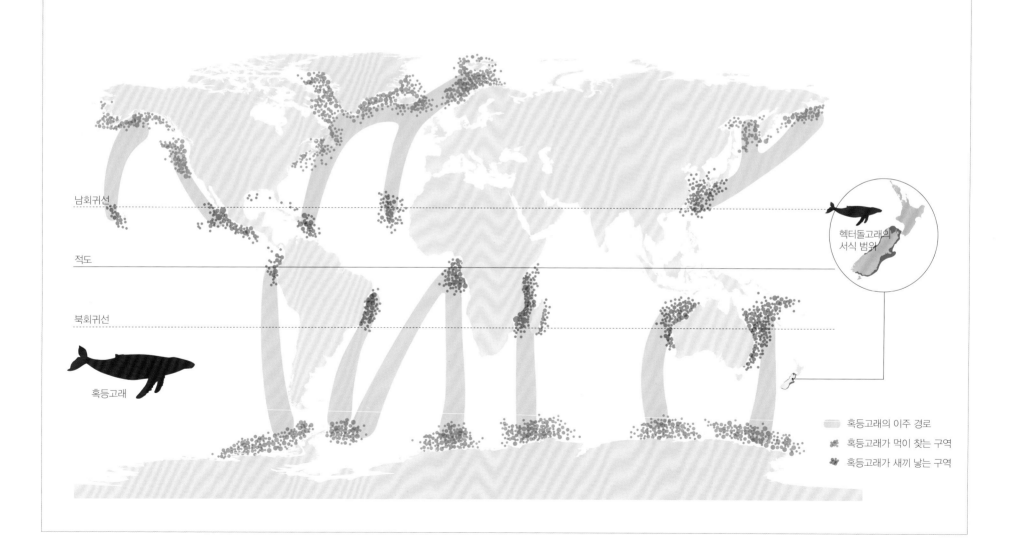

남회귀선

적도

북회귀선

혹등고래

헥터돌고래의 서식 범위

▨ 혹등고래의 이주 경로
🐋 혹등고래가 먹이 찾는 구역
🐋 혹등고래가 새끼 낳는 구역

서식지

고래들이 살아남기 위해서는 역동적인 해양 환경 속에서 살아가는 데 필요한 여러 가지 요인의 균형을 맞춰야 한다. 몸집 큰 온혈동물로 다른 동물을 잡아먹는 포식자인 고래류는, 자기 몸을 지탱하는 데 필요한 엄청난 양의 에너지원을 채우기 위해 식량을 충분히 구해야 한다. 하지만 해양 환경에서 살아가려면 몸의 온도를 조절하는 일도 과제로 남는다. 고래는 몸집이 크고 단열이 잘 되기 때문에, 적당한 체온을 유지하도록 몸속 열을 충분히 발산할 수 있는 환경을 찾아야 한다. 몸집이 커질수록 생활하는 데 필요한 에너지 양도 커진다. 따라서 수염고래류같이 몸집이 특별히 큰 동물은 엄청난 식사량을 맞추기 위해 먹이 자원이 충분하게 갖추어진 장소를 찾아 그곳에서 생활해야 한다. 한편, 수염고래류 새끼들은 범고래에게 잡아먹힐 위험이 상당히 크기 때문에 혹등고래나 쇠고래는 새끼를 키우기에 안전한 지역을 이주 목적지로 택한다.

수염고래류가 밀집된 무리를 이루며 이 무리가 듬성듬성 떨어진 작은 먹잇감을 먹고 산다면, 이빨고래류는 좀 더 큰 먹잇감을 한 번에 잡아먹는다. 수염고래류는 대개 대양의 표면 근처에서(수심 약 300m 위) 먹이를 먹는다. 부리고래류는 아주 깊은 바다에서 살기 때문에 수심 1,500m 깊은 곳까지 내려가 먹이를 먹을 때가 많은데, 때로는 오징어나 심해어류를 잡아먹으려고 2,500m 깊이까지 내려가기도 한다.

과학자들은 고래류의 서식지를 알아내기 위해 해양 환경의 여러 지표를 측정한다. 어떤 매개변수를 사용해야 특정 종이 사는 곳을 가장 잘 예측할 수 있는지 알기 위해서다. 고래류가 사는 서식지는 먹잇감의 밀도가 평균보다 높은 곳에서 형성된다. 하지만 자원이 풍부하고 먹잇감의 밀도가 높은 지역의 해양학적 특징과 메커니즘은 지역에 따라 다양할 수 있다. 고래류가 번성하기 위해서는 같은 종끼리의 경쟁을 줄여야 한다. 개체들이 서로 가까이 생활하는 몇몇 종은 경쟁을 피하기 위해 개체가 각자 약간씩 다른 환경 조건들의 조합(니치, niche)을 택하는 경우가 많다.

고래류는 종의 다양성만큼이나 서식지도 다양하다. 일각돌고래와 북극고래는 아주 차가운 물이나 바닷물에 떠다니는 얼음 사이의 좁은 수로에서 살지만, 강돌고래류의 여러 종은 전 세계 큰 강의 삼각주 근처 탁한 민물을 선호한다. 서식지는 고래류가 보이는 행동에 따라서도 다양하게 나뉜다. 예컨대 혹등고래는 먹이를 먹는 시기가 되면 먹잇감이 어느 지역에 많이 분포하는지에 따라 서식지를 옮겨 다닌다. 그리고 많은 수염고래류는 먹이를 찾는 계절에는 먹이가 풍부한 곳 위주로 서식하다가, 새끼를 낳아 키우는 계절에는 해안에 가까운 따뜻한 바다를 선호한다.

스피너돌고래

스피너돌고래는 밤에는 탁 트인 먼 바다에서 먹이를 먹다가, 낮에는 아늑한 만으로 이동해서 휴식을 취한다. 스피너돌고래는 먹이를 찾는 서식지와 휴식하는 서식지가 아주 다른 종이다.

고래류의 서식지

해빙 많은 고래류에게 남극이나 북극 바다에서 계절에 따라 생기는 얼음인 해빙은 먹이를 구하고 포식자를 피하기 적당한 서식지다. 북극에서는 북극고래, 흰고래, 일각돌고래가, 남극에서는 밍크고래와 범고래가 이 해빙에서 산다.

석호 쇠고래는 멕시코 북서부의 바하칼리포르니아 주의 따뜻하고 얕은 석호에서 살며 새끼를 낳는다. 석호에서 살면 쇠고래는 포식자인 범고래를 피할 수 있을 뿐 아니라 새끼를 잔잔하고 따뜻한 물속에서 키울 수 있다. 이런 환경은 새끼가 보살핌을 받으며 헤엄치는 법을 배우기에 좋다.

강 전 세계의 큰 강들 상당수가 돌고래의 서식지이다. 탁하고 빠르게 흐르는 강물에는 다양한 물고기들이 살고, 돌고래들은 이 물고기를 먹고 산다.

먼 바다 전 세계 여러 대양의 먼 바다(외양수)는 단일한 서식지로는 가장 넓다. 돌고래나 부리고래류가 이런 환경에서 생활한다. 커다란 사회 안에서 살아가는 돌고래는 때로는 수천 마리가 무리 짓기도 한다. 이런 돌고래 무리는 먹잇감인 작은 물고기 떼가 한꺼번에 갇혀 있는 바다 속 소용돌이 구역을 탐색한다. 한편 혼자 생활하는 습성이 강한 부리고래류는 심해 오징어를 먹고 사는데, 먼 바다의 물속 해산이나 해저 협곡을 서식지로 선호한다.

따뜻한 열대 바다 섬을 둘러싼 따뜻한 열대 바다는 많은 돌고래 종의 안식처이다. 깨끗한 열대 바다는 고위도의 차가운 바다에 비하면 돌고래의 먹이가 적은 편이지만, 그래도 암초가 많아 물고기가 몰려들기도 한다. 하와이 섬 근처에 사는 스피너돌고래의 경우, 이곳의 아늑한 만은 돌고래들에게 꼭 필요한 휴식 공간이다. 먹이를 사냥하는 중간에 와서 쉬기도 하고, 상어로부터 몸을 피할 수도 있다.

해빙

석호

강

먼 바다

따뜻한 열대 바다

보호와 관리

세계자연보전연맹(IUCN)에서는 보전을 다음과 같이 정의한다. "장기간의 영속성을 위해 자연적 조건을 지키고자, 자연적 환경 안팎에서 생태계, 서식지, 야생종과 그 개체군을 보호하고 보살피며 관리하고 유지시키는 것." 전 세계 여러 곳에서 널리 서식하는 고래류는 크게 보아 중요한 '우산 종'이다. 우산 종이란, 이들을 보호하려고 노력하면 자연히 같은 생태계 안의 다른 종들도 보호할 수 있는 그런 종을 말한다. 더욱이 고래류는 먹이사슬의 꼭대기에 있는 포식자인 만큼 생태계를 건강하게 유지하는 지표 종으로 활용할 수 있다.

보전 상태

오늘날 지구는 여섯 번째 대멸종의 한가운데에 있고, 고래류 역시 예외는 아니다. 바키타돌고래나 북태평양참고래 같은 여러 고래 종들은 개체수가 급감하는 바람에 멸종의 가장자리까지 내몰렸다. 모든 고래류 종은 IUCN 위기종 레드리스트를 통해 주기적으로 보전 상태를 평가받고 있는 상태다(아래 표를 참고하라).

바키타돌고래

멸종 위기에 놓인 종들

양쯔강돌고래(위)와 바키타돌고래(오른쪽 위)는 심각한 멸종 위기에 놓인 종이다. 양쯔강돌고래는 서식지인 양쯔강 일대를 전면적으로 조사한 결과 한 마리도 발견되지 않아 거의 멸종이 닥쳤다고 알려져 있다. 이 종의 개체수가 줄어드는 이유는 서식지가 사라지거나 다른 어류를 잡으려다 의도치 않게 잡히는 부수어획 때문이다. 부수어획은 코르테스 해에 서식하는 바키타돌고래의 개체수가 줄어드는 이유이기도 하다. 코르테스 해에서는 어부들이 물고기를 잡으려고 쳐놓은 걸그물에 바키타돌고래가 잘못 걸려들어 익사하는 바람에 현재 개체수가 100마리 미만으로 떨어졌다.

IUCN 레드리스트 속의 고래 종들

레드리스트 분류는 전문가 집단이 주어진 종들에 대해 입수할 수 있는 가장 좋은 데이터를 활용해서 만든다. 이 분류는 어떤 종이 직면한 주된 위기에 기초해서 멸종 위험을 평가한다. 주기적으로 최신 데이터가 입수되면 이 분류는 갱신된다. 아래 표는 2014년 가을을 기준으로 작성된 분류이다.

범주명	정의	고래류 종 수
심각한 위기종	야생 상태에서 멸종할 위험이 극도로 높은 종들	2
멸종 위기종	야생 상태에서 멸종할 위험이 아주 높은 종들	7
취약종	야생 상태에서 멸종할 위험이 높은 종들	6
위기 근접종	심각한 위기종, 멸종 위기종, 취약종의 기준을 충족하지는 않지만 가까운 미래에 그 범주에 들어갈 가능성이 있는 종들	5
관심 필요종	심각한 위기종, 멸종 위기종, 취약종, 위기 근접종의 기준을 충족하지 않으며 야생에 꽤 널리 퍼져 있는 종들	22
자료 부족종	충분한 데이터를 입수할 수 없어 멸종 위험을 평가하기 힘든 종들	45

위협들

고래류를 위협하는 요인은 직접적일 수도 있고 간접적일 수도 있다. 그러한 요인은 직접 생명에 해를 끼치기도 하지만 환경에서 벌어지는 어떤 사건을 통해 간접적으로 위협을 가하기도 한다. 직접적인 위험 요인에는 사람들이 생계를 위해 벌이는 사냥, 포경선 고래잡이, 밀렵, 몰아넣는 포획, 선박의 기어나 잔해에 끼이는 경우, 부수어획, 선박과의 충돌, 해안 개발로 말미암은 서식지 파괴, 수중 소나 시험으로 말미암은 피해 등이다. 그리고 간접적인 위험 요인은 기후 변화에 따른 이주 경로와 먹잇감에 접근할 기회 변화, 먹잇감 고갈로 말미암은 번식 성공률 감소, 오염물질의 생물농축으로 말미암은 피해, 수중 소음공해와 몰려드는 선박으로 가중되는 스트레스 등이다.

보전을 위한 행동

고래류는 전 세계적으로 분포해 있으며, 고래 개체들은 먼 거리를 이주하기 때문에 전 세계 여러 나라의 바다를 넘나든다. 그러므로 고래를 보호하기 위해서는 세계 여러 나라가 정책과 규정 면에서 협조해야 한다. 1946년에 고래잡이 규제를 위한 국제 협약에 따라 설립된 국제포경위원회는 처음으로 고래 포획 수에 제한을 가하는 국제적인 행동을 보여주었다. 1973년과 1979년에 통과된 협약들도 고래류를 보호하려는 추가적인 노력의 일환이었다. 하지만 국제 보전 협약은 사람들에게 강제하기가 어렵다는 한계가 있었다. 그래도 미국에서 1972년에 통과된 해양포유동물보호 법안과 1973년의 멸종위기종 법안 같은 국내법이 고래류 보호를 위한 강제력 있고 포괄적인 수단을 제공했다.

비정부기구(NGO)와 개인 또한 고래 보호 운동을 벌일 수 있다. 많은 비정부기구들이 고래류 보호를 위해 로비를 벌이고 관련 연구를 지원하며, 종 보전 문제를 대중에게 홍보하고 있다. 개인들 또한 바닷가의 쓰레기를 치우고 자신의 탄소발자국을 줄이는(자원 재활용과 대중교통 이용으로) 행동으로 고래류를 지키고자 돕고 있다.

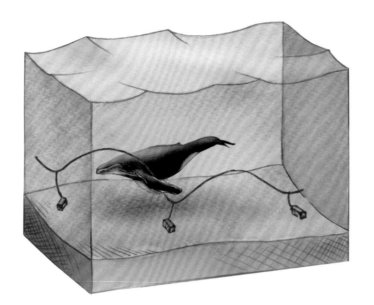

뜸줄

전통적으로 바닷가재를 잡는 통발은 물속에서 둥둥 뜨는 뜸줄로 매여 있었다. 하지만 이곳을 지나다니는 고래가 여기에 엉켜 위험해지는 경우가 많았다.

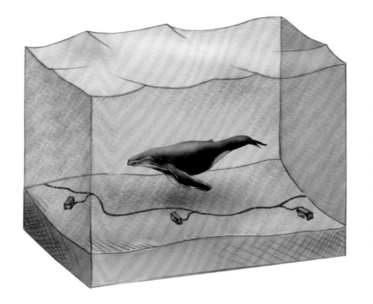

가라앉는 줄

새로 나온 바닷가재 통발은 이음줄이 무거워서 바다 밑 바닥에 가라앉는다. 이 줄을 사용하면 고래가 엉킬 위험을 최소화할 수 있다.

'고래에게 안전한' 바닷가재 잡이

북서대서양에 서식하는 혹등고래와 북대서양참고래에게는 고기잡이 기구에 몸이 끼이는 것이 큰 위협이다. 그래서 이런 사고를 막기 위한 사전, 사후 노력이 필요하다. 예컨대 고래가 고기잡이 줄에 끼이면 숙련된 팀이 나서서 줄을 잘라주는 것이 사후 노력이다. 그리고 사전 노력은 고기잡이 기구를 바꾸는 것이다. 옆 그림처럼 바닷가재 통발을 해저에 가라앉게 개량하는 것이 한 예이다.

종 식별 도구와 지도

종을 식별하는 열쇠들

다음은 현장에서 고래와 돌고래, 쇠돌고래의 여러 종들을
물리적 특징에 따라 식별할 수 있는 핵심 분류법이다. 현장
에서는 고래가 숨을 쉬러 표면에 나올 때 몸 일부밖에 볼 수
없다. 하지만 어떤 종인지 판별할 수 있는 관찰 가능한 특징
들이 여럿 존재한다. 이런 특징들은 시각적으로 명확하다.
예컨대 커다란 고래의 물 뿜기(고래가 뿜은 수증기)의 모양과
크기가 그렇다. 또 머리의 모양, 등지느러미와 꼬리, 전체적
인 몸 크기 등 외부로 나타난 특징도 있다.

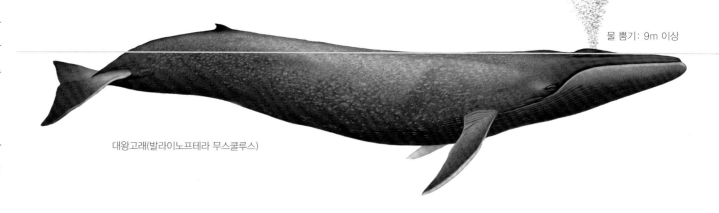

물 뿜기: 9m 이상

대왕고래(발라이노프테라 무스쿨루스)

물 뿜기
몸집이 작은 고래와 돌고래는 대부분 뿜어내는 물이
적어서 관찰하기 어렵다. 하지만 커다란 고래
는 그보다 양이 많으며 종에 따라
뿜어낸 물의 모양이 다르다.

한 줄 뿜기

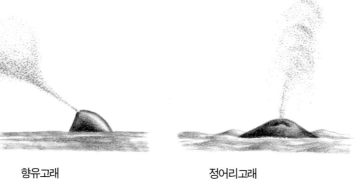

향유고래
피세테르 마크로케팔루스 / 2m

정어리고래
발라이노프테라 보레알리스 / 3m

브라이드고래
발라이노프테라 에데니 / 3~4m

긴수염고래
발라이노프테라 피살루스
4~6m

대왕고래
발라이노프테라 무스쿨루스
9m 이상

두 줄 뿜기

혹등고래
메가프테라 노바이안글리아이
2.4~3m

쇠고래
에스크리크티우스 로버스투스
3~4.6m

북방/남방참고래
에우발라이나속 / 5m

북극고래
발라이나 미스티케투스 / 7m

외부로 드러나는 특징

고래와 돌고래는 머리의 모양(부리가 있거나, 부리가 없거나, 편평하거나), 몸 색깔(단일하거나, 햇볕에 노출된 부분은 어둡지만 가려진 부분은 밝거나, 복잡한 무늬가 있거나), 등지느러미의 모양과 위치, 꼬리의 모양에 따라 구분할 수 있다.

머리 모양

짧은부리참돌고래
델피누스 델피스 /
돌출된 부리

쥐돌고래
포코이나 포코이나 /
부리 없음, 둥근 머리

밍크고래
발라이노프테라 아쿠토로스트라타 /
편평한 머리

몸의 색깔

흰고래
델피나프테루스 레우카스 / 단일한 몸 색깔

큰돌고래
투르시옵스 트룬카투스 / 몸 아래쪽이 위쪽보다 밝음

대서양낫돌고래
라게노델피스 아쿠투스 / 복잡한 무늬

꼬리 모양

북극고래
발라이나 미스티케투스 /
끝이 뾰족함, 중간이 약간 파임, 가장자리가 살짝 길게 휘어짐

쇠고래
에스크리크티우스 로버스투스 /
중간이 깊이 파임, 가장자리가 둥그스름하고 고르지 못함

혹등고래
메가프테라 노바이안글리아이 /
중간이 깊이 파임, 가장자리가 S자 모양으로 둥글게 튀어나옴

향유고래
피세테르 마크로케팔루스 /
넓적한 삼각형, 가장자리가 곧음, 중간이 깊이 파임

일각돌고래
모노돈 모노케로스 /
독특한 둥근 가장자리, 중간이 깊이 파임

짧은부리참돌고래
델피누스 델피스 /
끝이 뾰족함, 중간이 약간 파임, 가장자리가 독특하게 오목한 모양

쥐돌고래
포코이나 포코이나 /
끝이 뾰족함, 중간이 독특한 모양으로 파임, 살짝 오목한 가장자리

까치돌고래
포코이노이데스 달리 /
끝이 둥그스름함, 중간이 약간 파임, 가장자리가 독특하게 볼록한 모양

등지느러미의 모양

알락돌고래
스테넬라 아테누아타 / 휘어짐

범고래
오르키누스 오르카 / 높고 곧음

헥터돌고래
케팔로린쿠스 헥토리 / 둥근 모양

아마존강돌고래
이니아 게오프레네시스 / 낮은 혹 모양

등지느러미의 위치

앤드루부리고래
메소플로돈 보우도이니 / 뒤쪽

줄무늬돌고래
스테넬라 코이룰레오알바 / 중간

인도태평양상괭이
네오포카이나 포카이노이데스 / 없음

몸의 크기

이 책에서는 고래와 돌고래를 먼저 몸길이로 나눈 다음, 부리
와 등지느러미의 존재 유무에 따라 2차로 나눈다.

몸길이 3m 이하, 부리와 등지느러미 있음

라플라타강돌고래
폰토포리아 블라인빌레이 / 남반구 /
1.3~1.7m, 254페이지

꼬마돌고래
소탈리아 플루비아틸리스 / 남반구, 북반
구 / 1.3~1.8m, 156페이지

클리멘돌고래
스테넬라 클리메네 / 북반구 /
1.7~2m, 170페이지

스피너돌고래
스테넬라 론기로스트리스 / 남반구, 북반
구 / 1.3~2.1m, 176페이지

기아나돌고래
소탈리아 구이아넨시스 / 남반구 /
2.1m, 158페이지

대서양알락돌고래
스테넬라 프론탈리스 / 남반구, 북반구 /
1.7~2.3m, 174페이지

알락돌고래
스테넬라 아테누아타 / 남반구, 북반구 /
1.7~2.4m, 168페이지

긴부리참돌고래
델피누스 카펜시스 / 남반구, 북반구 /
1.9~2.4m, 116페이지

짧은부리참돌고래
델피누스 델피스 / 남반구, 북반구 /
1.7~2.4m, 118페이지

줄무늬돌고래
스테넬라 코이룰레오알바 / 남반구, 북반
구 / 1.8~2.5m, 172페이지

대서양혹등돌고래
소우사 테우지 / 남반구, 북반구 /
2~2.5m, 166페이지

남방큰돌고래
투르시옵스 아둔쿠스 / 남반구, 북반구 /
2.6m, 180페이지

뱀머리돌고래
스테노 브레다넨시스 / 남반구, 북반구 /
2.1~2.6m, 178페이지

인도태평양혹등돌고래
소우사 키넨시스 / 남반구, 북반구 /
2~2.8m, 160페이지

인도양혹등돌고래
소우사 플룸베아 / 남반구, 북반구 /
2~2.7m, 162페이지

오스트레일리아혹등돌고래
소우사 사훌렌시스 / 남반구 / 2~2.7m,
164페이지

큰돌고래
투르시옵스 트룬카투스 / 남반구, 북반구 /
1.9~3.9m, 182페이지

몸길이 3m 이하, 부리와 등지느러미 없거나 작음

양쯔강돌고래
리포테스 벡실리페르 / 북반구 /
1.4~2.5m, 252페이지

갠지스강돌고래
플라타니스타 간게티카 / 북반구 /
1.5~2.5m, 258페이지

아마존강돌고래
이니아 게오프레넨시스 / 남반구, 북반구 /
1.8~2.5m, 256페이지

흰배돌고래
리소델피스 페로니 / 남반구 /
1.8~2.9m, 144페이지

홀쭉이돌고래
리소델피스 보레알리스 / 북반구 /
2~3m, 142페이지

15.25m

몸길이 3m 이하, 부리 없음, 등지느러미 있거나 없음

헥터돌고래
케팔로린쿠스 헥토리 / 남반구 /
1.2~1.5m, 114페이지

바키타돌고래
포코이나 시누스 / 북반구 / 1.2~1.5m,
270페이지

머리코돌고래
케팔로린쿠스 콤메르소니 / 남반구 /
1.3~1.7m, 108페이지

히비사이드돌고래
케팔로린쿠스 헤아비시디 / 남반구 /
1.6~1.7m, 112페이지

칠레돌고래
케팔로린쿠스 에우트로피아 / 남반구 /
1.2~1.7m, 110페이지

모래시계돌고래
라게노린쿠스 크루키게르 / 남반구 /
1.6~1.8m, 136페이지

인도태평양상괭이
네오포카이나 포카이노이데스 / 남반구, 북
반구 / 1.2~1.9m, 264페이지

상괭이
네오포카이나 아시아이오리엔탈리스 /
북반구 / 1.9m, 262페이지

쥐돌고래
포코이나 포코이나 / 북반구 /
1.4~1.9m, 268페이지

버마이스터돌고래
포코이나 스피니핀니스 / 남반구 /
1.4~2m, 272페이지

더스키돌고래
라게노린쿠스 오브스쿠루스 / 남반구 /
1.6~2.1m, 140페이지

안경돌고래
포코이나 디옵트리카 / 남반구 /
1.3~2.2m, 266페이지

까치돌고래
포코이노이데스 달리 / 북반구 /
1.7~2.2m, 274페이지

펄돌고래
라게노린쿠스 아우스트랄리스 / 북반구 /
2~2.2m, 134페이지

낫돌고래
라게노린쿠스 오블리퀴덴스 / 북반구 /
1.7~2.4m, 138페이지

대서양낫돌고래
라게노린쿠스 아쿠투스 / 북반구 /
1.9~2.5m, 130페이지

사라와크돌고래
라게노델피스 호세이 / 남반구, 북반구 /
2~2.6m, 128페이지

이라와디돌고래
오르카일라 브레비로스트리스 / 남반구, 북
반구 / 2.1~2.6m, 146페이지

난쟁이범고래
페레사 아테누아타 / 남반구, 북반구 /
2.1~2.6m, 120페이지

쇠향고래
코기아 시무스 / 남반구, 북반구 /
2.1~2.7m, 192페이지

고양이고래
페포노케팔라 엘렉트라 / 남반구, 북반구 /
2.1~2.7m, 152페이지

오스트레일리아스넙핀돌고래
오르카일라 헤인소니 / 남반구 /
1.8~2.8m, 148페이지

흰부리돌고래
라게노린쿠스 알비로스트리스 / 북반구 /
2.5~2.8m, 132페이지

꼬마향유고래
코기아 브레비켑스 / 남반구, 북반구 /
2.7~3.4m, 190페이지

큰코돌고래
그람푸스 그리세우스 / 남반구, 북반구 /
2.6~3.8m, 126페이지

15.25m

몸길이 3~10m, 부리와 등지느러미 있음

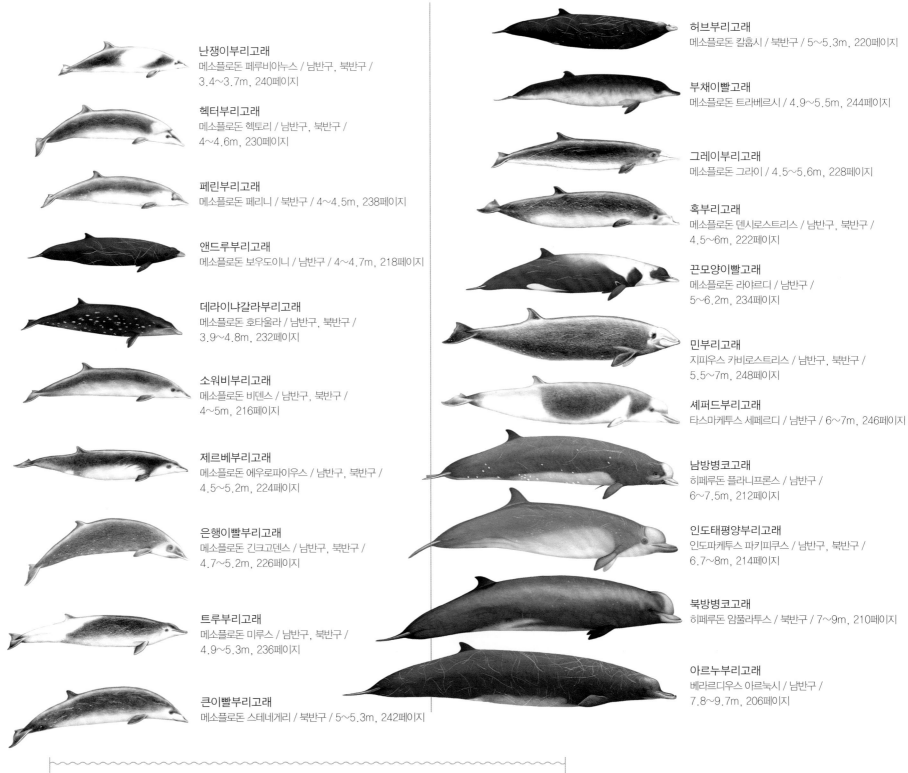

난쟁이부리고래
메소플로돈 페루비아누스 / 남반구, 북반구 /
3.4~3.7m, 240페이지

헥터부리고래
메소플로돈 헥토리 / 남반구, 북반구 /
4~4.6m, 230페이지

페린부리고래
메소플로돈 페리니 / 북반구 / 4~4.5m, 238페이지

앤드루부리고래
메소플로돈 보우도이니 / 남반구 / 4~4.7m, 218페이지

데라이냐갈라부리고래
메소플로돈 호타울라 / 남반구, 북반구 /
3.9~4.8m, 232페이지

소워비부리고래
메소플로돈 비덴스 / 남반구, 북반구 /
4~5m, 216페이지

제르베부리고래
메소플로돈 에우로파이우스 / 남반구, 북반구 /
4.5~5.2m, 224페이지

은행이빨부리고래
메소플로돈 긴크고덴스 / 남반구, 북반구 /
4.7~5.2m, 226페이지

트루부리고래
메소플로돈 미루스 / 남반구, 북반구 /
4.9~5.3m, 236페이지

큰이빨부리고래
메소플로돈 스테네게리 / 북반구 / 5~5.3m, 242페이지

허브부리고래
메소플로돈 칼훕시 / 북반구 / 5~5.3m, 220페이지

부채이빨고래
메소플로돈 트라베르시 / 4.9~5.5m, 244페이지

그레이부리고래
메소플로돈 그라이 / 4.5~5.6m, 228페이지

혹부리고래
메소플로돈 덴시로스트리스 / 남반구, 북반구 /
4.5~6m, 222페이지

끈모양이빨고래
메소플로돈 라야르디 / 남반구 /
5~6.2m, 234페이지

민부리고래
지피우스 카비로스트리스 / 남반구, 북반구 /
5.5~7m, 248페이지

셰퍼드부리고래
타스마케투스 셰페르디 / 남반구 / 6~7m, 246페이지

남방병코고래
히페루돈 플라니프론스 / 남반구 /
6~7.5m, 212페이지

인도태평양부리고래
인도파케투스 파키피쿠스 / 남반구, 북반구 /
6.7~8m, 214페이지

북방병코고래
히페루돈 암풀라투스 / 북반구 / 7~9m, 210페이지

아르누부리고래
베라르디우스 아르눅시 / 남반구 /
7.8~9.7m, 206페이지

15.25m

몸길이 3~10m, 부리와 등지느러미 없음

흰고래
델피나프테루스 레우카스 / 북반구 /
2.8~5m, 200페이지

일각돌고래
모노돈 모노케로스 / 북반구 / 3.8~5m,
196페이지

몸길이 3~10m, 부리 없음, 등지느러미 있음

참거두고래
글로비케팔라 멜라스 / 남반구, 북반구 /
3.8~6m, 124페이지

범고래붙이
프세우도르카 크라시덴스 / 남반구, 북반
구 / 4.3~6m, 154페이지

작은참고래
카페레아 마르기나타 / 남반구 /
5.5~6.5m, 78페이지

들쇠고래
글로비케팔라 마크로린쿠스 / 남반구,
북반구 / 3.6~6.5m, 122페이지

범고래
오르키누스 오르카 / 남반구, 북반구
/ 5.5~9.8m, 150페이지

밍크고래
발라이노프테라 아쿠토로스트라타 /
남반구, 북반구 / 7~10m,
86페이지

남극밍크고래
발라이노프테라 보나이렌시스 / 남반
구 / 7.3~10.7m, 88페이지

오무라고래
발라이노프테라 오무라이 / 남반
구, 북반구 / 남반구, 북반구 /
9.7~11.5m, 98페이지

15.25m

몸길이 10m, 부리와 등지느러미 있음

망치고래
베라르디우스 바이르디 / 북반구 / 10.7~12.8m, 208페이지

몸길이 10m 이상, 부리 없음, 등지느러미 없거나 작음

쇠고래
에스크리크티우스 로버스투스 / 북반구 / 12~17m, 82페이지

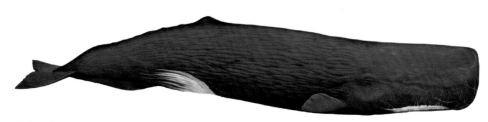

향유고래
피세테르 마크로케팔루스 / 남반구, 북반구 / 11~18m, 186페이지

남방참고래
에우발라이나 아우스트랄리스 / 남반구 / 15m, 68페이지

북극고래
발라이나 미스티케투스 / 북반구 / 14~18m, 76페이지

북대서양참고래
에우발라이나 글라키알리스 / 북반구 / 13~16m, 70페이지

북태평양참고래
에우발라이나 자포니카 / 북반구 / 15~18.3m, 74페이지

30.5m

몸길이 10m 이상, 부리 없음, 등지느러미 있음

브라이드고래
발라이노프테라 에데니 / 남반구, 북반구 / 11.5~14.5m, 92페이지

정어리고래
발라이노프테라 보레알리스 / 남반구, 북반구 / 12~16m, 90페이지

혹등고래
메가프테라 노바이안글리아이 / 남반구, 북반구 / 11.5~15m,
102페이지

긴수염고래
발라이노프테라 피살루스 / 남반구, 북반구 / 18~22m, 100페이지

대왕고래
발라이노프테라 무스쿨루스 / 남반구, 북반구 / 21~27m, 94페이지

30.5m

물 위에서 보이는 행동

물 표면에서 고래류가 보이는 행동은 다양하다. 숨을 쉬기 위해 물 위로 머리를 내밀기도 하고, 요란하게 펄쩍 공중으로 뛰어오르기도 한다. 고래가 숨을 내쉬면 분수공을 통해 이산화탄소가 폐에서 빠져나온다. 호흡을 통해 밖으로 나온 따뜻한 기체가 바깥의 시원한 공기와 만나면 응결해서 액체가 되어 뿜어진다. 덩치 큰 고래라면 뿜어져 나오는 물의 모양과 높이를 통해 멀리서도 어떤 종인지 식별 가능하다. 숨을 내쉬는 속도를 보고도 그 개체의 활동 상태나 에너지 소비량을 짐작할 수 있다.

꼬리치기 역시 몸집 큰 고래가 물 위에서 흔히 보이는 행동이다. 이 행동은 고래가 물속으로 들어가는 순간 꼬리로 물 표면을 치는 과정에서 나타난다. 꼬리가 물을 치는 각도를 보면 고래가 잠수하는 깊이를 알 수 있다. 고래 꼬리가 공중에 높고 곧게 뻗어 있으면, 고래가 전력으로 물 속 깊이 잠수하고 있다는 뜻이다. 반면에 꼬리가 물 표면에서 비스듬히 얕게 보이면, 고래가 보다 얕게 잠수하고 있다는 것을 의미한다.

고래류가 물 표면에서 보이는 또 다른 행동 유형은 세 가지로 나뉜다. 빠른 속도로 이동하기, 공중 행동, 물 표면에서 보이는 섭식 행동이 그것이다. 일반적으로 돌고래들은 다른 고래류에 비해 물 표면에서 보이는 행동이 굉장히 다양한 편이다. 하지만 비록 덩치는 커도 수염고래류 역시 물 표면에서 생각보다 다양한 행동을 보인다. 높이 뛰어올랐다 떨어지거나 돌진하기 등이 그 예이다. 반면 쇠돌고래류는 물 표면에서 행동을 두드러지게 보이지 않는 편이다(까치돌고래는 예외다. 오른쪽 아래 사진을 보라).

고래의 물 뿜기

덩치 큰 고래가 뿜어내는 물은 멀리서도 아주 잘 보인다. 고래류 중에서도 제일 몸집이 큰 대왕고래는 뿜어내는 물의 높이도 가장 높다. 긴수염고래가 뿜어내는 물은 V자 모양인데, 이것은 이 고래의 분수공이 기울어져 있기 때문이다. 혹등고래가 뿜는 물은 약간 높이가 낮은 덤불 모양이다. 그리고 향유고래가 뿜는 물은 왼쪽으로 비스듬하게 뿜는데, 이것은 이 고래의 머리뼈와 비강이 아주 비대칭적이기 때문이다.

커다란 고래의 물 뿜기

대왕고래	긴수염고래	혹등고래	향유고래

이동

돌고래 점프는 돌고래가 빠른 속도로 이동할 때 볼 수 있다. 물 위로 재빨리 뛰어오르면서 물 표면에서만 빠르게 헤엄치는 동작이 특징이다. 이 행동을 보일 때 무리 안의 개체들은 모두 일치된 동작을 보인다. 돌고래 점프는 돌고래류와 쇠돌고래류에게서 볼 수 있다(그리고 해달, 물개, 바다사자에게서도 나타난다). 이 동작을 하게 되면 더욱 효율적인 이동이 가능하다. 물은 공기보다 밀도가 800배 높기 때문에, 물 밖에 머무는 순간이 조금이라도 길어질수록 저항력은 크게 감소한다. 그에 따라 돌고래와 쇠돌고래는 에너지를 덜 소모하면서 빨리 이동할 수 있는 것이다. 이렇게 빠르게 이동하다 보면 '물보라 일으키기' 또한 일어난다. 물 표면을 따라 스치듯 헤엄치면서 V자 모양의 파도를 일으키는 것이다. '뱃머리 타기' 역시 표면에서 이동할 때 나타나는 동작이다.

돌고래와 쇠돌고래, 기타 몸집이 작은 이빨고래류는 선박의 뱃머리에서 일어난 압력으로 생긴 파도를 탄다. 뱃머리를 타는 개체는 빨리 숨을 쉬기 위해 물 위로 뛰어오르는 경우가 많다. 뱃머리 타기가 어떤 효과가 있는지는 확실하지 않지만 돌고래류 개체들이 이런 행동을 보이면서 여객선으로 다가오는 모습이 종종 관찰된다. 한동안 뱃머리 타기를 하다가 원래 자리로 되돌아가는 것을 보면, 이동하는 과정에서 에너지를 덜 들이려는 효율성 문제 때문에 그렇게 행동하는 것 같지는 않다. 아마도 일종의 놀이일 가능성이 있다.

돌고래 점프와 물보라 일으키기

작은 고래류는 물 표면을 따라 이동하면서 돌고래 점프와 물보라 일으키기 같은 행동으로 에너지를 덜 들이며 효과적으로 헤엄치고자 한다. 왼쪽 사진은 뉴질랜드 카이코우라 인근 해역에서 헤엄치는 흰배돌고래 무리이다. 오른쪽은 알래스카 남동부에서 까치돌고래 한 마리가 빠른 속도로 헤엄치면서 이 종 특유의 '물보라 일으키기'를 보여주는 모습이다.

공중 행동

고래류가 공중에서 보여주는 가장 두드러진 행동은 점프이다. 덩치 큰 고래들은 물 위로 훌쩍 점프했다가 물속으로 첨벙 뛰어드는 행동을 보인다. 이런 행동에는 몇 가지 기능이 있는데, 체외 기생충 없애기, 먹잇감 보다 잘 찾기, 사회적 기능, 짝짓기 전략, 의사소통 그리고 놀이 기능이다. 예컨대 스피너돌고래가 회전하면서 뛰어오르는 행동은 빨판상어를 떨구어내기 위해서이다. 협동하며 먹이를 찾는 과정에서 물 밖으로 뛰어오르면 숨을 들이마시면서 재빨리 물속 깊이 돌아갈 수 있다. 짝짓기 추격, 수컷의 과시행동, 수컷 간의 경쟁(22페이지를 참고하라) 같은 사회적 활동에서도 뛰어오르기가 나타난다. 이런 점프는 공중에서 서로 시각적으로 의사소통을 하는 방식이거나, 물속에서 소리로 의사를 전달하는 방식일 수 있다. 때때로 고래류는 그저 재미 삼아 놀이의 하나로 점프를 하는 것처럼 보이기도 한다. 또 어쩌면 어떤 활동으로 흥분이 고조되었을 때 나타나는 부산물인 '감탄 부호'일지도 모른다. 지금 의사소통하고 있는 메시지를 강조하기 위해 나타나는 행동이라는 것이다.

다른 공중 행동 가운데에는 머리 내밀고 살피기와 꼬리로 수면 내려치기, 지느러미로 수면 내려치기가 있다. 고래류는 수면으로 머리를 내밀고 살피는 행동을 할 때 몸을 수직으로 세워 눈을 수면 위로 내민다. 그러면 수면 근처를 샅샅이 훑어볼 수 있다. 이 행동은 사회적인 행동이나 놀이 행동과 함께 나타나는 경우가 많다. 한편 꼬리 내려치기와 지느러미 내려치기를 하면 공기와 물을 따라 소리가 전달된다. 꼬리와 지느러미 각각을 수면에 철썩 내려치는데, 이 행동은 여러 번 반복되는 경우가 많다. 이런 행동들은 개체의 공격성이나 언짢음 같은 내적 상태를 전달하기 위한 것으로 보인다. 꼬리 내려치기는 먹이를 찾는 중 물고기 떼를 모으거나 당황시키기 위해서 하는 것일 수도 있다.

돌고래의 곡예

스피너돌고래와 더스키돌고래는 곡예에 가까운 행동을 가장 잘하는 두 종이다. 스피너돌고래(왼쪽)는 높이 회전하면서(스핀) 점프를 한다고 해서 그런 이름이 붙었다. 한 번 점프하면서 최소한 14번의 완전한 점프를 보여준다. 더스키돌고래(왼쪽 위)는 네 종류의 점프를 보여주는데, 그중 한 가지가 이 사진과 같은 여러 마리의 협동 점프이다. 두 마리의 개체가 같은 동작을 보이는 이런 협동 점프를 하는 까닭은 사회적인 유대를 형성하고 강화하기 위해서일 것이다.

머리 내밀고 살피기와 꼬리 내려치기

머리 내밀고 살피기

이 행동은 물 밖으로 주둥이를 내미는 동작을 포함한다. 이렇게 하면 수면 위를 살필 수 있는데, 이로써 잠재적인 먹잇감이나 포식자, 같은 종의 다른 개체가 어디에 있는지 알 수 있다.

꼬리 내려치기

이 행동을 할 때 혹등고래 같은 종은 먼저 꼬리를 공중으로 휙 치켜든다. 그리고 높이 올린 꼬리를 수면으로 철썩 내려친다.

물 위에서 보이는 섭식 행동

고래류의 섭식 전략 가운데에는 수면에서 보이는 행동이 포함된다. 앞에서 설명한 공중 동작과 함께, 고래류는 돌진해서 먹기, 걸러먹기, 바닷가 사냥 등으로 먹잇감을 얻는다. 돌진해서 먹기는 긴수염고래류(대왕고래, 브라이드고래, 혹등고래)에게서 나타나는데, 빠른 속도로 헤엄치던 개체가 수면 위로 입을 쩍 벌리는 행동이다. 고래가 수면에 있을 때 배 쪽의 주름은 자기 체중의 70퍼센트에 달하는 엄청난 양의 물을 삼킬 정도로 크게 벌어진다. 이때 물속의 먹잇감도 함께 입속으로 들어간다. 이윽고 고래는 입을 천천히 닫으며 입 안쪽에 먹잇감을 남긴 채 물을 입 밖으로 쏟아낸다. 어떤 경우에 개체나 집단은 수면으로 먹잇감을 몰아가면서, 공기와 맞닿은 물 표면을 먹잇감이 통과하지 못하고 가둬지게 하는 경계로 활용하기도 한다.

한편 걸러먹기를 할 때 고래류는 수면을 따라 입을 벌린 채 천천히 헤엄치면서 수면 바로 아래에 있는 작은 먹잇감을 입 안에 모은다. 이런 섭식 행동은 작은참고래, 참고래류에게서 전형적으로 나타난다. 이들 종은 높이 올라간 아래턱 안에 길고 결이 고운 수염판이 있어서, 크릴새우나 요각류같이 작은 먹잇감을 가둘 수 있다.

마지막으로 바닷가 사냥은 범고래나 큰돌고래 무리에게서 볼 수 있는 행동이다. 바닷가 사냥을 하기 위해 이들 종은 일부러 바닷가를 이리저리 배회한다. 남아메리카 남단의 파타고니아와 인도양 남부 크로제 제도에서 범고래들은 바다표범이나 바다사자 새끼를 잡아먹으려고 바닷가를 어슬렁거리며 헤엄친다. 오스트레일리아 북서부나 미국 남동부에 사는 큰돌고래 또한 바닷가를 헤엄치다가 물고기들을 덮쳐 잡아먹는다. 바닷가 사냥은 학습을 통해 습득되는데, 이런 사냥 수업은 세대를 거쳐 이루어지는 것으로 추측된다.

바닷가 사냥(왼쪽 위)

범고래는 남아메리카 해안을 이리저리 배회하다가 바다사자 새끼가 보이면 잡아먹는다. 이렇듯 사냥감을 노렸다가 잡기 위해서는 꽤 오랫동안 연습해야 한다. 연구에 따르면 고래 무리의 나이 든 구성원들이 새끼들에게 사냥법을 가르치는 것으로 보인다.

걸러먹기(오른쪽 위)

남방참고래는 수면에서 먹이를 걸러서 먹는다. 이때 수염판을 잘 관찰할 수 있다. 수염판은 작은 먹잇감을 입안에 가두면서 물을 걸러 배출하는 체 역할을 한다. 크게 벌어진 위턱과 아래턱, 단단하고 두꺼운 각질화된 피부 또한 특징적이다.

어디에서 어떻게 관찰할까

야생 상태에서 고래, 돌고래, 쇠돌고래를 관찰하는 것은 인생에서 손에 꼽힐 만한 즐거운 경험이다. 이 경험을 하기 위해서는 고래를 관찰할 장소와 방법을 아는 것이 핵심이다. 첫 번째 단계는 장소를 고르는 것이다. 전 세계적으로 육지, 바다, 가끔은 공중에서 고래를 볼 수 있는 멋진 장소들이 많다. 그 다음 단계는 관찰을 준비하는 것이다. 제대로 된 도구와 장비를 준비해야 관찰 가능성이 높아지고 고래를 편안하게 볼 수 있다. 가장 적절한 관찰 수단이나 고래 종의 자연사, 고래 관찰의 가이드라인에 대해 미리 조사를 하는 것도 중요하다.

고래를 성공적이고 즐겁게 관찰하기 위해서는 다음 사항들을 고려하는 게 좋다.

- 관찰할 수단을 골라라. 고래류를 관찰하는 데는 다양한 방식이 있다. 가장 흔한 것은 배를 타고 가서 보는 것인데, 카약 등의 작은 배에서 100명 이상의 승객을 싣는 여객선까지 배의 종류는 다양하다. 유람선이나 페리에 탑승해 우연히 고래류를 관찰하기도 한다. 법이 허락하는 몇몇 장소에서는 수영을 하면서 고래류와 만날 수도 있다. 비행기나 헬리콥터를 타고 공중에서 볼 수도 있다. 이 경우 몸집 큰 고래나 여러 마리의 돌고래 떼를 한꺼번에 위에서 구경하게 된다. 어떤 장소에서는 바닷가에서 고래들이 보이기도 한다.

- 적절한 장비를 갖춰라. 전 세계 해양 포유동물 관련 보호법과 규정(아래를 보라)은 고래류를 어느 정도 멀리 떨어져 관찰해야 하는지를 규제한다. 그러니 고래들을 자세히 관찰하고 싶다면 쌍안경이나 확대 기능이 딸린 카메라가 꼭 필요하다. 만약 고래류를 해안에서 관찰한다면, 삼각대에 연결된 작은 망원경(스포팅 스코프)도 유용하다. 다양한 날씨에 대비하는 것 또한 중요하다. 추위나 강풍, 비, 햇빛 등을 막아줄 장비를 충분히 가져가야 한

다. 물가는 육지보다 몇 도쯤은 서늘하고 날씨가 빠르게 바뀌는 편이니 옷을 여러 겹으로 입는 것이 필수다. 식수와 간식을 가져가는 것도 좋다. 멀미가 있다면 멀미약을 준비해야 한다. 그리고 약을 준비했다면 여행을 떠나기 전 복용량을 잘 알아보자.

- 미리 공부하는 것도 중요하다. 여러분이 염두에 두는 고래를 관찰하기 가장 좋은 시점이 일 년 중 그리고 하루 중 언제인가? 일반적인 대규모 단체 여행을 선호하는지, 여러분의 특정 관심에 맞는 소규모 자유여행을 선호하는지에 따라 여러 여행사를 조사해보자. 환경보전에 초점을 맞춘 교육적인 여행 코스가 있는지도 알아보자. 생물학자가 같이 탐승한다든지, 학습을 위한 다른 기회가 있는가? 비영리단체 등에서 연구 목적으로 같이 동행하지는 않는가?

- 종을 식별하는 법을 배워라. 이 책에서는 전체적인 몸 크기, 모양, 색깔에 따라 고래류의 종을 식별하는 유용한 정보를 담았으니 도움이 될 것이다. 또한 멀리서 고래가 뿜어낸 물이나 등지느

러미, 꼬리 모양을 보고 어떤 종인지 알 수 있는 방법도 같이 실었다.

- 해당 지역이나 국가의 해양 포유동물 보호법을 준수하라. 이 법규는 동물들이 자연에서 보이는 행동을 방해하지 않고, 고래류 관광 산업을 계속 유지하도록 한다. 법과 보호 규정에 따라 고래류를 멀리서 정해진 시간 동안만 관찰해야 하거나, 고래 개체나 무리에 가까이 다가가는 선박의 숫자도 제한될 수 있다.

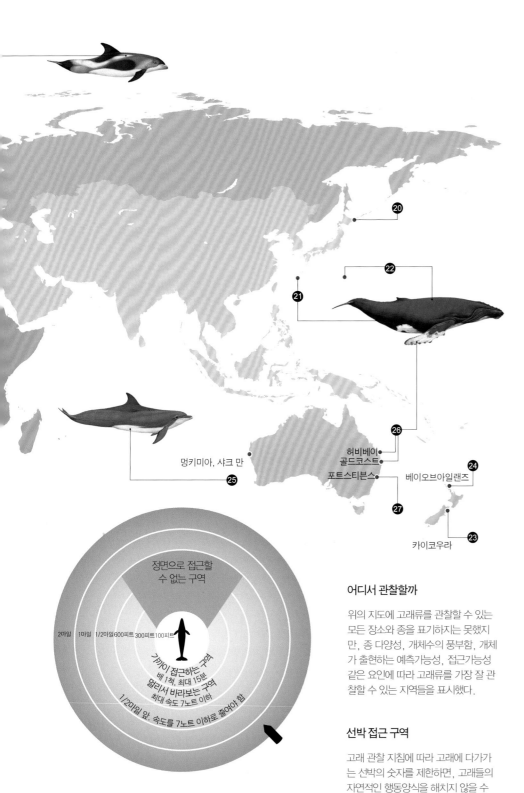

멍키미아, 샤크 만
25

허비베이
골드코스트
26
포트스티븐스

베이오브아일랜즈
24

카이코우라
27
23

선박 접근 구역 다이어그램

정면으로 접근할
수 없는 구역

2마일 1마일 1/2마일600피트 300피트 100피트

가까이 접근하는 구역
배 1척, 최대 15분

멀리서 바라보는 구역
최대 속도 7노트 이하

1/2마일 앞. 속도를 7노트 이하로 줄여야 함

어디서 관찰할까

위의 지도에 고래류를 관찰할 수 있는 모든 장소와 종을 표기하지는 못했지만, 종 다양성, 개체수의 풍부함, 개체가 출현하는 예측가능성, 접근가능성 같은 요인에 따라 고래류를 가장 잘 관찰할 수 있는 지역들을 표시했다.

선박 접근 구역

고래 관찰 지침에 따라 고래에 다가가는 선박의 숫자를 제한하면, 고래들의 자연적인 행동양식을 해치지 않을 수 있다. 또한 고래에 다가가는 선박의 속도에도 상한선이 있어서 천천히 접근해야 한다. 선박이 고래의 진행방향 바로 앞에 끼어드는 것은 금지되는데, 고래가 헤엄치는 흐름을 방해하지 않기 위해서다.

북아메리카

1. 미국 알래스카 주: 혹등고래, 범고래, 쇠고래, 쥐돌고래, 까치돌고래, 낫돌고래
2. 미국 뉴잉글랜드 주: 북대서양참고래, 혹등고래, 긴수염고래, 밍크고래, 낫돌고래, 쥐돌고래
3. 미국 하와이 주: 혹등고래, 스피너돌고래, 큰돌고래, 들쇠고래, 범고래붙이
4. 미국 워싱턴 주: 범고래, 쇠고래, 밍크고래, 혹등고래, 까치돌고래, 쥐돌고래
5. 미국 캘리포니아 주: 쇠고래, 혹등고래, 대왕고래, 긴부리참돌고래, 큰코돌고래, 까치돌고래, 낫돌고래, 큰돌고래, 범고래, 홀쭉이돌고래
6. 캐나다 퀘벡 주: 흰고래, 대왕고래, 긴수염고래, 밍크고래, 혹등고래, 북대서양참고래, 대서양낫돌고래, 큰돌고래, 흰부리고래
7. 캐나다 브리티시컬럼비아 주: 범고래, 까치돌고래, 쇠고래, 밍크고래, 혹등고래, 큰돌고래, 낫돌고래
8. 멕시코 바하칼리포르니아 주: 쇠고래, 큰돌고래

카리브해

9. 바하마: 대서양알락돌고래, 큰돌고래, 향유고래, 혹등고래, 혹부리고래, 큰코돌고래, 들쇠고래, 범고래붙이, 범고래, 쇠향고래, 꼬마향유고래

남아메리카

10. 아르헨티나: 남방참고래, 범고래, 더스키돌고래
11. 브라질: 스피너돌고래, 남방참고래, 큰돌고래, 혹등고래, 밍크고래, 뱀머리돌고래
12. 에콰도르: 혹등고래, 브라이드고래, 향유고래, 아마존강돌고래, 큰돌고래, 범고래, 알락돌고래, 들쇠고래, 꼬마돌고래

유럽

13. 영국, 스코틀랜드: 큰돌고래, 쥐돌고래, 밍크고래
14. 아일랜드: 밍크고래, 혹등고래, 대왕고래, 흰부리돌고래, 쥐돌고래, 범고래, 북방병코고래, 향유고래
15. 노르웨이: 범고래, 향유고래, 밍크고래, 흰부리돌고래, 쥐돌고래, 혹등고래, 참거두고래
16. 포르투갈, 아조레스 제도: 짧은부리참돌고래, 향유고래, 들쇠고래, 큰돌고래, 대서양알락돌래, 큰코돌고래, 대왕고래, 긴수염고래, 정어리고래, 범고래붙이, 범고래, 줄무늬돌고래, 북방병코고래, 민부리고래
17. 아일랜드: 긴수염고래, 밍크고래, 큰돌고래, 짧은부리참돌고래, 쥐돌고래
18. 스페인: 큰코돌고래, 큰돌고래, 참거두고래, 긴수염고래, 밍크고래, 민부리고래, 쥐돌고래, 향유고래, 줄무늬돌고래, 범고래

아프리카

19. 남아프리카공화국, 웨스턴케이프 주: 남방참고래, 혹등고래, 브라이드고래, 히비사이드돌고래, 큰돌고래(이 종이 큰돌고래인지, 남방큰돌고래인지는 확실하지 않음), 긴부리참돌고래

아시아

20. 일본, 홋카이도 라우스: 밍크고래, 향유고래, 망치고래, 범고래, 들쇠고래, 낫돌고래, 까치돌고래, 쥐돌고래
21. 일본, 오키나와 본섬과 오키나와 자마미 섬: 혹등고래
22. 일본, 오가사와라 제도: 큰돌고래, 스피너돌고래, 향유고래, 혹등고래

오스트레일리아, 뉴질랜드

23. 뉴질랜드, 남섬: 더스키돌고래, 범고래, 향유고래, 헥터돌고래, 혹등고래
24. 뉴질랜드, 북섬: 짧은부리참돌고래, 큰돌고래, 브라이드고래, 범고래
25. 오스트레일리아, 웨스턴오스트레일리아 주: 큰돌고래(이 종이 큰돌고래인지, 남방큰돌고래인지는 확실하지 않음)
26. 오스트레일리아, 퀸즐랜드 주: 혹등고래, 남방큰돌고래, 인도태평양혹등고래
27. 오스트레일리아, 뉴사우스웨일스 주: 혹등고래, 남방큰돌고래

고래 종 목록

고래 종 목록 사용설명서

고래류의 생물학과 자연사를 강조하는 아래 소개 글에 이어, 이 책에서 큰 부분을 차지하는 '고래 종 목록'이 이어질 예정이다. 이 목록을 보면 개별 종뿐만 아니라 그 종이 포함된 큰 분류군(아목과 과)에 대해서도 알 수 있다.

과 소개

이 페이지에는 고래의 일반적인 명칭과 종의 숫자, 흥미로운 생물학적 특징, 핵심적인 특색이나, 전형적인 잠수, 또는 섭식 행동을 보이는 대표적인 종들을 소개하고 있다.

종 소개

특정 종에 대한 자세한 생물학적 정보를 담았다. 이 책은 〈해양 포유동물 학회의 분류위원회〉(2014)에서 제시한 분류학적 기준을 따랐으며, 종과 아종의 학명을 함께 실었다. 이 위원회의 권위 있는 목록은 매년 갱신되며, 웹사이트에서 찾아볼 수 있다(www.marinemammalscience.org). 종으로서의 차별성이 부족하다고 여겨지는 몇몇 종은 이 책에 실지 않았다. 예컨대 아마존강돌고래는 이니아 볼리비엔시스와 이니아 아라구아이아인시스의 두 가지 종으로 나뉜다고 주장되있지만 이 책에서는 빠졌는데, 서로 다른 지질학적 개체군에서 얻은 개체의 표본이 한정적이어서 과연 종 수준에서 차별성을 갖는지 의문시되었기 때문이었다. 이들의 분류를 확실히 하려면 앞으로 연구가 더 필요하다.

종 각각에 대한 설명의 도입부에는, 최근에 널리 통용되는 종의 이름을 실었다. 통용되는 또 다른 이름을 가진 몇몇 종은 그 이름도 같이 수록했다. 통용되는 이름은 여럿일 수 있지만 학명은 단 하나뿐이다. 학명도 그 아래에 같이 담았다. 그 다음으로는 분류 기준에 따라, 종의 하위 단위인 아종이나 다른 집단, 가장 가까운 친척 종 그리고 겉모습의 몇 가지 특성을 공유하는 비슷한 종도 함께 담았다. 또 그 종을 다른 종과 구별할 수 있는 특징과 함께, 갓 태어난 새끼와 성체의 몸무게, 먹이, 무리 짓는 집단의 크기를 간단히 언급했

아라과이아강돌고래
이니아 아라구아이아인시스

다. 이들 종이 선호하는 서식지와, 지질학적 분포를 보여주는 서식 범위 지도도 제공된다. 그리고 해당 종이 받았던 과거의 주된 위협이 무엇이었고, 전 세계적으로 가장 큰 환경보전 단체인 세계자연보전연맹(IUCN)의 기준에 따른 현재의 등급이 무엇인지도 알아본다.

핵심적인 특징에 대한 체크리스트를 확인하면 이 종의 간단한 정보를 얻을 수 있다. 체크리스트 뒤에는 종을 식별하는 데 가장 유용한 해부학적인 물리적 특징을 담은 단락이 이어진다. 생물 종의 몸 색깔 패턴뿐 아니라, 암컷과 수컷의 차이, 개체군 간의 차이도 서술한다. 그 다음 '행동' 절에서는 무리의 크기와, 사회성이 있는지 아니면 군거성이 있는지를 포함한 종의 사회적인 짜임새를 알 수 있다. 또한 헤엄치기, 잠수, 발성 같은 전형적인 행동을 어떻게 하는지도 알 수 있다. '먹이와 먹이 찾기' 절에서는 그 종에서 흔히 이뤄지는 섭식 행동과 먹이를 수면에 올라왔다가 잠수하는 동작과 연관 지어 살핀다.

'생활사' 역시 다뤄진다. 이 절에서는 해당 종의 짝짓기 체계와 행동, 번식기, 수유, 젖떼기뿐만 아니라 수명까지 포괄해

새로운 종일까?

위 그림 속 이니아 아라구아이아인시스는 브라질의 아라과이아강 분지에서 새로 발견된 강돌고래다. 하지만 이 돌고래가 새로운 종인지는 확실하지 않다. 크게 다른 두 곳의 서식지에서 온 이니아속 개체를 각기 조사한 결과 DNA의 차이로 말미암아 종 수준의 차이가 나타난 것인지, 아니면 지리적으로 크게 떨어진 장소에서 온 두 개체의 샘플이기 때문에 달라 보이는 것인지 명확하지 않았기 때문이다. 또한 종을 판별할 수 있는 머리뼈의 해부학적인 차이점 역시 극소수의 표본을 토대로 나타난 것이라 신뢰성이 떨어졌다.

다룬다. 그 다음 '보호와 관리' 절에서는 그 종을 보호하려는 노력, 개체군 추정, 이들에게 가해지는 위협에 대한 정보를 담았다.

마지막으로, 각 종의 프로필에는 그 동물의 전체 모습을 큼지막하게 보여주는 그림이 실려 있다. 몇몇 종의 경우 서로 다른 생애주기의 모습과, 독특한 꼬리나 지느러미 모양 같은 특징에 대해 설명하기도 했다. 머리뼈나 이빨, 고래수염의 특징을 보여주는 그림이 수록된 종도 있다. 대부분의 경우 그 종이 잠수하는 모습이나 수면에서 보이는 행동 또한 그림으로 나타내 실었다.

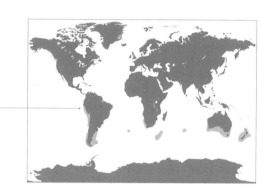

정보 차트

해당 종의 정보를 한 번에 볼 수 있도록 구성되었
다. 학명, 흔하게 불리는 이름, 분류 기준, 몸무
게, 먹이, 주된 위협, IUCN 지위 등이 실려 있다.

분포도

특정 종이 사는 수심과 서식지를 포함한 분포도
를 보여준다.

종 일러스트레이션

핵심적 특징을 중심으로 이 종의 전형
적인 모습을 그림에 담았다. 이 그림에
담긴 특징은 암컷과 수컷에 모두 해당
하며, 예외는 따로 언급했다.

각종 치수

개체의 실루엣에 여러 치수 정보를 담았
다. 성체와 갓 태어난 새끼의 몸길이가 포
함된다.

종 식별 체크리스트

이 종을 식별하는 핵심적인 특징을 담
았다.

종에 대한 설명

이 종의 해부학, 행동, 먹이와 먹이 찾
기, 생활사, 보호와 관리에 대한 설
명이다.

독특한 특징

이 종의 독특한 특징을 보여주거나, 다
른 흥미로운 특색을 알려주는 작은 그림
을 실었다.

잠수하는 모습과 수면 행동

이 종의 개체가 물에 뛰어드는 모습과 수
면에서 보이는 행동에 대해 설명했다.

수염고래아목
참고래과

참고래과에는 북극고래 1종과 참고래 3종이 있다. 이 4종은 모두 성체의 몸길이가 13~18m에 달할 정도로 몸집이 큰 고래류이다. 이들 종은 수염고래류 가운데 수염이 가장 길고 아래턱이 아치 모양으로 상당히 구부러져 있다. 참고래들이 북극고래와 구별되는 특징은 주둥이와 눈 위에 각질 조직이 있다는 점이다. 참고래과 고래는 남반구와 북반구, 온화한 바다나 북극 지방의 바다 모두에서 발견된다.

• 남방참고래(에우발라이나 아우스트랄리스)는 참고래과 종 가운데 남반구에서만 서식하는 유일한 종이다. 북태평양참고래(에우발라이나 자포니카)와 북대서양참고래(에우발라이나 글라키알리스)는 해당 바다의 안쪽 만에서 서식하며, 북반구의 이들 고래의 서식 범위는 북극고래(발라이나 미스티케투스)와 겹친다.

• 참고래과 종들은 고래류 가운데서도 몸집이 꽤 큰 축에 든다. 이빨고래류인 향유고래만이 유일하게 이들 참고래과 고래의 몸 크기와 비슷하다.

• 참고래과 종들의 먹이는 크릴새우나 요각류 등 작거나 중간 크기의 갑각류이다. 먹잇감은 수염판 사이에 붙잡히는데, 이 수염의 길이는 북극고래의 경우 3m나 된다.

• 참고래과 종들에게는 긴수염고래과 종들이 먹이를 다량으로 삼키는 데 활용하는 목주름과 주머니가 없다. 참고래과 종들은 먹잇감에 돌진하는 대신, 입을 벌리고 수면 근처를 천천히 헤엄치면서 먹잇감을 걸러서 먹는다.

• 모든 참고래과 종들은 등지느러미가 없다. 이 점을 기준으로 참고래과를 다른 모든 수염고래류와 구별할 수 있다(쇠고래는 예

외). 몸집과 전체적인 몸 색깔, 머리 모양을 보고 참고래과 종과 쇠고래과 종을 분류할 수 있다.

• 각질 조직(거칠게 굳은 피부 조직)을 보면 참고래류와 북극고래를 구별할 수 있다. 북극고래에게는 이런 독특한 조직이 없다. 여기에 더해, 북극고래의 지느러미발은 참고래류보다 몸집 대비 좁은 편이다.

• 북극고래와 남방참고래는 IUCN 등급에서 관심 필요종에 해당한다. 하지만 북대서양참고래와 북태평양참고래는 모두 멸종 위기종이다. 참고래과의 종들은 모두 과거에 사냥 대상이었기 때문이다. 16세기부터 북극고래와 북태평양참고래를 대량으로 사냥하기 시작하면서 수가 많이 줄었다.

참고래과의 특징

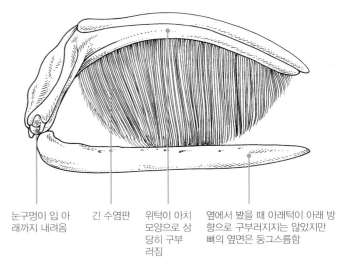

꼬리가 넓적하고 가운데가 독특한 모양으로 파임

등지느러미가 없음

지느러미발이 넓음

목주름이 없음

입이 아치 모양으로 상당히 구부러짐

입 주변과 눈 위에 각질 조직이 있음(북극고래에게는 없음)

참고래(몸통을 옆에서 바라본 모습)

참고래들은 옆에서 봤을 때 등지느러미가 없고 몸통이 매우 두툼해서 다른 대형 고래류와 구별된다. 입 주변의 각질 조직은 기생충 때문에 생긴 것으로 흰색이다.

북대서양참고래의 머리뼈

눈구멍이 입 아래까지 내려옴

긴 수염판

위턱이 아치 모양으로 상당히 구부러짐

옆에서 봤을 때 아래턱이 아래 방향으로 구부러지지는 않았지만 뼈의 옆면은 둥그스름함

머리뼈

참고래류와 북극고래는 위턱에 긴 고래수염이 붙어 있기 때문에, 여기에 적응하기 위해 위턱이 그림처럼 상당히 구부러져 있다. 눈구멍은 입가 근처까지 내려와 있어서 위턱의 곡선을 더욱 부각시킨다.

작은참고래

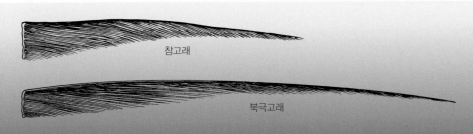

참고래

북극고래

수염판

수염판은 창문의 블라인드처럼 입천장 가장자리에 길게 매달려 있다. 수염의 안쪽 가장자리에는 '술 장식'이 붙어 있고 혀까지 닿는다. 참고래과의 수염은 대체로 좁고 길며, 색은 어둡다. 단, 작은참고래의 수염은 좁고 크림색이며 다른 참고래과의 수염 길이에 훨씬 못 미치게 짧다. 한편 긴수염고래과의 수염 색깔은 옅은 색에서 짙은 색까지 분포한다.

남방참고래 SOUTHERN RIGHT WHALE

과명: 참돌고래과

종명: 에우발라이나 아우스트랄리스Eubalaena australis

다른 흔한 이름: 검은참고래, 남방긴수염고래

분류 체계: 아종이 없음

유사한 종: 북대서양참고래, 북태평양참고래

태어났을 때의 몸무게: 800~1,000kg

성체의 몸무게: 2만~10만kg

먹이: 맵시검물벼룩 같은 동물성플랑크톤, 크릴새우, 새우붙이과 등의 갑각류

집단의 크기: 보통 1~2마리이고, 먹이를 먹거나 사회적으로 무리 지을 때는 30마리 이상

주된 위협: 선박과의 충돌, 고기잡이 도구에 몸이 얽힘

IUCN 등급: 관심 필요종

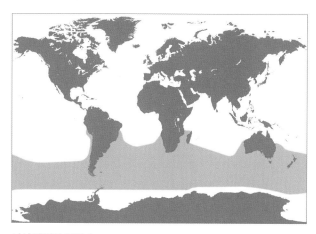

서식 범위와 서식지

이 종은 남반구의 거의 전역에서 발견된다. 겨울에는 위도가 낮은 해안가에서 지내면서 새끼를 낳고 번식하며, 여름에는 위도가 40~50도 사이인 지역의 먼 바다에 머무르며 먹이를 찾아 먹는다.

종 식별 체크리스트

- 몸통이 매끄럽고 검으며, 몇몇 개체는 배에 하얀 반점이 있음
- 퉁퉁한 몸집
- 등지느러미 없음
- 머리가 크고 입선이 아치 모양으로 상당히 구부러짐
- 사각형의 지느러미발
- 머리에 우둘투둘한 흰색의 반점이 있음

해부학

남방참고래는 형태적으로 북대서양참고래 내지는 북태평양참고래와 비슷하다. 남방참고래와 북대서양참고래는 눈구멍 근처의 머리뼈에서 약간 차이를 보이지만, 종 간 차이라기보다는 연령에 따른 차이일 가능성이 크다.

행동

남방참고래의 행동은 북대서양참고래 또는 북태평양참고래의 행동과 흡사하다. 먹이를 찾아다니며 먹는 여름철에는 해안 근처에서 발견된다. 번식기의 개체군이 크게 무리를 지어 남아프리카, 브라질, 오스트레일리아, 뉴질랜드, 칠레, 페루, 트리스탄다쿠냐 섬, 마다가스카르 섬에서 발견되기도 했다. 서식지에서 벗어나도 자기가 살던 곳을 찾아오는 습성이 있다.

먹이와 먹이 찾기

이 고래들은 매년 멀리 이주를 하는데, 겨울에는 저위도의 해안 가까이에서 새끼를 낳아 키우다가, 여름에는 남극 지방의 육지에서 멀리 떨어진 바다로 먹이를 구하러 온다. 20세기 소련의 고래잡이 배가 확인한 바에 따르면, 이 고래의 위장 내용물은 위도 40도 북쪽에서는 거의 요각류였고, 위도 50도 남쪽에서는 거의 크릴새우였으며 중간 위도에서는 두 가지가 섞여 있었다. 곤쟁이과 새우나 먼 바다에 사는 게 유생을 먹기도 한다. 이 고래는 특정 먹잇감의 장점과 단점을 따져 먹이를 고른다. 먹잇감의 크기가 크면 얻을 수 있는 에너지가 많다는 장점이 있지만, 잡아먹는 데 좀 더 힘이 든다는 단점이 있다. 큰 먹잇감을 뒤쫓느라 빠르게 헤엄치면 물에 대한 저항력을 더 많이 극복해야 하니 에너지가 많이 드는 것이다.

생활사

암컷은 9~10살에 성적으로 성숙해 3년마다 한 번, 겨울철에 새끼를 한 마리씩 낳는다. 생활사에 관련된 모든 수치나 변수들은 참고래류의 3개 종 모두가 비슷하다.

보호와 관리

칠레와 페루 근방에 서식하는 개체군은 번식 가능한 성체가 50마리 이하여서 심각한 위기종으로 분류된다. 하지만 다른 지역의 큰 3개 개체군은 매년 6~7퍼센트씩 숫자가 늘고 있어, 1997년 7,500마리에서 오늘날에는 2만~2만 5,000마리가 되었으리라 추정된다. 이 종은 18세기에서 1930년대 사이 포경업자들에게 15만 마리 정도가 잡혔고, 1950~1960년대에는 소련의 불법 포획으로 3,000마리가 추가로 잡혔다. 사람들에 의한 사망률은 북반구에 사는 북태평양, 북대서양참고래와 비슷하지만, 고래잡이가 줄어들고 있는 데다 먹이를 찾는 지역이 상대적으로 멀어서 사망률은 낮아지고 있다.

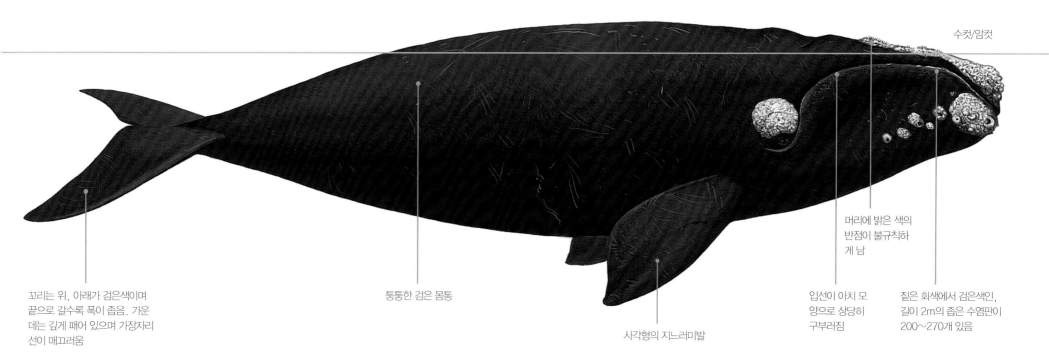

수컷/암컷

꼬리는 위, 아래가 검은색이며 끝으로 갈수록 폭이 좁음. 가운데는 깊게 패어 있으며 가장자리 선이 매끄러움

통통한 검은 몸통

머리에 밝은 색의 반점이 불규칙하게 남

입선이 아치 모양으로 상당히 구부러짐

짙은 회색에서 검은색인, 길이 2m의 좁은 수염판이 200~270개 있음

사각형의 지느러미발

꼬리를 돛처럼 펼치기

남방참고래는 때때로 꼬리를 돛으로 활용한다. 한동안 꼬리를 수면 가까이 위쪽으로 둔 채 바람이 몸통을 떠밀어가게 내버려두는 것이다. 이런 행동은 몸을 식히거나, 단순한 놀이의 하나일 가능성이 있다.

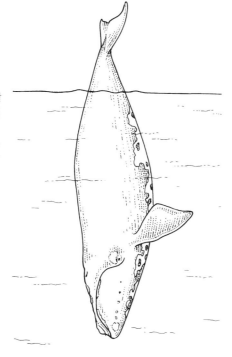

몸 크기

갓 태어난 새끼: 4~4.5m
성체: 11~18m

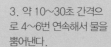

물 뿜기

이 고래가 뿜는 물은 높이가 2~3m이며, 가지가 무성한 모양이고 앞이나 뒤에서 봤을 때 확실히 V자 형태를 하고 있다.

수면에 올라왔다가 잠수하는 동작

1. 고래가 뿜어낸 물이 옆에서 봤을 때 타원 형태로 올라온다.

2. 고래가 앞으로 움직이면서 머리가 수면 아래로 가라앉고, 넓적하고 매끄러운 등만 보인다.

3. 약 10~30초 간격으로 4~6번 연속해서 물을 뿜어낸다.

4. 마지막 물 뿜기가 끝나면, 머리를 물 밖으로 높이 쳐든다. 공기를 깊이 들이마시기 위해서이다.

5. 고래가 아주 가파른 각도로 머리를 물속에 집어넣으면서 몸통이 기울어지고 등이 전에 비해 많이 보인다. 앞쪽으로 나아가며 잠수함에 따라 꼬리가 물 밖으로 모습을 드러낸다. 꼬리가 수면 위로 거의 수직을 이루다가 물속으로 미끄러져 가라앉는다.

북대서양참고래 NORTH ATLANTIC RIGHT WHALE

과명: 참고래과

종명: 에우발라이나 글라키알리스Eubalaena glacialis

다른 흔한 이름: 검은참고래, 북방긴수염고래

분류 체계: 아종이 없음

유사한 종: 태평양참고래, 남방참고래

태어났을 때의 몸무게: 800~1,000kg

성체의 몸무게: 2만~10만kg

먹이: 맵시검물벼룩 같은 동물성플랑크톤, 크릴새우, 따개비 유충, 익족류

집단의 크기: 보통 1~2마리이고, 먹이를 먹거나 사회적으로 무리 지을 때는 30마리 이상

주된 위협: 선박과의 충돌, 고기잡이 도구에 몸이 얽힘

IUCN 등급: 멸종 위기종

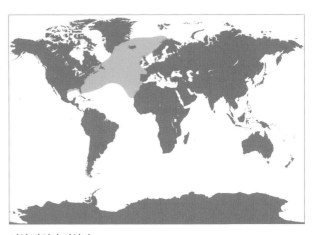

서식 범위와 서식지

이 종은 주로 미국 플로리다 주에서 캐나다 동부 해안에 걸친 대륙붕 위에 서식한다. 가끔은 먼 바다에서 목격되기도 하며, 위에 나타난 서식 범위의 북쪽, 동쪽 구역에도 간혹 나타난 적이 있다.

종 식별 체크리스트
• 몸통이 매끄럽고 검으며, 몇몇 개체는 배에 하얀 반점이 있음 • 통통한 몸통 • 등지느러미 없음 • 머리가 크고 입선이 아치 모양으로 상당히 구부러짐 • 사각형의 지느러미발 • 머리에 우둘투둘한 흰색의 반점이 있음

해부학

북대서양참고래는 몸이 튼튼하고 등이 넓고 매끄러우며 등지느러미가 없다. 몸 색깔은 대개 검지만, 몇몇 개체는 배에 불규칙적인 흰색 반점이 있다. 머리는 전체 몸길이의 4분의 1에서 3분의 1을 차지한다. 위턱은 좁고 아치 모양이며, 입을 벌리는 선이 이루는 곡선은 상당히 구부러져 있다. 위턱과 턱, 아래턱, 눈 주위에는 흰색의 각질 조직이 불규칙한 모양으로 여기저기 나 있다. 주로 분수공 뒤에 분포하는데 때로는 아랫입술에 분포하기도 한다. 각질 조직이란 케라틴질로 변해 두툼해진 피부로 그 안에는 옅은 색의 고래 기생충 개체군이 밀집해서 살고 있다. 지느러미발은 길이가 최대 1.7m이고 폭은 최대 6m이다. 참고래류의 수염판은 길이가 2.7m까지 자란다.

행동

북대서양참고래는 다른 종에 비해 사회성이 떨어지며 안정적으로 무리를 짓지 않는다. 이들은 최대 15~20분까지 잠수할 수 있으며 먹이를 찾는 대륙붕 지역에서는 물 밑바닥까지 쉽게 내려갈 수 있다. 참고래류는 먹이를 찾기 위해 빠르고 가파른 각도로 잠수해 내려가는 경우가 많은데, 꼬리를 계속 움직여 몸통이 떠오르는 부력을 극복하는 동력을 얻는다. 꼬리의 움직임을 통해 일정한 깊이까지 잠수할 수도 있고, 수면 근처에서도 빠르게 미끄러지듯 헤엄칠 수 있다. 수면에서는 물 위로 점프했다가 다시 뛰어든다든지 꼬리

나 지느러미발로 수면을 내려치는 등 격렬한 행동을 흔히 보인다.

먹이와 먹이 찾기

북대서양참고래는 멀리까지 이주하는 특성이 있다. 고위도의 먹이 찾는 구역에서 저위도의 새끼 키우는 구역까지 매년 옮겨 다닌다. 북대서양 인근에서는 메인만 근처가 이 고래의 먹이 찾는 구역으로 알려져 있다. 새끼 키우는 구역은 미국 남동부 해안 근처이다. 하지만 새끼를 낳을 때는 북동부 뉴잉글랜드까지 올라온다. 짝짓기 하는 장소는 잘 알려져 있지 않지만 최근의 연구에 따르면 메인만 중앙에서 짝짓는 몇몇 고래들을 목격했다고 한다. 먹이는 '걸러 먹기' 방식으로 먹는다. 입을 벌리고 천천히 헤엄치는 것이 전부이다. 물이 입속으로 들어오면 그 안에 든 먹잇감만 남긴 채 수염 사이로 다시 물을 내보낸다. 수면 바로 아래에서만 이런 행동이 관찰되지만, 실제로는 관찰되지 않는 물속 깊은 곳에서도 섭식 행동이 더 많이 일어날 것이다. 북대서양참고래는 플랑크톤을 매우 좋아해서, 요각류인 칼라누스 핀카르키쿠스(크기가 쌀알 정도인 갑각류)의 성체와 꽤 자란 후기 유생이 주식이다. 때로는 작은 요각류, 크릴새우, 따개비 유생, 익족류(달팽이를 닮은 플랑크톤) 같은 다른 동물성플랑크톤도 먹는다. 먹잇감을 찾아내 잡아먹는 데 사용하는 감각은 일단 시각과 촉각이며, 어쩌면 청각과 미각도 활용할지도 모른다.

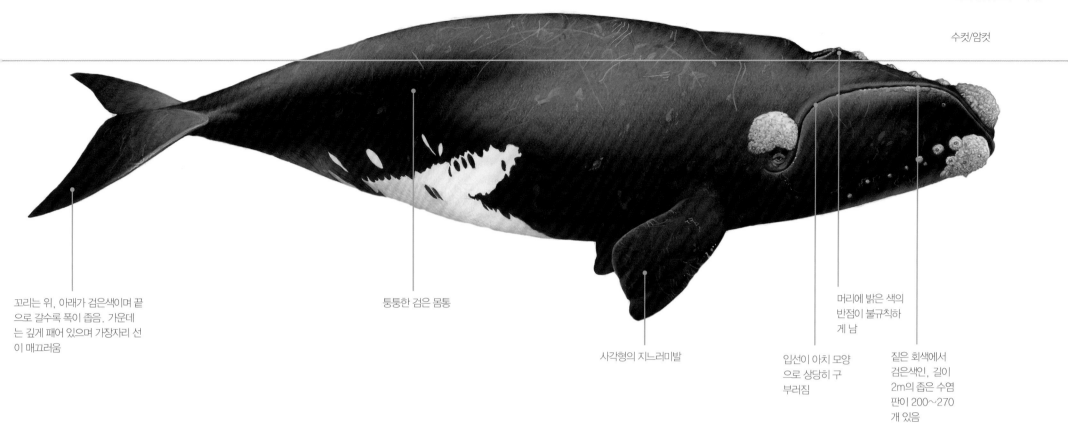

수컷/암컷

꼬리는 위, 아래가 검은색이며 끝으로 갈수록 폭이 좁음. 가운데는 깊게 패어 있으며 가장자리 선이 매끄러움

퉁퉁한 검은 몸통

사각형의 지느러미발

입선이 아치 모양으로 상당히 구부러짐

머리에 밝은 색의 반점이 불규칙하게 남

짙은 회색에서 검은색인, 길이 2m의 좁은 수염판이 200∼270개 있음

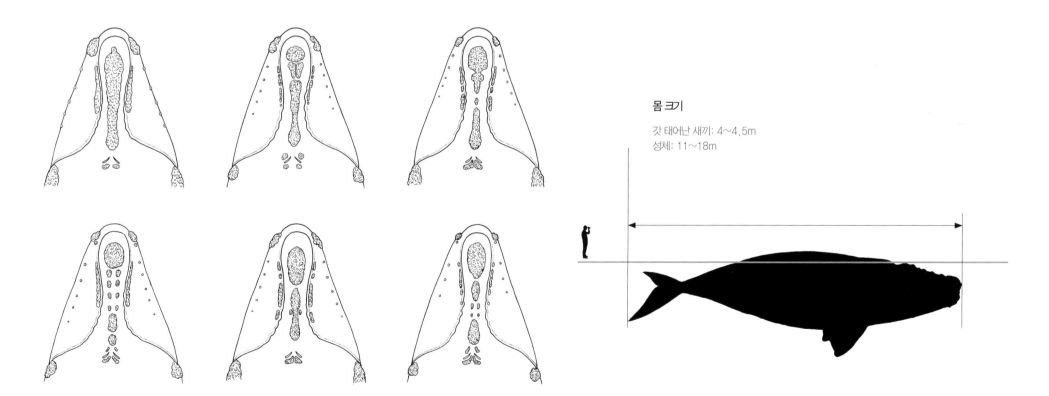

몸 크기

갓 태어난 새끼: 4∼4.5m
성체: 11∼18m

각질 조직의 패턴

고래를 머리 위에서 내려다보면 각질 조직이 어떤 모양을 띠는지 알 수 있다. 이 패턴은 고래가 태어난 지 첫 해에 생겨나 평생 지속된다. 그렇기 때문에 사진을 보고 특정 고래 개체를 식별하는 '지문'처럼 활용할 수 있다.

생활사

암컷은 12~13개월의 임신을 거쳐 겨울철에 새끼를 한 마리씩 낳는다. 대개 12월과 2월 사이에 출산한다. 새끼는 대부분 1살 무렵에 젖을 뗀다. 젖을 뗀 이후에 암컷은 1년의 휴식기를 가지는 경우가 많다. 다음 해에 짝짓기 하기 전까지 먹이를 충분히 먹어 몸에 지방을 축적하는 것이다. 적당히 먹이를 섭취해 몸의 상태가 회복되면, 이제 3년의 간격을 두고 새끼를 다시 출산할 수 있다. 태어나고 1년이 지나 젖을 뗄 무렵이 되면, 북대서양참고래 새끼는 몸길이가 갓 태어났을 때의 2배가 되고 몸무게는 5,000kg에 달한다. 이 고래는 최소한 65~70살까지 산다.

보호와 관리

북대서양참고래는 2012년 500개체 정도가 남아, 전 세계에서 멸종 위험이 가장 높은 축에 든다. 역사적으로 동쪽(유럽)과 서쪽(북아메리카) 개체군이 서로 분리되어 살아왔던 듯하다. 여기에 따라 두 개체군을 따로 놓고 본다면, 서쪽 개체군은 그래도 멸종 위기종이지만, 동쪽 개체군은 심각한 위기종에 속해 거의 멸종되었다고 여겨진다. 인간의 영향으로 말미암은 사망이 상당한 정도로 이어져, 개체군이 처음처럼 회복되는 것이 느려지고 있다. 가장 심각한 사망 원인 중 두 가지는 선박에 충돌하거나 상업적인 고기잡이 도구에 얽혀드는 것이다. 화학 오염물질, 서식지 파괴, 소음, 전 지구적인 기후 변화 또한 고래들을 죽음에 이르게 하는 요인으로 지목되고 있다.

수면에서 활동하는 무리

이 이미지는 참고래류의 수면 활동을 보여 준다. 이곳에서 구애와 먹이 찾기가 벌어진다. 암컷은 중앙에서 지느러미발을 위로 쳐들고 위아래로 움직이며, 수컷들이 그 주위를 둘러싼다. 이 무리의 구성원은 2마리에서 30마리 이상까지 다양하지만 평균적으로는 5마리 정도다. 암컷이 소리를 내면 무리가 형성되기 시작하는데, 이때부터 암컷은 줄곧 무리의 중앙에 머무른다. 수컷들은 그 주위를 둘러싸며 암컷 근처의 수컷들은 암컷이 숨을 쉬려고 몸을 뒤집으면 교미를 시도한다. 이런 무리들은 북대서양참고래의 먹이 찾는 구역에서 항상 관찰된다. 임신철이 아닌 시기에도 무리가 형성되는데, 어쩌면 암컷 성체가 미래의 짝짓기 상대를 평가하는 과정일지도 모른다.

어구에 걸린 상처

북대서양참고래의 4분의 3 이상이 고기잡이 도구에 꼬리가 시작되는 지점이 얽혀들어 상처를 갖고 있다. 이런 사고가 여러 번 있었지만 겨우 살아남은 개체도 몇몇 보인다.

물 뿜기

뿜어낸 물의 높이는 2~3m이고, 고래의 앞이나 뒤에서 보면 확실히 가지 숱이 많은 V자 형태를 띤다.

수면에 올라왔다가 잠수하는 동작

1. 옆에서 보면 고래가 뿜어낸 물은 둥그스름한 타원형이다.

2. 수면 위에는 고래의 모습이 거의 보이지 않는다. 물 위로 올라오면서 물 뿜기 동작을 대부분 끝내기 때문이다.

3. 고래가 앞으로 이동하면서 머리가 수면 아래로 사라진다. 넓적하고 매끄러운 등만 보인다.

수면 위로 뛰어오르기와 꼬리 내려치기

참고래류의 이 두 가지 행동은 흔히 관찰된다. 두 행동 모두 물 아래에서 큰 소리를 내기 때문에, 다른 고래들에게 신호를 보내는 기능이 있을 것으로 추측된다.

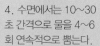

4. 수면에서는 10~30초 간격으로 물을 4~6회 연속적으로 뿜는다.

5. 수면에 몸이 거의 드러나지 않기 때문에 이 고래는 배의 선교에서 발견하기 힘들다.

6. 등지느러미가 전혀 보이지 않는 것이 특징이다.

7. 마지막 물 뿜기를 끝으로 고래는 긴 잠수에 들어갈 준비를 한다.

8. 마지막 물 뿜기가 끝나면 머리를 물 밖으로 높이 들어 숨을 깊이 들이마신다.

9. 머리를 물 안으로 집어넣고 가파른 각도로 물에 들어가기 시작한다. 몸이 구부러지고 등이 아까보다 더 많이 보인다.

10. 고래가 몸을 구르며 잠수해 들어가면서 꼬리가 보인다. 꼬리가 수직 방향으로 수면 위에 보이다가 물 안으로 미끄러져 들어간다.

북태평양참고래 NORTH PACIFIC RIGHT WHALE

과명: 참고래과

종명: 에우발라이나 자포니카 Eubalaena japonica

다른 흔한 이름: 검은참고래, 북방참고래

분류 체계: 아종이 없음

유사한 종: 북대서양참고래, 남방참고래

태어났을 때의 몸무게: 800~1,000kg

성체의 몸무게: 2만~10만kg

먹이: 맵시검물벼룩 등의 동물성플랑크톤과 크릴새우

집단의 크기: 보통 1~2마리이고, 먹이를 먹거나 사회적으로 무리 지을 때는 30마리 이상

주된 위협: 선박과의 충돌, 고기잡이 도구에 몸이 얽힘

IUCN 등급: 심각한 위기종

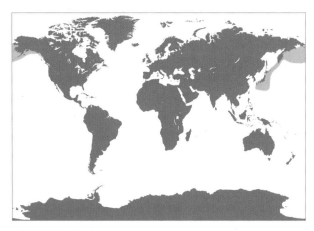

서식 범위와 서식지

이 종은 과거에는 북위 40도와 60도 사이, 태평양 분지 양쪽에서 널리 서식했다. 하지만 지금은 오호츠크해와 베링해 남동쪽, 알래스카만에서만 발견된다.

종 식별 체크리스트	• 몸통이 매끄럽고 검으며, 몇몇 개체는 배에 하얀 반점이 있음 • 통통한 몸집 • 등지느러미 없음 • 머리가 크고 입선이 아치 모양으로 상당히 구부러짐 • 사각형의 지느러미발 • 머리에 우둘투둘한 흰색의 반점이 있음

해부학

북태평양참고래는 겉모습이 북대서양참고래나 남방참고래와 아주 흡사하다. 북태평양참고래가 북대서양참고래보다 조금 더 크게 자라지만, 기록에 남아 있는 바로는 두 종의 최대 길이는 거의 비슷하다. 북태평양참고래는 18.3m, 북대서양참고래는 18m이다.

행동

북태평양참고래의 행동은 북대서양참고래와 아주 비슷하다. 먼바다의 수심 깊은 물속에서 더 많이 발견되며, 정량적인 기록은 없지만 깊이 잠수할 수 있으리라 추측된다.

먹이와 먹이 찾기

포경선에 잡힌 기록을 보면, 이 고래는 여름철에는 고위도 지역에 있다가 겨울에는 저위도 지역으로 이주한다. 새끼를 낳거나 번식하는 구역은 알려지지 않았지만 아마도 먼 바다일 것이다. 이 고래는 동물성플랑크톤을 걸러서 먹으며, 큰 요각류까지 먹기 때문에 북대서양참고래보다는 먹이의 종류가 많다. 북태평양참고래가 먹는 큰 요각류들은 북대서양참고래의 주식인 칼라누스 핀마르키쿠스보다 상당히 크기 때문에, 고래가 취하는 열량도 높다. 북태평양참고래는 철마다 가장 풍부한 먹잇감을 골라가며 먹는다.

생활사

정량적인 데이터가 존재하지는 않지만, 북태평양참고래의 생활사는 북대서양참고래와 거의 같다고 추정된다. 최근에는 베링해 남동부에서 이 고래의 어미-새끼 쌍이 거의 관찰되지 않았다.

보호와 관리

태평양 북동쪽에 서식하는 개체군은 심각한 위기 단계이다. 최근 북서쪽에는 수백 마리가 살지만 북동쪽에는 그보다 상당히 적어서 100마리 정도 서식한다. 북아메리카의 포경선은 1830년대부터 북태평양에서 고래를 잡았으며 20년도 안 되어 1만 1,000마리의 참고래류를 죽였다. 이런 고래잡이는 1930~1940년대에 보호 협약이 생기기 전까지 계속되었다. 소련의 포경선 또한 1963~1966년에 태평양 북동쪽 개체군에서 372마리를 불법으로 죽였으며, 그에 따라 그나마 남았던 개체군이 거의 절멸 상태에 이르렀던 것 같다. 최근에는 북대서양참고래와 비슷한 정도로 영향을 받았을 텐데도, 고기잡이 도구 등 인간의 영향으로 죽은 개체의 사례도 전혀 보고되지 않는다.

수컷/암컷

꼬리는 위, 아래가 검은색이며 끝으로 갈수록 폭이 좁음. 가운데는 깊게 패어 있으며 가장자리 선이 매끄러움

퉁퉁한 검은 몸통

사각형의 지느러미발

머리에 밝은색의 반점이 불규칙하게 남

입선이 아치 모양으로 상당히 구부러짐

짙은 회색에서 검은색인, 길이 2m의 좁은 수염판이 200~270개 있음

걸러 먹기

북태평양참고래는 입을 벌리고 헤엄치면서 물과 함께 같이 입 안에 들어온 동물성플랑크톤을 걸러 먹는다. 먹잇감은 수염 사이의 틈으로 들어와 밖으로 빠져나가지 않고 걸러든다.

몸 크기

갓 태어난 새끼: 4~4.5m
성체: 11~18.3m

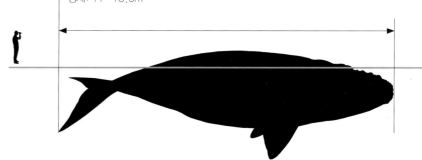

물 뿜기

뿜어낸 물의 높이는 2~3m이고, 고래의 앞이나 뒤에서 보면 확실히 가지 숱이 많은 V자 형태를 띤다.

수면에 올라왔다가 잠수하는 동작

1. 옆에서 보면 고래가 뿜어낸 물은 둥그스름한 타원형이다.

2. 고래가 앞으로 이동하면서 머리가 수면 아래로 사라진다. 넓적하고 매끄러운 등만 보인다.

3. 수면에서는 10~30초 간격으로 물을 4~6회 연속적으로 뿜는다.

4. 마지막 물 뿜기가 끝나면 머리를 물 밖으로 높이 들어 숨을 깊이 들이마신다.

5. 머리를 물 안으로 집어넣고 가파른 각도로 물에 들어가기 시작한다. 몸이 구부러지고 등이 아까보다 더 많이 보인다. 고래가 몸을 구르며 잠수해 들어가면서 꼬리가 보인다. 꼬리가 수직 방향으로 수면 위에 보이다가 물 안으로 미끄러져 들어간다.

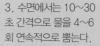

북극고래 BOWHEAD WHALE

과명: 참고래과

종명: 발라이나 미스티케투스Balaena mysticetus

다른 흔한 이름: 그린란드참고래, 북극참고래, 활머리고래

분류 체계: 아종은 없음, 가장 가까운 친척은 참고래류

유사한 종: 겉모습이 참고래류와 닮음

태어났을 때의 몸무게: 900~1,000kg

성체의 몸무게: 3만~10만kg

먹이: 요각류 등의 동물성플랑크톤, 크릴새우, 보리새우, 단각류

집단의 크기: 1마리에서 몇 마리, 먹이를 먹거나 사회적으로 무리 지을 때는 30마리 이상

주된 위협: 지구 온난화, 선박과의 충돌이나 고기잡이 도구에 몸이 얽힘

IUCN 등급: 관심 필요종이지만, 오호츠크 개체군은 멸종 위기종이고 스발바르와 바렌츠 개체군은 심각한 위기종

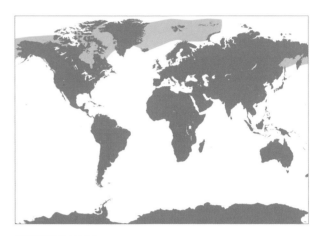

서식 범위와 서식지

북극 지역 여러 곳에서 서식하는 유일한 몸집 큰 고래이다. 오호츠크해, 베링/추크치/보퍼트해, 허드슨만/혹스 대양분지, 데이비스 해협/배핀만, 스발바르/바렌츠해에 다섯 개의 각기 구별되는 개체군이 존재한다.

종 식별 체크리스트	• 몸통이 검고 매끄러우며 턱에 하얀 반점이 있음. 몇몇 개체는 몸통과 꼬리가 연결되는 부분이 옅은 색을 띠기도 함
	• 통통한 몸
	• 등지느러미 없음
	• 머리가 아주 크며 머리 꼭대기에 독특한 혹이 있고, 입선이 아치 모양으로 상당히 구부러짐
	• 사각형의 지느러미발

해부학

북극고래는 참고래류와 닮았지만 차이점이 있다면 몸집이 더욱 건장하고 육중하며, 머리에 각질 조직이 없다는 것이다. 북극고래는 고래 가운데서도 지방층이 두께 50cm 정도로 가장 두텁다. 머리는 몸통에 비해 커서 몸길이의 40%에 달하며, 수염판도 아주 길다.

행동

북극고래는 수면에서 먹이를 먹을 때는 천천히 헤엄치지만, 한 시간 이상 길게 잠수할 수도 있다. 이것은 북극에서 얼음 아래로 지나기 위해 환경에 적응한 행동이다. 북극고래는 두께가 60cm인 얼음도 깰 수 있다. 참고래류와 마찬가지로 물 위로 점프했다가 뛰어들기, 꼬리나 지느러미발로 수면 내려치기 등의 행동도 흔하게 나타난다.

먹이와 먹이 찾기

북극고래는 이주하는 특성이 있다. 바닷물 위에 뜬 얼음이 계절에 따라 확장되거나 축소되면 고위도의 차가운 바닷물 사이로 이동하며 여름이나 겨울을 보낸다. 예컨대 베링/추크치/보퍼트해에 서식하는 개체군은 5월~9월에는 보퍼트해에서 먹이를 먹다가 10월~11월에는 추크치해를 따라 이동한다. 그리고 11월~3월에는 베링해 북쪽에서 겨울을 난 다음, 3월~6월에 추크치해로 다시 돌

아온다. 참고래류와 마찬가지로 북극고래 또한 아주 작은 동물성 플랑크톤을 걸러서 먹는다.

생활사

북극고래의 생활사는 먹이가 적게 분포하는 서식지에 산다는 점과 밀접하다. 북극고래는 참고래류보다 성적 성숙이 느려서 12~18살에야 이뤄지고 때로는 25살까지 늦춰지기도 한다. 임신 기간도 약간 길어서 13~14달이다. 새끼를 낳고 쉬는 기간도 참고래류처럼 3~4년이다. 북극고래는 포유동물 중에서 수명이 매우 긴 축에 속한다. 이누이트 사냥꾼들에게 잡힌 개체를 보면 대개 100살이 넘었고 어떤 개체는 211살로 추정되었다.

보호와 관리

18~19세기에 이뤄진 고래잡이 때문에 북극고래의 수는 많이 줄었다. 다섯 개 가운데 두 개 개체군이 멸종 위기에 놓였다. 이누이트 사냥꾼들은 알래스카, 러시아, 캐나다에서 이 고래를 잡을 수 있는 허가를 받았지만 개체수에 큰 영향을 주지는 않는다. 북극고래의 서식지는 사람들이 사는 곳과 멀리 떨어져 있기 때문에 그동안 인간들의 영향을 크게 받지는 않았다. 하지만 기후 변화로 북극의 얼음이 녹아, 생태계가 변화하고 사람들의 해상 운송, 고기잡이, 산업적 활동이 늘어나고 있어 문제가 되고 있다.

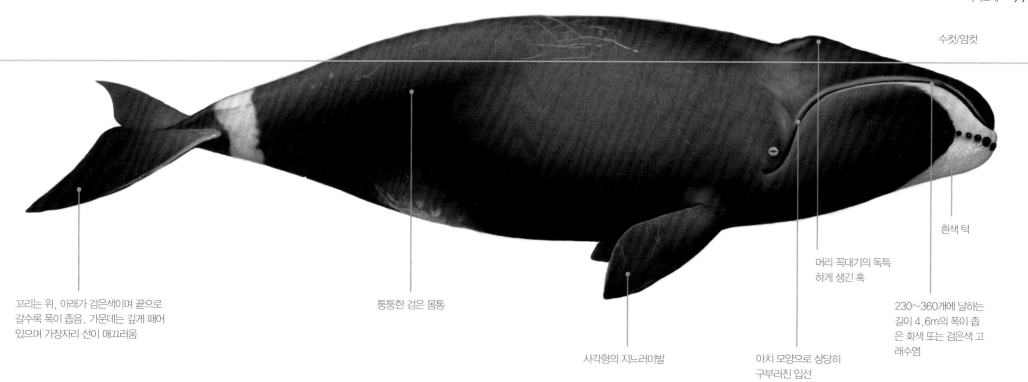

수컷/암컷

꼬리는 위, 아래가 검은색이며 끝으로 갈수록 폭이 좁음. 가운데는 깊게 패어 있으며 가장자리 선이 매끄러움

흰색 턱

머리 꼭대기의 독특하게 생긴 혹

230~360개에 달하는 길이 4.6m의 폭이 좁은 회색 또는 검은색 고래수염

통통한 검은 몸통

사각형의 지느러미발

아치 모양으로 상당히 구부러진 입선

북극고래의 해부학적 특징

북극고래의 해부학적 특징은 온도가 낮고 먹이가 많지 않은 서식지에 적응해 나타난 결과이다. 두터운 지방층은 체온을 지켜주고 오랫동안 먹이를 먹지 않아도 견딜 수 있게 해준다. 또 입이 아주 커서 물속에 먹잇감이 많지 않아도 바닷물을 많이 머금을 수 있다. 꼬리 역시 매우 커서, 입을 크게 벌리고 먹이를 걸러 먹는 동안 꼬리를 휘저어 생기는 추진력으로 물의 저항력을 견딜 수 있다.

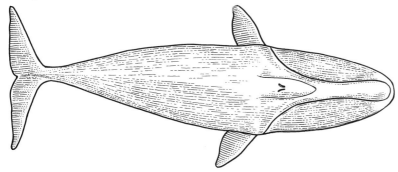

몸 크기

갓 태어난 새끼: 4~4.5m
성체: 12~18m

수면에 올리왔다가 잠수하는 동작

1. 옆에서 보면 고래가 뿜어낸 물은 둥그스름한 타원형이다.

2. 등지느러미가 없이 넓적한 등이 보이는 것이 특징이다.

3. 마지막 물 뿜기가 끝나면 꼬리를 수면 위로 높이 들어올리고 가파른 각도로 잠수한다.

4. 물에 들어가는 동작이 끝날 무렵이나 꼬리로 수면을 내려치기 직전에는 꼬리가 수면 위로 높이 치솟는다.

5. 점프할 때는 몸을 뒤틀면서 뛰어올라 옆구리로 수면을 내려친다.

작은참고래 PYGMY RIGHT WHALE

과명: 꼬마긴수염고래과

종명: 카페레아 마르기나타^{Caperea marginata}

다른 흔한 이름: 없음

분류 체계: 참고래류(해부학적 증거)나 긴수염고래류(DNA상의 증거)와 가까운 친척임

유사한 종: 몸집이 작아 밍크고래와 혼동될 때가 있음

태어났을 때의 몸무게: 알려져 있지 않음

성체의 몸무게: 암컷은 약 3,200kg, 수컷은 약 2,900kg

먹이: 갑각동물인 요각류가 주식이고 가끔씩 크릴새우를 먹음

집단의 크기: 대개 1~2마리이지만 100마리로 구성된 무리도 발견된 적이 있음

주된 위협: 이 종에 대해서는 정보가 부족하며 어쩌면 인간의 위협을 직접적으로 받지 않을지도 모름

IUCN 등급: 자료 부족종

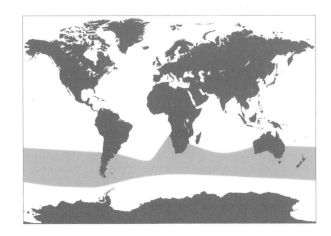

서식 범위와 서식지

이 종은 남반구 극지방의 다소 온난한 물속에서 산다. 바다에서 살아 있는 개체들이 관찰되는 것은 드물다.

종 식별 체크리스트	• 등 쪽은 짙은 회색이고 배 쪽은 밝은 회색임 • 수염고래류 가운데 몸집이 가장 작음 • 위턱이 아치 모양임 • 몸통 뒤쪽에 작은 등지느러미가 있음 • 목주름이 두 개임

해부학

작은참고래는 다른 참고래류와 여러 특성을 공유한다. 가장 눈에 띄는 부분은 아치 모양인 위턱인데, 다른 참고래나 북극고래보다는 조금 덜 구부러진 편이다. 작은참고래는 몸 뒤쪽에 작은 등지느러미가 있으며, 쇠고래처럼 두 개의 목주름이 있다. 최근 발견된 화석에 따르면, 작은참고래는 한때 멸종되었다고 여겨졌던 수염고래류 집단의 마지막 친척이기도 하다. 이 고래는 위턱에 210~230개의 노르스름한 흰색 수염판이 달렸는데 그 길이는 최대 69cm이다. 또 납작해진 갈비뼈가 17개인데 이것은 수염고래류 가운데 제일 많은 숫자다.

행동

작은참고래가 야생 상태로 관찰된 경우는 드물고, 이 종에 대한 대부분의 정보는 길을 잃고 헤매는 개체를 보고 수집한 것이다. 따라서 이 종 고유의 행동에 대해서는 거의 알려진 바가 없다. 이 고래는 물 위로 뛰어오르기라든지 머리를 내밀고 살피기 같은 행동을 보이지 않고 꼬리도 거의 노출하는 법이 없다.

먹이와 먹이 찾기

작은참고래는 강하고 빠르게 헤엄치며, 참고래류나 북극고래와 비슷한 방식으로 먹이를 걸러서 먹는다. 이 고래는 주로 갑각동물인 요각류를 먹고 사는데, 길 잃은 개체의 위장을 조사한 결과 크릴새우가 발견되기도 했다.

생활사

작은참고래는 거의 비밀에 싸인 종이라, 번식 행동이나 생활사에 대해 밝혀진 정보는 거의 없다. 어미가 새끼를 한 번에 한 마리 출산한다는 정도만 알려져 있다.

보호와 관리

작은참고래는 사람들이 적극적으로 사냥하는 종이 아니지만, 간혹 몇몇 개체가 우연히 잡히기도 했다. 이 종 역시 모든 고래에 대한 국제 보호법의 관리 대상이지만, 지금 당장은 특별한 보전 조치를 취하고 있지는 않다.

수컷/암컷

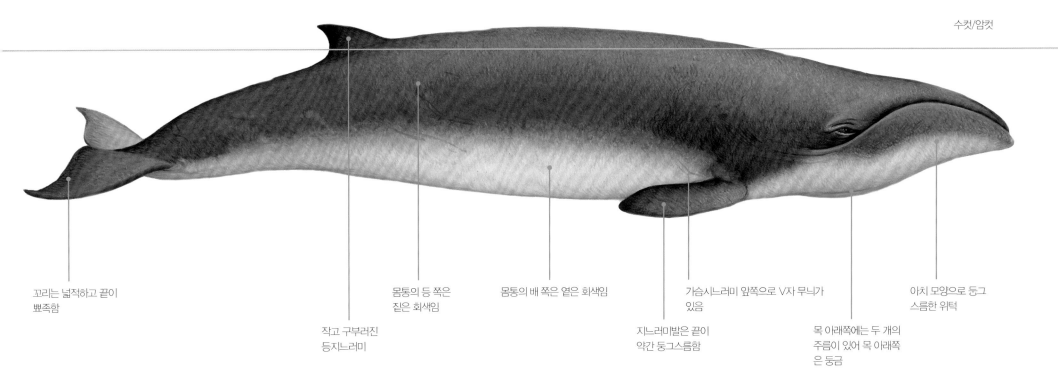

꼬리는 넓적하고 끝이
뾰족함

작고 구부러진
등지느러미

몸통의 등 쪽은
짙은 회색임

몸통의 배 쪽은 옅은 회색임

지느러미발은 끝이
약간 둥그스름함

가슴시느러미 앞쪽으로 V자 무늬가
있음

목 아래쪽에는 두 개의
주름이 있어 목 아래쪽
은 둥금

아치 모양으로 둥그
스름한 위턱

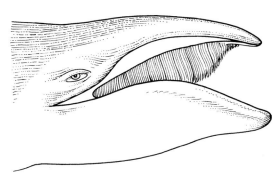

수염판

작은참고래의 위턱은 아치 모양으로
둥그스름하지만, 북극고래나 다른 참
고래처럼 아치 곡선이 심하게 구부러
지지는 않았다. 한쪽 면에 노란색을
띤 하얀색 옅은 수염판이 210~230
개 있으며 각각 길이가 69cm이다.

몸 크기

갓 태어난 새끼: 1.5~2.2m
성체: 5.5~6.5m. 암컷 최대 몸길이는 6.3m, 수컷 최대 몸길이는 6.1m

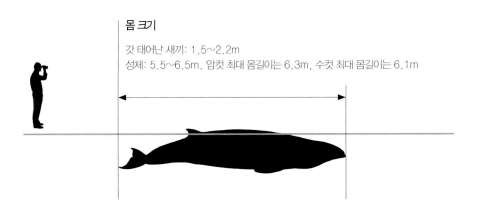

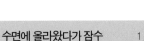

**수면에 올라왔다가 잠수
하는 동작**

물에 수면에 올라왔다가 잠
수하는 동작은 한 번에 몇
분 정도로 짧게 이뤄지며
수면에 머무르는 시간은 잠
시뿐이다.

1. 등지느러미 앞쪽으
로 머리와 분수공이 드
러난다. 때때로 머리
와 등지느러미가 동시
에 드러나기도 한다.

2. 뿜어낸 물은 크기
가 작고 눈에 잘 띄지
않는다.

3. 이제 머리가 사라지고
등이 드러난다.

4. 낫 모양의 등지느러미
가 모습을 드러낸다.

5. 고래가 물에 들어
가면서 꼬리와 몸통
사이의 연결대가 둥
글게 물 위로 모습을
드러낸다.

6. 물에 들어가는 동안 꼬리는
거의 물 밖에 나오지 않는다.
물속에서 머무는 시간이 짧은
것으로 미루어 잠수하는 깊이도
짧을 것이다.

먹이를 먹고 나면 목주름이 늘어나는
이 종은 멕시코 바하칼리포르니아 주
근처의 정어리가 많은 바다에
서식한다. 긴수염고래가 먹이에
돌진하는 모습은 지구상에서 가장 큰
규모의 생체역학 이벤트이다.

수염고래아목
쇠고래과와 긴수염고래과

긴수염고래류는 수염고래아목 가운데서도 특성이 가장 다양하다. 몸길이도 다양해서 10m인 밍크고래가 있는가 하면 33m나 되는 지구상에서 가장 큰 대왕고래도 있다. 쇠고래류는 비록 긴수염고래류는 아니지만 가까운 친척 관계이고 여러 특성이 비슷하다. 대부분은 몸집이 크고 날씬하며, 모든 종에서 암컷이 수컷보다 약간 몸집이 크다. 이 고래들은 전 세계적으로 분포하며 일반적으로 큰 바다에 산다. 긴수염고래류는 대부분 북쪽 서식지와 남쪽 서식지 사이를 이주하며 사는데, 한 곳은 짝짓기를 하는 따뜻한 물이고 다른 한 곳은 여름에 먹이를 찾아먹는 차가운 물이다.

긴수염고래류의 특징

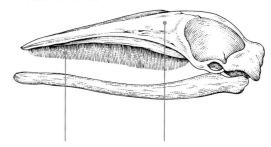

위턱 꼭대기에 혹이 하나 있음. 단 브라이드고래는 혹이 세 개임

종에 따라 12~100개의 목주름이 있음

지느러미발이 날씬함. 혹등고래를 제외하고는 대부분의 종에서 지느러미발은 짧음

몸통은 대부분 길쭉하고 날씬함. 단 혹등고래는 덩치가 큰 편임

등지느러미는 몸통 뒤쪽에 떨어져 있고, 모양은 종마다 다양함

• 긴수염고래류는 수염고래아목의 네 개 과 가운데 하나인 긴수염고래과를 형성한다. 이 무리는 두 개의 속으로 나뉜다. 8개의 종이 포함된 발라이노프테라속과 1개의 종, 혹등고래가 포함된 메가프테라속이 그 두 속이다. 유전학 연구가 더 진행되면 더 많은 종이 발견될 가능성도 있다.

• 긴수염고래류를 가리키는 영어 단어인 'rorqual'은 노르웨이어인 'røyrkval'에서 왔는데 이것은 '주름 고래'라는 뜻이다. 이 고래에서 눈에 띄는 특징인 목주름 때문에 붙여진 이름이다.

• 긴수염고래류 가운데는 특이하게도 대부분의 시간을 열대나 아열대 지방에서 보내는 브라이드고래가 포함된다. 또 새로 발견된 오무라고래도 있고, 동물계에서 가장 복잡하고 긴 노래를 부르는 혹등고래도 있다.

• 긴수염고래류는 고래류 가운데서 목주름이 가장 많고 잘 발달된 무리다. 목주름은 아래턱부터 죽 늘어져 지느러미발 뒤까지 이어지고, 때로는 배꼽까지도 이어진다. 목주름 덕분에 고래는 먹이를 먹는 동안 구강을 엄청나게 크게 확장할 수 있다.

• 긴수염고래류는 먹이와 물을 한꺼번에 삼켜 섭식한다. 입을 벌린 채 엄청난 에너지로 먹잇감이 가득한 물속에 돌진하는 것이다. 그러면 바닷물과 함께 삼킨 먹잇감이 수염판 사이로 걸러진다. 수염판은 길이가 10~100cm로 짧거나 중간 길이이다. 수염판의 밀도나 폭은 종마다 다른데, 그것은 종마다 선호하는 먹이가 다르기 때문이다. 긴수염고래류는 아래턱 사이의 연결 부위에 묻힌 독특한 감각기관을 갖고 있다. 이 기관은 기계적 감각 수용기 묶음으로 이뤄져 있어 뇌가 섭식 행동을 잘 조정하도록 돕는다.

• 긴수염고래류 가운데 몸집이 큰 종들은 머리도 몹시 커서 전체 몸길이의 4분의 1 정도를 차지한다. 긴수염고래류는 고래 가운데서도 몸집이 무척 다양한 무리이다.

• 긴수염고래류는 지구상 어떤 동물보다도 큰 소리를 낸다. 이 고래들이 우는 소리는 10Hz에서 40kHz에 이른다(인간이 내는 소리의 주파수는 18Hz에서 15kHz이다). 이 소리는 수킬로미터 밖까지 전달된다.

• 긴수염고래류는 큰 바다에 서식하며 전 세계의 대양에 모두 분포한다. 단 특정 개체군들이 서식하는 범위는 한정되어 있다. 대부분의 종은 이주성이 강해서, 11월에서 3월까지는 열대 바닷물에서 짝짓기를 하다가 그 이후에는 극지방으로 이주한다.

머리뼈(옆에서 본 모습)

종에 따라 한쪽 면에 짧거나 중간 길이의 수염판이 200~480개 있음

위턱이 넓적하고 편평함

• 쇠고래는 수염고래아목 아래 쇠고래과로 분리되어 있고, 여기에 쇠고래라는 1종만 포함된다. 쇠고래의 수염판은 수염고래류 가운데 가장 짧고 두껍다. 바닷물 바닥의 침전물에서 무척추동물을 빨아먹는 독특한 섭식 기술에 최적화된 수염판이다.

긴수염고래의 섭식

긴수염고래류는 수심 100m까지 빠르고 깊이 잠수해, 먹잇감이 포함된 다량의 물을 삼킨다. 삼킨 물의 저항력이 고래의 입을 벌리려는 방향으로 작용하는데, 이 힘은 고래가 가만히 쉬고 있을 때의 네 배에 달한다. 이렇게 큰 힘이 가해지는 것은 늘어난 목주름 때문이다. 고래는 입을 닫은 채 커다란 혀로 삼킨 물을 수염판 밖으로 내보낸다. 그러면 수염판이 체 역할을 해 수염 안쪽에 먹잇감을 남기고 물만 거른다. 수차례에 걸친 섭식이 끝나면 고래는 1톤 이상의 물고기와 무척추동물을 먹을 수 있다.

쇠고래 GRAY WHALE

과명: 쇠고래과

종명: 에스크리크티우스 로버스투스 Eschrichtius robustus

다른 흔한 이름: 회색등고래, 귀신고래

분류 체계: 쇠고래는 쇠고래과에 포함된 단 하나의 종이다. 쇠고래과는 긴수염고래과의 가까운 친척이다.

유사한 종: 몸 색깔이 얼룩덜룩한 회색으로 독특하다. 또 꼬리 연결대에 혹이 있어 가까이에서 보면 종을 식별하기 쉽다.

태어났을 때의 몸무게: 680~920kg

성체의 몸무게: 1만 6,000~4만 5,000kg

먹이: 단각류, 요각류, 보리새우, 크릴새우 등의 갑각동물과 꽃게와 그 유충, 작은 물고기

집단의 크기: 1~3마리, 짝짓기를 할 때는 12마리까지 떼 지어 다님

주된 위협: 바다에 버려진 쓰레기, 해양 오염물, 소음 공해, 선박과의 충돌, 어구에 몸이 얽혀듬, 지구 온난화

IUCN 등급: 서쪽 개체군은 심각한 위기종, 동쪽 개체군은 관심 필요종

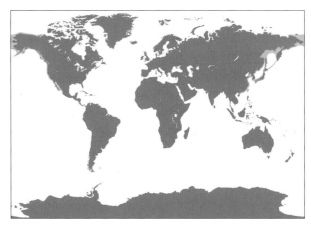

서식 범위와 서식지

이 종은 북태평양의 얕은 해안에서 가장 많이 발견된다. 두 개의 개체군이 있는데, 북아메리카 해안을 따라 서식하는 동쪽 개체군과 아시아 동쪽 해안을 따라 서식하는 서쪽 개체군이다.

종 식별 체크리스트	• 얼룩덜룩한 회색 몸통 • 등에 난 혹 • 하반신을 따라 꼬리까지 혹이 있음 • 몸에 따개비와 고래 이가 있음 • 뿜는 물의 높이가 낮고 하트 모양임

해부학

쇠고래는 덩치가 크고 건장하다. 머리는 위에서 보면 좁고 삼각형을 이룬다. 머리뼈는 상대적으로 작아서 전체 몸길이의 20% 정도다. 입선은 살짝 아치 모양이고, 노르스름한 크림색의 거친 고래수염이 한쪽에 130~180개가 있다. 쇠고래의 목주름은 가로 길이는 짧지만 깊이가 깊고 2~7개 있다. 위턱과 아래턱의 모낭에는 털이 보인다. 쇠고래는 등지느러미가 없는 대신 혹이 하나 있고 그 크기와 모양은 다양하다. 이 혹 뒤로 꼬리 연결대에 이르기 전까지 살덩이로 된 작은 혹이 여럿 줄지어 나 있다. 쇠고래의 지느러미발은 짧은 편이고 노 모양이다. 성체의 꼬리는 폭이 3~3.6m일 정도로 넓적하다.

행동

쇠고래는 지속적인 무리를 이루지 않는다. 혼자서 다니거나, 금방 헤어질 작은 무리에 섞여 이동한다. 이주하는 쇠고래는 한 방향으로 꾸준히 헤엄치며, 예측 가능한 패턴으로 호흡과 잠수를 한다. 수면 위로 뛰어오르는 행동은 이 종에서 흔히 나타나며, 주기적으로 머리를 수면 위로 내밀고 주변을 살피는 행동도 보인다. 쇠고래는 지나가는 배에 다가오는 등 '다정한' 성격을 가졌다고 알려져 있다.

먹이와 먹이 찾기

쇠고래의 주된 먹이는 바다 밑바닥에 사는 다양한 단각류이다. 이 먹이를 얕은 대륙붕이나 해안의 침전물과 함께 머금은 다음 걸러 먹는다. 쇠고래는 먹이를 먹으면서 바다 밑바닥 진흙에 길게 지나간 흔적을 남긴다. 또한 쇠고래는 바닥이 아닌 물속에 사는 먹잇감도 먹는데, 이 양은 그동안 생각했던 것보다 더 많다고 여겨진다. 쇠고래는 매년 2만 km 정도를 이동한다. 겨울철에는 멕시코를 둘러싼 석호의 따뜻한 물에서 새끼를 낳고, 여름에는 차가운 북극해에서 먹이를 찾는다. 쇠고래는 자기에게 적당한 서식지와 자원을 찾기 위해 먼 거리도 마다않고 이리저리 탐험한다. 2010년에는 쇠고래 한 마리가 북태평양에서 시작해 북극해를 가로질러 지중해까지 이동한 사례가, 2013년에는 다른 개체가 아프리카 나미비아 해변까지 이동한 사례가 보고되었다.

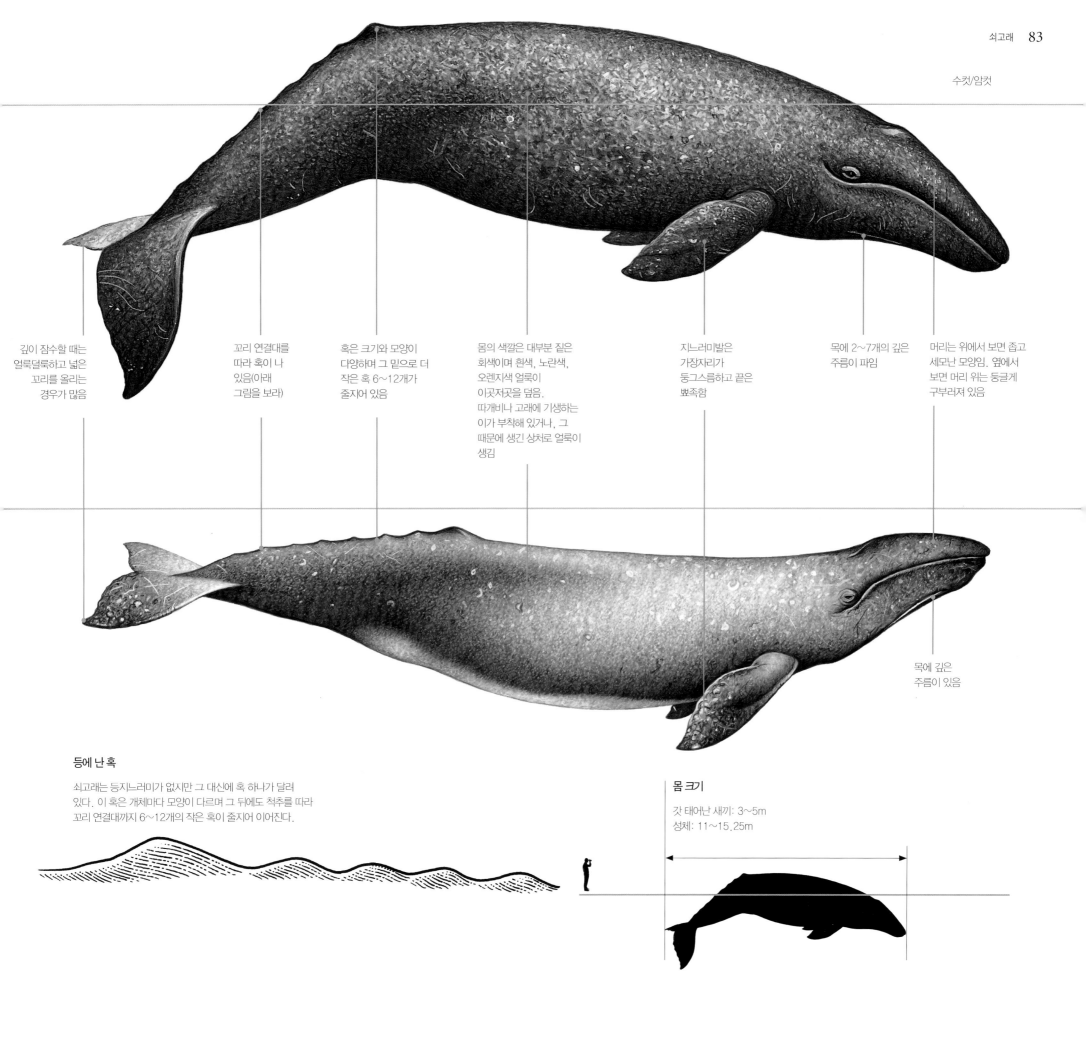

수컷/암컷

깊이 잠수할 때는 얼룩덜룩하고 넓은 꼬리를 올리는 경우가 많음

꼬리 연결대를 따라 혹이 나 있음(아래 그림을 보라)

혹은 크기와 모양이 다양하며 그 밑으로 더 작은 혹 6~12개가 줄지어 있음

몸의 색깔은 대부분 짙은 회색이며 흰색, 노란색, 오렌지색 얼룩이 이곳저곳을 덮음. 따개비나 고래에 기생하는 이가 부착해 있거나, 그 때문에 생긴 상처로 얼룩이 생김

지느러미발은 가장자리가 둥그스름하고 끝은 뾰족함

목에 2~7개의 깊은 주름이 파임

머리는 위에서 보면 좁고 세모난 모양임. 옆에서 보면 머리 위는 둥글게 구부러져 있음

목에 깊은 주름이 있음

등에 난 혹

쇠고래는 등지느러미가 없지만 그 대신에 혹 하나가 달려 있다. 이 혹은 개체마다 모양이 다르며 그 뒤에도 척추를 따라 꼬리 연결대까지 6~12개의 작은 혹이 줄지어 이어진다.

몸 크기

갓 태어난 새끼: 3~5m
성체: 11~15.25m

생활사

쇠고래는 암컷 여러 마리와 수컷 여러 마리가 한꺼번에 짝
짓기를 한다고 알려져 있다. 그에 따라 수정을 하기 위해 정
자들 사이에 경쟁이 일어나기도 한다. 두 마리 이상의 수컷
에서 온 정자들이 암컷의 난자 하나와 결합하기 위해 다투
는 것이다. 쇠고래의 번식은 특정 계절에만 일어난다. 암컷
의 번식 주기는 2년이며 대부분의 암컷은 한 해를 걸러 가며
새끼를 임신한다. 임신은 11월 말에서 12월에 주로 일어나
는데, 이때는 고래들이 먹이 먹는 지역에서 남쪽으로 이주
하고 있을 시기이다. 하지만 고래 가운데에는 번식을 하는
석호에 도착해야만 임신하는 개체도 있다. 쇠고래의 임신
기간은 논란 중이지만 일반적으로 11~13개월이라고 여겨
진다. 새끼를 출산하는 시기는 12월 말에서 3월 초까지이
다. 암컷은 새끼 한 마리를 낳아 다른 성체의 도움을 받지 않
고 온전히 돌본다. 쇠고래 새끼는 하루에 약 189리터의 젖
을 먹는데, 이 젖은 53%가 지방, 6%가 단백질로 구성되어
있을 정도로 지방질이 많다. 새끼는 빠르게 자라나 태어난
지 8개월 뒤 여름철 먹이 찾는 구역에서 젖을 뗄 무렵에는
8.7m 정도가 된다. 쇠고래의 수명은 60~70살 정도로 추정
된다.

보호와 관리

쇠고래의 두 개 개체군의 지위는 아주 다르다. 동쪽 개체군
은 1937년 이래로 모범적인 복구 과정을 거쳤다. 그 결과 현
재 약 2만 2,000개체가 서식한다. 러시아 추코트카 반도의
원주민 사냥꾼 몇몇이 이 개체군을 가끔 잡기는 한다. 반면,
서쪽 개체군은 전 세계 고래 무리 가운데 멸종 위험이 몹시
높으며 130여 개체만이 남아 있다. 그렇지만 이들의 번식 구
역인 바하칼리포르니아 주 석호에서 서쪽 개체군에 사는 쇠
고래들을 찍은 사진을 보면 두 개체군이 서로 교배할 가능
성도 있다고 보인다.

어미와 새끼(위)

어미는 새끼를 감싸며 보호해 북쪽으로
이주를 마칠 때까지 강한 유대를
형성한다. 새끼들은 8개월 동안
보살핌을 받는다.

꼬리 내려치기(맞은편)

쇠고래의 꼬리는 폭이 적어도 3m이고,
끝은 뾰족하고 가운데는 독특하게 패어
있다. 오랫동안 깊이 잠수하기 전
준비하는 과정에서, 고래들은 꼬리를 물
밖으로 내보내 보여주는 경우가 많다.

수면 위로 머리 내밀기(왼쪽)

머리 내밀기는 고래들이 물속에 수직으로
뜬 채, 머리를 일부 또는 전부 물 밖으로
내밀고 몇 분을 버티는 행동이다.

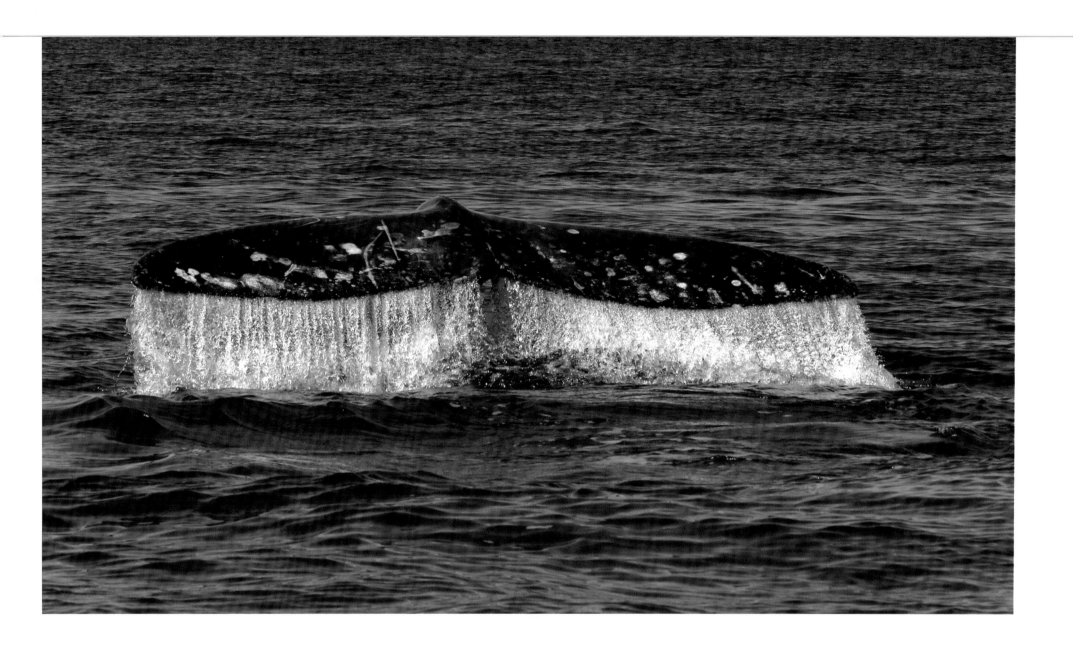

물 뿜기

쇠고래가 뿜어낸 물은 하트
모양이며 높이가 3~4m이다.

수면에 올라왔다가 잠수하는 동작

1. 고래가 몸을 구부림에 따라 등의
혹과 그 밑으로 꼬리 연결대까지
줄지어 난 작은 혹들이 보인다.

2. 고래의 몸이 깊이
잠겨 있어도 꼬리는
수면 밖으로 보이는
경우가 있다.

꼬리 내려치기

쇠고래의 꼬리는
가운데가 크게 패어
있으며, 따개비나 범고래
이빨자국으로 상처가 난
경우가 많다.

**수면 위로 머리
내밀기**

수면 위로 머리
내밀기는 쇠고래의
특징적인 행동이다.

수면 위로 뛰어오르기

쇠고래는 이주하는 동안 수면
위로 자주 뛰어오른다. 번식
구역인 바하칼리포르니아 주의
석호 인근에서도 이런 행동을
보인다.

밍크고래 COMMON MINKE WHALE

과명: 긴수염고래과

종명: 발라이노프테라 아쿠토로스트라타Balaenoptera acutorostrata

다른 흔한 이름: 작은긴수염고래, 뾰족주둥이긴수염고래, 작은창고래, 난쟁이고래

분류 체계: 3개의 아종이 있다. 북대서양(발라이노프테라 아쿠토로스트라타 아쿠토로스트라타), 북태평양 아종
(발라이노프테라 아쿠토로스트라타 스캄모니)과 남반구에 사는 몸집이 작은 아종이다(이름 없음).
대부분은 남극밍크고래와 가까운 친척이다.

유사한 종: 브라이드고래와 비슷하지만 더 작으며 지느러미발을 가로지른 흰색 띠로 밍크고래를 구별할 수 있다.

태어났을 때의 몸무게: 150~300kg

성체의 몸무게: 5,000~1만kg

먹이: 작은 물고기, 오징어, 크릴새우

집단의 크기: 1~3마리. 먹잇감이 아주 풍부한 지역에서는 수백 마리가 떼를 짓기도 함

주된 위협: 해양 오염, 소음 공해, 선박이나 고기잡이 기구와 접촉, 기후 변화

IUCN 등급: 몇몇 개체군은 잘 알려져 있지 않지만, 전체적으로 관심 필요종

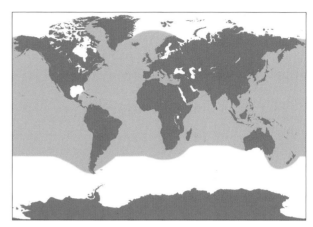

서식 범위와 서식지

밍크고래는 전 세계 대양분지나 에워싸인 만에서 발견된다. 바닷가 근처나 대륙붕 위, 섬 근처, 지속적으로 바닷물의 용승이 일어나는 해산 근처에서 주로 서식한다.

종 식별 체크리스트	
	• 짙은 회색의 몸통, 밝은 흰색의 배
	• 작은 유선형의 몸
	• 갈고리 모양의 등지느러미
	• 흰색 띠가 있는 짧은 지느러미발
	• 좁고 뾰족한 머리
	• 등에 밝은 색 반점이 있음
	• 지느러미의 위치. 몸통을 따라 3분의 2 지점, 등의 한가운데에 등지느러미가 있음

해부학

밍크고래는 긴수염고래류 중에서 가장 몸집이 작다. 긴수염고래의 3분의 1밖에 되지 않는다. 밍크고래는 작고 날씬한 몸통으로 쉽게 식별 가능하다. 턱에서 배에 이르기까지 흰색으로, 햇볕에 노출되는 쪽은 짙은 색이고 그렇지 않은 쪽은 옅은 색이다. 머리는 뾰족하며 지느러미발에는 흰색 띠가 가로질러져 있다.

행동

밍크고래는 전 세계적으로 널리 분포하고 있기 때문에, 연구자들은 이 고래의 특성을 그동안 많이 발견했다. 몸 크기가 작기 때문에 물 밖으로 완전히 뛰어오르는 것이 가능하다. 밍크고래는 수면 위로 뛰어오르거나 먹잇감을 추격하면서 속도를 갑자기 올리는 행동을 공통적으로 보인다. 헤엄치는 속도는 시속 35km에 달해 집요한 포식자인 범고래로부터 달아날 수 있다. 특정 지역에 서식하는 개체들은 호기심이 강해 선박을 따라오기도 한다.

먹이와 먹이 찾기

다양한 종류의 물고기 떼(대구, 청어, 어린 연어, 정어리, 멸치)와 무척추동물(크릴새우, 요각류, 오징어, 익족류)을 먹고 산다. 먹잇감의 종류에 따라 돌진하기, 삼키기, 수면에서 몸을 구르며 걸러먹기 등

다양한 기술을 구사한다. '새몰이꾼'이라 불리는 몇몇 고래는 먹잇감을 모아오는 바다새 떼를 이용해 자기 먹이를 챙기기도 한다.

생활사

밍크고래는 혼자서 생활하거나, 어미, 새끼와 이들을 따르는 수컷으로 구성된 2~3마리가 무리를 지어 다닌다. 짝짓기를 할 때 수컷의 울음은 독특한데, '보잉보잉'이나 오리의 '꽥꽥' 소리를 낸다. 임신 기간은 약 11개월이지만 새끼를 갖는 간격은 지역마다 다양하다. 태평양 동북부와 카나리아 섬의 온대 지역에서는 개체들이 1년 내내 서식한다. 전형적인 이주 주기를 따르는 개체군도 있다. 극지에 가까운 지역에서 봄과 여름을 먹이를 찾으며 보낸 다음, 겨울에는 열대지방으로 이주해 번식하는 것이다. 암컷 밍크고래는 6살 정도에 성적으로 성숙해 30~50년을 산다.

보호와 관리

사람들은 이 고래를 11세기부터 사냥해왔다. 그러다가 국제포경위원회는 이 고래를 상업적으로 포경하는 것을 금지했다. 밍크고래는 오늘날 '과학적인 연구'를 위해 수집되는 몇몇 고래 종의 하나다. 이 고래는 해안 근처에 살기 때문에 해양 오염이나 고기잡이 도구에 몸이 얽히는 피해를 당하기 쉽다. 그럼에도 수염고래류 중에서는 가장 수가 많다.

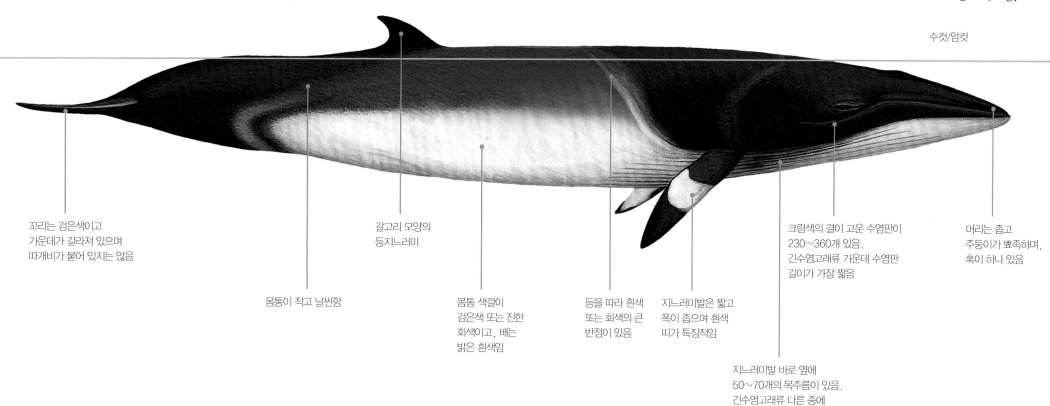

수컷/암컷

꼬리는 검은색이고
가운데가 갈라져 있으며
따개비가 붙어 있지는 않음

갈고리 모양의
등지느러미

크림색의 결이 고운 수염판이
230~360개 있음.
긴수염고래류 가운데 수염판
길이가 가장 짧음

머리는 좁고
주둥이가 뾰족하며,
혹이 하나 있음

몸통이 작고 날씬함

몸통 색깔이
검은색 또는 진한
회색이고, 배는
밝은 흰색임

등을 따라 흰색
또는 회색의 큰
반점이 있음

지느러미발은 짧고
폭이 좁으며 흰색
띠가 특징적임

지느러미발 바로 옆에
50~70개의 목주름이 있음.
긴수염고래류 다른 종에
비하면 몸길이 대비 길이가
짧은 편임

다양한 지느러미발

최근에 들어서야 몸집이 약간 더 큰 남극밍크고래와 밍크고래가 유전학적으로
분리된다는 점이 밝혀졌다. 밍크고래보다 더 작은 난쟁이밍크고래도 있는데,
이 고래는 남반구에 살며 밍크고래의 아종이다. 난쟁이밍크고래는 흰색 반점이
지느러미발의 위쪽 어깨 부위에 연결되어 있으며 수염이 회색, 갈색이다.
밍크고래의 다른 두 아종은 지느러미발에 흰색의 밝은 띠가 하나 가로질러져
있다는 특징이 있다.

몸 크기

갓 태어난 새끼: 2.4~3.5m
성체: 암컷 9.1m, 수컷 8m, 난쟁이밍크고래 6.3~7.8m

남극밍크고래
거의 회색임

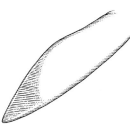

난쟁이밍크고래
어깨와 가까운 부위에 흰색
반점이 있음

밍크고래
독특한 흰색 띠가 있음

물 뿜기

밍크고래가 뿜는
물은 양이 얼마 되지
않아 잘 보이지
않는다. 높이는 2m
정도이지만 빠르게
사라진다.

**수면에 올라왔다가
잠수하는 동작**

1. 작은 혹이 난 머리를
약간 수그린 채 수면에
내민 다음 등을 드러낸다.

2. 머리의 혹이 물에
가라앉으면서
등지느러미가 드러난다.

3. 몸통을 앞으로
둥글게 구부려, 독특한
생김새의 등지느러미가
더욱 부각된다.

4. 고래가 꼬리
연결대를 구부리면서
물에 들어가는 중에도
등지느러미가 여전히
보인다.

5. 꼬리 연결대가 노출된
채 수면에 올라왔다가
잠수하는 동작이
마무리된다. 밍크고래는
물에 뛰어들 때 꼬리를
결코 수면 위로 들어
올리지 않는다.

수면 위로 뛰어오르기

밍크고래는 몸통 전체가 수면 위로
떠오르도록 점프할 수 있다. 어떤 개체는
입 안에 물고기를 가득 담은 채
뛰어오르기도 한다.

남극밍크고래 ANTARCTIC MINKE WHALE

과명: 긴수염고래과

종명: 발라이노프테라 보나이렌시스Balaenoptera bonaerensis

다른 흔한 이름: 남방밍크고래

분류 체계: 밍크고래와 가까운 친척임

유사한 종: 독립된 종이 아니지만 난쟁이밍크고래라고도 불리는 밍크고래의 아종과 유사함. 난쟁이밍크고래에
　　　　지느러미발에서 어깨까지 연결된 흰 반점이 있는 것으로 구별 가능함

태어났을 때의 몸무게: 200~250kg

성체의 몸무게: 8,500~1만 1,000kg

먹이: 크릴새우, 작은 물고기, 가끔 요각류를 먹기도 함

집단의 크기: 2~5개체. 먹이를 먹기 위한 큰 집단에서는 수백 개체가 모이기도 함

주된 위협: 해양 오염, 기후 변화, 고래잡이

IUCN 등급: 자료 부족종

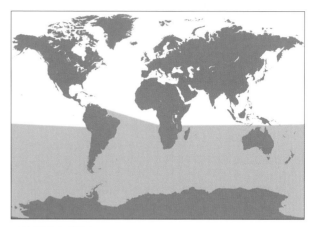

서식 범위와 서식지

이 종은 적도에서 남극에 이르는 해양에서 서식하며, 몇몇 개체는
북대서양에서 발견되기도 했다. 여름철에는 남위 55도에서 남극의 빙하
경계선 사이에서 살고, 겨울에는 남위 5도~35도 사이에서 산다.

종 식별 체크리스트

- 등이 검은색 또는 짙은 회색이고 배는 흰색임
- 머리가 삼각형이고 머리에 각진 돌기가 있음
- 등지느러미는 높고 갈고리 모양이며, 등 뒤쪽에서 3분의 1 지점에 있음
- 지느러미발은 작고 회색임
- 몸통은 날씬하고 유선형임

해부학

남극밍크고래는 몸길이가 10m에 지나지 않아 긴수염고래류 가운데 작은 축에 든다. 암컷이 수컷보다 약간 더 크다. 등은 진한 회색 또는 검은색이며, 거의 전체가 흰색인 배, 밝은 회색으로 물결 모양을 한 옆구리와 잘 구별된다. 지느러미발에서 등을 따라 머리를 향해 나 있는 밝은 회색의 V자 무늬가 발견되는 경우도 많다.

행동

이 고래는 헤엄치는 속도가 빨라서 시속 32km에 달하며, 가끔 수면 위로 뛰어올랐다 물에 뛰어드는 행동도 보인다. 남극밍크고래가 뿜는 물은 세로로 좁고 길쭉하며 높이가 1.8~3m로, 차가운 온도에서 더 잘 보인다. 소리를 내는 행동에 대해서는 거의 알려진 바가 없지만, 그동안 남극해에서 소나 기기에 녹음된 의문의 '꽥꽥' 소리(사람들이 '살아 있는 오리' 소리라고 불렀던)가 이 종이 낸 소리라는 사실이 최근에 밝혀졌다.

먹이와 먹이 찾기

이 종은 여름철의 먹이 먹는 구역에서 열대지방의 번식 구역까지 먼 거리에 걸쳐 이주를 한다. 남극밍크고래의 주식은 남극 크릴새우이지만, 가끔은 다른 동물성플랑크톤이나 작은 물고기도 먹는다. 먹잇감에 돌진해 다량의 물을 입 속에 가둔 다음 수염판으로 먹이만 거르는 방식으로 섭식한다.

생활사

겨울은 이 종의 짝짓기 철이다. 임신한 지 10개월 뒤에 새끼가 태어나며, 출산 후 4~5개월이 지나면 새끼가 젖을 뗀다. 남극밍크고래는 7~8살에 성적으로 성숙해 거의 매년 짝짓기를 거쳐 번식한다. 이 종의 수명은 50~60살이며, 주된 포식자는 범고래이다.

보호와 관리

남극밍크고래는 1970년대 몸집 큰 긴수염고래류가 줄어들면서 고래잡이의 주요 대상이 되었다. 1980년대 중반 고래잡이 중단 법령이 시행되면서 보호받기 시작했지만, 이미 남극해에서 일본 과학자들이 시행한 포경으로 수천 마리가 죽은 뒤였다. 국제포경위원회가 최근에 조사한 바에 따르면, 1980년대 후반부터(72만 마리로 추정) 1990년대 중반까지도(51만 5,000마리로 추정) 알려지지 않은 이유로 수가 줄었다고 한다.

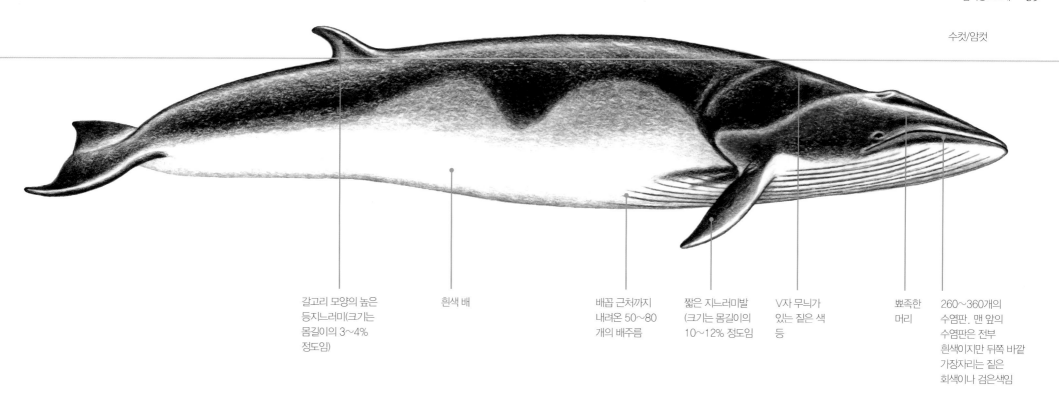

수컷/암컷

갈고리 모양의 높은 등지느러미(크기는 몸길이의 3~4% 정도임)

흰색 배

배꼽 근처까지 내려온 50~80개의 배주름

짧은 지느러미발 (크기는 몸길이의 10~12% 정도임)

V자 무늬가 있는 짙은 색 등

뾰족한 머리

260~360개의 수염판. 맨 앞의 수염판은 전부 흰색이지만 뒤쪽 바깥 가장자리는 짙은 회색이나 검은색임

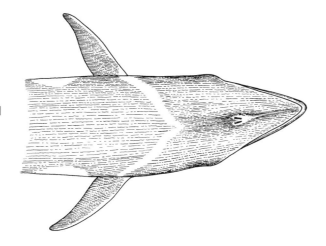

등의 V자 무늬

남극밍크고래는 등 피부 표면에 연한 회색의 V자 무늬가 있는 것이 특징이다.

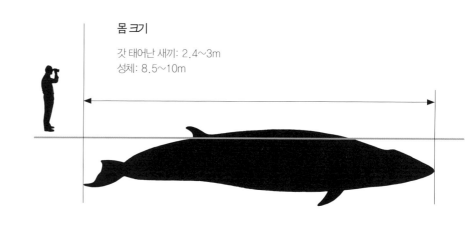

몸 크기

갓 태어난 새끼: 2.4~3m
성체: 8.5~10m

수면에 올라왔다가 잠수하는 동작

1. 수면 위로 나올 때 이 고래는 먼저 머리를 물 밖으로 내민 다음, 2~3m의 가늘고 높은 물줄기를 뿜는다.

2. 고래가 머리를 수면 아래로 둥글게 굴리면, 짙은 색 등이 드러난다.

3. 그 다음으로 갈고리 모양의 높은 등지느러미가 물 밖으로 드러난다. 분수공도 아직 보인다.

4. 물속으로 자취를 감추기 전, 잠수 준비 동작으로 등을 확실히 구부린다.

5. 마지막으로, 등지느러미가 물속에 사라지며 가끔 꼬리 연결대까지도 드러난다. 하지만 다른 수염고래 종들과는 달리 꼬리가 물 밖으로 나오지는 않는다.

수면 위로 머리 내밀기

남극밍크고래는 몸통을 물속에서 수직으로 세워 수면 위로 머리를 내미는 행동을 보인다.

수면 위로 뛰어오르기

이 고래는 물 위로 뛰어오르는 행동도 종종 보인다. 가끔은 몸 전체가 물 밖으로 드러나기도 한다.

정어리고래 SEI WHALE

과명: 긴수염고래과

종명: 발라이노프테라 보레알리스Balaenoptera borealis

다른 흔한 이름: 멸치고래, 보리고래, 북방긴수염고래. 영어 이름인 'Sei whale'은 노르웨이어 '대구 고래'가 변한 이름이다.

분류 체계: 북방정어리고래(발라이노프테라 보레알리스 보레알리스)와 남방정어리고래(발라이노프테라 보레알리스 스클레겔리) 두 아종이 있다. 브라이드고래, 긴수염고래와 가장 가까운 친척이다.

유사한 종: 긴수염고래나 브라이드고래와 혼동될 수 있지만, 머리 모양으로 구별 가능

태어났을 때의 몸무게: 600kg

성체의 몸무게: 1만 4,000~2만 7,000kg

먹이: 요각류, 기타 무척추동물, 작은 물고기

집단의 크기: 1~5마리, 먹이가 풍부한 지역에서는 50마리

주된 위협: 해양 오염, 기후 변화

IUCN 등급: 멸종 위기종

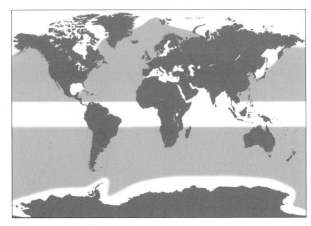

서식 범위와 서식지

인도양을 제외하고 모든 대양에서 발견된다. 여름에는 극지방과 온대 사이에서, 겨울에는 아열대에서 서식한다. 이 종은 탁 트인 대양의 깊은 물속, 해저 협곡, 대륙사면을 선호하며, 지형으로 에워싸인 대양분지는 피한다.

종 식별 체크리스트

- 몸통이 짙은 회색에서 검은색이고, 옆구리와 배는 흰색임
- 몸집이 크지만 날렵하고 매끈함
- 위로 높게 선 갈고리 모양의 등지느러미
- 짧고 끝이 뾰족한 지느러미발
- 위턱은 끝이 뾰족하고 아랫방향으로 구부러짐
- 머리에 폭이 좁은 융기가 하나 있음
- 옆구리에 우묵하게 얽은 자국들이 있음
- 지느러미의 위치가 하반신 중앙임

해부학

'고래 중에서 가장 우아한 고래'로 알려진 정어리고래는 몸집이 크지만 날렵한 편이다. 등지느러미의 모양과 위치를 보고 쉽게 종을 식별할 수 있다. 지느러미의 모양은 위로 높직하고 갈고리 모양인데, 갈고리의 곡선은 개체마다 다양하다. 등지느러미가 높아 브라이드고래와 혼동될 수도 있지만, 정어리고래는 머리에 V자 모양의 좁은 융기가 하나 있고 브라이드고래는 융기가 세 개이며 폭이 넓다는 점으로 구별 가능하다. 수염이 굉장히 가늘어 종을 식별하는 데 쓰일 수도 있다. 암컷은 수컷보다 몸집이 크고, 남반구에 사는 개체가 북반구 개체보다 크다.

행동

몸매가 날렵하기 때문에 헤엄치는 속도를 시속 25~56km까지 올릴 수 있는데 고래류 가운데 단연 최고이다. 하지만 물 위에서 꼬리를 내려치거나 뛰어오르는 등의 묘기는 별로 보이지 않는다. 정어리고래가 드물게 관찰되는 이유는 선박을 피하기 때문이다. 이들이 먹이 먹는 지역에 불규칙적으로 나타나는 현상을 두고 '정어리고래의 해'라고 부르기도 한다.

먹이와 먹이 찾기

수염이 가늘어 '바다의 벼룩'인 요각류 같은 아주 작은 무척추동물을 먹을 수 있다. 크릴새우나 청어, 멸치, 대구류, 꽁치류도 잡아먹지만 요각류가 주된 먹이다. 먹이 떼 언저리를 헤엄치다 요각류들이 천천히 떠다니는 수면 근처의 물을 걸러 먹이를 섭취한다.

생활사

정어리고래는 혼자서 다니거나 2~3마리 정도가 무리지어 다닌다. 어미와 새끼 그리고 수컷 한 마리 정도다. 먹이가 아주 풍부한 곳에서는 50마리까지도 떼를 짓지만, 이런 경우는 드물다. 수컷은 짝짓기의 계절인 겨울에 새끼가 딸린 암컷과 같이 다니며 짝을 이룬다. 그리고 1년 뒤 아열대 지방의 바닷물에서 새끼를 낳는다. 대부분의 다른 긴수염고래와 마찬가지로, 정어리고래는 휴식기를 가졌다가 그 다음 새끼를 낳는다. 5~15살에 성적으로 성숙하고, 수명은 65살 이상이다.

보호와 관리

정어리고래는 그동안 고래잡이배들의 주된 표적이어서 많이 잡혔고, 전 세계적으로 80%가 줄어 아직 회복되지 못하고 있다. 가끔 선박에 부딪혀 죽기도 하지만, 대부분 먼 바다에 서식하기 때문에 인간과의 접촉은 드문 편이다.

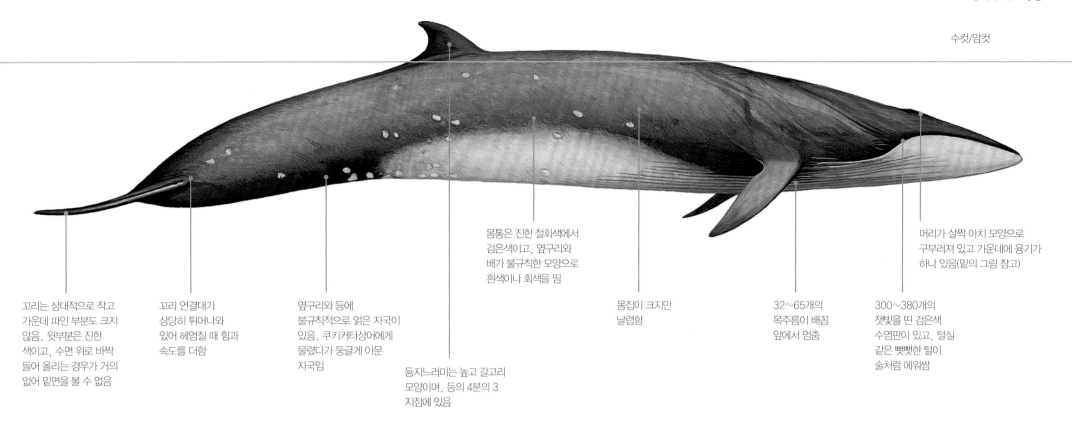

수컷/암컷

몸통은 진한 철회색에서 검은색이고, 옆구리와 배가 불규칙한 모양으로 흰색이나 회색을 띔

머리가 살짝 아치 모양으로 구부러져 있고 가운데에 융기가 하나 있음(밑의 그림 참고)

꼬리는 상대적으로 작고 가운데 파인 부분도 크지 않음. 윗부분은 진한 색이고, 수면 위로 바짝 들어 올리는 경우가 거의 없어 밑면을 볼 수 없음

꼬리 연결대가 상당히 튀어나와 있어 헤엄칠 때 힘과 속도를 더함

옆구리와 등에 불규칙적으로 얽은 자국이 있음. 쿠키커터상어에게 물렸다가 둥글게 아문 자국임

등지느러미는 높고 갈고리 모양이며, 등의 4분의 3 지점에 있음

몸집이 크지만 날렵함

32~65개의 목주름이 배꼽 앞에서 멈춤

300~380개의 잿빛을 띤 검은색 수염판이 있고, 털실 같은 뻣뻣한 털이 술처럼 에워쌈

등지느러미와 머리

등지느러미는 다른 큰 고래에 비해 높고 살짝 갈고리 모양으로 휘어 있다. 이 특징은 브라이드고래에게도 나타나지만, 정어리고래는 위턱을 따라 가운데에 하나의 융기가 있고 브라이드고래는 세 개의 융기가 있다는 점이 다르다.

등지느러미

위턱

몸 크기

갓 태어난 새끼: 4~4.9m
성체: 암컷 14.5~19.5m, 수컷 13.7~18.6m

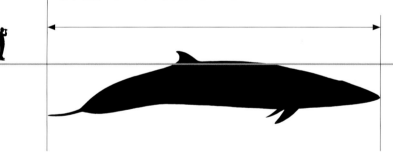

물 뿜기

정어리고래가 뿜어낸 물은 높이가 2~3m 로 높고, 폭이 넓으며 널리 퍼진다. 긴수염고래와 비슷한 모양이지만 조금 높이가 낮다.

수면에 올라왔다가 잠수하는 동작

1. 수면에서 물에 들어가기 시작하며 등의 상당 부분이 노출된다.

2. 머리와 뿜어낸 물, 갈고리 모양의 높은 등지느러미가 동시에 보인다.

3. 수면 아래로 몸을 구부리며 물에 뛰어들기보다는 미끄러져 가라앉는다. 등지느러미가 마지막까지 보인다.

4. 다른 긴수염고래와 달리, 이 종은 물에 들어가기 전에 숨을 깊이 들이마시지 않는다. 잠수 깊이가 얕기 때문이다.

5. 꼬리를 수면 위로 완전히 들어 올리는 경우는 드문데, 이것 역시 다이빙하는 깊이가 얕기 때문이다.

수면 위로 뛰어오르기

수면 위로 뛰어오르는 경우가 거의 없지만, 뛰어오를 때는 대개 배로 수면을 치며 물에 뛰어든다.

브라이드고래 BRYDE'S WHALE

과명: 긴수염고래과

종명: 발라이노프테라 에데니 Balaenoptera edeni

다른 흔한 이름: 없음

분류 체계: 브라이드고래와 관련한 분류와 명명은 아직 확실하게 정해지지 않았다. 비슷한 종이 얼마나 많은지 알 수 없기 때문이다. 발라이노프테라 에데니와 발라이노프테라 브리데이를 합쳐 흔히 브라이드고래라 하고, 발라이노프테라 오무라이를 오무라고래라 한다. 브라이드고래의 아종은 두 가지가 알려져 있다. 먼 바다에 서식하는 발라이노프테라 에데니 브리데이와 발라이노프테라 에데니 에데니(에덴 고래)이다.

유사한 종: 오무라고래(발라이노프테라 오무라이)

태어났을 때의 몸무게: 알려지지 않음

성체의 몸무게: 1만 2,000~2만kg

먹이: 물고기 떼, 크릴새우, 플랑크톤

집단의 크기: 1~2마리

주된 위협: 서식지 파괴, 선박과의 충돌

IUCN 등급: 자료 부족종

종 식별 체크리스트	• 등이 짙은 회색임
	• 위턱에 세 개의 융기가 있음
	• 목주름이 배까지 길게 이어짐
	• 등지느러미가 작고 갈고리 모양이며, 등을 따라 4분의 3 지점에 있음

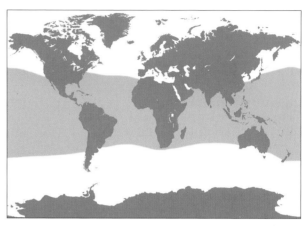

서식 범위와 서식지

이 종은 온대와 열대의 바닷가와 먼 바다에 널리 분포한다. 대개 북위 40도에서 남위 40도 사이에 서식한다.

해부학

브라이드고래는 위턱에서 분수공 사이에 세 개의 융기가 있으며, 목주름이 배꼽 너머까지 이어질 만큼 긴 것이 특징이다. 몸통 위쪽에서 가슴지느러미까지의 부위가 날씬하고 진한 회색이며, 몸통 아래쪽은 밝은 색이다. 가끔은 몸통 아랫면이 분홍색이 되기도 하는데, 따뜻한 물에서의 활동이 늘어난 결과이다. 다른 긴수염고래과 고래들에 비하면 지방층이 얇다. 등지느러미는 대개 갈고리 모양이지만 개체마다 약간 모양이 다르다.

행동

이 고래는 혼자 다니거나 짝을 지어 다니는데 먹이를 찾을 때는 여러 마리가 느슨하게 무리를 짓기도 한다. 협동해서 먹이를 구하는 것 같지는 않고, 대신 개체가 혼자서 먹이를 잡는다. 이 고래는 1년 내내 짝짓기를 하기 때문에 짝짓기 무리가 대규모는 아니다. 이 고래는 먹이를 잡을 때 가장 활동적이다. 먹잇감에게 돌진하거나 먹잇감 떼를 따라간다. 다른 긴수염고래과 종과 마찬가지로 저주파음으로 널리 울음소리를 내는데, 이 소리는 지역마다 다양하다.

먹이와 먹이 찾기

이들은 물고기 떼와 플랑크톤을 먹는다. 특정 지역에 서식하는 브라이드고래는 계절별로 구할 수 있는 먹이가 달라지면 그에 따라 먹이를 바꾼다. 이들은 돌진해 먹잇감을 붙잡은 다음 빠르게 방향을 옆으로 돌려 먹는다. 가끔은 개체가 혼자 공기거품 그물을 활용해 먹잇감을 사냥하기도 한다.

생활사

브라이드고래는 다른 긴수염고래과와 수명이 비슷하다. 새끼는 1년 내내 낳는데, 갓 태어난 새끼에게 적당한 따뜻한 지역의 물을 택한다. 임신기는 11개월이며 수유기는 6개월이고, 젖을 떼고 난 새끼는 몸길이가 7m까지 자란다. 이 새끼의 몸길이는 서식지가 바닷가인지 먼 바다인지에 따라 조금씩 다르다. 암컷은 대개 새끼를 2~3년마다 한 마리씩 낳는다.

보호와 관리

그동안 일본에서 과학 연구를 위해 1,000마리 이상의 브라이드고래를 죽였다고 알려졌다. 전 세계적으로 선박에 부딪혀 죽는 고래들이 있고, 이것이 일부 개체군에는 위협으로 작용한다. 고기잡이 도구에 몸이 얽히거나, 소음 공해나 남획 등도 비슷하게 위협이 된다. 바닷가에 서식하는 개체군에게는 독성물질의 축적 또한 위협이다.

수컷/암컷

꼬리는 꼭대기가
짙은 색이고
아랫면은 흰색임

몸통 아래쪽은
옅은 색임

등지느러미는
작고 갈고리
모양임

쿠키커터상어의 공격
때문에 피부에
얼룩덜룩한 원형의
상처가 있음

몸통
윗부분은
짙은 회색임

가슴지느러미는
가느다랗고 끝이 뾰족함

머리 꼭대기에 있는 세
개의 독특한 융기가
분수공까지 이어짐

목주름은 길게
배꼽까지 내려감

머리 융기

브라이드고래는 머리 꼭대기에 독특한
융기가 세 개 있어 수염고래류
가운데서도 독특하다. 이 고래들은 가끔
머리를 들어올리거나, 몸통 거의 전체가
드러나게 뛰어오른 다음 수면에 철썩
떨어진다.

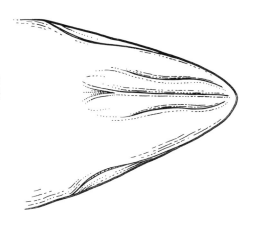

몸 크기

갓 태어난 새끼: 3~5m
성체: 11~15.5m

물 뿜기

브라이드고래는 숨을
쉬려고 수면에
올라와 작고
둥그스름한 모양의
물을 뿜는다.

**수면에
올라왔다가
잠수하는 동작**

1. 고래가 수면에
올라온 이후
분수공이 보이기
시작한다.

2. 그 다음으로
고래의 등이 시야에
들어온다.

3. 그리고 등
뒤쪽에서
등지느러미가 보인다.

4. 마지막으로, 고래가 수면
아래로 들어가면서 등을
살짝 구부린다.

**수면에 꼬리
내려치기**

이 고래는 잠수할
때 꼬리가 수면에
드러나지 않는다.

뛰어오르기

브라이드고래는 가끔 몸통의 거의 전체를
수면 위로 곧장 뻗어 뛰어오른 다음, 다시
물에 첨벙 뛰어든다.

대왕고래 BLUE WHALE

과명: 긴수염고래과

종명: 발라이노프테라 무스쿨루스Balaenoptera musculus

다른 흔한 이름: 흰긴수염고래, 흰수염고래

분류 체계: 서식지에 따라 다음과 같은 네 개의 아종이 있다. 발라이노프테라 무스쿨루스 무스쿨루스 (북반구),
발라이노프테라 무스쿨루스 인테르메디아(남극), 발라이노프테라 무스쿨루스 브레비카우다(남극과
가까운 인도양), 발라이노프테라 무스쿨루스 인디카(인도양 북부)

유사한 종: 덩치가 크고 등지느러미가 작아서 비교적 쉽게 식별 가능함. 하지만 긴수염고래나 정어리고래와
혼동될 수도 있음

태어났을 때의 몸무게: 4,000~5,000kg

성체의 몸무게: 평균 7,000~13만 6,000kg, 암컷은 최대 17만 7,000kg

먹이: 크릴새우, 가끔 물고기

집단의 크기: 1~3마리, 드물게 먹이가 풍부한 지역에서 50~80마리가 떼를 짓는 경우도 있음

주된 위협: 선박과의 충돌, 고기잡이 도구에 몸이 얽힘, 해양 오염, 소음 공해, 기후 변화

IUCN 등급: 멸종 위기종

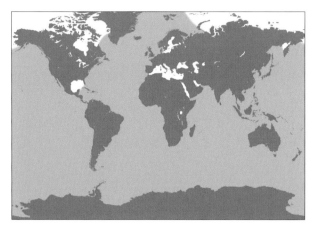

서식 범위와 서식지

대왕고래는 깊이가 80~3,700m인 전 세계 모든 대양에 분포한다.
대륙붕이나 대륙붕단, 해산, 섬을 따라 무리 짓는다.

종 식별 체크리스트

- 몸통은 청회색이고 옅은 색 또는 짙은 색의 점이 있음
- 몸통이 크고 늘씬함
- 몸에 비해 등지느러미가 아주 작음. 등지느러미의 크기는 개체마다 조금씩 다름
- 지느러미발은 짧고 끝이 뾰족함
- 꼬리는 가장자리가 매끈하고 가운데가 살짝 파임
- 머리는 편평하고 중앙에 눈에 띄는 융기가 있음
- 지느러미가 몸통 중앙에 하나, 몸 뒤쪽에 멀찌감치 하나 있음

해부학

대왕고래는 지금껏 지구상에 존재했던 동물 가운데 가장 크다. 덩치가 조금 더 큰 남극에 사는 아종은 성체 암컷의 몸길이가 29m에 달한다. 피부는 푸른빛을 띠며 몸이 물속에 있을 때는 청록색으로 보인다. 대왕고래는 엄청난 덩치 때문에 다른 고래와 쉽게 구별된다. 덩치에 비해 등지느러미는 아주 작고 몸 뒤쪽에 멀찌감치 떨어져 있는 것도 특징이다.

배 쪽에는 목주름이 있어서 한 번에 9,000kg에 달하는 크릴새우와 바닷물을 삼킬 정도로 구강이 확장된다. 아래턱은 길고 무거우며 턱을 머리뼈와 연결하는 특수 근육이 있다. '동물계에서 가장 거대한 생체역학 운동'을 지탱하기 위한 적응이다. 위에서 보면 머리는 넓적하고 편평하며 꼬리 연결대는 좁지만 깊숙해서 이 고래가 빠르게 헤엄치거나 돌진할 때 강력한 힘을 낼 수 있다.

행동

비록 혹등고래보다는 덜 우아하지만, 대왕고래는 밀집한 크릴새우 떼에 다가가면서 몸을 360도로 빙글 회전할 수 있다. 잠수할 때 꼬리를 수면에 내려치기는 하지만 뛰어오르는 동작은 거의 보이지 않는다. 이동할 때 속도는 시속 20km에서 빠르면 시속 50km까지 낼 수 있다. 대왕고래는 지역마다 다르지만 대부분 주파수 20Hz 이하의 독특한 소리를 내며, 이 소리는 지구상 어떤 동물보다도 크고 길게 이어진다. 대왕고래가 내는 소리는 188데시벨 정도로 동물이 낼 수 있는 소리 중에서 가장 크며 수백 km 밖까지 울려 퍼진다. 이 소리는 대왕고래가 서로 의사소통을 하는 데 필수적일 것이다.

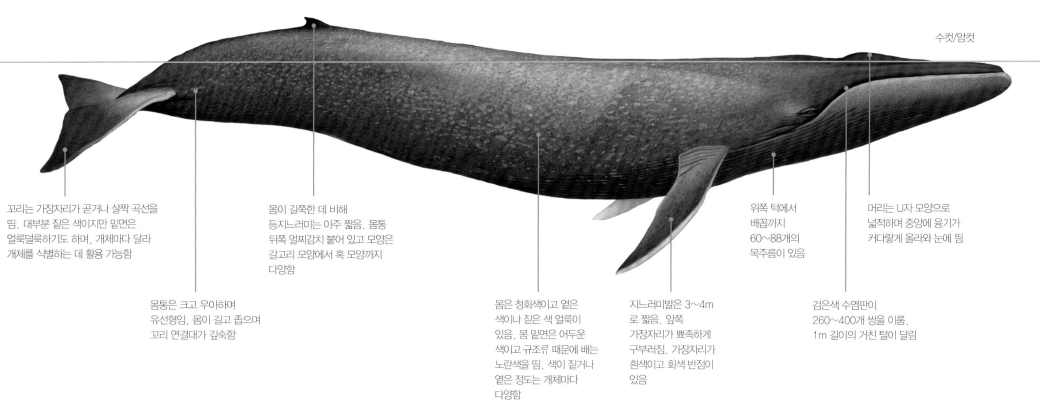

수컷/암컷

꼬리는 가장자리가 곧거나 살짝 곡선을 띰. 대부분 짙은 색이지만 밑면은 얼룩덜룩하기도 하며, 개체마다 달라 개체를 식별하는 데 활용 가능함

몸이 길쭉한 데 비해 등지느러미는 아주 짧음. 몸통 뒤쪽 멀찌감치 붙어 있고 모양은 갈고리 모양에서 혹 모양까지 다양함

위쪽 턱에서 배꼽까지 60~88개의 목주름이 있음

머리는 U자 모양으로 넓적하며 중앙에 융기가 커다랗게 올라와 눈에 띔

몸통은 크고 우아하며 유선형임. 몸이 길고 좁으며 꼬리 연결대가 깊숙함

몸은 청회색이고 옅은 색이나 짙은 색 얼룩이 있음. 몸 밑면은 어두운 색이고 규조류 때문에 배는 노란색을 띰. 색이 짙거나 옅은 정도는 개체마다 다양함

지느러미발은 3~4m로 짧음. 앞쪽 가장자리가 뾰족하게 구부러짐. 가장자리가 흰색이고 회색 반점이 있음

검은색 수염판이 260~400개 쌍을 이룸. 1m 길이의 거친 털이 달림

조감도

대왕고래는 몸무게가 엄청나기는 해도 몸통은 유선형으로 늘씬하다. 넓적하고 편평한 머리는 전체 몸길이의 4분의 1이나 되며, 꼬리 쪽으로 갈수록 점점 좁아진다. 작은 등지느러미가 멀찍하게 떨어져 있고 물속에서 몸은 청록색으로 보인다.

몸 크기

갓 태어난 새끼: 6~8m
성체: 23~33m, 남극에 서식하는 아종은 좀 더 커서 최대 길이가 33.6m.

여러 가지 모양의 등지느러미

대왕고래의 등지느러미는 크기가 작은 편인데, 구체적인 크기는 조금씩 개체마다 다르다. 갈고리 모양에서 조금 둥근 모양, 삼각형까지 모양도 다양하다.

갈고리 모양

둥근 모양

삼각형

먹이와 먹이 찾기

이 지구상에서 제일 큰 포유류가 고집하는 단 한 가지의 먹이는 가장 작은 무척추동물인 크릴새우다. 대왕고래는 두 마리가 짝을 지어 나란히 다니는데, 먹이를 먹을 때는 혼자서 돌진한다. 가끔 요각류 같은 다른 무척추동물도 먹으며 드물게 때 지어 다니는 작은 물고기들을 먹기도 한다. 대왕고래는 계절에 따라 이주를 하는데, 먹이를 먹을 때는 고위도 지역 극지방 빙하 가장자리나 탁 트인 바다의 대륙붕 근처 바닷물이 용승하는 곳으로 간다. 이 고래는 혼자서, 또는 2~3마리가 소규모로 때를 지어 섭식하고, 먹이가 우글거리는 지역에서는 50~80마리가 넓은 지역에 걸쳐 무리를 이루기도 한다. 대왕고래는 한 번 잠수하는 동안 30분은 숨을 참으면서 크릴새우 떼에게 6번 정도 돌진할 수 있다. 이 고래는 엄청난 덩치를 유지하기 위해 매일 3,600kg의 크릴새우를 잡아먹는다.

생활사

대왕고래의 짝짓기 행동은 그 시기가 가을과 겨울이라는 것 외에 알려진 바가 적다. 짝짓기가 끝나면 1년 뒤에 아열대 바다에서 새끼를 낳는데, 그 무게는 성체 하마와 맞먹는다. 어미는 7개월 동안 새끼를 돌보고, 한 번 새끼를 낳고 1~2년이 지나야 다음 새끼를 가진다. 7~12살에 성적으로 성숙하고 수명은 80년 이상이다. 대왕고래는 몸집이 엄청나게 크고 헤엄치는 속도도 빠르기 때문에, 범고래에게 잡아먹히는 일은 드물다.

보호와 관리

대왕고래는 집중적인 포경 때문에 거의 멸종 단계이다. 대부분의 개체군이 원래 상태로 회복되지 못했고 여전히 위협받고 있다. 태평양 북동쪽의 개체군은 어느 정도 종 수가 회복되었지만 전 세계적으로 개체수는 1만 마리 이하다.

꼬리 내려치기

꼬리를 내려치는 동작을 하면 가운데가 파인 삼각형의 꼬리가 드러난다. 꼬리 연결대는 정면에서는 좁아 보이지만 측면에서 보면 폭이 넓다. 이런 모습 덕분에 꼬리가 강력한 추진력을 낼 수 있다(다음 페이지의 '수면에 올라왔다가 잠수하는 동작' 설명을 참고하라).

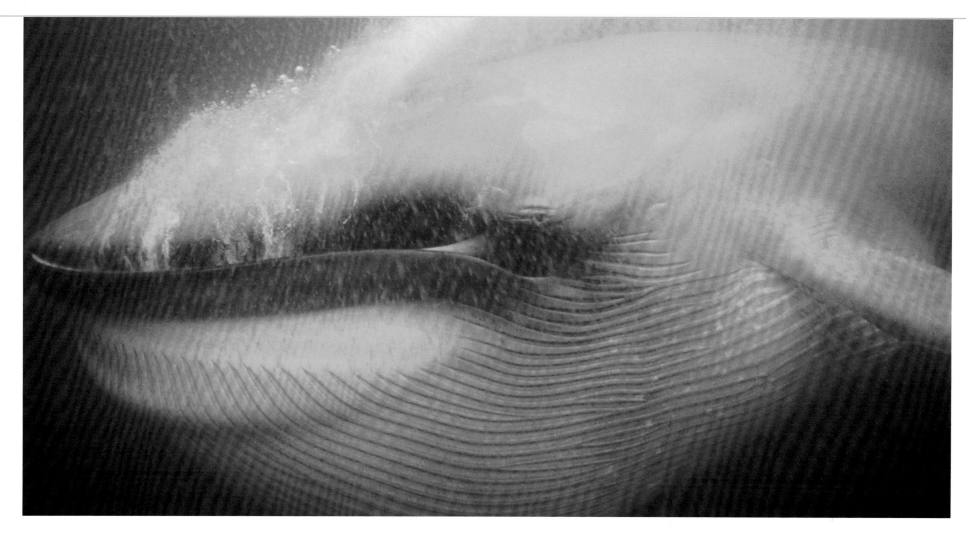

섭식

대왕고래가 먹잇감에게 돌진하는 모습은, 가히 동물계에서 가장 규모가 큰 생체역학 활동이라고 부를 만하다. 목주름이 엄청나게 늘어나면서 날씬했던 몸통이 '배가 터질 듯한 올챙이' 모습이 된다. 그 안에 크릴새우와 바닷물을 잔뜩 머금고 있는 것이다.

물 뿜기

대왕고래가 뿜는 물은 높이 9~12m 로 높고 쭉 곧으며 물방울이 밀집해 올라간다. 맑은 날 보면 마치 물기둥처럼 보인다.

수면에 올라왔다가 잠수하는 동작

1. 먼저 넓적한 머리와 그 위의 혹처럼 생긴 융기가 모습을 드러낸다.

2. 길고 넓은 등이 드러나고, 이후에 조그만 등지느러미가 모습을 보인다.

3. 등과 등지느러미를 보인 이후에는, 몸을 둥글게 말아 물에 들어가기보다는 수면 아래에 머무는 경우가 많다.

4. 몸을 둥글게 마는 경우, 거대하고 깊숙이 들어간 꼬리 연결대가 드러나고, 등지느러미는 수면 아래로 미끄러져 자취를 감춘다.

5. 꼬리가 수면 위로 드러나기도 한다. 이런 경우 꼬리를 보고 어떤 개체인지 식별할 수 있다.

수면 위로 뛰어오르기

대왕고래도 물 위로 뛰어오르기는 하지만 그렇게 자주 하는 행동은 아니다. 뛰어오를 경우, 몸통 상당 부분이 물 밖으로 드러나며 이어 몸통이 수면에 철썩 부딪히면서 엄청난 양의 물보라가 일어난다.

오무라고래 OMURA'S WHALE

과명: 긴수염고래과

종명: 발라이노프테라 오무라이 Balaenoptera omurai

다른 흔한 이름: 작은브라이드고래, 난쟁이긴수염고래

분류 체계: 원래는 몸집이 작은 브라이드고래의 아종으로 여겨졌지만, 현재는 대왕고래, 브라이드고래, 정어리고래가 이루는 분기군의 외부에 있는 종이라고 밝혀졌다.

유사한 종: 긴수염고래, 브라이드고래, 밍크고래와 비슷해 혼동될 수 있다(아래 설명 참고).

태어났을 때의 몸무게: 알려져 있지 않음

성체의 몸무게: 2만kg 이하로 추정됨

먹이: 크릴새우. 먹이에 대한 정보가 부족함

집단의 크기: 1~4마리

서식지: 탁 트인 바다나 바닷가의 얕은 물속

주된 위협: 고기잡이 도구에 몸이 얽힘, 기후 변화

IUCN 등급: 자료 부족종

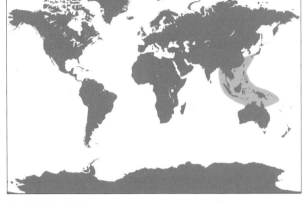

서식 범위와 서식지

여기 표시된 서식 범위는 인도태평양(동해, 인도양 동부, 필리핀 근해, 솔로몬해)에서 수집한 약간의 표본과 관찰 결과에 기초한 것으로, 현재 추정되는 면적보다 넓을 가능성이 있다. 서식지는 열대와 아열대이며 모두 대륙붕 위의 바닷가나 탁 트인 바다이다.

종 식별 체크리스트

- 유선형의 몸
- 등은 짙은 색이고 배는 옅은 색임
- 턱과 목의 색이 비대칭적으로 분포함
- 등지느러미가 갈고리 모양임
- 머리가 널찍하고 위에 융기가 하나 있음
- 지느러미발은 폭이 가늘고 끝은 짙은 색이며 가장자리는 흰색임
- 꼬리는 가장자리가 직선임
- 지느러미가 몸통 한가운데, 하반신에 각각 하나씩 있음
- 지느러미가 몸통 한가운데, 하반신에 각각 하나씩 있음

해부학

오무라고래는 최근 들어 이 고래가 하나의 분리된 종이라고 밝힌 일본인 고래학자의 이름을 따서 이름이 지어졌다. 이 고래는 브라이드고래와 혼동되는 경우가 많지만, 오무라고래는 머리 위에 융기가 한 개이고 브라이드고래는 융기가 세 개라는 점이 차이점이다. 머리에 독특한 비대칭적인 색의 반점이 있다는 것이 오무라고래에게서 가장 두드러지는 특징이다. 이 점이 긴수염고래와 공통적이기에 그동안 이 고래를 난쟁이긴수염고래라 불러왔던 것이다.

행동

오무라고래가 확실하게 관측된 사례가 아주 드물기 때문에, 이 고래의 행동에 대해서는 알려진 바가 적다. 종을 잘못 식별하는 경우가 많아 행동에 관한 설명에 오류가 있을 수도 있다. 짝짓기를 하는 동안 수컷은 울음소리를 내지 않지만, 수면을 뒹구는 행동은 관측된 적이 있다. 꼬리 내려치기는 기록된 적이 없지만 뛰어오르기는 기록으로 남아 있다.

먹이와 먹이 찾기

오무라고래가 바닷가에서 먹잇감에게 돌진하는 모습이 관찰된 바 있고, 죽은 개체의 위장에서 크릴새우가 발견되었다. 하지만 이 고래는 물고기도 많이 먹는데, 수염판이 많지 않고 크기도 작기 때문이다.

생활사

오무라고래는 암컷과 새끼가 짝을 지어 1~4마리씩 무리 지어 다닌다. 하지만 짝짓기 행동이나 이주에 대해서는 알려진 바가 없다. 이처럼 자료가 한정적인 것은 이 고래가 1년 내내 인도해와 태평양 동부에 머무르며 계절적인 번식 주기를 갖지 않기 때문일 것이다. 임신 기간은 다른 수염고래류처럼 1년이고, 암컷은 수컷보다 클 것으로 보인다. 관찰된 개체들을 보면, 가장 나이 든 암컷은 29살이고 가장 나이 든 수컷은 38살이었다.

보호와 관리

이 종을 보호하려는 노력은 정보가 부족하기 때문에 제한적으로 이루어진다. 고래잡이 어구나 부수어획으로 가끔 잡힐 뿐이다. 개체군의 상태, 동향, 분포는 알려져 있지 않다.

수컷/암컷

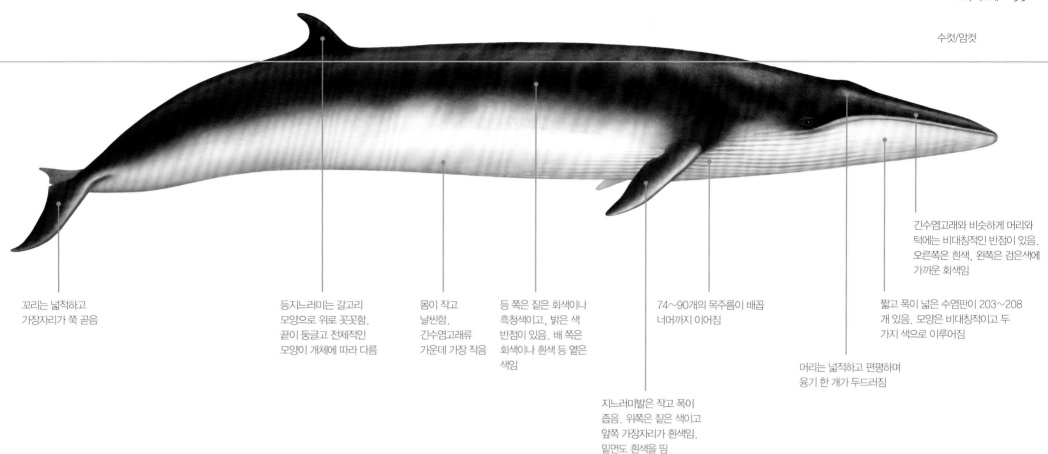

꼬리는 넓적하고
가장자리가 쭉 곧음

등지느러미는 갈고리
모양으로 위로 꼿꼿함.
끝이 둥글고 전체적인
모양이 개체에 따라 다름

몸이 작고
날씬함.
긴수염고래류
가운데 가장 작음

등 쪽은 짙은 회색이나
흑청색이고, 밝은 색
반점이 있음. 배 쪽은
회색이나 흰색 등 옅은
색임

74~90개의 목주름이 배꼽
너머까지 이어짐

긴수염고래와 비슷하게 머리와
턱에는 비대칭적인 반점이 있음.
오른쪽은 흰색, 왼쪽은 검은색에
가까운 회색임

짧고 폭이 넓은 수염판이 203~208
개 있음. 모양은 비대칭적이고 두
가지 색으로 이루어짐

머리는 넓적하고 편평하며
융기 한 개가 두드러짐

지느러미발은 작고 폭이
좁음. 위쪽은 짙은 색이고
앞쪽 가장자리가 흰색임.
밑면도 흰색을 띰

두 가지 색으로 이뤄진 수염판

수염판은 비대칭적이며 두 가지 색으로 이루어져 있다. 오른쪽은 거의 흰색이고,
왼쪽은 검은색이다. 그림은 고래의 오른쪽 면 수염판이다. 판의 앞쪽은 흰색이고
뒤쪽은 검은색이며 중간에는 두 색이 섞여 있다. 왼쪽 면 수염판(그림에 없음)은
앞쪽과 가운데에 두 색이 섞여 있고 판 뒤쪽은 검은색이다.

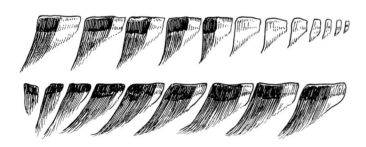

몸 크기

갓 태어난 새끼: 3.2m
성체: 9~11.5m

수면에 올라왔다가 잠수하는 동작

1. 비스듬한 각도로 머리를 내민다.
보고된 사례는 적지만 뿜어낸 물은
눈에 뚜렷이 보인다고 알려져 있다.

2. 이제 고래가 몸을 구부리며 물에 들어가기
시작한다. 머리 위의 융기가 가라앉고
등지느러미가 모습을 드러낸다.

3. 등지느러미가
수면 아래로 잠기고,
고래는 가파른
각도로 몸을
구부리며 물에
들어간다.

4. 꼬리 연결대가 큰
각도로 구부러지지만
꼬리는 수면 위로
드러나지 않는다. 보고된
사례가 적지만,
오무라고래는 물에
뛰어들 때 꼬리를 수면에
내려치지 않는다고
알려져 있다.

수면 위로 뛰어오르기

오무라고래가 수면 위로
뛰어올라 몸 전체를 노출한
사례는 보고되지 않았다.
하지만 먹이를 먹을 때 몸을
세로로 세워 물 밖으로 달려들
것으로 추측된다.

긴수염고래 FIN WHALE

과명: 긴수염고래과

종명: 발라이노프테라 피살루스Balaenoptera physalus

다른 흔한 이름: 참고래, 등지느러미고래, 청어고래, 날카로운등고래

분류 체계: 북반구에 사는 아종(발라이노프테라 피살루스 피살루스)과 남반구에 사는 아종(발라이노프테라 피살루스 쿠오이)이 알려져 있다. 세 번째 아종, 난쟁이긴수염고래(발라이노프테라 피살루스 파타코니카)도 있다. 긴수염고래의 다른 종과 가까운 친척인데, 특히 혹등고래(메가프테라 노바이안글리아이)와 가깝다.

유사한 종: 정어리고래나 대왕고래와 혼동되기 쉽다. 하지만 가까이서 보면 비대칭적인 반점 패턴을 확인할 수 있어 종을 식별하는 데 유용하다.

태어났을 때의 몸무게: 1,000~1,500kg

성체의 몸무게: 북반구 아종은 수컷이 4만 5,000kg이고 암컷은 5만kg이다. 남반구 아종은 수컷이 6만kg, 암컷이 7만kg이다.

먹이: 크릴새우와 다른 갑각류 플랑크톤, 물고기 떼

집단의 크기: 1개체가 다니기도 하고 2~7마리 작은 무리를 이루기도 한다.

주된 위협: 상업적 고래잡이, 선박과의 충돌, 부수어획, 오염

IUCN 등급: 멸종 위기종(대부분의 개체군이 원래 개체수를 회복하는 중이다)

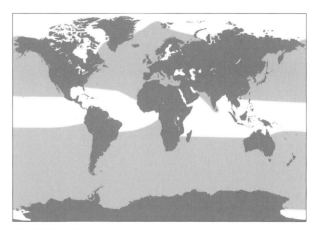

서식 범위와 서식지

이 종은 에콰도르에서 극지방까지 전 세계적으로 널리 분포한다. 먼 바다에서 서식하며 대개 대륙붕 바깥쪽에서 발견된다.

종 식별 체크리스트
• 몸집이 큼
• 머리의 오른쪽 면(특히 아래턱)과 몸 색깔(오른쪽이 더 연한 색)이 비대칭적임
• 앞 수염판 오른쪽이 노란색임
• 갈고리 모양의 등지느러미
• 지느러미의 위치가 몸통에서 4분의 3 지점임

해부학

고래 가운데 두 번째로 덩치가 크지만, 긴수염고래의 몸은 날씬하다. 머리 위가 좁고, 길고 잘 발달된 융기가 하나 있다. 몸 색깔이 비대칭적─머리와 몸통 앞의 오른쪽에 옅은 회색 반점이 있음─인 특성과 등지느러미의 모양을 같이 보면 종을 식별할 수 있다. 긴수염고래는 성적 이형성이 있어서 수컷이 암컷보다 살짝 작다.

행동

긴수염고래는 다른 개체와 어울리기 좋아하는 종이 아니며, 어미와 새끼 관계 정도가 사회적 유대의 전부라고 알려져 있다. 먹이를 먹기 위해 간헐적으로 더 큰 무리를 이루기도 하며, 대왕고래와 어울리는 경우가 많고 가끔 돌고래나 거두고래와 어울리기도 한다. 이동할 때 속도는 보통 5~8노트이며 짧게 3~10분 동안 잠수할 때는 100~200m 깊이까지 내려간다. 수면 위로 뛰어오르기, 꼬리 내려치기를 비롯한 물 위 행동은 드물게 보인다. 긴수염고래가 내는 소리는 저주파의 신음과 으르렁 소리로 이루어진다.

먹이와 먹이 찾기

긴수염고래는 먹잇감을 구할 수 있는지의 여부, 계절, 지역에 따라 다양한 종류의 먹이를 먹는다. 주식은 크릴새우이지만, 다른 갑각류 플랑크톤, 물고기 떼, 작은 오징어도 먹는다. 여름에는 고위도 지역에서 먹이를 찾아 먹다가, 겨울이면 이주해 저위도 지역에서 짝짓기를 한다.

생활사

긴수염고래는 6~10살에 성적으로 성숙한다. 짝짓기는 겨울에 하며, 그로부터 11개월 뒤에 새끼를 낳는다. 젖 먹이는 기간은 약 6개월이다. 젖을 뗀 후 암컷은 약 6개월 동안 짝짓기를 하지 않는 비활성 상태에 있다가 이후에 번식 행동을 재개한다. 수명은 확실히 알려져 있지 않으나 84살로 추정되는 개체가 발견된 적이 있다.

보호와 관리

긴수염고래의 개체군은 19세기부터 상업적인 포경 때문에 개체수가 심각하게 줄었다. 오늘날에는 이 종을 포획하는 것이 엄격하게 금지되어 있지만, 대신 선박과의 충돌, 오염, 부수어획 등으로 위협받고 있다.

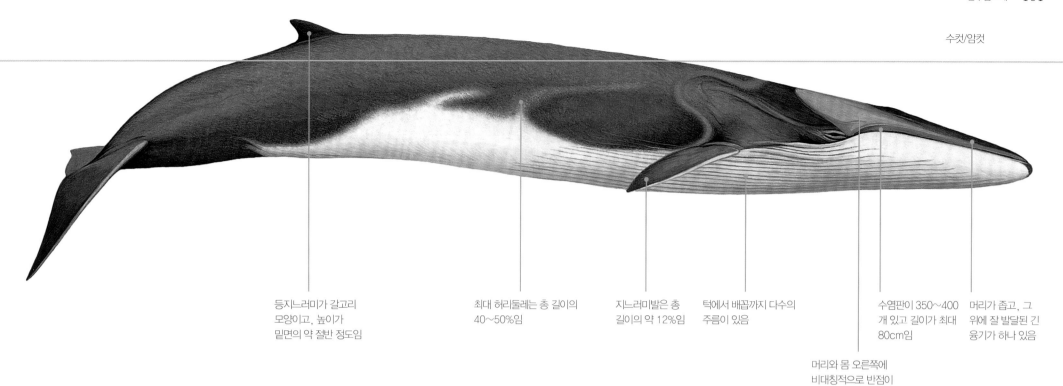

수컷/암컷

등지느러미가 갈고리
모양이고, 높이가
밑면의 약 절반 정도임

최대 허리둘레는 총 길이의
40~50%임

지느러미발은 총
길이의 약 12%임

턱에서 배꼽까지 다수의
주름이 있음

수염판이 350~400
개 있고 길이가 최대
80cm임

머리가 좁고, 그
위에 잘 발달된 긴
융기가 하나 있음

머리와 몸 오른쪽에
비대칭적으로 반점이
분포함

반점의 색깔

이 고래는 머리와 몸의 오른쪽에 눈에 띄는 비대칭적인
반점이 있다. 몸통 왼쪽은 짙은 색이지만, 오른쪽에는 연한
색 반점이 보인다. 반점의 모양은 개체마다 독특하다.

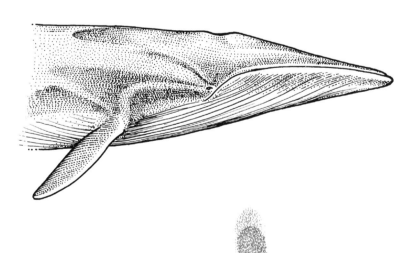

몸 크기

갓 태어난 새끼: 6~6.7m
성체: 암컷 20~22m, 수컷 18.3~20m

수면에 올라왔다가
잠수하는 동작

1. 수면 위로
올라오면서 머리부터
내민다.

2. 이어 등 앞쪽이 모습을
드러내지만 등지느러미는
아직 보이지 않는다. 높이가
6m에 달하고 위로 쭉 곧은
V자 모양의 물을 뿜는다.

3. 고래의 등 전체가
모습을 드러낸다.

4. 잠수를 시작하면서 긴수염고래는 몸을 구부려
꼬리 연결대를 드러낸다. 하지만 다이빙을 거의
끝내면서도 꼬리는 물 밖으로 드러내지 않는다.

수면 위로 뛰어오르기

긴수염고래는 수면 위로 뛰어오르는
경우가 드물다. 뛰어오를 때는 몸통
전체를 물 밖으로 드러내 점프하고는
등으로 수면에 첨벙 내려앉는다.

혹등고래 HUMPBACK WHALE

과명: 긴수염고래과

종명: 메가프테라 노바이안글리아이|Megaptera novaeangliae

다른 흔한 이름: 곱사등이고래, 혹고래

분류 체계: 메가프테라속의 유일한 구성원으로, 긴수염고래(발라이노프테라 피살루스)와 가까운 친척이다. 세 종류의 아종이 확인되었다. 메가프테라 노바이안글리아이 아우스트랄리스(남방혹등고래), 메가프테라 노바이안글리아이 쿠지라(북태평양혹등고래) 그리고 메가프테라 노바이안글리아이 노바이안글리아이 (북대서양혹등고래)이다.

유사한 종: 가슴의 길쭉한 지느러미발과 등에 난 혹 때문에 다른 종과 혼동되지 않는다.

태어났을 때의 몸무게: 1~2톤

성체의 몸무게: 2만 5,000~3만kg

먹이: 크릴새우, 떼 지은 작은 물고기 등 다양하다.

집단의 크기: 1~3마리이지만, 짝짓기를 하거나 먹이를 찾을 때는 최대 20마리까지도 무리를 이룬다.

서식지: 짝짓기하거나 먹이를 찾을 때는 얕은 바닷가, 이주할 때는 탁 트인 대양

주된 위협: 선박과의 충돌, 고기잡이 도구에 몸이 얽힘, 소음 공해

IUCN 등급: 관심 필요종

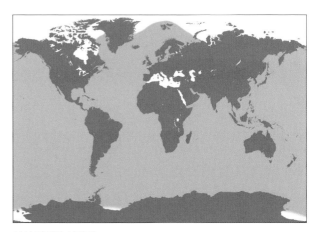

서식 범위와 서식지

이 종은 모든 주요 대양의 분지에 서식한다. 주로 바닷가나 멀리 떨어진 대륙붕에서 발견된다.

종 식별 체크리스트

- 몸통이 검은색 또는 진한 회색임
- 몸집이 크고 다부짐
- 등지느러미가 낮고 뭉툭함
- 지느러미발이 아주 김
- 머리와 아래턱에 혹이 많음
- 지느러미가 몸통 중앙과 뒤에 있음

해부학

몸통이 길쭉하고 지느러미발이 길며 꼬리가 긴 혹등고래는 몸집 큰 고래 가운데 묘기를 가장 잘 부린다. 등지느러미는 땅딸막하지만 눈에 잘 띄고, 잠수할 때 등을 아치 모양으로 구부릴 때 혹도 뚜렷하게 볼 수 있다. 수면에서 몸을 굴리거나 먹이를 찾을 때면 배에 있는 20여 개의 목주름이 보인다. 한편 혹등고래의 몸 색깔은 북태평양 아종은 짙은 색, 남쪽 대양에 사는 아종은 배가 흰색이며 북대서양에는 이 두 아종의 중간 단계가 알려졌다. 지느러미발의 앞면 가장자리에는 저항력을 줄이고 기동성을 높이며 주변 환경에 대한 감각 정보를 더 많이 얻기 위해 혹이 여럿 나 있다. 꼬리 아랫면의 반점과 꼬리의 모양을 보면 개체를 식별할 수도 있다.

행동

혹등고래는 꼬리나 지느러미발로 수면 치기, 수면 위로 머리 내밀기, 머리로 돌진하기, 수면 위로 뛰어오르기 같은 장난치는 행동을 많이 보인다. 인간보다 두뇌가 3배 크고 그 안에 방추뉴런 (spindle neuron)이 연결되어 있다는 점에서 알 수 있듯 혹등고래는 감정과 사회적 이해관계를 활발하게 처리하며, 복잡한 사회행 동을 보인다. 오른쪽 지느러미발을 주로 사용하는 것으로 보아 두 뇌의 반구에 상당한 분화가 일어나 있다는 사실을 짐작할 수 있다. 이런 발전된 인지능력은 무리 사냥, 거품을 도구로 이용하기, 포식자에 대한 집단적인 방어, 고래를 관찰하러 온 선박 앞에서 장난치기 등의 행동으로 나타난다. 또 놀라울 정도로 다양한 소리를 내는데, 노래와 먹이를 찾을 때 내는 신호음, 사회적인 소리, 쌕쌕 대는 소리, 울부짖기, 수면에 반사되는 소리 등이 있다. 수컷은 머리를 아래로 하고 눈을 감은 채 운율과 문법이 있는 아름다운 노래를 계속해서 바뀌는 가락에 실어 부른다. 노래의 주기가 반복되면 다른 고래들도 이 노래를 똑같이 따라하거나 즉흥적으로 지어내, 드넓은 대양에서 고래들의 유행가가 잔물결을 타고 퍼진다.

먹이와 먹이 찾기

혹등고래는 포식자여서 풍부한 전략을 통해 먹잇감을 옴짝달싹 못하게 한다. 찾기 힘든 물고기 떼를 사냥하기 위해 팀워크로 서로 유대를 다져 작업을 나눠맡고 공기거품 그물을 설치한다. 지느러미발의 움직임과 커다란 신호음을 통해 먹이 떼를 거품 그물 안으로 유도하고 수면을 경계로 그 아래에 가둔다. 혹등고래는 짧고 거칠며 쓰임새가 분화되지 않은 수염으로도 엄청나게 다양한 종류의 먹이를 잡는다. 크릴새우 성체가 가장 선호하는 먹이이고, 단각류, 익족류, 십각류, 요각류, 보리새우 같은 바닷물 중층에 서식하는 갑각류도 즐겨 먹는다. 청어, 까나리, 정어리, 멸치, 빙어, 북

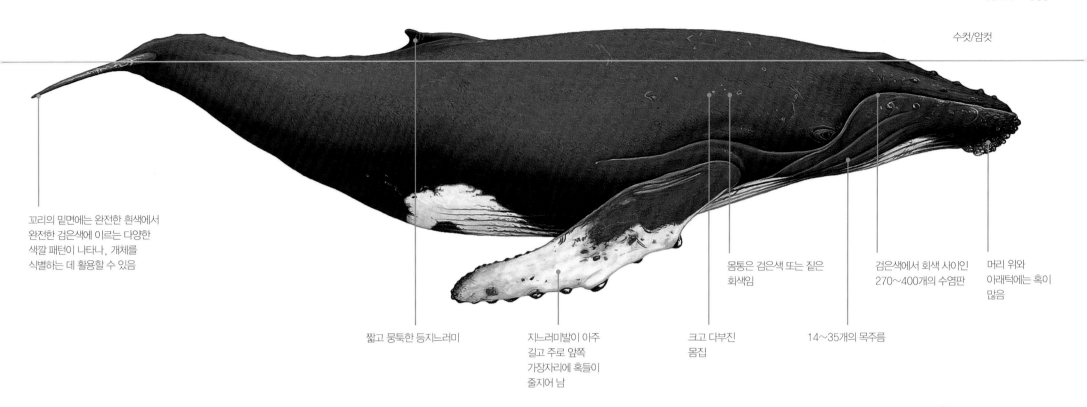

수컷/암컷

꼬리의 밑면에는 완전한 흰색에서 완전한 검은색에 이르는 다양한 색깔 패턴이 나타나, 개체를 식별하는 데 활용할 수 있음

짧고 뭉툭한 등지느러미

지느러미발이 아주 길고 주로 앞쪽 가장자리에 혹들이 줄지어 남

몸통은 검은색 또는 짙은 회색임

크고 다부진 몸집

14~35개의 목주름

검은색에서 회색 사이인 270~400개의 수염판

머리 위와 아래턱에는 혹이 많음

먹이에게 돌진하기

혹등고래는 거대한 생체역학적 용수철이다. 수면으로 돌진하는 힘을 먹이 거르는 동작으로 전환시키기 때문이다. 이 고래는 수면을 향해 나아가면서 먹이가 든 바닷물을 잘 늘어나는 목주머니에 넣은 다음 수염판으로 압력을 가해 먹잇감을 거른다.

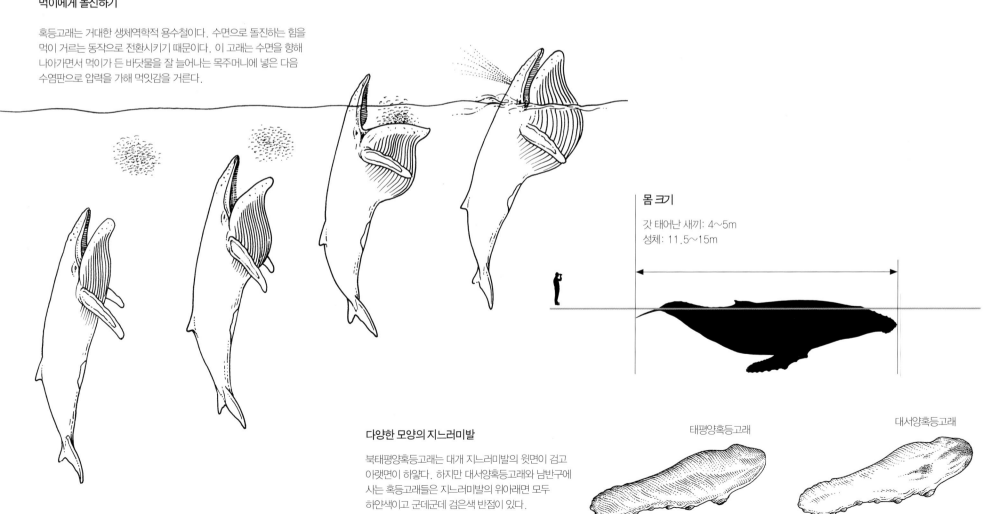

몸 크기

갓 태어난 새끼: 4~5m
성체: 11.5~15m

다양한 모양의 지느러미발

북태평양혹등고래는 대개 지느러미발의 윗면이 검고 아랫면이 하얗다. 하지만 대서양혹등고래와 남반구에 사는 혹등고래들은 지느러미발의 위아래면 모두 하얀색이고 군데군데 검은색 반점이 있다.

태평양혹등고래

대서양혹등고래

태평양 빙어인 율라칸, 고등어 등의 미끼용 어류를 가로채 먹기도 한다. 가끔은 오징어를 사냥하거나 대구의 새끼 같은 상업적으로 중요한 어류를 잡아먹기도 한다. 몇몇 혹등고래는 사람들이 팔려고 키우는 연어가 양식장에서 풀려났을 때 습격해 뻔뻔하게 먹어치운다. 크릴새우를 사냥하고 나면, 혹등고래 무리는 1~3개체로 이루어진 유동적이고 일시적인 집단들로 흩어진다.

생활사

여름철에 춥고 먹이가 풍부한 고위도 지역에서 먹이를 구하다가 겨울에는 따뜻한 저위도 지역에서 짝짓기를 하는 계절성 장거리 이주를 한다. 이 고래가 짝짓기를 하는 아열대 지역은 섬이나 산호초, 수심이 얕은 해안 근처이며, 수컷들은 레크라고 알려진 눈에 잘 띄는 무리에 들어간다. 수컷들은 적극적으로 경쟁하면서(어쩌면 협동하는 중일 수도 있지만) 무리에 어울리지 않고 찾기 힘든 암컷들을 호위하는 위치를 차지해 짝짓기를 하고자 한다. 암컷들은 겨울에 임신을 하고 1년 동안 새끼를 밴 다음 한 번에 한 마리를 출산한다. 새끼 젖을 뗄 때까지는 약 8개월이 걸린다. 혹등고래가 성적으로 성숙하려면 8년이 걸리고, 출산과 출산 사이의 간격은 2~3년이다. 기대수명은 인간의 수명과 거의 비슷하다(60~70년).

보호와 관리

혹등고래는 그동안 많은 수가 사냥의 대상이 되었지만, 전 세계에 걸쳐 존재하는 대부분의 개체군은 착실히 회복되는 중이다. 하지만 일본 근해와 아랍해, 뉴질랜드, 피지 근해에 사는 고래들은 아직 위협을 받는 상태다. 소음 공해나 선박과의 충돌, 바다 산성화, 먹잇감 감소, 상업이나 오락 목적의 고기잡이 도구에 몸이 얽히는 일을 막기 위해 전 세계적인 보호 노력이 진행되고 있다. 하지만 고기잡이 도구에 몸이 얽혀 꼬리의 앞쪽 가장자리나 꼬리 연결대에 상처가 나 있는 고래들이 아직 많다.

혹등고래의 새끼

통가왕국 근처에 사는 배가 하얀 혹등고래 새끼의 모습이다. 지느러미발의 아랫면은 흰색인데 이것은 먹잇감을 입 근처로 몰아 유인하려는 진화적인 적응일지도 모른다.

수면 위로 뛰어오르기

물 위로 뛰어오르는 동작이 어떤 기능을 갖는지는 확실하게 밝혀지지 않았다.
하지만 오락 행동이거나 공격성을 나타내는 행동일지도 모르고, 어쩌면 깨끗한
위생 상태를 지키거나 의사소통하려는 목적일지도 모른다. 몸이 철썩 떨어지는
요란한 소리는 아마 그 고래의 기분을 상당히 반영하고 있을 것이다.

물 뿜기

높이가 2~3m이며,
가지가 무성한
둥그스름한 형태이고
V자나 하트 모양일
경우도 있다.

**수면에 올라왔다가
잠수하는 동작**

1. 먼저 짤막한
등지느러미가 수면에
모습을 드러낸다.

2. 이어 몸통이
구부러지면서, 이
고래 특유의
곱사등이 같은
자세가 나타난다.

3. 등지느러미가
수면 아래로
가라앉으면서
꼬리가 구부러지고
고래가 본격적으로
다이빙을 시작한다.

4. 꼬리가 수면 위로
드러나고, 높이
솟아오른 채 물속으로
계속 가라앉는다.

꼬리 들어올리기

혹등고래는 잠수하는
동안 꼬리를 높이 올리는
경우가 많다. 이때 개체
특유의 꼬리 반점이
드러나므로 사진식별에
활용된다.

수면 위로 뛰어오르기

혹등고래는 종종 몸통 전체를 수면
위로 드러내며 뛰어오른다.
공중에서 몸을 옆으로 뒤틀면서
등으로 물에 철썩 떨어진다.

참돌고래과 돌고래들은 빠르게 헤엄치면서 몸통을 수면 위로 완전히 내보이며 뛰어오른다. 사진 속의 낫돌고래처럼 이런 '돌고래 점프'를 하면, 헤엄칠 때보다 높은 속도에서 에너지를 덜 들이고도 멀리까지 이동할 수 있다.

이빨고래아목
참돌고래과

대양에 사는 돌고래류와 범고래류를 포함하는 참돌고래과는 고래목 가운데서도 형태학적, 분류학적으로 가장 다양한 집단이다. 참돌고래과 38종 가운데는 고래류 가운데 가장 작은 헥터돌고래(케팔로린쿠스 헥토리)도 포함된다. 큰돌고래(투르시옵스 트룬카투스)처럼 독특한 모양의 주둥이를 가진 종이 있는가 하면, 어떤 종은 참거두고래(글로비케팔라 멜라스)처럼 주둥이가 튀어나와 있지 않다. 참돌고래과 가운데 상당수의 종들이 개체수가 많고 사회성이 풍부하며 지리학적으로 널리 퍼져 있는 만큼, 돌고래는 인간이 접촉할 수 있는 가장 흔한 고래류이다.

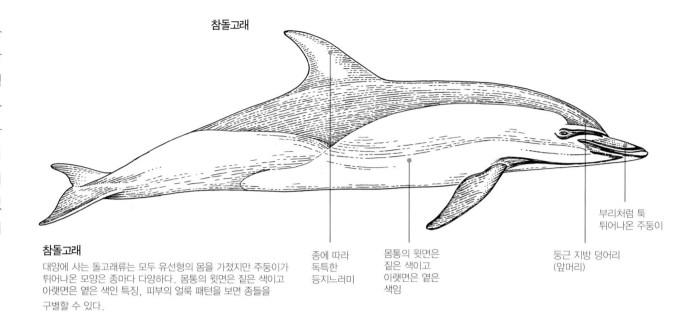

참돌고래

참돌고래
대양에 사는 돌고래류는 모두 유선형의 몸을 가졌지만 주둥이가 튀어나온 모양은 종마다 다양하다. 몸통의 윗면은 짙은 색이고 아랫면은 옅은 색인 특징, 피부의 얼룩 패턴을 보면 종들을 구별할 수 있다.

종에 따라 독특한 등지느러미

몸통의 윗면은 짙은 색이고 아랫면은 옅은 색임

부리처럼 툭 튀어나온 주둥이

둥근 지방 덩어리 (앞머리)

- 돌고래의 몸길이는 몹시 다양하다. 1.2m인 헥터돌고래(케팔로린쿠스 헥토리)도 있고 9m인 범고래(오르키누스 오르카)도 있다.

- 피부는 거의 몸 전체의 색상이 동일한 종(대서양혹등고래, 소우사 테우스지)도 있고, 몸 위쪽은 짙은 색이고 아래쪽은 옅은 색인 종(큰돌고래, 투르시옵스 트룬카투스), 복잡한 줄무늬가 있는 종(모래시계돌고래, 라게노린쿠스 크루키게르), 점박이 무늬가 있는 종(대서양알락돌고래, 스테넬라 프론탈리스)까지 다양하다.

- 등지느러미의 모양도 종마다 다양하다. 범고래는 등지느러미가 높고 곧지만, 다른 종들은 꼬리를 향해 구부러져 있거나(줄무늬돌고래, 스테넬라 코이룰레오알바), 둥그런 모양이다(헥터돌고래).

- 참돌고래과를 이루는 종들은 대부분 군집성이 있어서 수백 마리, 때로는 1,000마리씩 떼를 지어 산다.

- 참돌고래과를 이루는 종들은 전 세계 모든 바다에 고루 산다. 대부분의 종은 수심이 얕은 바닷가에서 살지만 상당히 깊은 곳까지 잠수하는 종도 있다. 소탈리아속의 종들은 아마존강과 그 지류에서 살기도 한다.

- 돌고래류의 먹이는 물고기, 오징어, 문어, 크릴새우, 해양 포유동물(다른 고래류를 포함한)이다.

- 참돌고래과는 수면에서 아주 활발한 활동을 보이며, 몸집이 작은 종들은 빠르게 헤엄치는 동안 물 밖으로 뛰어오르기도 한다(돌고래 점프). 거두고래과의 돌고래들은 수면 위로 머리를 내밀거나 꼬리로 수면을 내려치고, 옆으로 치우친 채 헤엄치기도 한다.

- 여러 종이 관심 필요종이지만, 이라와디돌고래(오르카일라 브레비로스트리스), 오스트레일리아스넙핀돌고래(오르카일라 헤인소니), 혹등돌고래류(소우사속의 몇몇 종)은 취약종이거나 위기 근접종이다.

- 참돌고래과와 쇠돌고래과는 서로 혼동되기 쉽다. 하지만 이빨을 보면 구별이 가능하다. 돌고래의 이빨은 원뿔 모양인 데 비해 쇠돌고래류의 이빨은 주걱 모양이다.

돌고래의 머리뼈

앞머리에 지방 덩어리가 들어가는 오목한 자리

원뿔 모양의 이빨

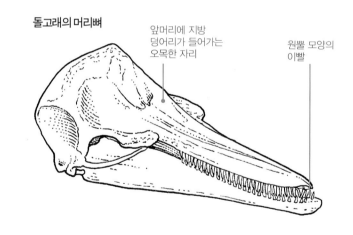

머리뼈
대양에 사는 돌고래류는 위턱과 아래턱에 원뿔 모양의 이빨을 여럿 갖고 있다. 대양에 사는 돌고래류의 머리뼈는 쇠돌고래류에만 있는 분수공 근처의 독특한 혹이 없는 것으로 구별 가능하다.

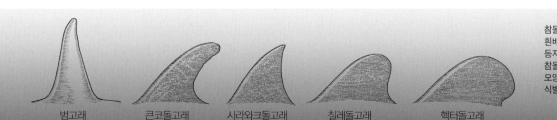

범고래　큰코돌고래　사라와크돌고래　칠레돌고래　헥터돌고래

참돌고래과의 종들은 흰배돌고래를 제외하고는 모두 등지느러미를 갖고 있다. 참돌고래과 종들의 등지느러미는 모양이 다양해서 현장에서 종을 식별하는 데 유용하다. 범고래의

등지느러미는 삼각형이고 날렵하며 등 위에 우뚝 솟아 있다. 그 밖의 다른 종들은 등지느러미의 가장자리가 움푹 들어가기도 하고, 끝이 뾰족하거나(사라와크돌고래, 라케노델피스 호세이).

둥그스름하다(칠레돌고래, 케팔로린쿠스 에우트로피아). 헥터돌고래의 등지느러미는 동글동글하다.

머리코돌고래 COMMERSON'S DOLPHIN

과명: 참돌고래과

종명: 케팔로린쿠스 콤메르소니Cephalorhynchus commersonii

다른 흔한 이름: 세팔리돌고래, 흑백돌고래

분류 체계: 두 가지의 아종이 확인되었다. 케팔로린쿠스 콤메르소니 콤메르소니와 케팔로린쿠스 콤메르소니 케르구엘렌네시스(케르겔렌섬머리코돌고래)이다. 가장 가까운 친척은 칠레돌고래다.

유사한 종: 칠레돌고래와 머리코돌고래는 남아메리카 혼곶 근처에 서식하고, 등지느러미가 둥글다. 하지만 머리코돌고래는 몸에서 흰색과 검은색이 확실히 구별되는 패턴이 있어 구별 가능하다.

태어났을 때의 몸무게: 8~10kg

성체의 몸무게: 40~50kg

먹이: 작은 물고기, 어린 오징어, 새우

집단의 크기: 2~10마리. 먹이를 찾을 때 35개체가 무리 짓기도 함

주된 위협: 자망이나 저인망에 몸이 얽힘

IUCN 등급: 자료 부족종

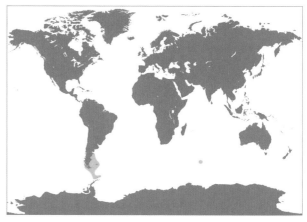

서식 범위와 서식지

남아메리카에 서식하는 아종들은 아르헨티나 해안의 네그루강에서 혼곶, 마젤란 해협, 포클랜드섬을 따라 발견된다. 케르겔렌섬 아종은 케르겔렌섬 연안에 서식한다. 두 아종 모두 수심 100m 미만의 바닷물에서 주로 발견된다.

종 식별 체크리스트

- 몸집이 작음. 남아메리카 아종은 몸길이가 1.5m 미만임
- 등지느러미의 가장자리가 볼록함
- 몸에서 검은색과 흰색 부분이 눈에 띄게 대조됨

해부학

머리코돌고래는 몸집이 작고 머리가 뭉툭한 모양이다. 또한 몸통에서 검은색과 흰색 부분이 확실하게 구별되고, 등지느러미 가장자리가 볼록하며 지느러미발도 둥그스름하다. 새끼가 갓 태어났을 때는 회색이지만 6개월 이상 성장하면서 옅은 회색이 된다. 남인도양의 케르겔렌섬에 사는 아종은 성체가 될 때까지도 어두운 색깔이 남아 있다. 또 케르겔렌섬의 아종은 남아메리카 아종에 비해 몸집도 더 커서 몸길이가 1.7m, 몸무게가 86kg까지 자란다.

행동

머리코돌고래는 2~10마리 정도로 이뤄진 작은 집단을 이룬다. 하지만 먹이를 먹을 때는 30마리 이상이 협동하기도 한다. 이 돌고래는 바닷가 가까이에서 관찰되는 경우가 대부분이지만 가끔은 해초 근처에서 먹이를 먹거나 탁 트인 해안에서 파도를 타기도 한다. 또한 호기심이 많아 선박에 가까이 다가오려 하고 뱃머리나 배가 지나간 흔적을 쫓아온다. 이 돌고래는 빠르게 헤엄치는 동안 낮고 수평 방향에 가깝게 점프하는 경우가 많다. 그리고 고주파의 대역폭이 좁은 '딸깍' 소리를 낸다. 이 종을 제외한 다른 여러 돌고래들은 휘파람 소리를 낸다.

먹이와 먹이 찾기

이 돌고래는 먹이를 찾는 행동이 다양하다. 한 마리의 개체가 바다 밑바닥에서 오랫동안 잠수하며 먹이를 찾기도 하고, 여러 마리가 무리를 지어 협동해 물고기를 수면 가까이 몰아가기도 한다. 적응력이 강하기 때문에 정박한 배나 부두, 해안가의 바위 등을 장애물 삼아 물고기를 몰 수 있다. 때로는 서로 협동해서 작은 규모의 물고기 떼를 사냥하기도 한다. 서식 범위가 좁고 한 곳에 머무르기 때문에 개체군 사이에 상호 교배는 드물게 일어난다.

생활사

머리코돌고래는 5~8살에 성적으로 성숙하며, 암컷은 2~4년마다 새끼를 한 마리씩 낳는다. 임신 기간은 약 12개월, 최대 수명은 18년이다.

보호와 관리

사람들은 예전부터 게를 미끼로 삼아 머리코돌고래를 사냥했다. 요즘에는 부수어획이 가장 중대한 위협이다. 남아메리카에서는 자망이라는 그물에 걸리거나 중층수나 바다 밑바닥에서 새우잡이 저인망에 걸리는 경우가 있다. 개체군의 크기는 알려져 있지 않지만, 머리코돌고래가 케팔로린쿠스속 가운데 가장 개체수가 많을 것으로 추정된다.

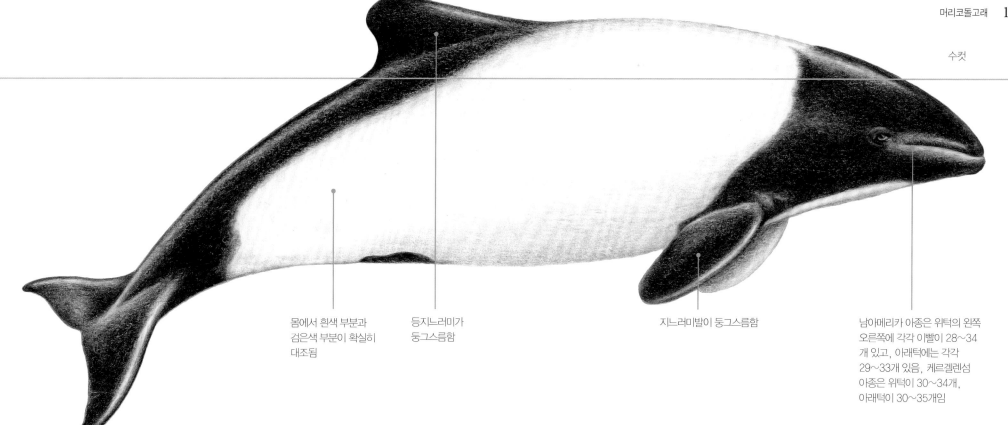

수컷

몸에서 흰색 부분과
검은색 부분이 확실히
대조됨

등지느러미가
둥그스름함

지느러미발이 둥그스름함

남아메리카 아종은 위턱의 왼쪽
오른쪽에 각각 이빨이 28~34
개 있고, 아래턱에는 각각
29~33개 있음. 케르겔렌섬
아종은 위턱이 30~34개,
아래턱이 30~35개임

등지느러미

이 종의 특징은 몸통에서 하얀색과
검은색 부분이 확실히 대조된다는 점,
그리고 등지느러미의 가장자리가
볼록하다는 점이다.

몸 크기

갓 태어난 새끼: 65~75cm
성체: 1.5~1.7m

**수면에 올라왔다가
잠수하는 동작**

1. 아주 추운 날에는 이
돌고래가 뿜어낸 약간의
물이 보일 수도 있다.

2. 머리코돌고래는 아주
활동적이어서, 물보라를
많이 일으키며 빠르게
파도를 타기도 하고
수면에서 천천히 몸을
뒤집기도 한다.

3. 둥그스름한
등지느러미가 보인다.

4. 머리가 가라앉으면서
등지느러미가 보이기도
한다.

수면 위로 뛰어오르기

머리코돌고래는 가끔 수직
방향으로 물 위에
뛰어오르기도 한다.

꼬리 내려치기

가끔 강력한 꼬리
내려치기를 한다.

칠레돌고래 CHILEAN DOLPHIN

과명: 참돌고래과

종명: 케팔로린쿠스 에우트로피아Cephalorhynchus eutropia

다른 흔한 이름: 검은돌고래

분류 체계: 머리코돌고래와 가까운 친척이다.

유사한 종: 펄돌고래나 버마이스터돌고래와 비슷하게 생겼지만, 가까이에서 보면 칠레돌고래는 등지느러미가 둥그스름해 이들 종과 식별 가능하다.

태어났을 때의 몸무게: 8~10kg

성체의 몸무게: 60~70kg

먹이: 작은 물고기, 어린 오징어, 새우

집단의 크기: 2~10마리. 먹이를 먹을 때는 25마리까지 무리를 지음

주된 위협: 자망에 몸이 얽힘

IUCN 등급: 위기 근접종

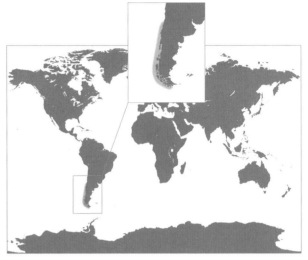

서식 범위와 서식지

이 종은 발파라이소에서 혼곶까지 이르는 칠레의 탁 트인 해안과 피오르드 (협만)에서 서식한다.

종 식별 체크리스트	• 몸집이 작음. 몸길이가 1.7m 미만임 • 등지느러미의 가장자리가 볼록함 • 몸통이 진한 회색이고, 지느러미발과 꼬리, 등지느러미는 검은색임

해부학

칠레돌고래는 케팔로린쿠스속의 전형적인 특징을 모두 갖고 있다. 몸집이 작고 머리가 뭉툭하며 지느러미발은 둥그스름한데 여기까지는 헥터돌고래나 머리코돌고래와 마찬가지이며, 여기에 더해 칠레돌고래는 등지느러미의 가장자리가 볼록하다. 몸 색깔의 패턴은 헥터돌고래보다 덜 선명하며 색조가 좀 더 어둡다. 흔히 쓰이는 '검은돌고래'라는 명칭은 잘못되었다. 이 종의 몸통은 원래 거의 진한 회색인데, 죽고 나면 빠르게 검은색으로 변한다.

행동

이 종은 거의 2~10개체로 이뤄진 작은 무리를 짓지만, 먹이를 먹을 때는 더 크게 무리를 형성한다. 칠레돌고래는 다른 케팔로린쿠스속 종에 비해 선박에 잘 다가오지 않는데, 이것은 아마도 그동안 사람들에게 사냥당했던 과거가 있기 때문일 것이다. 하지만 어떤 지역에서는 이들이 선박에 먼저 다가오기도 한다. 칠레돌고래는 고주파의 대역폭이 좁은 딸깍 소리를 내며, 다른 돌고래와 달리 휘파람 소리를 내지 않는다. 칠로에섬 근처의 칠레돌고래 개체는 자기 서식지 근처에만 머물려는 경향이 강하다.

먹이와 먹이 찾기

칠레돌고래는 바닷물의 흐름이 빠르거나 파도가 격렬하게 치는 지역, 협만 입구의 암상 위 얕은 물을 먹이 찾는 지역으로 선호한다

고 보고되었다. 이들은 다양한 종의 물고기, 오징어, 새우를 잡아먹는다. 정어리같이 작게 떼 짓는 물고기들을 돌고래 여럿이 협동해서 몰아 잡아먹기도 한다. 이주를 한다는 증거는 없다.

생활사

헥터돌고래와 마찬가지로, 이 돌고래 역시 정보가 제한되어 있지만 7~9살에 성적으로 성숙하며 이후에 암컷은 2~4년 간격으로 임신 한 번에 적어도 1마리를 낳는다. 수명은 상대적으로 길지 않다. 지금까지 발견된 가장 나이 많은 개체는 19살이었고, 25살까지도 살 수 있다고 여겨진다.

보호와 관리

사람들은 그동안 게를 미끼로 해 칠레돌고래를 잡아왔다. 또한 서식 범위 전체에서 고기잡이 자망을 통해 잡히기도 한다. 최근에 개체수가 얼마나 될지는 확실하지 않지만 기껏해야 몇 천 마리일 것이다. 칠레돌고래는 북반구 피오르드에서 대규모로 확장되었던 물고기 양식업 때문에 살던 곳에서 쫓겨나고 있다.

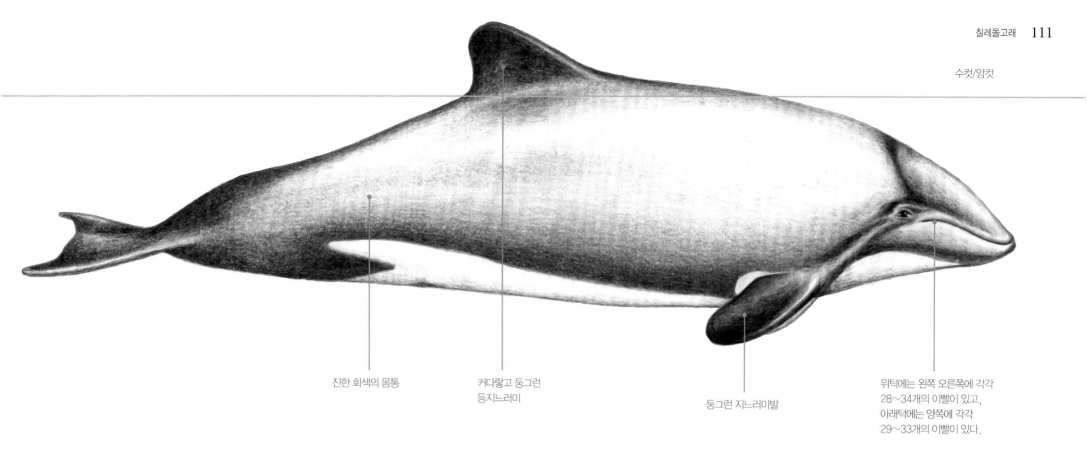

수컷/암컷

진한 회색의 몸통

커다랗고 둥그런
등지느러미

둥그런 지느러미발

위턱에는 왼쪽 오른쪽에 각각
28~34개의 이빨이 있고,
아래턱에는 양쪽에 각각
29~33개의 이빨이 있다.

등지느러미

칠레돌고래의 등지느러미는 모양이
독특하다. 높고 가장자리가 볼록하기
때문이다.

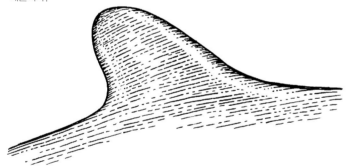

몸 크기

갓 태어난 새끼: 70~75cm
성체: 1.5~1.7m

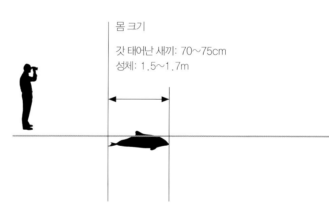

수면에 올라왔다가
잠수하는 동작

1. 돌고래가 숨을
쉬려고 올라오면서 턱
끝이 수면에 살짝
보인다. 가끔 아주 추운
날에 뿜어낸 물이 작게
보이기도 한다.

2. 그 다음으로,
지방 덩어리가 있는
둥그런 머리
윗부분이 보인다.

3. 이어 가장자리가 둥글고 높은
등지느러미가 모습을 드러낸다.

4. 돌고래 머리가 물에 가라앉을
때까지도 등지느러미가 보인다.

5. 돌고래가 수면
아래로 모습을
감춘다.

수면 위로 뛰어오르기

칠레돌고래는 가끔씩만 물
위로 뛰어오른다. 수직으로
한 번 뛰어올라 머리부터 다시
물에 들어가는 동작을 가장
많이 한다.

히비사이드돌고래 HEAVISIDE'S DOLPHIN

과명: 참돌고래과

종명: 케팔로린쿠스 헤아비시디(Cephalorhynchus heavisidii)

다른 흔한 이름: 하비사이드돌고래

분류 체계: 가장 가까운 친척은 헥터돌고래이다.

유사한 종: 겉모습은 더스키돌고래와 비슷하지만, 가까이서 보면 히비사이드돌고래의 등지느러미는 삼각형이고 더스키돌고래는 뒤쪽으로 휘어 있어 쉽게 구별할 수 있다.

태어났을 때의 몸무게: 8~10kg

성체의 몸무게: 60~75kg

먹이: 바다 밑바닥에 사는 물고기, 문어와 물고기, 특히 대구류 치어

집단의 크기: 2~10마리, 가끔은 30마리까지도 모임

주된 위협: 자망이나 저인망에 몸이 얽힘

IUCN 등급: 자료 부족종

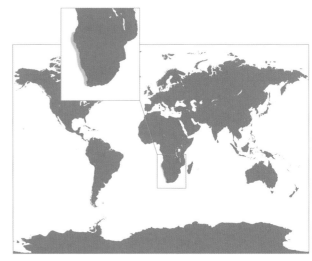

서식 범위와 서식지

이 종은 남위 17도 정도의 아프리카 남서부에서 발견된다. 이 지역의 수심 100m보다 낮은 바닷물에서 서식한다.

종 식별 체크리스트	
	• 몸집이 작음. 몸길이 1.8m 미만임
	• 삼각형에 가까운 등지느러미가 두드러짐
	• 머리에서 몸통 옆면은 옅은 회색이고, 분수공에서부터 망토처럼 진한 색이(거의 검은색) 등을 따라 이어짐

해부학

히비사이드돌고래는 케팔로린쿠스속 가운데 등지느러미 가장자리가 둥글고 볼록하지 않은 유일한 종이다. 이 돌고래의 등지느러미는 아랫면이 길고 거의 삼각형이다. 히비사이드돌고래는 몸 색깔이 3층이다. 등은 거의 검은색이고 머리에서 가슴은 회색이며 배에는 흰색 반점이 있다.

행동

대개 2~10마리로 구성된 작은 무리를 이루지만, 더 크게 무리를 짓기도 한다. 히비사이드돌고래는 호기심이 많아서 선박에 잘 다가간다. 탁 트인 바닷가에 사는 다른 케팔로린쿠스속 돌고래와 마찬가지로 이 돌고래도 파도타기를 좋아한다. 이 속의 구성원들은 스피너돌고래나 더스키돌고래처럼 묘기를 잘하지는 못하지만, 여러 마리가 모인 사회적인 상황에서는 다양한 뛰어오르기와 꼬리 내려치기를 보인다. 또 고주파의 광대역이 좁은 딸깍 소리를 낸다.

먹이와 먹이 찾기

다양한 종류의 먹이를 먹기는 하지만, 케팔로린쿠스속의 다른 종과는 달리 히비사이드돌고래는 어린 대구를 특히 좋아한다. 이 물고기는 밤에 수면에 가까이 다가가느라 물속에서 수직 방향으로 이동하는데, 그에 따라 돌고래도 매일 이동하는 것으로 보인다. 이

돌고래는 서식 범위의 남부에서 낮 동안은 해안 가까이에서 관찰되지만 늦은 오후에는 먹이를 찾기 위해 해안에서 조금 떨어진 바다로 이동한다. 하지만 이렇듯 매일 해안에서 가까운 바다에서 먼 바다로 이동하는 움직임이 모든 개체군에게서 나타나지는 않는다. 상대적으로 서식지가 좁은 개체는 해안을 따라 이동하는 거리가 80km 미만이다.

생활사

구체적인 정보가 부족하지만, 히비사이드돌고래의 생활사는 케팔로린쿠스속의 다른 구성원과 큰 틀에서 비슷할 것이다. 즉, 5살에서 8살 사이에 성적으로 성숙하고, 출산과 출산 사이의 간격은 2~4년일 것이다.

보호와 관리

예전부터 어부들은 히비사이드돌고래를 포획해왔다. 다른 생선을 잡기 위한 자망, 저인망, 건착망에도 부수적으로 잡히지만 그 정도가 얼마나 심각한지는 알 수 없다. 개체군의 전체 크기 또한 알려져 있지 않다. 남서부 아프리카 해안은 연안 고기잡이배들에게 좋은 장소가 아니기에, 히비사이드돌고래가 고기잡이 어구에 얽히는 문제는 다른 종에 비하면 상대적으로 덜 심각할 수도 있다.

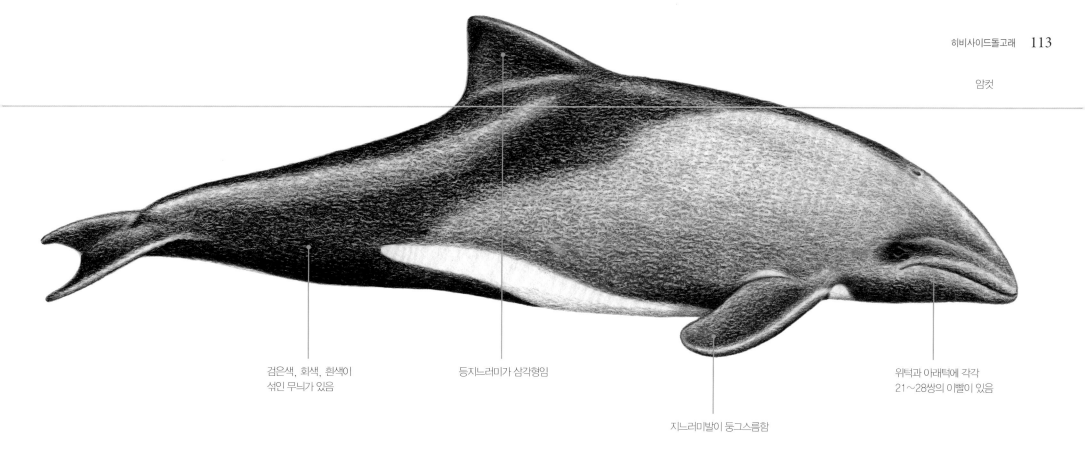

암컷

검은색, 회색, 흰색이
섞인 무늬가 있음

등지느러미가 삼각형임

지느러미발이 둥그스름함

위턱과 아래턱에 각각
21~28쌍의 이빨이 있음

등지느러미

등지느러미가 삼각형이고 복잡한 모양의 반점이 있다는
점이 이 종의 특징이다.

몸 크기

갓 태어난 새끼: 75~85cm
성체: 1.6~1.8m

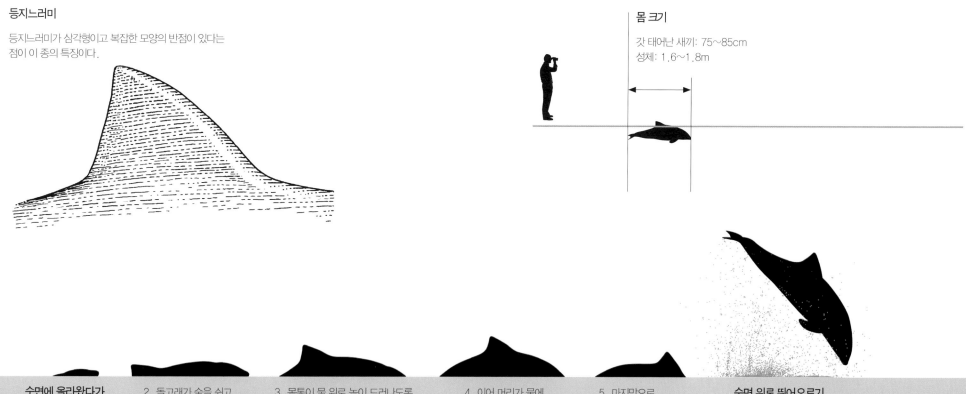

**수면에 올라왔다가
잠수하는 동작**

1. 수면에
떠오르면서 돌고래는
천천히 몸을
굴리지만, 물 뿜기를
보이지는 않는다.

2. 돌고래가 숨을 쉬고
나면 곧장 삼각형
등지느러미의 꼭대기가
모습을 드러낸다.

3. 몸통이 물 위로 높이 드러나도록
구른다.

4. 이어 머리가 물에
잠긴다.

5. 마지막으로
등지느러미가 수면
아래로 잠겨 사라진다.

수면 위로 뛰어오르기

이 돌고래가 물 위에서 보여주는 동작 가운데
수직 방향으로 뛰어올랐다가 머리부터 물에
뛰어드는 동작이 가장 흔하다.

헥터돌고래 HECTOR'S DOLPHIN

과명: 참돌고래과

종명: 케팔로린쿠스 헥토리Cephalorhynchus hectori

다른 흔한 이름: 뉴질랜드돌고래, 마우이돌고래(북섬에 사는 아종)

분류 체계: 남섬에 사는 아종(케팔로린쿠스 헥토리 헥토리)과 북섬 서부 해안에 사는(케팔로린쿠스 헥토리
　　　　마우이) 두 아종이 있다. 남섬헥터돌고래는 세 가지의 유전학적으로 구별된 개체군이 있다(서부 해안,
　　　　동부 해안, 남부 해안). 가장 가까운 친척은 히비사이드돌고래이다.

유사한 종: 아주 독특한 종인데 뉴질랜드에 사는 돌고래 가운데 등지느러미가 둥그런 다른 종은 없다.

태어났을 때의 몸무게: 8~10kg

성체의 몸무게: 암컷 47kg, 수컷 43kg

먹이: 작은 물고기, 어린 오징어

집단의 크기: 2~10마리. 수십 마리가 해안 트롤선을 따라가는 경우도 간혹 존재한다.

주된 위협: 자망이나 저인망에 몸이 얽힘

IUCN 등급: 헥터돌고래는 멸종 위기종, 마우이돌고래는 심각한 위기종

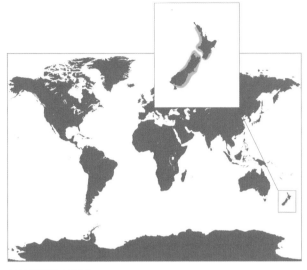

서식 범위와 서식지

이 종은 뉴질랜드 인근의 수심 100m 미만인 바닷물에서 발견된다.
마우이돌고래는 뉴질랜드 중앙부 북섬의 서부 해안에만 한정적으로
서식한다.

종 식별 체크리스트
• 몸집이 작음. 몸길이가 1.5m 이하임
• 등지느러미가 둥그스름하고 가장자리가 볼록함
• 몸통은 밝은 회색이고, 지느러미발과 꼬리, 등지느러미는 검은색이며 어두운 색 반달무늬가 분수공을 덮고 있음

해부학

돌고래 가운데 몸집이 가장 작다. 몸집이 작고 등지느러미가 둥글기 때문에 이 종을 쉽게 식별할 수 있다. 두 개의 아종(헥터돌고래와 마우이돌고래)은 생김새가 거의 같지만, 마우이돌고래 성체가 약간 더 몸집이 크다. 새끼는 태어날 때 몸 색깔이 진한 회색이지만 6개월 정도가 지나면 성체처럼 연한 회색이 된다.

행동

보통 2~10마리의 작은 무리를 짓지만 가끔은 무리끼리 합치고, 그 과정에서 구성원을 서로 교환한다. 이 돌고래들은 대개 조용하게 헤엄치면서 1~2분 잠수를 했다가 5~8회 숨을 쉬고는 다시 잠수한다. 여러 마리가 어울리는 사회적인 상황에서는 장난삼아 추격을 하거나 꼬리를 내려치고, 머리를 내밀거나 점프하는 행동이 동반된다. 가끔은 일부러 가능한 큰 물보라(그리고 소리)를 일으키는 것처럼 보이기도 한다. 바닷가 멀리 서식하는 헥터돌고래가 파도타기를 하는 모습이 종종 관찰된다. 이들은 호기심이 왕성하고 천천히 움직이는 배에 가까이 다가온다. 대부분의 돌고래와는 달리 헥터돌고래는 음성 레퍼토리가 풍부하지 않다. 이들이 내는 소리는 모두 고주파이고 대역폭이 좁은 딸깍 소리이다. 헥터돌고래와 마우이돌고래 모두, 개체들은 해안선 50km 미만의 비교적 좁은 서식 범위 안에 머무른다.

먹이와 먹이 찾기

두 아종 모두 한 가지 종류가 아닌 다양한 먹이를 먹는다. 여러 종의 물고기와 어린 오징어 등이다. 대부분의 먹잇감은 10cm 이하이며 거의 바다 밑바닥에 살지만 기둥을 이루는 바닷물 덩어리에서 살기도 한다. 이 돌고래가 사는 곳에 따라 먹잇감의 종은 다양한데, 그때그때 입수할 수 있는 것을 먹는다.

생활사

헥터돌고래는 7~9살 사이에 성적으로 성숙한다. 암컷은 2~4년 간격을 두고 새끼를 한 마리씩 낳는다. 최대 수명은 약 30년이지만 대부분의 개체는 20살을 못 채운다. 헥터돌고래는 케팔로린쿠스속의 구성원 가운데 가장 연구가 많이 이루어진 종이다.

보호와 관리

헥터돌고래와 마우이돌고래는 자망이나 저인망 같은 어구에 몸이 얽혀 심각한 피해를 입어왔다. 이런 피해를 줄이고자 연안 지역에서는 이제 자망어업을 금지하는 곳이 많다. 마우이돌고래는 성체가 50마리 정도밖에 남지 않아 멸종 직전인 상태이다.

수컷

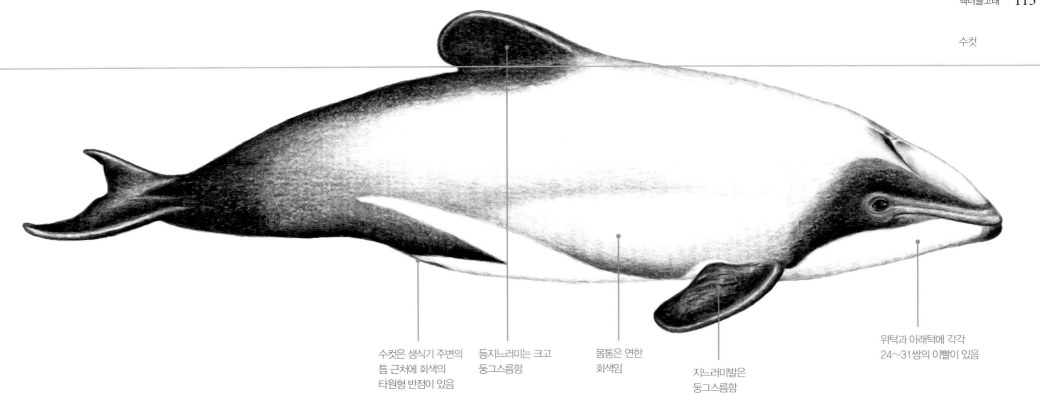

수컷은 생식기 주변의
틈 근처에 회색의
타원형 반점이 있음

등지느러미는 크고
둥그스름함

몸통은 연한
회색임

지느러미발은
둥그스름함

위턱과 아래턱에 각각
24~31쌍의 이빨이 있음

등지느러미

볼록하게 튀어나온 등지느러미는 이 종의
독특한 특징이다.

몸 크기

갓 태어난 새끼: 60~75cm
성체: 암컷 1.35~1.5m, 수컷 1.2~1.35m

수면에 올라왔다가
잠수하는 동작

1. 보통 돌고래가 수면
위로 올라오면서 물을
뿜지는 않는다.

2. 물보라 없이 천천히 몸을
굴려 다이빙하는 것이
수면에서 보이는 대부분의
행동이다.

3. 둥그런 등지느러미가 보인다.

4. 얼마 지나지 않아
머리가 가라앉는다.

5. 마지막으로
등지느러미가 수면
아래로 사라진다.

수면 위로 뛰어오르기

한 번 수직으로 뛰어올랐다가 머리부터
입수하는 것이 헥터돌고래가 보여주는
대부분의 동작이다. 이 그림처럼
물속에 옆구리로 떨어지는 행동은 10회
연속으로 반복할 수도 있다.

긴부리참돌고래 LONG-BEAKED COMMON DOLPHIN

과명: 참돌고래과

종명: 델피누스 카펜시스Delphinus capensis

다른 흔한 이름: 없음

분류 체계: 가장 가까운 친척은 짧은부리참돌고래이다. 두 개의 아종이 확인되었는데, 델피누스 카펜시스 카펜시스와 인도양 토착종인 델피누스 카펜시스 트로피칼리스이다.

유사한 종: 몸 색깔의 패턴이 비슷해서 짧은부리참돌고래와 혼동되기 쉽다.

태어났을 때의 몸무게: 알려져 있지 않음

성체의 몸무게: 150~235kg

먹이: 작은 물고기 떼(정어리, 멸치, 대구), 오징어

집단의 크기: 10~500마리

주된 위협: 페루에서 직접 포획되어 주민의 식량과 상어 미끼로 쓰임

IUCN 등급: 자료 부족종

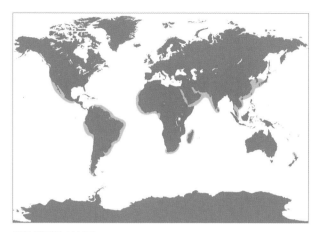

서식 범위와 서식지

이 종은 대서양, 태평양, 인도양의 수심 낮은 열대, 아열대 바닷물에서 발견된다.

종 식별 체크리스트	• 몸 옆면에 진한 회색, 옅은 회색, 노란색이 교차하며 분포함 • 지방 덩어리가 둥그스름함 • 몸통이 날씬하지만 튼튼함 • 주둥이가 부리 모양으로 김 • 등 한가운데에 갈고리 모양의 등지느러미가 있음

해부학

긴부리참돌고래는 자매 종인 짧은부리참돌고래(델피누스 델피스)와 아주 비슷하게 생겼다. 하지만 차이점이 있다면 다른 참돌고래과 종보다 몸집이 크고 주둥이가 길며 이빨도 더 많다는 것이다(최대 60쌍). 이 종의 색깔 패턴 또한 짧은부리참돌고래와 다르다. 눈 근처의 줄무늬가 훨씬 진하고 넓으며 눈에서 지느러미발까지 이어진다.

행동

이 돌고래가 보이는 행동은 짧은부리참돌고래와 아주 유사하다. 10~30마리가 무리를 지어 다니며 그 안에서도 성별, 연령별로 구분이 생기고, 때로는 수백 수천 마리가 더 큰 규모의 무리를 짓기도 한다. 긴부리참돌고래는 활동적인 동물이라 수면 위로 뛰어오르거나 선박의 뱃머리에 일어나는 파도를 타는 행동을 종종 보인다.

먹이와 먹이 찾기

이 돌고래는 정어리, 멸치, 청어 같은 물고기 떼와 오징어를 먹는다. 먹이는 지역별로 그때그때 구할 수 있는 것을 다양하게 먹는 편이다. 수심이 얕은 물속에서 먹이를 먹는 경향이 있다.

생활사

이 종이 성적으로 성숙하면 몸길이가 2m에 이른다. 임신기간은 10~11개월이며, 출산과 출산 사이의 간격은 1~3년이다. 짝짓기는 봄과 가을 사이에 일어난다. 수명은 대략 40년이다.

보호와 관리

이 돌고래는 짧은부리돌고래만큼 연구가 충분히 이뤄지지는 않았지만, 개체수가 풍부하지는 않을 것으로 보인다. 그동안 페루와 베네수엘라 북부에서 이 돌고래를 사냥해 왔으며, 지금 몇 마리나 잡는지는 확실히 알 수 없다. 캘리포니아 주 남부에서 다른 고기를 잡기 위한 자망에 부수적으로 걸려들기도 한다.

수컷/암컷

종종 옆구리에 어두운
줄무늬가 관찰되는데, 이것은
짧은부리참돌고래에게서는 볼
수 없는 특징임

몸 옆면에서 여러 색이 이리저리 나타나는
패턴은 모래시계와 비슷함. 어두운 색의
어깻죽지와 등, 가슴의 노란색 얼룩,
옆구리의 연한 회색, 배의 흰색이 교차함

눈 주위의 어두운
줄무늬

등지느러미는 한복판이 회색
또는 흰색임

색깔 패턴

긴부리참돌고래는 주둥이가 길고 매끈하며 얼굴의 색깔
패턴이 짧은부리참돌고래와 다르다. 어둡고 폭이 넓은 눈
근처의 줄무늬가 지느러미까지 이어져 있다.

긴부리참돌고래

짧은부리참돌고래

몸 크기

갓 태어난 새끼: 0.8~1m
성체: 암컷 1.9~2.2m, 수컷 2~2.4m

수면에 올라왔다가 잠수하는 동작

1. 돌고래가 움직이기 시작하면서
수면에서 등지느러미와 어두운
색의 어깻죽지가 잘 보인다.

2. 점프를 준비할 때 이
돌고래들은 주둥이를
먼저 물 위에 내놓는다.
이때 머리의 색깔 패턴을
보고 어떤 종인지 식별할
수 있다.

3. 수면 위로 뛰어오를 때 몸통 전체가 보이며, 이때 종을
다시 한 번 확실히 식별할 수 있다.

짧은부리참돌고래 SHORT-BEAKED COMMON DOLPHIN

과명: 참돌고래과

종명: 델피누스 델피스Delphinus delphis

다른 흔한 이름: 안장돌고래, 흰배쇠돌고래

분류 체계: 긴부리참돌고래와 가장 가까운 친척이다. 두 개의 아종이 확인되었는데 델피누스 델피스 델피스는 전 세계적으로 분포하고, 델피누스 델피스 폰티쿠스는 흑해 토착종이다.

유사한 종: 긴부리참돌고래와 흔히 혼동된다. 몸 옆면에 비슷한 색깔 패턴이 있기 때문이다.

태어났을 때의 몸무게: 알려진 바가 없음

성체의 몸무게: 150~200kg

먹이: 작은 물고기 떼(정어리, 멸치, 대구), 오징어

집단의 크기: 100~500개체

주된 위협: 자망, 저인망, 건착망 등 전 세계 고기잡이 어구에 사고로 걸려듦

IUCN 등급: 관심 필요종

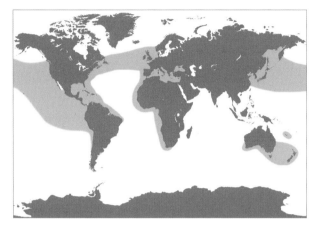

서식 범위와 서식지

이 종은 따뜻한 열대의 먼 바다와 대서양과 태평양의 시원한 온대 바닷물에서 발견된다.

종 식별 체크리스트	• 몸 옆면에 진한 회색, 옅은 회색, 노란색이 교차하며 분포함 • 지방 덩어리가 둥그스름함 • 주둥이가 중간 정도로 김 • 몸통이 날씬하지만 튼튼함 • 등 한가운데에 갈고리 모양의 등지느러미가 있음

해부학

짧은부리참돌고래는 자매 종인 긴부리참돌고래와 아주 비슷하다. 하지만 몸집이 조금 작고 부리가 짧은 편이다. 두 종은 몸 옆면의 복잡한 색깔 패턴 때문에 다른 돌고래와 구별된다. 옆구리에 노란 색과 회색의 모래시계 모양이 나타난다. 이 두 색깔은 종종 긴부리참돌고래보다 짧은부리참돌고래에서 더 선명하게 나타난다.

행동

이 돌고래가 보이는 행동은 긴부리참돌고래와 아주 비슷하다. 수백 마리, 때로는 수천 마리가 대규모로 떼를 지어 다닌다. 그리고 이런 큰 무리 안에 성별, 연령별로 10~30마리의 작은 무리들이 생겨난다. 짧은부리참돌고래는 거두고래류, 줄무늬돌고래, 큰코돌고래와 어울리기도 한다. 선박 가까이 다가가 뱃머리에서 일어나는 파도를 타는 모습도 흔히 발견된다.

먹이와 먹이 찾기

이 돌고래는 주로 정어리, 멸치, 고등어 같은 작은 물고기 떼와 오징어를 먹는다. 서식하는 지역에 따라 먹이는 다양하게 달라질 수 있다. 해당 개체가 먼 바다를 선호하는지, 바닷가를 선호하는지에 따라 먹이가 달라지기도 한다.

생활사

수컷은 3~12살에, 암컷은 2~7살에 성적으로 성숙한다. 임신 기간은 10~11개월이며 수유기는 10개월 이상이고, 출산과 출산 사이의 간격은 1~3년이다. 수명은 약 35년이다.

보호와 관리

흑해와 지중해에 서식하는 개체군은 서식지 오염과 먹이 부족, 어구에 몸이 얽히는 사고 때문에 개체수가 줄었다. 다른 지역에서도 짧은부리참돌고래는 부수어획에 말려들고는 하는데, 특히 오스트레일리아 남부와 열대지역 태평양 동부에서 그렇다.

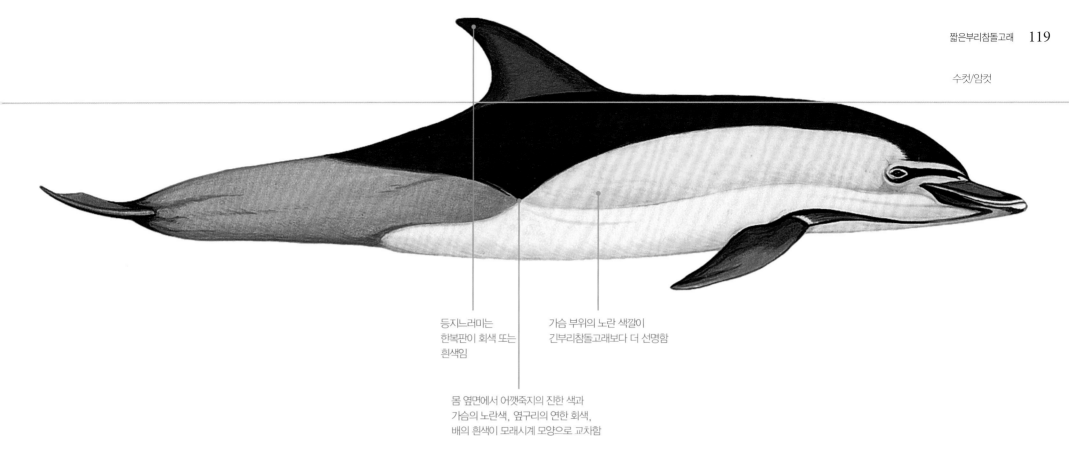

수컷/암컷

등지느러미는
한복판이 회색 또는
흰색임

가슴 부위의 노란 색깔이
긴부리참돌고래보다 더 선명함

몸 옆면에서 어깻죽지의 진한 색과
가슴의 노란색, 옆구리의 연한 회색,
배의 흰색이 모래시계 모양으로 교차함

머리뼈 모양

긴부리참돌고래의 머리뼈는 길쭉하며 이빨 숫자가
많지만(47~67쌍), 짧은부리참돌고래의 머리뼈는
이보다 짧고 넓적하며 위턱과 아래턱의 이빨 숫자가
더 적다(41~57쌍).

짧은부리참돌고래

긴부리참돌고래

몸 크기

갓 태어난 새끼: 0.8~1m
성체: 암컷 1.6~1.9m, 수컷 1.7~2.4m

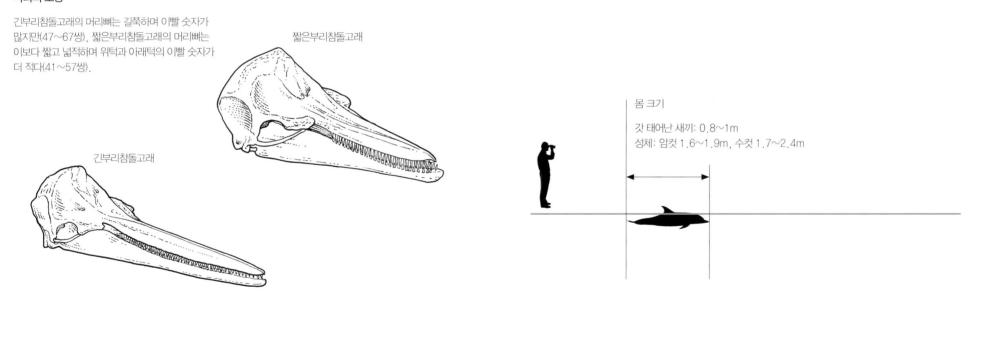

수면에 올라왔다가 잠수하는 동작

1. 긴부리참돌고래와 마찬가지로,
점프를 시작할 때 등지느러미와
어깻죽지의 망토 모양이 드러나는 것이
수면에서 나타나는 가장 큰 특징이다.

2. 이 돌고래는
주둥이부터 먼저 물 위로
내민다. 이때 머리의
색깔 패턴을 보고 종을
식별할 수 있다.

3. 돌고래가 물 위로 훌쩍 뛰어오르면서
몸 전체가 드러나므로, 이때 다시 종을
확인할 수 있다.

난쟁이범고래 PYGMY KILLER WHALE

과명: 참돌고래과

종명: 페레사 아테누아타Feresa attenuata

다른 흔한 이름: 검은물고기(다른 여러 고래 종도 이 이름으로 불림), 바다늑대

분류 체계: 대양에 사는 다른 참돌고래과와 가까운 친척임

유사한 종: 고양이고래, 범고래붙이와 자주 혼동됨

태어났을 때의 몸무게: 알려져 있지 않음

성체의 몸무게: 110~170kg

먹이: 주로 두족류와 작은 물고기를 먹음

집단의 크기: 대개 10~20마리가 무리를 짓지만, 더 큰 규모의 집단도 관찰된 적이 있음

주된 위협: 다른 어류를 잡으려다 부수적으로 잡히거나, 일본과 인도네시아, 카리브해에서는 직접 포획되기도 함

IUCN 등급: 자료 부족종

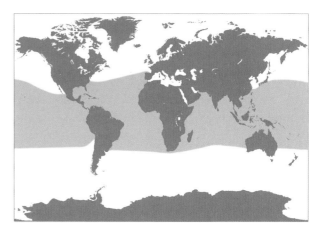

서식 범위와 서식지

이 종은 열대와 아열대 바닷물에서 발견된다. 먼 바다나 깊은 물속이 주된 서식지이고, 몇몇 개체군은 하와이 같은 대양에 있는 섬들의 해안 근처에서 발견되기도 한다.

종 식별 체크리스트	
	• 몸통은 거의 진한 회색에서 검은색이고, 배 주변에 흰색이나 회색의 반점이 있음
	• 성체는 입술이 흰색임
	• 가슴지느러미가 둥그스름함
	• 지느러미는 몸통 중앙에 있음

해부학

난쟁이범고래는 크기와 몸 색깔 때문에 고양이 고래와 혼동되는 경우가 많다. 하지만 난쟁이범고래는 머리가 좀 더 동그랗고 가슴 지느러미가 넓적하며 둥그스름하다. 밝은 곳에서 보면, 난쟁이범고래의 어깨죽지는 아주 잘 보이며 등지느러미에서 얼마 내려가지 않은 곳에 있다. 하지만 여기에 비하면 고양이고래는 등의 어깨죽지가 등지느러미 밑으로 가파른 경사를 이루고 있다.

행동

난쟁이범고래는 일반적으로 50마리 미만의 작은 무리를 짓지만 가끔은 100개체 이상이 어울리기도 한다. 수면 근처에서는 고양이고래에 비해 덜 활동적이다. 많은 지역에서 난쟁이범고래는 선박에 가까이 다가오지 않으며 뱃머리의 파도를 타는 일도 드물다. 하지만 물 위로 고개를 내미는 행동은 흔하다.

먹이와 먹이 찾기

난쟁이범고래의 먹이에 대해서는 상대적으로 정보가 많이 알려져 있지 않다. 하지만 바다 깊은 곳까지 내려가거나, 밤에 오징어나 작은 물고기를 잡아먹을 것으로 여겨진다. 몸집이 작은 돌고래를 공격할지도 모른다는 약간의 증거도 있다.

생활사

이 종의 생활사는 거의 알려진 바가 없다. 길을 잃은 몇몇 개체들로부터 얻은 정보가 전부이다. 새끼에게 젖을 먹이는 암컷 가운데 가장 몸집이 작은 개체는 길이가 2.04m였고(카리브해에서 발견), 성적으로 성숙한 수컷 가운데 몸집이 가장 작은 개체는 길이가 2.07m였다(플로리다 주에서 발견).

보호와 관리

카리브해, 인도네시아, 스리랑카에서는 작살이나 유망을 이용해 난쟁이범고래를 포획해, 다른 사람들에게 팔거나 주낙 낚시의 미끼로 사용해왔다. 난쟁이범고래는 이 지역에서 부수어획으로 희생되기도 한다. 이 종의 몸에 오염물질이 쌓일 수도 있지만, 이들은 먹이사슬에서 아랫단계의 동물을 먹기 때문에 오염물질의 축적량이 범고래붙이 같은 종처럼 높지는 않다. 이 종은 서식 범위에서 대체로 흔하게 관찰되지 않는다.

수컷/암컷

성체에서
입술과 턱은
종종 흰색임

몸 색깔은 짙은
회색에서
검은색이며, 등
쪽에 독특한 망토
모양 패턴이 있음

등지느러미는
뾰족한 편이고
갈고리 모양임

여기저기에 긁힌
자국이나
쿠키커터상어에게
물린 상처가 종종
보임

머리는 둥글납작한데,
고양이고래보다
가장자리가 둥그스름함

가슴지느러미는 폭이 좁고
끝이 둥그스름함

머리의 모양

난쟁이범고래의 머리 모양은 위쪽이나 옆에서
보면 둥글고 살짝 납작하다. 여기에 비하면
고양이고래의 머리는 옆에서 보면 살짝
뾰족하고, 위에서 보면 삼각형이다.

고양이고래

난쟁이범고래

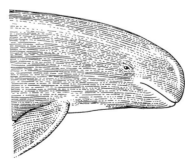

몸 크기

갓 태어난 새끼: 80cm
성체: 2.1~2.6m

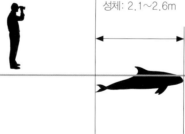

수면에 올라왔다가 잠수하는 동작

1. 수면 위로 올라올
때 난쟁이범고래는
조심스럽게 물 아래에
머무른다.

2. 둥그스름한 머리
꼭대기가 보이기
시작한다.

3. 이어, 등지느러미가
완전히 물 위로 모습을
드러낸다.

4. 어깻죽지의 망토
모양 패턴이 드러난다.

5. 마지막으로 몸통을
천천히 굴리면서 물
아래로 들어간다.

수면에서 보이는 행동

난쟁이범고래는 종종 한 쌍이 수면 위에 모습을 드러낼
때가 많다. 꼬리로 살짝 수면을 내려치는 행동도 흔하게
나타난다. 때때로 물 위로 뛰어오르기도 하는데, 이때
꼬리가 물 밖으로 드러나는 경우는 드물다. 휴식을 취할
때는 머리를 부분적으로, 또는 완전히 물 밖에 내놓은 채
옆으로 구르는 경우가 많다.

들쇠고래 SHORT-FINNED PILOT WHALE

과명: 참돌고래과

종명: 글로비케팔라 마크로린쿠스Globicephala macrorhynchus

다른 흔한 이름: 검은물고기(다른 여러 고래 종도 이 이름으로 불림), 둥근머리돌고래, 거두고래

분류 체계: 가장 가까운 친척은 참거두고래이다. 일본에서는 지리학적으로 두 가지 구별되는 형태가 있다고
　　　　　　보고되었지만 아직 분류학적으로 나뉘지는 않았다.

유사한 종: 참거두고래와 서식 범위가 겹치는 지역에서는 이 종과 흔하게 혼동됨. 또 범고래붙이와도 비슷함

태어났을 때의 몸무게: 60kg

성체의 몸무게: 1,000~3,000kg

먹이: 주로 오징어와 물고기, 기타 두족류를 먹음

집단의 크기: 대개 15~50마리가 무리를 지음

주된 위협: 어업(직접 포획되거나 부수어획), 환경오염

IUCN 등급: 자료 부족종

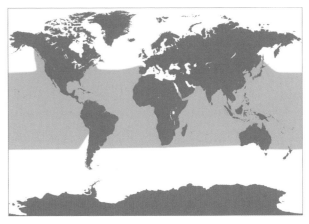

서식 범위와 서식지

이 종은 전 세계 열대지방과 따뜻한 온대지방의 바닷물에서 서식한다. 대개
깊은 물속이나 먼 바다에서 살지만 가끔은 대양 한가운데의 섬 근처
해안에서 발견되기도 한다.

종 식별 체크리스트

- 몸집이 크고 튼튼하며 색깔은 진한 회색에서 검은색임
- 머리가 약간 각진 둥글납작한 모양이고, 위턱이 두드러지지 않음
- 등지느러미의 밑면이 넓고 높이가 낮으며 갈고리 모양임
- 가슴지느러미는 평균적으로 몸 전체 길이의 6분의 1임
- 지느러미의 위치는 머리에서 몸통의 3분의 1 정도 떨어진 곳에 있음

해부학

들쇠고래는 성적 이형성이 있어서 수컷 성체는 암컷에 비해 몸길이가 길고 몸무게도 더 나간다. 또 수컷은 암컷보다 이마의 지방 덩어리가 도드라지며 등지느러미가 더 크다. 몸집과 몸 색깔은 지역마다 다양하다.

행동

사진식별과 유전학 연구에 따르면 들쇠고래는 수컷과 암컷이 골고루 포함된 사회적 집단을 상대적으로 오래 유지한다. 암컷은 자기가 태어날 때부터 속했던 무리에 평생 머무르지만 수컷은 그렇지 않은 경향이 있다. 무리는 대개 15~50마리로 이뤄지지만 때로는 훨씬 규모가 큰 무리도 있다. 사회성을 가진 다른 이빨고래류처럼 들쇠고래 또한 가끔 무리 지어 바닷가에 옴짝달싹 못하고 좌초되는 사례가 보고된다. 관찰된 바에 따르면 들쇠고래 무리는 낮 시간에 휴식을 취하거나 수면 근처에서 헤엄을 친다. 개체에 태그를 붙이고 바닷물 깊이 잠수시켜 얻은 자료에 따르면 이 종은 주로 밤에 깊이 물속에 들어가 활발하게 사냥을 한다.

먹이와 먹이 찾기

들쇠고래는 오징어를 주로 먹고 살지만, 다른 두족류 생물과 물고기를 먹기도 한다.

생활사

들쇠고래는 암컷은 8~9살에, 수컷은 13~17살에 성적으로 성숙한다. 임신 기간은 약 15개월이며 1년 내내 새끼를 낳는다. 남반구에서는 봄과 가을에 출산이 가장 많이 이루어지지만, 북반구에서는 가을과 겨울에 출산을 많이 한다. 이 종은 5~8년마다 한 번씩 새끼를 낳고 수유기는 2년 이상이다. 수명은 60년 이상이고 암컷은 40살 정도에 번식을 멈춘다.

보호와 관리

여러 해 동안 일본에서는 들쇠고래를 작살로 잡거나 해안으로 몰아넣어 사냥했다. 들쇠고래의 서식 범위에 있는 소앤틸리스 제도와 스리랑카, 인도네시아에서도 이 종이 부수어획으로 잡히는 경우가 있다. 하지만 들쇠고래는 전 세계적으로 보았을 때 아직은 상대적으로 개체수가 많은 편이다.

수컷

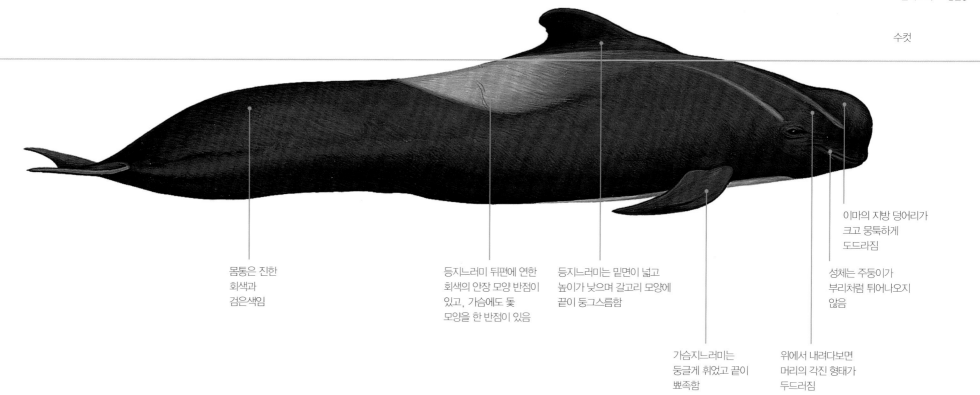

이마의 지방 덩어리가
크고 뭉툭하게
도드라짐

성체는 주둥이가
부리처럼 튀어나오지
않음

몸통은 진한
회색과
검은색임

등지느러미 뒤편에 연한
회색의 안장 모양 반점이
있고, 가슴에도 돛
모양을 한 반점이 있음

등지느러미는 밑면이 넓고
높이가 낮으며 갈고리 모양에
끝이 둥그스름함

가슴지느러미는
둥글게 휘었고 끝이
뾰족함

위에서 내려다보면
머리의 각진 형태가
두드러짐

수컷과 암컷의 등지느러미

들쇠고래의 수컷 성체의 등지느러미는
암컷보다 확실히 크다. 또 수컷에서
등지느러미의 밑면은 암컷보다 더 넓으며
높이도 높고, 더 많이 구부러져 있다.

수컷 등지느러미

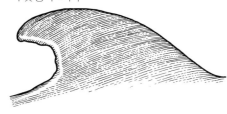

암컷 등지느러미

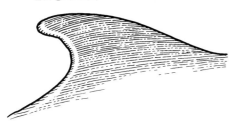

몸 크기

갓 태어난 새끼: 1.4~1.9m
성체: 암컷 5.1m, 수컷 7.3m

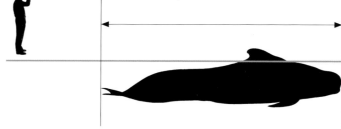

수면에 올라왔다가
잠수하는 동작

1. 먼저 수면 위로 머리와
동그란 이마가 높이 올라온다.
들쇠고래가 뿜어내는 물은
높이가 낮고 둥글게 퍼져
있으며 눈에 잘 띈다.

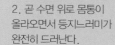

2. 곧 수면 위로 몸통이
올라오면서 등지느러미가
완전히 드러난다.

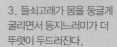

3. 들쇠고래가 몸을 둥글게
굴리면서 등지느러미가 더
뚜렷이 두드러진다.

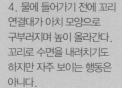

4. 물에 들어가기 전에 꼬리
연결대가 아치 모양으로
구부러지며 높이 올라간다.
꼬리로 수면을 내려치기도
하지만 자주 보이는 행동은
아니다.

수면에서 보이는 행동

들쇠고래는 여러 수면 행동을 다른 개체들과 함께 한다.
수면 위로 머리를 내미는 행동은 혼자서 하기도 하지만
여럿이 하는 것이 더 흔하다. 들쇠고래는 다른 몸집 작은
참돌고래과의 친척들과는 달리 묘기에 가까운 행동은
거의 보여주지 않는다. 물 위로 높이 뛰어오르기도
하지만, 주로 새끼들이 보이는 행동이고 이들도 몸통을
물 밖으로 완전히 점프하지는 않는 경우가 많다.

참거두고래 LONG-FINNED PILOT WHALE

과명: 참돌고래과

종명: 글로비케팔라 멜라스Globicephala melas

다른 흔한 이름: 검은물고기(다른 여러 고래 종도 이 이름으로 불림), 거두고래, 둥근머리돌고래

분류 체계: 들쇠고래가 가장 가까운 친척이며, 세 가지의 아종이 확인되었다. 남반구에 사는 아종(글로비케팔라 멜라스 에드와르디), 북대서양 아종(글로비케팔라 멜라스 멜라스), 북태평양 아종(이름이 붙여지지 않음)이다.

유사한 종: 서식 범위가 겹치는 지역에서는 들쇠고래와 흔히 혼동된다. 또한 범고래붙이나 암컷 범고래와도 비슷하다.

태어났을 때의 몸무게: 75~100kg

성체의 몸무게: 암컷 1,300kg, 수컷 2,300kg

먹이: 주로 오징어와 물고기

집단의 크기: 대개 10~20마리가 무리를 지음

주된 위협: 어업(직접 포획되거나 부수어획), 환경오염

IUCN 등급: 관심 필요종

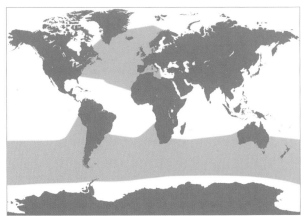

서식 범위와 서식지

이 종은 시원한 온대지방이나 극지방 근처의 바닷물에서 서식한다. 주로 먼 바다의 깊은 물속에서 발견되지만, 가끔 바닷가 근처에 나타나기도 한다

종 식별 체크리스트

- 몸집이 크고 튼튼하며 색깔은 진한 회색에서 검은색임
- 머리가 약간 각진 둥글납작한 모양임
- 등지느러미의 밑면이 넓고 높이가 낮으며 갈고리 모양임
- 가슴지느러미는 평균적으로 몸 전체 길이의 5분의 1임
- 지느러미의 위치는 머리에서 몸통의 3분의 1 정도 떨어진 곳에 있음

해부학

참거두고래는 참돌고래과 종들 가운데 몸집이 제일 크다. 들쇠고래와 마찬가지로 성체 수컷이 암컷보다 덩치가 큰 성적 이형성을 보인다. 두 아종 모두 안장 무늬와 눈 줄무늬가 회색에서 흰색이지만, 남반구의 아종은 북대서양 아종에 비해 색이 꽤 진해서 안장과 눈 줄무늬가 훨씬 도드라져 보인다.

행동

참거두고래는 50마리 이내의 개체들이 밀접한 사회적 무리를 형성한다. 때로는 수백 개체가 무리를 지은 모습이 보고되기도 했다. 이들 무리는 안정적으로 유지되며 어미가 주축이 된다. 미국 매사추세츠 주 코드곶 같은 지역에서는 종종 집단적으로 바닷가에 좌초된다고 알려져 있다. 참거두고래는 수면 근처에서 휴식하거나 천천히 헤엄치는 경우가 많다. 수면 위로 머리 내밀기나 꼬리로 수면 내려치기 같은 활동적인 행동도 자주 보인다.

먹이와 먹이 찾기

남반구 아종은 두족류(주로 오징어)를 주식으로 삼는다. 북대서양 아종은 작거나 중간 크기의 물고기도 먹지만 여전히 오징어가 주식이다.

생활사

암컷은 8살 정도에, 수컷은 12살 정도에 성적으로 성숙한다. 수명은 수컷이 35~45년, 암컷이 60년 이상이다. 짝짓기는 1년 내내 하지만 특히 여름철이 절정기이며, 임신 기간은 약 16개월이다. 암컷은 새끼를 3~5년마다 한 마리씩 낳으며 40세나 50세까지 번식을 계속한다.

보호와 관리

전 세계적으로 참거두고래를 대상으로 한 몰이사냥이 일어나고 있는데, 특히 심한 곳은 북대서양의 페로 제도 인근이다. 주낙, 유망, 저인망 같은 어구에 몸이 얽혀 포획되는 경우도 있다. 환경오염 때문에 DDT나 PCB, 기타 독소가 고래의 조직에 쌓여 위험 요인이 되기도 한다.

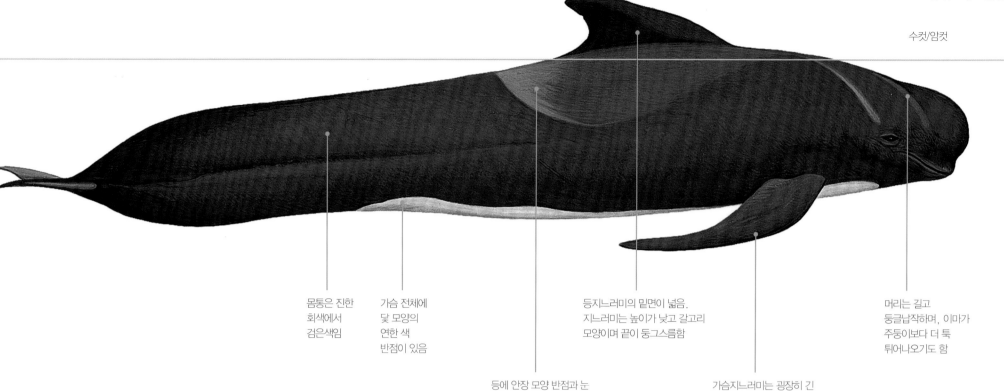

수컷/암컷

몸통은 진한 회색에서 검은색임

가슴 전체에 닻 모양의 연한 색 반점이 있음

등에 안장 모양 반점과 눈 주변에 줄무늬가 있고, 반점과 줄무늬는 옅은 회색, 흰색임

등지느러미의 밑면이 넓음. 지느러미는 높이가 낮고 갈고리 모양이며 끝이 둥그스름함

가슴지느러미는 굉장히 긴 편임. 전체 몸길이의 5분의 1에 달함

머리는 길고 둥글납작하며, 이마가 주둥이보다 더 툭 튀어나오기도 함

참거두고래와 들쇠고래의 가슴지느러미

참거두고래와 들쇠고래는 가슴지느러미가 낫 모양인데 앞 가장자리가 상당히 휘어 있고 끝이 뾰족하다. 지느러미의 전체 길이를 놓고 보면 참거두고래가 더 길다. 전체 몸길이의 5분의 1에 달할 정도이다. 여기에 비해 들쇠고래는 가슴지느러미의 길이가 전체 몸길이의 6분의 1 정도이다.

들쇠고래의 지느러미발

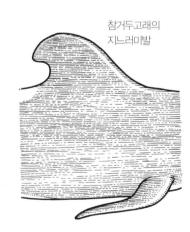

참거두고래의 지느러미발

몸 크기

갓 태어난 새끼: 1.6~2m
성체: 암컷 3.8~5.7m, 수컷 4~7.6m

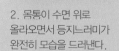

수면에 올라왔다가 잠수하는 동작

1. 먼저 머리와 이마가 수면 위로 올라온다. 그 다음으로 낮고 둥그스름한 물이 거세게 뿜어 나오는데, 날씨가 맑으면 약 1km 밖에서도 보일 정도이다.

2. 몸통이 수면 위로 올라오면서 등지느러미가 완전히 모습을 드러낸다.

3. 고래가 몸을 구부리면서 등지느러미가 더욱 두드러진다.

4. 물에 들어가기 전에 꼬리 연결대가 아치 모양으로 구부러지면서 높이 올라간다. 가끔은 꼬리를 수면에 내려치기도 한다.

수면에서 보이는 행동

참거두고래는 물 위로 뛰어오르기 같이 에너지가 많이 드는 활발한 동작은 자주 하는 편이 아니다.

큰코돌고래 RISSO'S DOLPHIN

과명: 참돌고래과

종명: 그람푸스 그리세우스Grampus griseus

다른 흔한 이름: 큰머리돌고래, 솔잎돌고래, 회색돌고래

분류 체계: 범고래붙이, 거두고래과와 가까운 친척임

유사한 종: 큰돌고래

태어났을 때의 몸무게: 20kg

성체의 몸무게: 300~500kg

먹이: 오징어가 주식이며, 그 외에 문어, 갑오징어, 멸치, 크릴새우도 먹음

집단의 크기: 3~30마리가 무리 짓는 것이 평균적이고, 가끔은 1,000마리 정도로 큰 무리를 짓기도 함

주된 위협: 소음 공해, 부수어획, 사냥, 수족관 관상용으로 포획

IUCN 등급: 관심 필요종

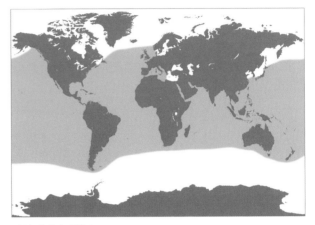

서식 범위와 서식지

이 종은 수심 400~1,000m의 경사가 가파른 대륙사면이나 바깥 대륙붕의 깊은 물속에 서식한다. 북위 60도에서 남위 60도 사이의 열대, 온대 지방에서 발견된다. 계절성 이주에 대해서는 크게 알려진 바가 없지만 해양학적 변화와 먹잇감의 이동에 영향을 받는 것으로 보인다.

종 식별 체크리스트	
	• 머리가 둥글납작하고 수직 방향으로 주름이 짐
	• 몸 색깔은 진한 회색이고 전체적으로 흰색 상처와 둥글게 얽은 자국이 있음
	• 지느러미발은 길고 폭이 좁으며, 쭉 곧고 끝이 뾰족함
	• 주둥이가 부리처럼 튀어나오지 않음

해부학

큰코돌고래는 몸이 탄탄하고 꼬리 연결대가 좁은 종이다. 수컷과 암컷은 몸집이 거의 비슷하다. 등지느러미는 높고 갈고리 모양이며, 등의 한가운데에 있다. 몸통에는 여기저기 긁히거나 물린 상처, 반점, 오징어나 쿠키커터상어, 칠성장어, 다른 큰코돌고래의 공격을 받아 남은 둥그스름한 흉터가 있다. 새끼들은 상처가 없지만, 나이가 들면서 몸 색깔이 진한 색에서 옅은 회색이나 흰색 계열로 변한다. 위턱에는 이빨이 없지만 아래턱에는 2~7쌍의 이빨이 있다.

행동

큰코돌고래는 수줍음이 많아서 선박에 잘 다가오지 않는다. 물 위에서는 뛰어오르기, 머리 내밀기 등 여러 행동을 보인다. 이 종은 수심 300m 정도까지 깊이 잠수하며 30분 동안 물속에서 견딜 수 있다. 큰코돌고래는 연령별, 성별로 구성된 사회적 모임에서 안정적이고 오래 가는 관계를 유지한다.

먹이와 먹이 찾기

큰코돌고래는 먼 바다의 깊은 물속을 서식지로 선호하지만, 이 종의 분포와 이동 패턴은 주식인 일반 오징어와 대왕오징어의 행동에 따라 달라진다. 음성학적인 연구에 따르면 이 돌고래는 밤에 먹이를 구하고 아침에는 이동하거나 다른 개체와 어울리며, 오후에는 휴식을 취한다고 한다.

생활사

이 종이 새끼를 낳는 시기는 태평양 북서부에서는 여름에서 가을까지이고 남아프리카에서는 여름이며, 캘리포니아 주 해안에서는 가을이다. 큰코돌고래는 8~10살에 성적으로 성숙한다. 임신 기간은 13~14개월이고, 평균 수명은 30~34살이다.

보호와 관리

큰코돌고래는 널리 퍼져 분포하고 어떤 지역은 개체수가 풍부한 편이기 때문에, 당장 위험에 처한 종은 아니다. 하지만 이들 종은 깊이 잠수하기 때문에 군용 소나 기기나 탄성파 탐사에 취약하다. 몰이사냥 같은 의도적인 포획, 부수어획, 기후 변화 역시 해당 지역에서 개체수를 줄일 가능성이 있다.

수컷/암컷

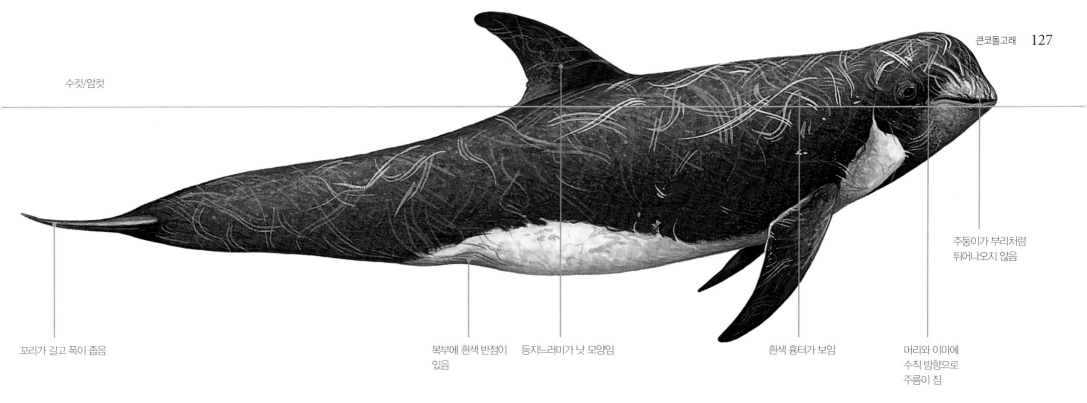

꼬리가 길고 폭이 좁음

복부에 흰색 반점이
있음

등지느러미가 낫 모양임

흰색 흉터가 보임

머리와 이마에
수직 방향으로
주름이 짐

주둥이가 부리처럼
튀어나오지 않음

수직 방향의 주름

큰코돌고래는 머리와 이마 사이에
수직 방향으로 파인 주름이 있다는
점이 독특한 트레이드마크이다. 또
몸통 여기저기에 퍼진 흰색 흉터와
반점도 특징인데, 이것은 개체가
나이를 먹을수록 많아진다.

몸 크기

갓 태어난 새끼: 1.1~1.7m
성체: 2.6~4m

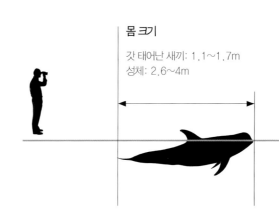

수면에 올라왔다가
잠수하는 동작

1. 천천히 수면으로
올라오면서, 맨
처음에는 머리를
살짝 내민다.

2. 그 다음으로 눈에 띄는
등과 각진 머리가
나타난다. 길고 폭이 좁은
지느러미발은 물 쪽을
가리킨다.

3. 몸통을 수면 위로 구부림에
따라 등지느러미가 더욱
부각된다. 머리가 다시 수면
아래로 사라진다.

4. 마지막에는
등지느러미만
보인다.

수면에서 보이는 행동

큰코돌고래는 종종 머리를 45도 각도로
물 위에 내미는 행동을 보인다. 가끔은 물
위로 머리를 천천히 똑바로 치켜들기도
한다.

이 돌고래는 힘차게 수면 위로
뛰어오르기도 한다. 가끔은 물
밖으로 몸통을 완전히 드러내
점프한다.

사라와크돌고래 FRASER'S DOLPHIN

과명: 참돌고래과

종명: 라게노델피스 호세이 Lagenodelphis hosei

다른 흔한 이름: 프레이저돌고래

분류 체계: 라게노델피스속 종보다 스테넬라속, 투르시옵스속, 델피누스속, 소우사속과 더 가까운 친척임. 일본에 서식하는 개체군과 필리핀 개체군은 형태학적으로 다름

유사한 종: 멀리서 보면 눈부터 항문 언저리까지 줄무늬가 있어 줄무늬돌고래(스테넬라 코이룰레오알바)와 혼동되기 쉬움

태어났을 때의 몸무게: 20kg

성체의 몸무게: 160~210kg

먹이: 심해어류, 오징어, 새우

집단의 크기: 100~500마리가 무리를 짓고, 때로는 1,000마리가 무리를 이루기도 함

주된 위협: 직접 포획(일본에서 행하는 몰아넣기 사냥, 스리랑카와 소앤틸리스 제도의 작살 사냥), 자망에 의한 부수어획, 해양 쓰레기, 선박과의 충돌

IUCN 등급: 관심 필요종

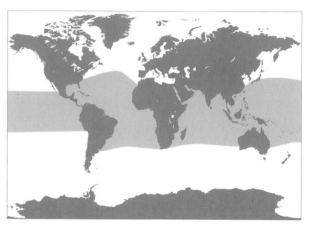

서식 범위와 서식지

이 종은 주로 열대지방의 바다에서 발견되며, 수심이 깊은 바닷가 근처에서 모습을 드러내기도 한다. 수심이 700~3,500m인 바닷물에서 가장 많이 관찰된다.

종 식별 체크리스트

- 다부진 몸
- 짧지만 독특한 모양의 주둥이
- 등지느러미는 작고 삼각형이며 가끔은 살짝 갈고리 모양으로 휘어지기도 함
- 지느러미발과 꼬리가 작음
- 성체 수컷은 눈에서 항문까지 독특한 검은색 줄무늬가 있음
- 눈에서 지느러미발까지 검은색 줄무늬가 이어짐
- 등은 갈색을 띤 회색으로 어두운 색임
- 배는 흰색이며 가끔은 분홍색으로 보이기도 함

해부학

몸의 색깔 패턴은 성별, 연령별로 다양하다. 성체 수컷은 얼굴에서 항문까지 이어지는 독특한 검은색 줄무늬를 가진다. 암컷이나 젊은 성체, 새끼들에게는 이 줄무늬가 뚜렷하지 않거나 아예 존재하지 않는다. 이 어두운 색 줄무늬는 아래턱의 중앙에서 뻗어나와 지느러미발 앞까지 이어지며, 가끔은 성체 수컷의 경우 옆구리의 줄무늬와 합쳐져 마치 '강도가 쓰는 마스크' 모양이 되기도 한다. 수컷 성체에게는 등에서 항문 부위까지 혹이 두드러지게 나 있지만 암컷이나 새끼에게는 혹이 없거나 살짝만 보인다. 이 종은 입천장에 두 개의 홈이 있는데, 이것은 참돌고래와 비슷한 특징이다.

행동

사라와크돌고래는 힘차게 헤엄치며, 단단하게 무리를 지어 다니면서 종종 잽싼 돌고래 점프를 한다. 무리의 크기는 비교적 커서 보통 100~500개체이고 때로는 1,000개체를 넘기도 한다. 이들은 고양이고래나 들쇠고래 같은 다른 종과 어울리는 일도 많다.

먹이와 먹이 찾기

사라와크돌고래는 중층해에 사는 물고기, 갑각류, 두족류(오징어)를 먹고 산다. 깊은 물속에서도 먹이를 찾을 수 있도록 생리학적인 적응이 이루어져 있다. 열대지방인 태평양 동쪽에서는 수심 250m, 500m의 두 구역에서 먹이를 먹는다. 필리핀 근해에서는 수심 600m에서 수면 근처까지 다양한 장소에서 섭식하는 것으로 보인다. 하지만 남아프리카와 카리브해에서는 수면 근처에서만 먹이를 먹는 모습이 관찰되었다.

생활사

사라와크돌고래는 수명이 19년 이상이며 몸길이는 2.7m까지 자란다. 암컷은 7~10살에, 수컷은 5~8살에 성적으로 성숙한다. 여러 연령대가 섞여 무리를 짓는데 수컷과 암컷의 비율은 1:1이다. 임신 기간은 12개월 반 정도이다. 출산과 출산 사이의 간격은 약 2년이다. 지역에 따라 새끼를 많이 낳는 계절이 다른데, 일본에서는 봄과 가을이고, 남아프리카에서는 여름이다.

보호와 관리

자망에 의한 부수어획, 일본에서 행해지는 몰이사냥, 여러 지역에서 벌어지는 사람들의 식량이나 상어 미끼를 위한 사냥이 주된 위협이다. 동남아시아 지역의 사라와크돌고래 사냥 문제를 해결하기 위해서는 국제적인 협력이 필요하다.

수컷

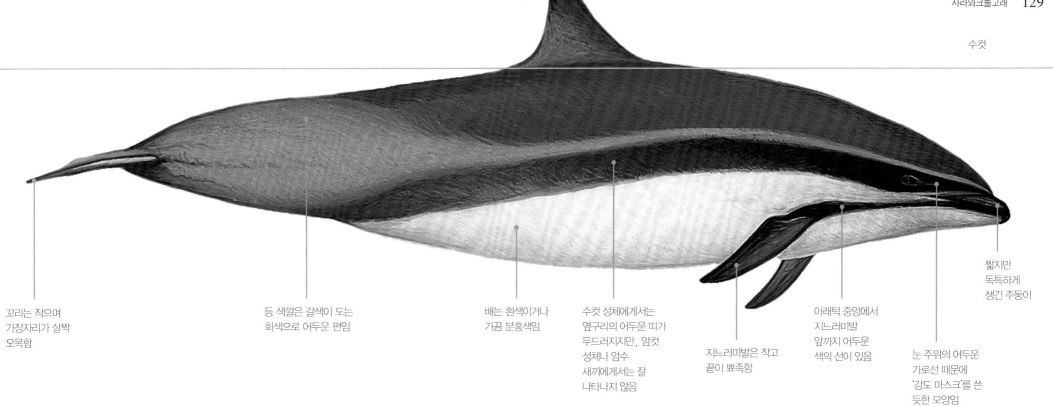

꼬리는 작으며
가장자리가 살짝
오목함

등 색깔은 갈색이 도는
회색으로 어두운 편임

배는 흰색이거나
가끔 분홍색임

수컷 성체에게서는
옆구리의 어두운 띠가
두드러지지만, 암컷
성체나 암수
새끼에게서는 잘
나타나지 않음

지느러미발은 작고
끝이 뾰족함

아래턱 중앙에서
지느러미발
앞까지 어두운
색의 선이 있음

눈 주위의 어두운
가로선 때문에
'강도 마스크'를 쓴
듯한 모양임

짧지만
독특하게
생긴 주둥이

다양한 모양의 등지느러미

사라와크돌고래는 등지느러미 모양이 개체마다 조금씩 다르다. 성체
수컷은 등지느러미가 삼각형으로 똑바로 서 있고, 성체 암컷이나 수컷
새끼는 등지느러미가 대개 갈고리처럼 구부러져 있다.

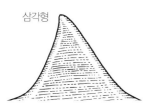

삼각형

갈고리 모양

몸 크기

갓 태어난 새끼: 1~1.1m
성체: 암컷 2.1~2.2m, 수컷 2.2~2.4m

수면에 올라왔다가
잠수하는 동작

1. 먼저 돌고래는 머리와
등이 보일 정도로 물에 살짝
떠 있다.

2. 몸통을 아치 모양으로
구부리면서 등지느러미가
드러난다.

3. 등이 더욱 도드라진
아치 모양으로
구부러진다.

4. 마지막으로
등지느러미의 끝만 살짝
보인 채 얕게 잠수한다.

수면 위로 뛰어오르기

이 종은 가끔씩 물보라를 갑자기 일으키면서
물 위로 뛰어오른다.

대서양낫돌고래 ATLANTIC WHITE-SIDED DOLPHIN

과명: 참돌고래과

종명: 라게노린쿠스 아쿠투스Lagenorhynchus acutus

다른 흔한 이름: 뛰는돌고래(흰부리돌고래도 이 이름으로 불림)

분류 체계: 라게노린쿠스속의 다른 종과의 분류 체계나 명명 관계는 확실히 해결되지 않음

유사한 종: 흰부리돌고래와 몸 크기와 생김새, 서식 범위가 비슷함

태어났을 때의 몸무게: 24kg

성체의 몸무게: 암컷 180kg, 수컷 230kg

먹이: 청어, 고등어, 대구류, 빙어, 오징어, 까나리류, 새우

집단의 크기: 2~10마리로 구성된 작은 무리가 모여 50~500마리가 되는데, 가끔 수천 마리가 모임

주된 위협: 예전부터 대규모 몰이사냥의 대상이었지만, 오늘날은 고기잡이 그물이나 저인망에 몸이 얽히는 경우가 많음. 또 기후 변화와 화학물질로 말미암은 오염으로 서식지가 파괴됨

IUCN 등급: 관심 필요종

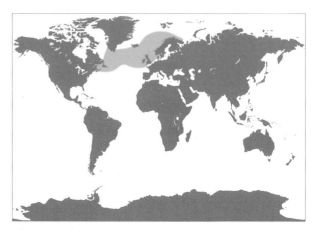

서식 범위와 서식지

이 종은 대개 차가운 온대지방에서 북극 근처의 대륙사면과 대륙붕 위에서 서식한다. 가끔은 바닷가의 얕은 물이나 북대서양 중앙에서 발견되기도 한다.

종 식별 체크리스트	• 등, 등지느러미, 지느러미발, 꼬리가 진한 회색이거나 검은색임 • 배와 아래턱은 흰색임 • 몸이 다부지고 몸통이 길며 주둥이가 뭉툭함 • 옆구리 중간쯤에 밝은 흰색 반점이 있음 • 꼬리 연결대에 흰색 반점에 이어진 담황갈색 반점이 있음

해부학

몸집이 크고 다부진 종으로, 몸 색깔이 눈에 잘 띈다. 주둥이는 짧고 뭉툭하지만, 위턱에는 작은 원뿔형 이빨이 29~40쌍, 아래턱에는 31~38쌍 길게 줄지어 있다. 갈비뼈는 15개이고 척추는 77~82개로 돌고래류 가운데 가장 많다.

행동

무리의 크기는 장소마다 달라진다. 대서양 동쪽과 아일랜드 근처에서는 10마리 미만으로 무리를 이루지만, 뉴잉글랜드 해안 근처에서는 40마리 정도로 이루어진 무리가 흔하다. 이 종이 떼 지어 좌초한 사례를 보고 분석한 결과 무리 안에서는 연령과 성별로 분리가 일어나며, 암수 성체와 새끼로 이뤄진 무리에 몸집이 큰 어린 개체가 몇 마리 끼어들어가는 경우가 있었다. 이 돌고래는 몸집이 큰 수염고래류와 같이 먹이를 구하기도 하며, 다른 돌고래류와 어울린다고도 알려져 있다.

먹이와 먹이 찾기

이 종은 깊은 물속에서 먹이를 구하지는 않으며, 대개는 1분 미만으로 짧게 잠수한다. 오징어류나 청어, 빙어류, 고등어, 대구류, 여러 종류의 새우를 먹고 산다. 주식이 되는 먹잇감이 많이 분포한 곳에 따라 북쪽에서 남쪽으로 계절별로 이주하기도 한다. 1970년대에는 대륙붕 위에 까나리류의 물고기가 증가하면서 그곳으로 서식지를 옮긴 사례도 있다.

생활사

대서양낫돌고래의 수컷은 암컷보다 몸집이 크고 무겁다. 하지만 암수 모두 5살 정도에 성적으로 성숙한다. 수유기는 평균적으로 18개월이며 몇몇 개체는 1년에 한 번 짝짓기하기도 한다. 평균 수명은 22~27년이다.

보호와 관리

대서양낫돌고래의 총 개체수는 수십만 마리로 추정된다. 한때 이 종을 대상으로 대규모 직접 사냥이 있었지만, 지금은 의도적인 사냥이 많이 줄었다. 하지만 때로는 자망이나 저인망에 걸려들어 목숨을 빼앗기기도 하며, 100개체 정도가 해안에 떼 지어 몰려와 좌초하는 경우도 흔하다. 또 살충제 같은 오염물질의 축적은 이 돌고래의 면역계를 취약하게 만들어 병에 걸릴 확률을 높인다.

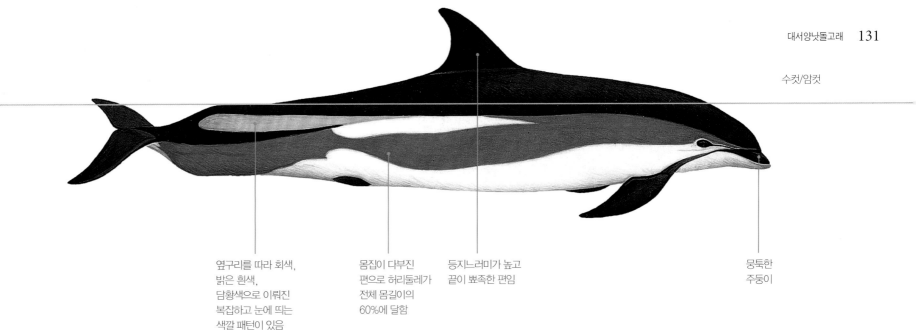

수컷/암컷

옆구리를 따라 회색,
밝은 흰색,
담황색으로 이뤄진
복잡하고 눈에 띄는
색깔 패턴이 있음

몸집이 다부진
편으로 허리둘레가
전체 몸길이의
60%에 달함

등지느러미가 높고
끝이 뾰족한 편임

뭉툭한
주둥이

머리와 주둥이, 눈의 색깔 패턴

눈 주위의 검은색 고리 무늬가
주둥이와 위턱까지 얇게
이어지며, 더 얇은 선으로
뒤쪽까지 이어져 겉귀에 이른다.
비스듬한 회색 줄무늬는 눈에서
지느러미발까지 이어진다.

몸 크기

갓 태어난 새끼: 1~1.2m
성체: 암컷 2.5m, 수컷 2.8m

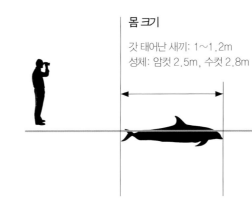

물 뿜기

머리가 수면에 닿기 전에
물을 뿜기 시작한다. 이
돌고래가 수면 아래에서
천천히 물을 뿜으면
공기거품이나 물줄기가
나온다. 이어 숨을 쉬기
위해 머리를 내민다.

수면에 올라왔다가
잠수하는 동작

1. 물을 뿜는 도중이나
물을 뿜은 직후에
주둥이에서 등지느러미의
뒤쪽 가장자리까지, 등
전체가 한 번에 수면 위로
모습을 드러낸다.

2. 천천히, 때로는 중간
속도로 헤엄치면서 몸통이
다시 가라앉도록 몸을
앞으로 많이 구부린다.
이때 꼬리는 수면 위로
드러나지 않는다.

3. 이제 속도를 더 높이면서
등지느러미 바로 뒤쪽의 등
부위가 잠깐 모습을 드러낸다.

수면 위로 뛰어오르기

다른 돌고래 종만큼 묘기를 잘
부리지는 못하지만, 이
돌고래는 몸통을 완전히 수면
위로 드러내며 뛰어오르기도
한다. 그리고 가끔은 배부터
수면에 첨벙 뛰어들어 물보라를
많이 일으킨다.

수면 근처에서 구르기

이 돌고래는 정박한 배에 다가가거나
항해하는 배 뱃머리의 파도를 타면서
수면 바로 아래로 헤엄친다. 가끔은
옆으로 몸을 구르면서 관찰자들을
바라보기도 하는데, 이때 이 돌고래
옆면의 독특한 줄무늬를 제대로
관찰할 수 있다.

꼬리로 수면 치기

선박이나 다른 돌고래와
상호작용하는 과정에서, 이
돌고래는 꼬리로 일부러 물보라를
일으키기도 한다. 몸을 옆으로
구르거나 똑바로 세우고, 때로는
몸을 거세게 꿈틀대면서 물보라를
일으킨다.

흰부리돌고래 WHITE-BEAKED DOLPHIN

과명: 참돌고래과

종명: 라게노린쿠스 알비로스트리스 Lagenorhynchus albirostris

다른 흔한 이름: 흰코돌고래, 흰부리쇠돌고래

분류 체계: 분자생물학적인 데이터에 따르면 라게노린쿠스속의 다른 종과 가까운 친척임

유사한 종: 몸집이 비슷한 낫돌고래류와 혼동될 수 있음

태어났을 때의 몸무게: 20~40kg

성체의 몸무게: 암컷 180~290kg, 수컷 230~350kg

먹이: 물고기와(주로 대구) 오징어

집단의 크기: 1~10마리

주된 위협: 해양 오염, 소음 공해, 지구 온난화

IUCN 등급: 관심 필요종

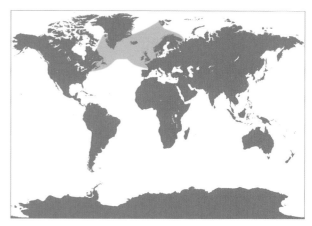

서식 범위와 서식지

이 종은 북대서양의 온대와 극지방에 가까운 바다에서 발견된다. 대륙붕 위에서 주로 서식한다.

종 식별 체크리스트

- 몸통은 검은색이고 회색과 흰색 자국이 있음
- 땅딸막하고 다부진 몸집
- 등지느러미는 높이가 높고 갈고리 모양임. 몸통 중간 정도에 위치함
- 부리 모양 주둥이는 짧고 두터우며 흰색이거나 흰색에 가까움
- 지느러미발은 길고 끝이 뾰족함

해부학

흰부리돌고래는 옆구리와 배 모두에 검은색과 흰색의 다양한 색깔 패턴을 보인다. 가장 눈에 띄는 특징은 주둥이가 하얀색이라는 점인데, 때로는 진한 회색을 띠기도 한다. 수컷은 암컷보다 덩치가 약간 크다. 이 돌고래는 몸에 근육이 많고 다부지다. 척추는 93개로 까치돌고래보다는 적지만 고래류 가운데 아주 많은 편이다. 이렇듯 짧은 척추뼈가 많은 것은 빠르고 역동적으로 헤엄치기 위한 진화적인 적응으로 여겨진다. 위턱과 아래턱에는 각각 25~28쌍의 이빨이 있다.

행동

흰부리돌고래는 힘이 넘치며 빠르게 헤엄친다. 수면 위에서는 돌고래 점프 같은 돌고래류에게서 흔히 보이는 행동을 보여주는데, 때로는 고리 모양으로 이리저리 움직이기도 한다. 이 돌고래는 선박에 다가가 뱃머리 주변의 파도를 탄다. 가끔은 긴수염고래, 혹등고래 같은 고래류, 돌고래류와 같이 발견되기도 한다.

먹이와 먹이 찾기

먹이는 주로 여러 가지 대구류이다. 여기에 더해, 먼 바다 깊은 물속 밑바닥에 사는 물고기나 오징어도 먹는다. 대개 바다 밑바닥에서 먹이를 찾는데, 무리를 지어 여럿이 먹이를 사냥하기도 한다.

생활사

짝짓기와 출산은 거의 한여름에 일어난다. 임신 기간은 11개월로 추정된다. 성적인 성숙은 암수 모두 7~9살에 이뤄지며 수컷은 몸길이가 2.3~2.5m, 암컷은 2.3~2.4m가 된다. 수명은 40년 이상이다.

보호와 관리

흰부리돌고래는 기후 변화 때문에 위험에 놓여 있다. 예컨대 먹이인 물고기가 줄어들기 때문에 아열대나 따뜻한 온대에 서식하는 다른 종과 먹이를 두고 경쟁해야 한다. 새끼 동물이 의도치 않게 잡히는 경우도 있다. 환경오염 또한 나쁜 영향을 준다.

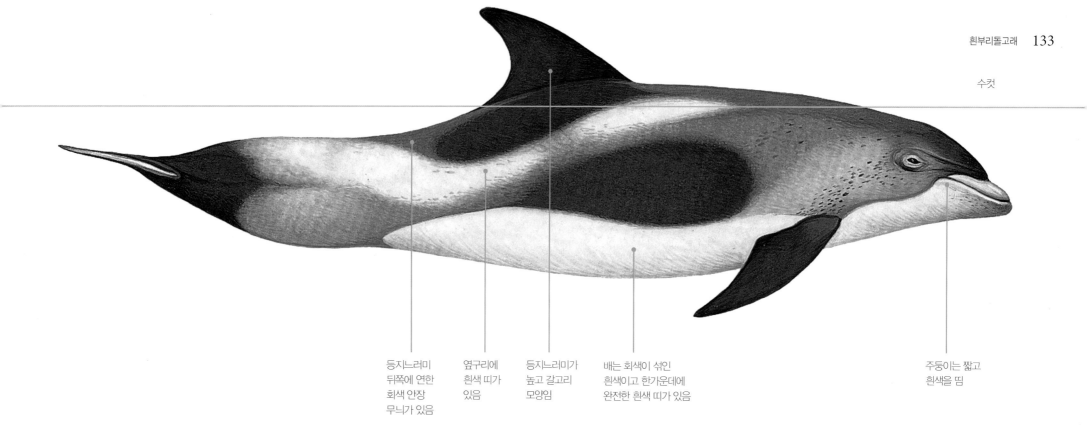

수컷

등지느러미
뒤쪽에 연한
회색 안장
무늬가 있음

옆구리에
흰색 띠가
있음

등지느러미가
높고 갈고리
모양임

배는 회색이 섞인
흰색이고 한가운데에
완전한 흰색 띠가 있음

주둥이는 짧고
흰색을 띰

다양한 주둥이 색깔

'흰부리돌고래'라고 불리긴 해도 사실 이 종의 주둥이 색은 흰색에서 잿빛까지
다양하다. 주둥이의 색깔 패턴은 입 주변을 벗어나 앞이마까지 이어지기도 한다.

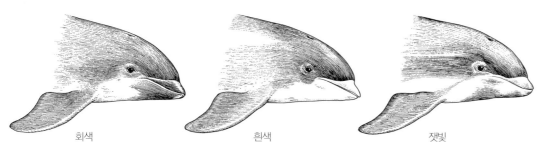

회색   흰색   잿빛

몸 크기

갓 태어난 새끼: 1.1~1.3m
성체: 암컷 2.3~2.8m, 수컷 2.4~3.1m

수면에 올라왔다가
잠수하는 동작

1. 뿜어낸 물이 눈에
보이지는 않는다. 처음에는
머리와 등의 앞쪽 부분이
보인다. 주둥이는 수면
위로 드러나지 않는 경우가
많다.

2. 높은 갈고리 모양의
등지느러미가 물 위로
올라온다.

3. 돌고래가 수면
위에서 몸을 굴리면서
등지느러미가
도드라지게 눈에 띤다.

4. 이 돌고래는
움직이는 속도가
빠르기 때문에 이
연속적인 동작도
재빨리 이뤄진다.

수면 위로 뛰어오르기

흰부리돌고래는 수면 위에서 묘기를 잘 부리는 종이다.
수면 위에 몸을 수직으로 뛰어오르는 동작을 비롯해
다채로운 점프를 보여준다.

펄돌고래 PEALE'S DOLPHIN

과명: 참돌고래과

종명: 라게노린쿠스 아우스트랄리스 Lagenorhynchus australis

다른 흔한 이름: 검은턱돌고래

분류 체계: 더스키돌고래나 모래시계돌고래와 가까운 친척임. 라게노린쿠스속의 분류 체계는 개정되고 있는 중임

유사한 종: 더스키돌고래와 쉽게 혼동되며, 모래시계돌고래와도 혼동될 수 있음

태어났을 때의 몸무게: 알려져 있지 않음

성체의 몸무게: 암컷 100~115kg, 수컷은 알려져 있지 않음

먹이: 물고기, 두족류, 갑각류

집단의 크기: 1~15마리, 가끔 100마리

주된 위협: 부수어획, 서식지 파괴, 지구 온난화

IUCN 등급: 자료 부족종

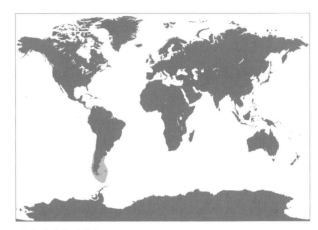

서식 범위와 서식지

펄돌고래는 남아메리카 동서 해안에서 모두 발견되며, 남서부의 수심이 깊고 잘 보호된 해협이나 협만, 또는 남동부의 수심이 얕은(대개 수심 200m 미만) 대륙붕에서 서식한다.

종 식별 체크리스트	
	• 건장한 몸집
	• 배가 어두운 회색 또는 검은색
	• 옆구리에 밝은 반점이 두 개 있음
	• 얼굴이 어두운 색임
	• 주둥이가 짧음
	• 지느러미발 아래에 흰색 반점이 있음
	• 등지느러미가 높고 갈고리 모양임

해부학

펄돌고래는 남반구에 사는 라게노린쿠스속의 세 종 가운데 가장 몸이 다부지다. 색깔 패턴은 복잡하며 개체마다 다양한데, 주로 목 뒤쪽, 옆구리, 생식기 주변에 반점이 있다. 이 종은 입 속의 잇몸 벽이 두툼한 것이 특징이다. 이런 신체 구조로는 작은 문어를 으깨지 않고도 잡을 수 있다. 지느러미발과 등지느러미는 어두운 색이며 뒤쪽 가장자리는 이보다 밝은 색이다. 어린 새끼는 성체보다 몸 색깔이 연해서 회색을 띤다.

행동

펄돌고래는 바닷가 다시마가 자라는 구역 근처를 천천히 헤엄친다. 이 종은 아주 활동적이어서 물 위에서 머리를 이리저리 움직이거나 몸을 구르고, 수면 위로 뛰어오르거나 머리만 내밀고, 때로는 빙글빙글 돌기도 한다. 펄돌고래는 이동할 때 머리로 넓은 구역에 걸쳐 물보라를 일으키는데, 이 모습 때문에 어떤 지역에서는 '쟁기날' 돌고래라고 부르기도 한다. 남아메리카 티에라델푸에고 북쪽 해안을 따라 무리를 지어 헤엄치는 모습이 자주 관찰된다.

먹이와 먹이 찾기

펄돌고래는 남대서양 남서부의 해안 생태계에서 먹이를 구하는데, 주로 남방 대구류나 파타고니아 민태류같이 바다 밑바닥에 사는 물고기를 잡아먹는다. 위장 내용물을 보면 문어, 오징어, 새우 또한 발견된다. 이 돌고래는 탁 트인 바닷물의 다시마 생육 구역 근처에서 무리를 지어 먹이를 찾으며, 일직선으로 대형을 짜거나 커다란 원형으로 먹잇감을 에워싸서 사냥한다.

생활사

펄돌고래는 2~5마리로 이루어진 작은 집단을 이루는 경우가 많다. 하지만 때로는 100마리 정도가 무리 짓기도 한다. 번식이나 짝짓기에 대해서는 잘 알려져 있지 않다. 지금까지 암컷 3마리의 난소를 조사했을 뿐인데, 여기에 따르면 몸길이가 1.9m는 되어야 성적인 성숙에 도달하는 것으로 보인다. 수컷의 성적인 성숙에 대해서는 정보가 없다. 새끼를 낳는 시기는 봄에서 가을 사이이다. 연구된 펄돌고래 중 가장 나이 든 개체는 3살이었지만 최대 수명은 이보다 많을 것으로 여겨진다.

보호와 관리

펄돌고래는 남반구, 특히 칠레에서 킹크랩의 미끼로 많이 쓰였다. 하지만 최근에는 이런 활동을 자제하고 있다. 이 종은 서식 범위 안에서 꽤 흔하게 발견되지만 정확한 개체수는 추정된 바가 없다. 단, 칠레 남부 칠로에 근처에서 200마리 정도가 확인되었다.

수컷/암컷

입술과 잇몸이 넓은데, 작은
문어를 쉽게 잡기 위한 진화적
적응이라 여겨짐

주둥이가 짧음

겨드랑이에
흰색 반점이
있음

목 뒤에
흰색
반점이
있음

몸이
다부짐

얼굴이 진한
색임

등 표면이 진한
회색이거나
검은색임

옆구리에 두 개의
밝은 색 반점이 있음

꼬리는 가장자리와 끝이
둥글며, 아랫면과 윗면이 모두
어두운 색임

등지느러미가 높이
솟음

지느러미발은
끝이 뾰족하고
뒤로 휘어짐

두터운 잇몸벽

펄돌고래의 독특한 해부학적
특징은 잇몸벽이 두텁다는
점이다. 이빨은 위턱과 아래턱
양쪽 입술 가장자리에 깊이
자리 잡고 있다. 다른 돌고래류
종과 비교하면 꽤 특이한
구조이다.

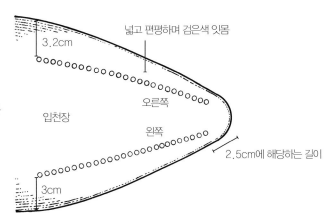

3.2cm

넓고 편평하며 검은색 잇몸

오른쪽

입천장

왼쪽

3cm

2.5cm에 해당하는 길이

몸 크기

갓 태어난 새끼: 1m
성체: 1.8~2.1m

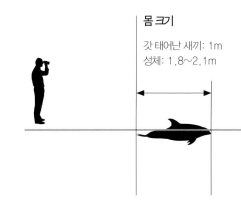

수면에 올라왔다가 잠수하는 동작

1. 수면 위로 올라오면서 이
돌고래는 머리부터 내민다.
몸집이 작은 편이라 뿜어낸
물은 대개 보이지 않는다.

2. 등지느러미와
등이 물 위로
떠오른다. 머리도
아직 보인다.

3. 머리가 수면
아래로 내려가지만
아직 등지느러미와
등은 수면에 남아
있다.

4. 마지막으로
돌고래의 몸이 완전히
수면에서 자취를
감춘다. 가끔은 물에
들어갈 때 꼬리가
보이기도 하고 꼬리로
수면을 내려치기도
한다.

수면 위에서 보이는 동작

펄돌고래는 돌고래 점프를 비롯해 여러 공중
동작을 선보인다. 머리를 수면 위로 내밀거나
수면에 내려치기도 하고, 수면 근처에서
빙글빙글 돈다. 훌쩍 물 위로 뛰어올라 배나
옆구리로 떨어지는 동작을 반복하기도 한다.

모래시계돌고래 HOURGLASS DOLPHIN

과명: 참돌고래과

종명: 라게노린쿠스 크루키게르Lagenorhynchus cruciger

다른 흔한 이름: 없음

분류 체계: 더스키돌고래, 펄돌고래와 가까운 친척임. 라게노린쿠스속의 분류 체계는 개정되고 있는 중임

유사한 종: 더스키돌고래나 펄돌고래와 혼동될 수 있음

태어났을 때의 몸무게: 알려져 있지 않음

성체의 몸무게: 88~94kg

먹이: 작은 물고기, 오징어, 갑각류

집단의 크기: 1~10마리, 가끔은 최대 100마리까지 모임

주된 위협: 알려져 있지 않음

IUCN 등급: 관심 필요종

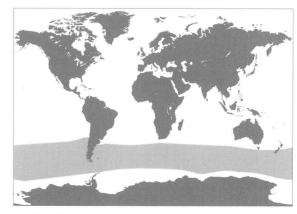

서식 범위와 서식지

이 종은 극지 부근에 분포하는데, 남위 40~67도의 남극 근처에서 서식한다. 주로 대양의 깊은 물속에서 살지만 섬이나 제방 근처에서 발견되기도 한다.

종 식별 체크리스트

- 몸집이 건장함
- 등은 검은색, 배는 흰색임
- 몸 옆면에 길쭉한 두 개의 흰색 반점이 서로 교차해 모래시계처럼 보임
- 주둥이는 짧고 검은색임
- 등지느러미와 꼬리는 완전히 검은색임
- 등지느러미는 높고 뒤로 휘어져 있으며 등 중앙에 있음

해부학

모래시계돌고래는 몸이 건장하고 등지느러미가 높으며 주로 뒤로 구부러져 있다. 등지느러미의 모양은 성별, 연령별로 곧추선 모양에서 구부러진 모양까지 다양하다. 특히 성체 수컷은 꼬리 연결대 부분에 융기가 있다. 몸 색깔은 거의 검은색이나 진한 색인데, 옆구리를 따라 두 개의 흰색 긴 반점이 있고, 흰색 선으로 연결된다. 꼬리와 등지느러미는 전체가 검은색이고, 지느러미발의 아랫면 일부는 흰색이다. 배 역시 거의 흰색이다. 어린 새끼의 몸 색깔 패턴은 알려져 있지 않다.

행동

모래시계돌고래는 동작이 빠르고 힘이 넘치는 편이며, 활동적으로 빠르게 헤엄친다. 배가 항해할 때 뱃머리 주변에 일어난 파도를 타거나, 배가 지나가고 남은 물결에서 헤엄치면서 물 위로 뛰어오르기도 한다. 이 종은 긴수염고래나 거두고래류 같은 다른 고래류나 신천옹, 큰풀마갈매기, 알락풀마갈매기, 고래새 같은 바다새와 종종 어울려 지낸다.

먹이와 먹이 찾기

다섯 개의 서로 다른 지역에서 이 종의 다섯 표본을 통해 위장 내용물을 조사한 결과, 작은 물고기, 오징어, 갑각류를 발견했다. 크게 무리 지은 바다새들에 합류해 같이 사냥을 하는 경우가 많다.

생활사

모래시계돌고래는 대개 2~8개체가 무리를 짓지만, 때로는 60~100마리가 무리 지은 경우도 발견되었다. 비록 자주 관찰되기는 해도, 이 종은 알려진 바가 적은 돌고래 가운데 하나다. 번식에 대한 데이터도 연령을 알 수 없는 암컷 두 마리, 수컷 두 마리로부터 얻은 것이 전부이다. 그 결과 몸길이 1.6m인 암컷은 성적으로 성숙하지 않았지만 1.8m인 암컷은 거의 성숙해 있었다. 그리고 몸길이가 각각 1.7, 1.9m인 수컷은 두 마리 다 성적으로 성숙했다. 새끼를 낳는 시기는 1월에서 2월 사이라고 보고되었다.

보호와 관리

과학적 연구를 위해 사로잡은 다섯 개체와 우연히 잡힌 몇 마리를 제외하고는, 이 종이 인간 활동으로 큰 위협을 받는지 여부는 보고되지 않았다. 개체수가 풍부한 모래시계돌고래 개체군은 남극 수렴대 남쪽에 서식하는데, 여름철 14만 4,000마리에 달하는 개체가 발견되었다.

수컷/암컷

꼬리는 윗면, 아랫면
모두 전체가 검은색임

성체 수컷은 꼬리
연결대 근처에 융기가
있음

등 쪽은 검은색, 배
쪽은 흰색으로 색깔이
확연히 대비됨

등지느러미는
크고 뒤로
휘어져 있음

몸집이
건장함

지느러미발은 길고
휘어져 있음

옆구리에 두 개의
길쭉한 반점이 있고
흰색의 좁은 선으로
연결됨

주둥이는 뭉툭하고
검은색임

다양한 모양의 등지느러미

등지느러미의 모양은 성별에 따라
다르다. 성체 암컷은 꼿꼿하고 끝이
뾰족하지만, 성체 수컷은 크기가 더 크고
독특한 모양으로 구부러져 있다.

수컷

암컷

몸 크기

갓 태어난 새끼: 알려져 있지 않음
성체: 1.7~1.9m

수면에 올라왔다가 잠수하는 동작

1. 수면 위로 올라갈 때 이 돌고래는
머리의 일부가 먼저 보인다. 머리가
드러난 상태에서 등지느러미와 등도
수면에 드러난다. 몸집이 작기
때문에 뿜어낸 물은 거의 눈에 띄지
않는다.

2. 등지느러미와 등이
수면 위에 드러난
상태에서 머리가 물
아래로 들어가기
시작한다.

3. 마지막으로 돌고래가
수면 아래로 모습을
감춘다. 가끔은 물에
들어가면서 꼬리가
보이거나 꼬리를 수면에
내려치기도 한다.

수면에서 보이는 행동

모래시계돌고래는 뱃머리에 이는 파도를 좋아한다. 선박이 지나간 자리에
일어난 물결을 타고 놀거나 그 위로 점프하는 모습이 종종 관찰되었다.
몸집이 큰 고래 근처에서 놀기도 한다.

낫돌고래 PACIFIC WHITE-SIDED DOLPHIN

과명: 참돌고래과

종명: 라게노린쿠스 오블리퀴덴스Lagenorhynchus obliquidens

다른 흔한 이름: 흰줄무늬돌고래, 갈고리지느러미쇠돌고래

분류 체계: 라게노린쿠스속의 다른 종과 친척 관계가 불명확해, 사그마티아스속에 포함시켜야 한다는 주장이 제기됨. 가장 가까운 친척은 더스키돌고래임

유사한 종: 남반구에 사는 더스키돌고래

태어났을 때의 몸무게: 15kg

성체의 몸무게: 135~180kg

먹이: 오징어 등의 두족류, 샛비늘치과의 어류인 비늘치, 물고기 떼(북반구에 서식하는 멸치)

집단의 크기: 10~100개체로 이루어진 무리가 흔하고, 가끔은 1,000마리가 무리를 짓기도 함

주된 위협: 자망, 중층과 바닥층의 저인망에 의한 부수어획, 기후 변화

IUCN 등급: 관심 필요종

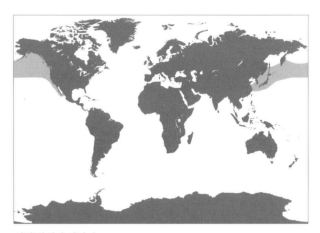

서식 범위와 서식지

이 종은 미국 캘리포니아 주에서 베링해에 이르는 북태평양, 남쪽으로는 대만 인근 해역까지 이르는 시원한 온대지방 바닷물에서 서식한다. 대개 대륙사면과 대륙붕 위나 탁 트인 대양에서 발견된다.

종 식별 체크리스트

- 등지느러미는 크고 갈고리 모양이며, 등 중앙에 있음
- '멜빵'과 비슷한, 독특한 연한 회색의 줄무늬
- 배는 흰색이고 등지느러미는 회색과 흰색의 두 가지 색으로 이루어졌으며 꼬리는 중간이 파임
- 주둥이는 작고 입술이 검은색임

해부학

낫돌고래는 자매 종인 디스키돌고래보다 몸집이 크다. 바하칼리포르니아 주 북부에 사는 머리가 작은 아종과 함께 남반구와 북반구에 사는 형태학적으로 다른 두 아종이 발견되었지만 이 두 아종은 바다에 있을 때는 구별이 힘들다. 낫돌고래는 주둥이가 짧으며 위턱과 아래턱에 23~32쌍의 작은 원뿔형 이빨이 있다. 등지느러미는 두 가지 색으로 이루어졌으며 갈고리 모양이고, 꼬리는 가운데가 패어 있다.

행동

낫돌고래는 군집성을 가지며 묘기를 잘 부린다. 큰코돌고래, 홀쭉이돌고래와 함께 큰 무리를 짓기도 한다. 해양의 변화에 즉각 반응하며, 먹잇감의 계절적인 분포에 따라 이동한다. 낫돌고래의 두 아종은 신호음이 다르다. 대부분의 참돌고래류와 달리 낫돌고래는 휘파람 소리를 거의 내지 않는다. 그 대신 반향정위나 딸깍 소리를 이용한 초음파 탐지 시스템을 통해 먹이를 찾고 의사소통을 한다.

먹이와 먹이 찾기

이 돌고래는 먹이를 사냥하는 시점을 유연하게 변경할 수 있다. 그래서 밤에도, 낮에도 먹이를 찾는다. 북반구에 사는 멸치, 정어리, 청어, 태평양 명태 등 다양한 물고기를 주로 잡아먹는다. 밤에는 바닷물 중층에 서식하는 물고기(샛비늘치과)와 오징어같이 수직으로 이동하는 먹이를 사냥한다. 협동을 통해 물고기를 몰아넣거나, 먹잇감의 크기와 밀도에 따라 작은 집단으로 나누어 더 쉽게 먹이를 잡기도 한다.

생활사

암컷은 11살 정도에, 수컷은 10~11살에 성적으로 성숙한다. 짝짓기는 대개 늦여름에서 초가을 사이에 한다. 임신 기간은 11개월 반 정도이고 출산과 출산 사이의 간격은 3년이다. 평균 수명은 36~40년으로 추정된다.

보호와 관리

낫돌고래는 널리 퍼져 있고 개체수도 많아서 지금은 위험에 처한 종이 아니다. 예전부터 태평양 서부, 중앙의 공해 지역에서 연어나 오징어를 잡는 자망이나 유망 어업에 걸려들기도 했지만 이런 어업은 1993년부터 금지되었다. 몇몇 개체들이 태평양 동부에서 진환도상어에게 죽임을 당하거나 황새치 잡이 유망, 자망, 바닷물 바닥에 사는 물고기를 잡는 저인망에 걸리기도 하지만, 전체 개체수에 크게 영향을 줄 정도는 아니다.

수컷/암컷

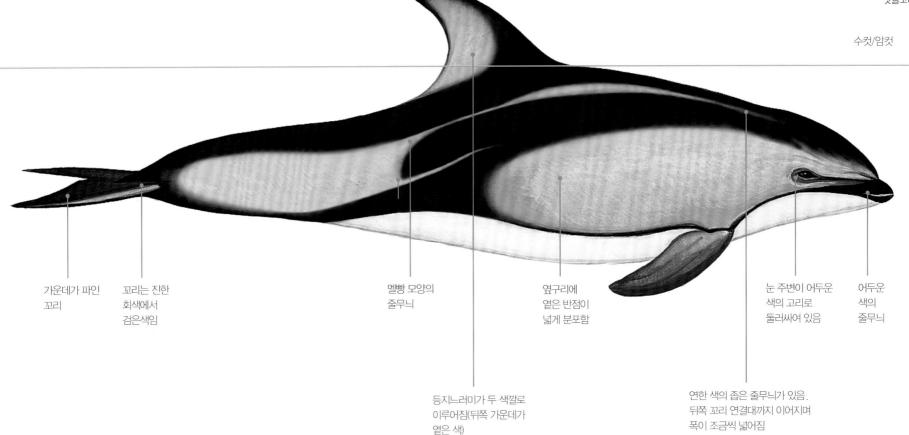

가운데가 파인 꼬리

꼬리는 진한 회색에서 검은색임

멜빵 모양의 줄무늬

등지느러미가 두 색깔로 이루어짐(뒤쪽 가운데가 옅은 색)

옆구리에 옅은 반점이 넓게 분포함

연한 색의 좁은 줄무늬가 있음. 뒤쪽 꼬리 연결대까지 이어지며 폭이 조금씩 넓어짐

눈 주변이 어두운 색의 고리로 둘러싸여 있음

어두운 색의 줄무늬

두 가지 색깔로 이루어진 등지느러미

낫돌고래는 등지느러미가 갈고리 모양이고 두 가지 색깔로 이루어져 있어 쉽게 식별할 수 있다. 이 등지느러미는 등 한가운데에 있다.

몸 크기

갓 태어난 새끼: 1~1.2m
성체: 수컷 1.7~2.5m, 암컷 2.3m

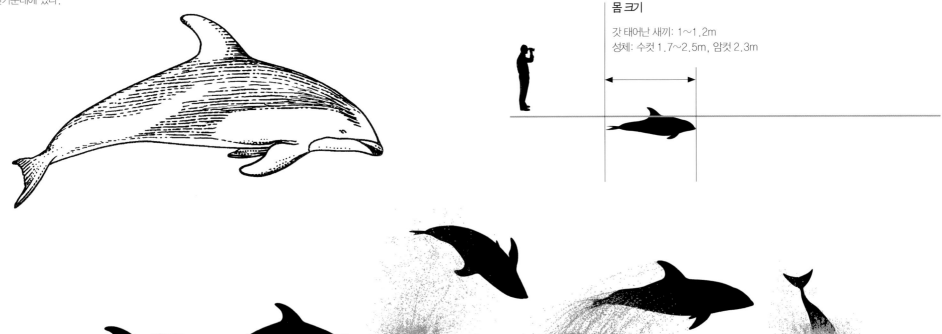

수면에 올라왔다가 잠수하는 동작

1. 돌고래가 수면으로 올라오면서, 머리 꼭대기부터 보이기 시작한다.

2. 두 가지 색깔로 이루어진 등지느러미가 수면 위로 모습을 드러낸다. 전체 몸집에 비하면 등지느러미는 꽤 크다.

3. 돌고래가 물에 들어가려고 등을 구부리면서 등지느러미가 더욱 도드라진다.

수면에서 보이는 행동

낫돌고래는 공중제비를 돌거나, 배를 완전히 노출하면서 뒤로 한 바퀴 도는 경우도 종종 있다.

이 돌고래는 잽싸고 빨리 헤엄치며, 몸을 구부리면서 뛰어올라 몸통을 완전히 노출하는 경우가 많다. 이때 몸통은 수면과 평행하다.

이 돌고래는 활동적이며, 수면 위에서 다양한 동작을 보여준다.

더스키돌고래 DUSKY DOLPHIN

과명: 참돌고래과

종명: 라게노린쿠스 오브스쿠루스 Lagenorhynchus obscurus

다른 흔한 이름: 더스키

분류 체계: 라게노린쿠스속는 사그마티아스속으로 바꾸어야 한다는 주장이 있다. 이 종의 가장 가까운 친척은 낫돌고래이다. 다음과 같은 네 개의 아종이 확인되었다. 라게노린쿠스 오브스쿠루스 피츠로이(피츠로이돌고래), 라게노린쿠스 오브스쿠루스 오브스쿠루스(아프리카더스키돌고래), 라게노린쿠스 오브스쿠루스 포시도니아(페루/칠레더스키돌고래), 이름이 아직 붙여지지 않은 뉴질랜드 아종

유사한 종: 북반구에 사는 낫돌고래

태어났을 때의 몸무게: 10kg

성체의 몸무게: 69~85kg

먹이: 두족류(오징어), 샛비늘치과의 어류인 비늘치, 물고기 떼(정어리)

집단의 크기: 20마리 미만에서 1,000마리

주된 위협: 자망과 저인망, 기후 변화, 수족관용 사냥, 관광산업

IUCN 등급: 자료 부족종

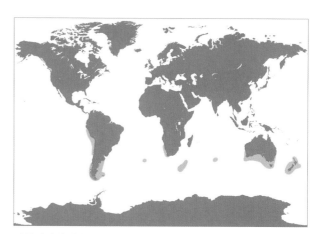

서식 범위와 서식지

이 종은 남반구의 시원한 온대지방 바닷물에서 서식한다. 대개 수심 2,000m 정도의 대륙사면과 대륙붕, 또는 바닷가 근처에서 발견된다. 뉴질랜드, 오스트레일리아, 남아메리카, 남부 아프리카 그리고 섬 근처의 얕은 바닷가에 불연속적으로 분포한다.

종 식별 체크리스트	• 갈고리 모양의 등지느러미는 두 가지의 색깔로 이루어져 있음. 앞쪽 가장자리는 어둡고 뒤쪽 가장자리는 회색을 띤 흰색임 • 꼬리 연결대에서 등지느러미 바로 아래에 이르기까지 독특한 흰색 반점, 또는 줄무늬가 있음 • 흰색의 목과 배 • 어두운 색의 주둥이와 턱

해부학

더스키돌고래는 다른 돌고래들보다 크기가 작다. 그리고 남아프리카와 뉴질랜드에 사는 아종은 페루에 사는 아종에 비해 8~10cm 더 작다. 수컷은 암컷보다 등지느러미가 크지만, 바다에서는 암수를 구별하기가 힘들다. 더스키돌고래는 자매 종인 낫돌고래보다 위턱이 좁고 길다.

행동

더스키돌고래는 돌고래 중에서도 물 위에서 묘기를 가장 잘 부리는 종이다. 다양한 형태의 수면 점프를 할 수 있는데 때로는 여러 마리가 호흡을 맞춰 비슷한 동작을 하기도 한다. 더스키돌고래는 뉴질랜드의 카이코우라 근처에서 대규모 무리를 지어 발견될 때가 많은데, 이따금 참돌고래나 흰배돌고래와 어울리기도 한다.

먹이와 먹이 찾기

집단의 크기와 구조는 이 돌고래가 어떤 활동을 하고, 어떤 먹이를 먹으며 서식지가 어디인지에 따라 다양하다. 어떤 지역에서는 돌고래들이 낮 동안 작은 무리를 지어 협동을 통해 물고기 떼를 둥그렇게 몰아 사냥하기도 한다. 다른 곳에서는 500마리 이상의 큰 무리를 짓는데, 이 무리는 밤이면 더 작은 무리로 쪼개져서 먼 바다의 수심 5,000m 이상인 깊은 물에 대규모 무리를 지어 살다가 위로 올라오는 오징어나 물고기 떼를 잡아먹는다.

생활사

대부분의 돌고래처럼 더스키돌고래의 번식과 출산은 계절에 따라 이뤄진다. 뉴질랜드에서는 암컷과 수컷이 7~8살에 성적인 성숙에 도달한다. 여기에 비해 페루에서는 암수 돌고래들이 3~5살에 성적으로 성숙한다. 짝짓기는 대개 늦여름에서 초가을 사이에 이뤄진다. 임신 기간은 약 11개월이다. 평균 수명은 36~40년으로 추정된다.

보호와 관리

더스키돌고래의 전 세계적인 분포와 개체수에 대해서는 확실한 데이터가 없다. 이 종이 계속해서 받는 일차적인 위협은 사람들의 직접 포획, 자망이나 중층수의 저인망 어업에 의한 부수어획이다. 뉴질랜드의 바다 조개 양식장 또한 더스키돌고래의 서식지를 제한하고 섭식 행동에 영향을 줄 수 있어 문제가 된다.

수컷/암컷

비스듬한
머리

어두운 색 주둥이

눈 주변의 회색 무늬가
지느러미발까지 이어짐

흑청색의 꼬리

흰색 무늬

끝이 뭉툭한
등지느러미

반점

더스키돌고래는 분수공에서 부리까지
고르게 경사져 있으며, 꼬리에서 등줄기를
따라 뻗은 흰색 줄무늬는 이 돌고래의
중요한 특징이다.

몸 크기

갓 태어난 새끼: 80~92cm
성체: 1.8~2.1m

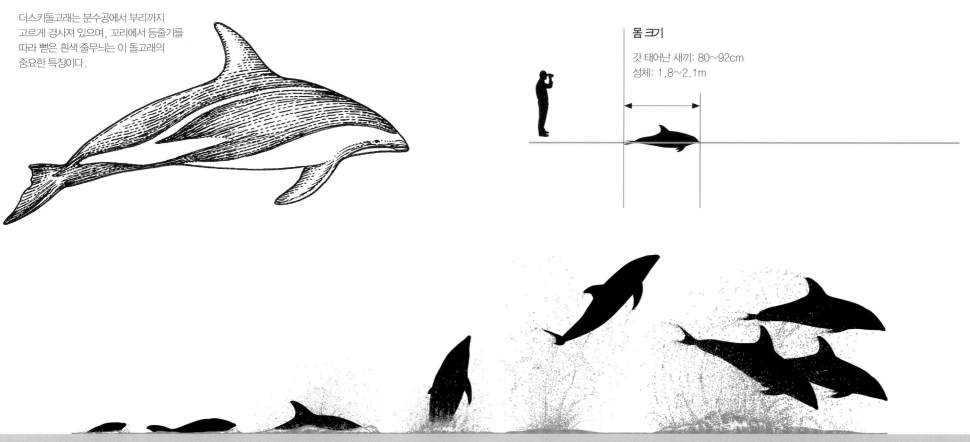

수면에 올라왔다가
잠수하는 동작

1. 돌고래가 수면 위로
올라오거나 빠른 속도로
헤엄칠 때, 비스듬하게
경사진 머리와 흰색
줄무늬가 확실히 드러난다.

2. 이 돌고래는 헤엄치는 속도가 빠르며,
수면 위에서 여러 동작을 선보이는 것은
속도를 늦춰 휴식을 취할 때뿐이다.

뛰어오르기

더스키돌고래는 마치 바다의 체조선수
같다. 눈이 번쩍 뜨일 만한 다양한 점프를
보이며, 몇 마리가 같은 동작을 하면서
요란한 물보라 소리를 내고 떨어진다.

이 돌고래의 점프는 묘기에 가까운 동작에서
고도로 조직화된 공중 동작까지 다양한데,
이것은 섭식, 짝짓기, 이동, 사교 등 어떤
행동을 하고 있는지에 따라 달라진다.

홀쭉이돌고래 NORTHERN RIGHT WHALE DOLPHIN

과명: 참돌고래과

종명: 리소델피스 보레알리스Lissodelphis borealis

다른 흔한 이름: 없음

분류 체계: 아종이 없고, 개체군 구성이 잘 알려져 있지 않음. 가장 가까운 친척은 흰배돌고래임

유사한 종: 등지느러미가 없기 때문에 멀리서 보면 수면 위로 뛰어오르는 바다사자나 물개와 비슷해 보임

태어났을 때의 몸무게: 알려져 있지 않음

성체의 몸무게: 최대 115kg

먹이: 오징어, 심해의 물고기 떼

집단의 크기: 수백 마리가 떼를 짓기도 하지만, 대개 10~50마리가 무리를 이룸

주된 위협: 대륙붕 가장자리의 깊은 바다에 설치한 유망

IUCN 등급: 관심 필요종

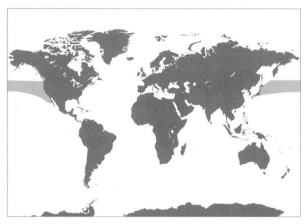

서식 범위와 서식지

이 종은 북위 30도에서 북위 51도 사이 북태평양 온대지방의 바다에서 서식한다. 간혹 북위 55도에서 발견된 적도 있다. 깊은 대양이나 대륙붕 가장자리에서 주로 산다.

종 식별 체크리스트

- 목에서 꼬리까지 등 쪽에 이어진 하얀 띠, 턱에 있는 하얀 반점을 제외하고는 몸 전체가 검은색임
- 몸통이 날씬하고 길쭉하며, 머리가 작고 꼬리 연결대가 아주 얇음
- 주둥이가 짧으며, 주둥이와 이마 사이에 얕은 주름이 있음
- 등지느러미가 없음
- 지느러미발과 꼬리가 작고 폭이 좁음

해부학

홀쭉이돌고래는 등지느러미도 없고 등에 혹이나 융기도 없어서, 이빨고래류 가운데 독특한 외형을 가졌다. 몸통은 유선형이고 머리나 꼬리로 갈수록 가늘어지는데, 지느러미발 같은 부속지가 작아서 흡사 뱀장어처럼 보인다. 입은 수평으로 쭉 곧고, 위턱과 아래턱에 각기 37~56쌍의 작고 폭이 좁으며 뾰족한 이빨이 있다. 대개 위턱의 이빨이 아래턱보다 더 많다.

행동

이 돌고래는 군집성이어서 1,000개체 이상이 떼를 이루어 서식한다. 종종 낫돌고래와 같이 어울리며 뱃머리 근처에 일어나는 파도를 타느라 사람들의 눈에 띈다(56페이지 참고). 항해 속도가 시속 30km 이상인 동력선이 다가오면 도망치기도 한다. 수면에서 보이는 행동은 느리기도 하고 잽싸기도 하다. 느릴 때는 크게 소란을 피우지 않고 물 위로 머리와 분수공만 드러낸다. 하지만 빠르게 움직일 때는 수면 아래를 재빨리 헤엄치면서 낮은 각도로 우아하게 물 위를 뛰어오르며 숨을 쉰다. 가끔은 점프했다가 배로 첨벙 물에 뛰어들고, 꼬리나 지느러미발로 수면을 내려치기도 한다.

먹이와 먹이 찾기

비록 북쪽에서 남쪽으로 이주하는 주기적인 패턴은 관찰되지 않았지만, 이 돌고래는 겨울에는 해안 가까이 남쪽으로 이동하고, 여름에는 북쪽 먼 바다로 이동한다고 추측된다. 오징어나 심해어, 특히 비늘치류(샛비늘치과)를 즐겨 먹는다. 수심 200m 이상 되는 깊이까지 잠수해 먹이를 잡을 수 있다.

생활사

암컷과 수컷은 약 10살에 성적으로 성숙한다. 임신 기간은 약 1년이며, 암컷은 거의 1년에 한 번씩 새끼를 낳는다. 평균 수명은 42년 이상이다.

보호와 관리

가장 심각한 위협 요인은 유망으로 인한 부수어획이다. 1980년대에는 이 때문에 매년 1만 5,000~2만 4,000마리나 대량으로 죽기도 했다. 하지만 부분적으로 미국이 1994년부터 공해에서 대규모 자망어업을 금지함에 따라 이 시기부터 북태평양 중부에서 사망하는 홀쭉이돌고래의 개체수는 30% 가까이 줄었다. 최근에는 북태평양을 통틀어 6만 8,000마리 정도가 서식하는 것으로 추정된다.

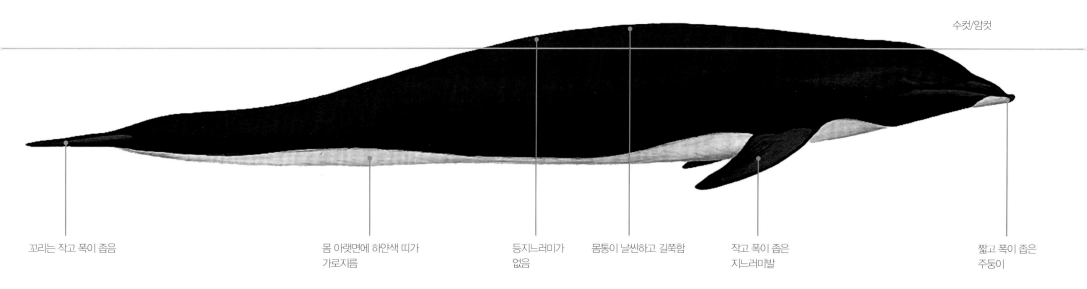

수컷/암컷

꼬리는 작고 폭이 좁음

몸 아랫면에 하얀색 띠가 가로지름

등지느러미가 없음

몸통이 날씬하고 길쭉함

작고 폭이 좁은 지느러미발

짧고 폭이 좁은 주둥이

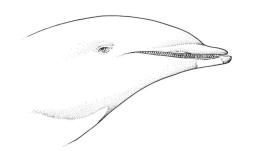

머리 부위의 특징

홀쭉이돌고래는 주둥이가 짧고, 지방 덩어리가 있는 이마가 상대적으로 편평하다는 점이 특징이다. 또한 입선이 수평으로 쭉 곧으며, 그 안에는 날카롭고 작은 이빨이 줄지어 있다. 또 턱에는 흰색 반점이 도드라진다.

꼬리의 아랫면

꼬리를 배 쪽에서 보면, 즉 아랫면을 보면 꼬리 연결대의 폭이 아주 좁다는 점이 특징이다. 또한 검은색과 흰색의 색깔 패턴이 독특하게 나타난다.

몸 크기

갓 태어난 새끼: 60~90cm
성체: 암컷 2.3m, 수컷 3m

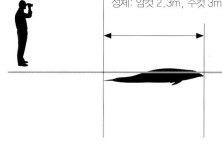

수면에 올라왔다가 잠수하는 동작

1. 이 돌고래는 등지느러미가 없기 때문에 검은색 등이 수면 위로 떠오르면 홀쭉이돌고래라는 점을 쉽게 알 수 있다. 파도가 잔잔할 때는 이 특징적인 모습이 더 잘 나타난다.

2. 홀쭉이돌고래는 수면 바로 아래를 잽싸게 헤엄치면서 활발한 활동을 보인다.

3. 선박을 피해 도망칠 때는 낮은 각도로 뛰어오르는데, 이 모습이 꽤 우아하다.

4. 물에 풍덩 뛰어드는 모습을 지켜보면, 몸통이 온통 검고, 날씬하며 길쭉해서 전체적인 인상이 거의 뱀장어와 유사하다.

수면에서 보이는 행동

이 빠르게 헤엄치는 돌고래는 가끔 배부터 수면에 첨벙 뛰어들거나, 지느러미발이나 꼬리로 수면을 내려친다.

흰배돌고래 SOUTHERN RIGHT WHALE DOLPHIN

과명: 참돌고래과

종명: 리소델피스 페로니 Lissodelphis peronii

다른 흔한 이름: 알려져 있지 않음

분류 체계: 아종은 없고 개체군 구성도 확실하지 않음. 가장 가까운 친척은 홀쭉이돌고래임

유사한 종: 멀리서 보면 수면 위로 낮게 뛰어오르고 등지느러미도 없어서 바다사자나 물개와 비슷함

태어났을 때의 몸무게: 알려져 있지 않음

성체의 몸무게: 115kg

먹이: 오징어, 심해에 사는 물고기 떼

집단의 크기: 몇 마리에서 수백, 수천 마리에 이름

주된 위협: 심해 대륙붕 가장자리에서 벌어지는 유망 어업(오징어나 황새치 잡이용)

IUCN 등급: 자료 부족종

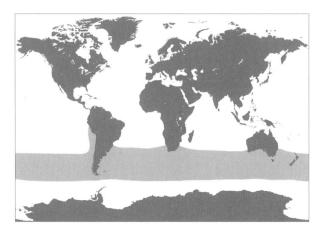

서식 범위와 서식지

이 종은 시원한 온대나 극지 근처, 남위 40~55도 사이의 남극에서 가까운 대양에서 서식한다. 서식 범위는 북쪽으로 서아프리카 근처의 벵겔라 해류 같은 차가운 경계류에서, 남아메리카 서부의 훔볼트 해류에 이른다. 남쪽으로는 남위 63~64도까지 분포한다.

종 식별 체크리스트

- 얼굴과 목을 제외하고는 몸통 위쪽이 모두 검은색임. 한편 지느러미발과 배, 옆구리는 흰색임
- 대개 몸통이 날씬하고 길쭉하며 살짝 편평함. 머리로 갈수록 몸통의 폭이 좁아지고, 머리는 작은 편임. 꼬리 연결대의 폭도 좁음
- 주둥이가 짧고, 얕은 주름을 경계로 이마와 분리됨
- 등지느러미가 전혀 보이지 않음
- 지느러미발과 꼬리가 크기가 작고 폭이 좁음

해부학

흰배돌고래는 등지느러미도 없고 등에 혹이나 융기도 없어서 이빨고래류 가운데서도 독특한 생김새를 보인다. 몸은 유선형이고 몸의 말단으로 갈수록 폭이 좁아지며, 몸집에 비해 부속지가 작아 마치 뱀장어와 비슷하다. 입선은 쭉 곧고, 위턱과 아래턱에 작고 폭이 좁으며 날카로운 이빨이 39~50쌍 있다.

행동

이 돌고래는 군집성을 보이며 가끔은 1,000마리까지 무리를 짓기도 한다. 무리를 지을 때는 네 가지 정도의 대형을 이룬다. 예컨대 무리 안에 작은 무리가 없이 서로 밀집된 채 V자의 마치 무대 위 코러스 라인 같은 독특한 대형을 짓는 것이다. 이 돌고래는 참거두고래나 더스키돌고래와 종종 어울린다. 아르헨티나 근해에서 발견된 바에 따르면 가끔 더스키돌고래와 이종교배를 하기도 한다. 북반구에 사는 친척들과 마찬가지로, 흰배돌고래는 빠르게 헤엄치며 우아하게 몸을 튕겨 낮은 각도로 뛰어오르기도 한다. 가끔은 빠르게 헤엄치다가 배부터 첨벙 물에 뛰어들거나, 지느러미발이나 꼬리를 수면에 내려치는 동작을 반복하기도 한다. 덜 활동적일 때는 요란하지 않게 머리와 분수공만 내놓기도 한다.

먹이와 먹이 찾기

흰배돌고래의 주식은 북반구에 사는 친척 돌고래들에 비해 잘 알려져 있지 않지만, 수심 200m 정도까지 잠수해 오징어나 물고기 떼를 먹을 것으로 추정된다. 관찰 결과에 따르면 이 돌고래는 먹이를 찾기 위해 바닷물이 강하게 솟아오르는 구역에 찾아가기도 하며, 지역과 계절별로 먹잇감이 옮겨가면서 북쪽 해안가나 가끔은 남쪽 먼 바다로 이동하기도 한다.

생활사

대부분의 특징은 홀쭉이돌고래와 비슷하다. 암수 모두 10살 정도에 성적으로 성숙하고 임신 기간은 약 1년이며, 암컷은 2년 이상의 간격을 두고 출산한다.

보호와 관리

흰배돌고래의 개체수가 어느 정도인지는 잘 알려져 있지 않지만 남아메리카 남서부 같은 지역에는 흔한 편이라고 추정된다. 이 종은 먼 바다의 유망에 걸려드는 경우가 많다. 1990년대 초반에 칠레 북부에서 황새치를 잡기 위한 유망 어업이 빠르게 발달하면서 흰배돌고래가 꽤 많이 죽었다고 알려져 있다.

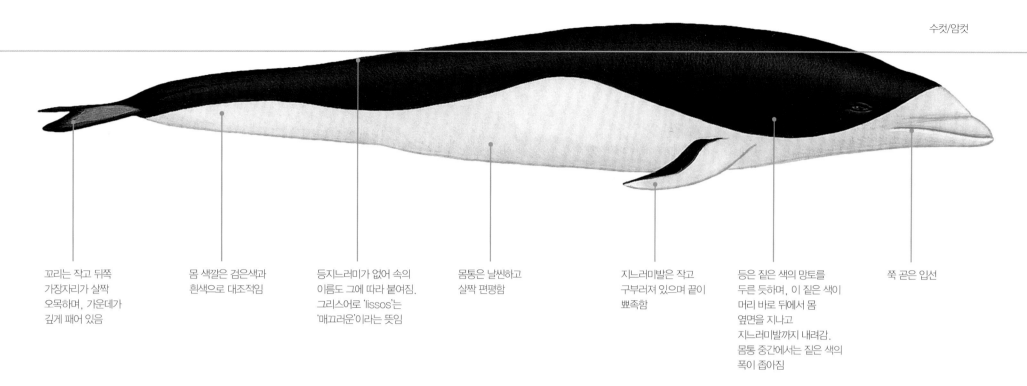

수컷/암컷

꼬리는 작고 뒤쪽 가장자리가 살짝 오목하며, 가운데가 깊게 패어 있음

몸 색깔은 검은색과 흰색으로 대조적임

등지느러미가 없어 속의 이름도 그에 따라 붙여짐. 그리스어로 'lissos'는 '매끄러운'이라는 뜻임

몸통은 날씬하고 살짝 편평함

지느러미발은 작고 구부러져 있으며 끝이 뾰족함

등은 짙은 색의 망토를 두른 듯하며, 이 짙은 색이 머리 바로 뒤에서 몸 옆면을 지나고 지느러미발까지 내려감. 몸통 중간에서는 짙은 색의 폭이 좁아짐

쭉 곧은 입선

머리와 입선의 모양

흰배돌고래는 주둥이가 살짝 튀어나와 있으며, 이마는 상대적으로 편평하고 입선은 쭉 곧으며 그 안에 작고 날카로운 이빨이 많이 줄지어 있다. 소설 『모비 딕』을 쓴 작가 허먼 멜빌(Herman Melville)은 흰배돌고래를 "막 식사를 마친 돌고래"라고 불렀는데, 그 이유는 이 돌고래의 얼굴이 하얀색이어서 "하얀 곡물 가루가 든 자루를 거칠게 습격했다가 막 탈출한 모습"처럼 보였기 때문이었다.

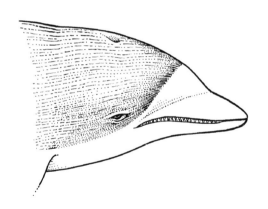

몸 크기

갓 태어난 새끼: 60~90cm
성체: 암컷 2.3m, 수컷 3m

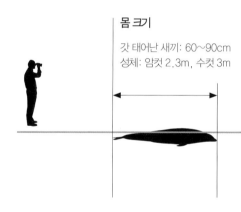

수면에 올라왔다가 잠수하는 동작

1. 이 날씬하고 몸이 유선형이며 지느러미가 없는 돌고래는 천천히 수면 가까이를 헤엄친다. 파도가 잔잔하다면 이 모습은 눈에 잘 띈다.

2. 이 돌고래는 선박에 가까이 다가가면서 활발한 동작을 보이기도 한다. 수면 바로 아래를 빠르게 헤엄치다가 배에서 도망치면서 낮은 각도로 우아하게 뛰어오른다. 몸에 검은색과 흰색의 날카롭게 대비되는 색깔 패턴이 있어서 도드라져 보인다.

수면 위에서 보이는 행동

이 돌고래는 빠르게 헤엄치면서 가끔씩 배부터 철썩 물에 떨어지거나, 지느러미발과 꼬리를 수면에 내려치기도 한다.

이라와디돌고래 IRRAWADDY DOLPHIN

과명: 참돌고래과

종명: 오르카일라 브레비로스트리스Orcaella brevirostris

다른 흔한 이름: 없음

분류 체계: 가장 가까운 친척은 오스트레일리아스넙핀돌고래임

유사한 종: 스넙핀돌고래와 비슷하게 생겼지만, 서식 범위는 서로 겹치지 않음. 상괭이와 혼동될 수 있지만, 이라와디돌고래와는 달리 상괭이는 등지느러미가 없음

태어났을 때의 몸무게: 10~12kg

성체의 몸무게: 130kg

먹이: 작은 물고기, 갑각류, 두족류

집단의 크기: 대개 2~6마리로 이뤄지지만 몇몇 지역에서는 25마리로 구성된 집단도 관찰됨

주된 위협: 자망 같은 고기잡이 도구에 몸이 얽혀듦, 강 한가운데나 강어귀의 댐 건설

IUCN 등급: 취약종

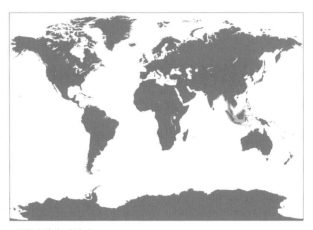

서식 범위와 서식지

이 종은 동남아시아나 남아시아의 바닷가 근처에서 서식한다. 또한 큰 강인 이라와디강, 메콩강, 마하캄강의 세 곳과, 짠 석호인 칠리카와 송클라에서도 발견된다.

종 식별 체크리스트	• 몸이 다부지고 머리가 둥글납작하며, 목에 얕은 주름이 있음. 주둥이가 부리처럼 튀어나오지 않음 • 등지느러미가 작고 삼각형이며, 등 한가운데에서 약간 뒤쪽에 있음. 뒤쪽 가장자리가 갈고리 모양이고 끝이 둥그스름함 • 지느러미발은 크고 폭이 넓으며 앞쪽 가장자리가 둥그스름함 • 꼬리는 폭이 넓고 가운데가 독특한 모양으로 파임 • 몸 색깔은 전체적으로 회색이지만, 몸통 아래쪽은 살짝 연한 색임

해부학

이라와디돌고래는 1번, 2번 척추만이 융합되어 있어 목이 유연하다. 강돌고래류와 일각돌고래, 흰고래도 같은 특징을 갖는다. 다른 고래류에서는 나머지 척추도 융합되어 있기 때문에 목이 뻣뻣해져서 빠르게 헤엄치기에 적합하다. 또 위턱의 길이를 보고 이라와디돌고래와 스넙핀돌고래를 구별할 수 있다.

행동

이 돌고래는 강에서 물길이 합류하는 지점을 서식지로 선호한다. 인도 순다르반스 맹그로브 숲 근처에 사는 이라와디돌고래는 민물의 흐름이 변화할 때마다 그에 맞춰 서식지를 옮긴다. 이 종이 염도가 낮은 물을 좋아하는 이유는 아마도 먹잇감과 관련한 생태학적인 선호라 여겨진다. 이라와디돌고래는 사회성이 있어서 다른 개체와 물리적인 상호작용을 종종 보인다.

먹이와 먹이 찾기

이 돌고래는 여러 가지 먹이를 먹는다. 흐름이 일정한 강물 속에서 물을 뱉어내 물고기를 한데 몰아넣기도 한다. 어떤 장소에서는 투망 어업을 하는 어부들과 협동 작업을 벌인다. 어부가 그물을 물고기 위에 떨어뜨리면 물고기들이 혼란에 빠진 틈을 타 쉽게 잡아먹을 수 있다. 또 이 돌고래가 물고기를 어부 쪽으로 몰고 오면 어부의 어획량은 두세 배로 많아진다.

생활사

이라와디돌고래는 일 년 내내 출산이 가능하지만 우기인 몬순기 전에 출산을 가장 많이 한다. 임신 기간은 약 14개월이며, 새끼 젖을 떼는 데는 2년이 걸린다. 수명은 약 30년이다.

보호와 관리

큰 강과 맹그로브 숲 근처 강물에서 이라와디돌고래를 보호하게 했지만, 어업을 규제하고 선박의 통행을 제한하며 주요 서식지를 보호하는 것만으로는 충분하지 않아 보인다. 이 돌고래는 강 보전 사업이 성공적인지에 대한 지표이며, 기후 변화의 영향을 탐지하는 데 활용되는 중요한 종이다.

수컷/암컷

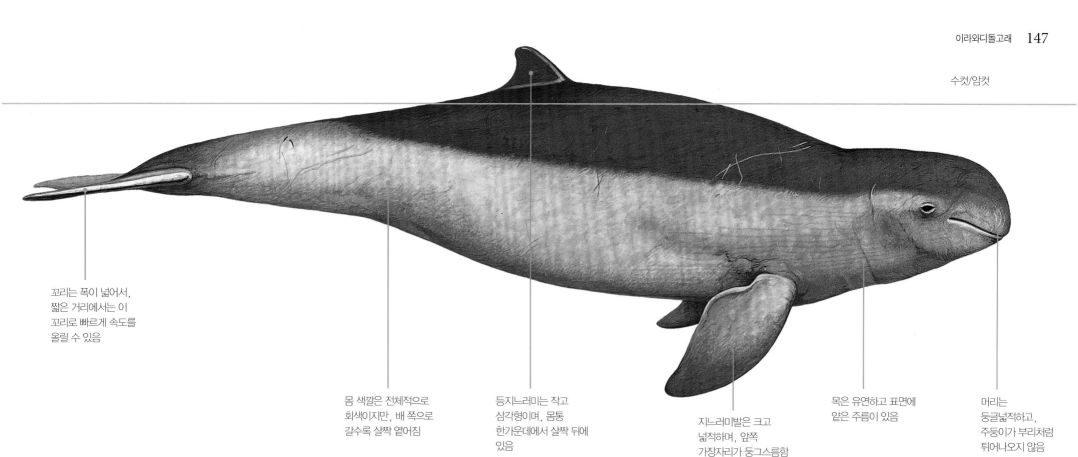

꼬리는 폭이 넓어서, 짧은 거리에서는 이 꼬리로 빠르게 속도를 올릴 수 있음

몸 색깔은 전체적으로 회색이지만, 배 쪽으로 갈수록 살짝 옅어짐

등지느러미는 작고 삼각형이며, 몸통 한가운데에서 살짝 뒤에 있음

지느러미발은 크고 넓적하며, 앞쪽 가장자리가 둥그스름함

목은 유연하고 표면에 얕은 주름이 있음

머리는 둥글넓적하고, 주둥이가 부리처럼 튀어나오지 않음

먹잇감을 구하기 위한 적응

이라와디돌고래의 몸은 큰 강물과 강 하구의 서식지에서 먹이를 쉽게 구하도록 진화적으로 적응되었다. 바다 돌고래는 먹잇감을 쫓느라 멀리까지 헤엄쳐야 하기 때문에 몸의 형태가 유선형이지만, 이 돌고래는 그렇지 않은 편이다. 하지만 이라와디돌고래는 목이 유연하고 지느러미발이 크고 노 모양이기 때문에 장애물이 많은 서식지에서도 먹잇감을 쉽게 잡을 수 있다.

몸 크기

갓 태어난 새끼: 1m
성체: 암컷 2.2m, 수컷 2.8m

수면 위에서 보이는 행동

먹이를 먹거나 여러 마리가 어울릴 때면 활동성이 증가한다. 수면 근처에서 더 활발하게 움직이면서 몸의 여러 곳을 노출하는 것이다. 이 돌고래는 종종 꼬리를 수면 위로 쳐들거나 머리를 높이 내민다. 그리고 아주 가끔씩 물 위로 뛰어오르는데, 이 동작은 대개 방해를 받았을 때 보인다.

수면에 올라왔다가 잠수하는 동작

1. 이라와디돌고래는 대개 수면 아래에서 낮게 올라온다. 제일 먼저 보이는 부위는 머리 꼭대기이다.

2. 그리고는 짧은 시간 동안 몸을 굴리면서 등지느러미를 내보인다. 그리고 수면 아래로 잠수한다.

3. 이 돌고래는 가끔 머리를 물 위로 내밀거나 꼬리를 쳐든다. 먹이를 먹을 때 특히 그렇게 하는데, 방해를 받으면 물 위로 뛰어오르는 동작도 보인다.

오스트레일리아스넙핀돌고래 AUSTRALIAN SNUBFIN DOLPHIN

과명: 참돌고래과

종명: 오르카일라 헤인소니 *Orcaella heinsohni*

다른 흔한 이름: 들창코돌고래, 못난이돌고래

분류 체계: 오르카일라속의 돌고래는 두 개 종으로 나뉜다. 오스트레일리아스넙핀돌고래(오르카일라 헤인소니)와 이라와디돌고래이다(오르카일라 브레비로스트리스).

유사한 종: 대부분의 서식 범위에서 듀공과 혼동될 수 있음

태어났을 때의 몸무게: 10~12kg

성체의 몸무게: 114~190kg

먹이: 물고기, 갑오징어, 오징어

집단의 크기: 1~10개체 정도이고 15마리가 사회적으로 어울리기도 함

주된 위협: 자망에 사고로 잡힘, 서식지의 파괴와 손실, 해안 개발, 오염, 선박과의 충돌, 지구 온난화

IUCN 등급: 위기 근접종

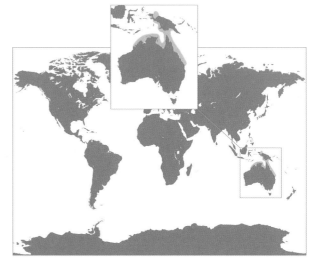

서식 범위와 서식지

이 종은 오스트레일리아 북부의 바닷가와 강어귀에서 주로 서식한다. 파푸아뉴기니 남서부, 파푸아 서쪽, 술라웨시섬에서도 발견된다.

종 식별 체크리스트	
	• 몸 색깔이 연한 색에서 갈색을 띤 회색임
	• 머리는 둥글고, 위턱은 뭉툭함
	• 등지느러미는 작고 삼각형이며, 살짝 갈고리 모양으로 휘었고 몸통 뒤쪽에 붙어 있음
	• 지느러미발은 넓적하고 노같이 생김

해부학

스넙핀돌고래는 몸집이 중간 정도이며, 머리가 둥글고 위턱이 뭉툭한 것이 특징이다. 등지느러미는 작고 몸통 뒤쪽에 붙어 있다. 몸 색깔이 세 가지인데, 등에 망토처럼 덮은 진한 갈색 부분, 옆구리의 연한 갈색을 띤 회색 부분, 배의 흰색 부분이 그것이다. 지느러미발은 넓적하고 노 모양이며 활발하게 움직인다.

행동

스넙핀돌고래는 대개 성격이 수줍고 비밀스러운 편이어서 선박의 뱃머리에 다가와 파도를 타는 행동은 보이지 않는다. 수면 위에 올라올 때도 눈에 잘 띄지 않게 머리와 등, 등지느러미만 살짝 보이기 때문에 예측하기가 힘들다. 하지만 빠른 속도로 이동하거나, 사교 활동을 벌이거나 먹이를 찾을 때는 물속으로 들어가면서 등지느러미와 꼬리를 내놓는다. 이 돌고래는 서로 어울릴 때 가장 활발한 동작을 보인다. 이때 돌고래들은 비스듬하고 낮게 뛰어오르거나 정면으로 뛰어오르고, 꼬리를 수면에 내려치고, 머리를 쑥 내미는 과정에서 물보라를 많이 일으킨다.

먹이와 먹이 찾기

표류하다가 죽은 개체의 위장 내용물을 분석한 결과 스넙핀돌고래는 이것저것 가리지 않고 구할 수 있는 먹이를 먹는 편이다. 이 돌고래는 수심이 얕은 바닷가와 강어귀에 서식하며 꽤 다양한 종류의 물고기와 두족류를 먹는다. 가장 가까운 친척 종인 이라와디돌고래와 비슷하게, 스넙핀돌고래는 물을 뱉어내는데 아마도 섭식 행동의 일부라고 추정된다.

생활사

오스트레일리아에 사는 이 종은 대개 2~6개체로 구성된 작은 무리를 이룬다. 하지만 가끔 15마리가 무리를 짓기도 한다. 스넙핀돌고래의 사회 체계는 상대적으로 안정적인 편이어서 개체들이 서로 강하고 오래 가는 관계를 맺는다. 이 돌고래는 생후 4~6년이 지나면 성체가 되고 이때 몸길이는 2.1m이며, 수명은 30년 이상이다.

보호와 관리

전 세계적으로 개체수가 얼마인지는 알려져 있지 않다. 오스트레일리아에서는 50~200마리로 구성된 작은 개체군이 발견되기도 했다. 그동안 해안지대 도시화를 비롯해 항구나 해운 관련 기간산업이 급속하게 발달하면서 이 종의 서식지가 파괴되거나 소실되었다. 그뿐만 아니라 이 돌고래의 서식 구역에서 전반적으로 선박이 많이 다니면서 돌고래에게 큰 위협이 되고 있다.

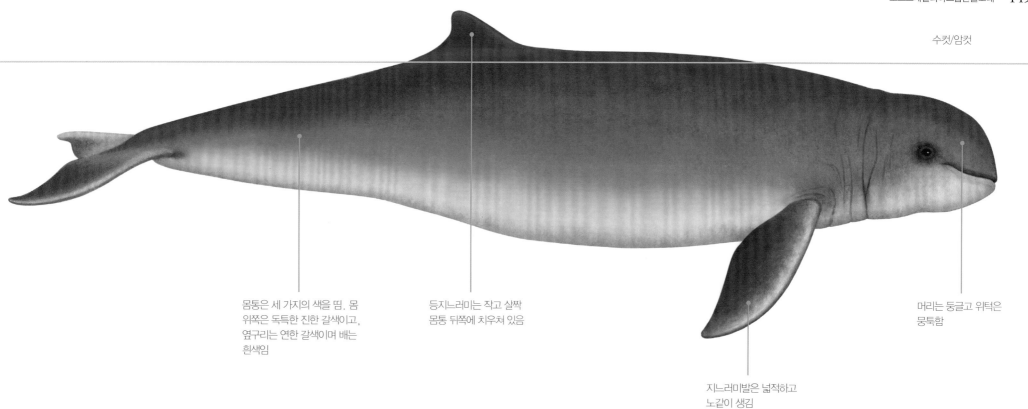

수컷/암컷

몸통은 세 가지의 색을 띰. 몸 위쪽은 독특한 진한 갈색이고, 옆구리는 연한 갈색이며 배는 흰색임

등지느러미는 작고 살짝 몸통 뒤쪽에 치우쳐 있음

머리는 둥글고 위턱은 뭉툭함

지느러미발은 넓적하고 노같이 생김

주름진 목

목에는 독특한 주름이 있는데, 이 주름의 위치는 눈과 지느러미발의 중간쯤이다.

몸 크기

갓 태어난 새끼: 1m
성체: 2~2.7m

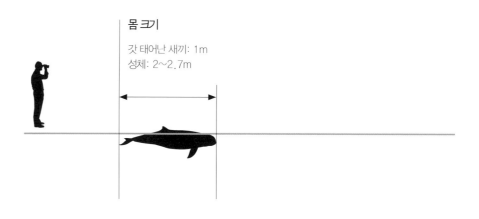

수면에 올라왔다가 잠수하는 동작

1. 먼저 수면에 머리 뒤쪽이 드러나며, 때로는 머리 전체를 불쑥 내밀기도 한다.

2. 몸통이 살짝 구부러지면서 등과 작은 등지느러미가 천천히 모습을 드러낸다. 수면에 있는 동안 거의 몸통을 구부리지 않는 경우도 종종 있는데, 이때는 등의 앞부분과 등지느러미 끝만 보일 뿐이다.

3. 등지느러미가 수면 아래로 들어가면서 꼬리가 구부러지고, 꼬리에서 등에 가까운 부위만 보인다. 가파른 각도로 잠수하면서 꼬리가 수면 위에 확실히 드러난다.

수면 위에서 보이는 행동

스넙핀돌고래는 물 밖으로 몸통 전체를 보이는 일이 드물다. 물 위로 뛰어오를 때도 몸을 구부리며 얕게 점프하고, 지느러미발까지 몸을 부분적으로만 드러낸다. 물속에 떨어질 때는 몸통 옆이나 배로 첨벙 뛰어든다. 가끔 머리를 물 밖으로 내밀기도 한다.

범고래 KILLER WHALE

과명: 참돌고래과

종명: 오르키누스 오르카Orcinus orca

다른 흔한 이름: 흰줄박이돌고래, 솔피

분류 체계: 이 종에는 적어도 여섯 개의 생태형이 존재하는데, 이것들은 서로 다른 아종이거나 종일 수 있음

유사한 종: 없음. 독특하고 유일무이함

태어났을 때의 몸무게: 200kg

성체의 몸무게: 6,600kg

먹이: 주식은 물고기이며, 해양 포유동물을 먹거나 물고기와 포유동물을 모두 먹기도 함. 주된 먹이는 생태형에 따라 다름

집단의 크기: 1~100마리가 무리를 이룰 수 있는데, 5~20마리 정도가 보통임

주된 위협: 사람들의 남획이나 사냥(물고기를 먹는 생태형에서), 오염물질(포유동물을 먹는 생태형 에서)

IUCN 등급: 자료 부족종. 적어도 한 개체군은 심각한 위기종임

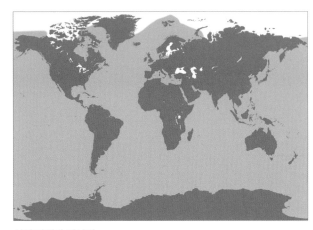

서식 범위와 서식지

고래류 가운데 가장 널리 퍼진 종이다. 전 세계의 연안을 비롯해 먼 바다에 살며, 가장 흔하게 서식하는 곳은 고위도 지역이나 해안과 가까운 바다이다.

종 식별 체크리스트
• 몸집이 큼. 성체는 몸길이가 평균 6~9m임
• 몸이 흰색과 검은색으로 뚜렷하게 대조됨
• 등지느러미가 아주 커서 높이가 1~2m임. 수컷의 등지느러미가 암컷보다 큼
• 눈에 흰색의 반점이 있음
• 주둥이가 살짝 튀어나오거나 튀어나오지 않음

해부학

범고래는 돌고래류 가운데 몸집이 가장 크다. 성적 이형성이 있어서 수컷 성체는 암컷보다 몸길이가 1m 더 크고 몸무게가 두 배 더 나간다. 수컷의 등지느러미는 삼각형이고 곧추서 있어서 쉽게 눈에 띈다. 수컷의 등지느러미는 높이가 암컷의 두 배이다. 또 수컷의 가슴 지느러미발과 꼬리는 몸집에 비해 꽤 크다. 범고래는 위턱과 아래턱에 각각 10~12쌍의 이빨이 있고, 이빨은 길이가 10~12cm으로 크며 원뿔형이다.

행동

무리 속의 개체들은 사냥하는 중이 아니면 꽤 가깝게 밀집해서 다니며, 흩어져서 수킬로미터 이상을 이동하기도 한다. 범고래는 어미, 새끼, 손자로 구성된 가족끼리 무리를 지어 평생 같이 보낸다. 짝짓기는 무리 밖에서 이뤄진다. 그리고 물속에서 소리로 신호를 보내 무리의 결속을 다진다. 물고기를 사냥하는 아종은 계속 소리를 내 반향정위를 통해 먹잇감을 찾는데, 이 소리를 물고기들은 잘 듣지 못한다. 이와 대조적으로, 포유류를 먹는 아종은 사냥할 때 소리를 거의 내지 않는다. 해양 포유류는 물속에서 소리를 잘 듣기 때문이다. 하지만 포유류를 사냥하는 범고래는 공격이 끝나면 서로 소리 신호를 보낸다.

먹이와 먹이 찾기

몇몇 개체군은 다양한 종류를 먹지만, 어떤 개체군은 물고기나 포유류 가운데 한 가지만 사냥해 잡아먹는다. 또 몸집이 큰 먹잇감은 협동해서 사냥하고, 함께한 무리 안에서 나눠먹는다. 먹잇감 가운데는 바다새, 바다거북, 물개, 바다사자, 상어, 몸집 큰 고래, 돌고래, 바다코끼리가 포함된다. 범고래가 먹잇감을 공격하는 모습은 자주 관찰되지 않았지만, 포유류를 사냥하는 무리는 몸집 크고 재빠른 먹잇감을 사냥할 때 격렬한 동작을 보일 것이다.

생활사

암컷은 12~14살에 처음으로 새끼를 가진다. 수컷이 짝짓기하는 나이는 15살 이상이다. 수컷은 수명이 50~60년, 암컷은 80~90년이다. 임신 기간은 15~18개월이다. 암컷은 5년마다 한 번씩 새끼를 가지며, 평생 다섯 마리 정도를 출산한다. 출산 후 1~2년이 지나면 젖떼기가 이뤄진다.

보호와 관리

해양 포유류 보호 규정 때문에 개체수가 늘어남에 따라, 포유류를 먹는 범고래 무리는 대체로 먹이 걱정이 없는 편이다. 하지만 물고기를 먹는 무리는 물고기를 놓고 인간과 경쟁이 붙게 되어 몇몇 지역에서는 범고래 수가 줄고 있다. 또 수명이 길고 먹이사슬에서 높이 위치하기 때문에 오염물질의 농축 현상도 몇몇 개체군에게서 문제가 된다.

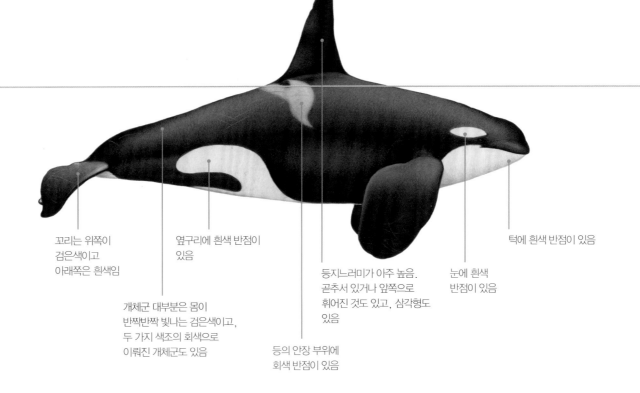

수컷

꼬리는 위쪽이
검은색이고
아래쪽은 흰색임

옆구리에 흰색 반점이
있음

개체군 대부분은 몸이
반짝반짝 빛나는 검은색이고,
두 가지 색조의 회색으로
이뤄진 개체군도 있음

등지느러미가 아주 높음.
곧추서 있거나 앞쪽으로
휘어진 것도 있고, 삼각형도
있음

등의 안장 부위에
회색 반점이 있음

눈에 흰색
반점이 있음

턱에 흰색 반점이 있음

등지느러미

범고래 성체의 등지느러미는 상당한 성적 이형성을 보인다. 암컷의
(그리고 어린 새끼들의) 지느러미는 높이가 낮고 갈고리 모양이지만,
수컷은 암컷 지느러미 높이의 거의 두 배이고 곧추서 있으며 때로는
앞쪽으로 살짝 기울어지기도 한다.

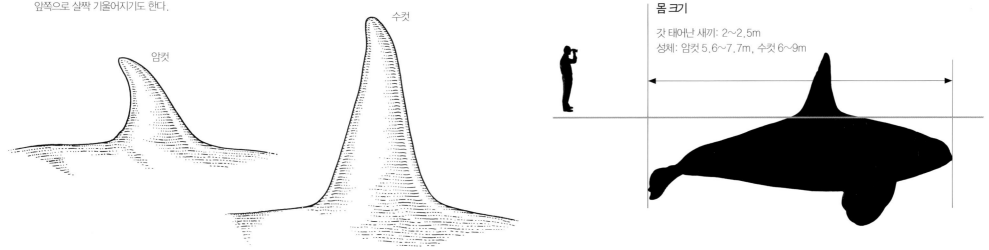

암컷

수컷

몸 크기

갓 태어난 새끼: 2~2.5m
성체: 암컷 5.6~7.7m, 수컷 6~9m

**수면에 올라왔다가
잠수하는 동작**

1. 범고래가 수면
근처에서 가장 흔히
하는 행동은 천천히
헤엄치는 것이다.

2. 먹이를 찾을 때면
몸통을 많이
구부리고 꼬리
연결대를 드러낸다.
낮고 둥그스름한
모양의 물을
뿜어낸다.

3. 잠수할 때 보통
꼬리를 수면에
내려치지는
않지만, 다른
고래와 어울릴
때면 물 위에서
꼬리를 흔든다.

**수면에서 보이는
동작**

때때로 물 위로
뛰어오르면서 몸통
대부분을
드러내는데, 특히
새끼들이 그렇다.

가끔 물 위로
머리를 내밀고
수면 위를
쳐다본다.

돌고래나 쇠돌고래 같은
잽싼 먹잇감을 뒤쫓을
때면 범고래는 물 위로
뛰어오르기도 한다. 빠른
속도로 수면 위로
뛰어올라, 머리부터 물에
다시 뛰어든다.

포유류를 잡아먹는
범고래 무리는 재빨리
움직이는 먹잇감에게
박치기를 해서 물 위로
끄집어낸다.

물개나 바다사자는 종종
범고래의 꼬리에 얻어맞아
공중에 떠오른다. 물고기를
먹는 범고래는 때때로 물고기를
(연어 등의) 수면까지 물어온다.

고양이고래 MELON-HEADED WHALE

과명: 참돌고래과

종명: 페포노케팔라 엘렉트라Peponocephala electra

다른 흔한 이름: 검은물고기(다른 여러 고래 종도 이 이름으로 불림), 엘렉트라돌고래, 하와이검은물고기,
하와이쇠돌고래, 인도넓은부리돌고래

분류 체계: 다른 대양 돌고래류와 가까운 친척임

유사한 종: 난쟁이범고래와 자주 혼동됨

태어났을 때의 몸무게: 15kg

성체의 몸무게: 160~225kg

먹이: 오징어, 작은 물고기, 갑각류

집단의 크기: 혼자 다니기도 하고 수천 마리가 떼 짓기도 함. 대개 100~500마리가 무리를 지음

주된 위협: 어업(직접 잡히거나 부수어획), 사람들이 만든 소음

IUCN 등급: 관심 필요종(대부분의 개체군은 잘 알려져 있지 않음)

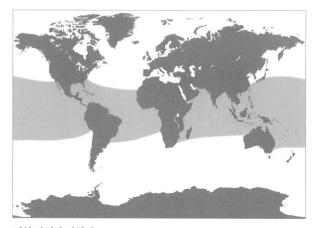

서식 범위와 서식지

이 종은 열대와 아열대지방 대양의 바닷물에서 서식한다. 주로 먼 바다와 깊은 물에 살며, 몇몇 개체군은 하와이나 프랑스령폴리네시아의 바닷가나 대양의 섬 근처에서 발견된다.

종 식별 체크리스트	
	• 몸통은 진한 회색이고, 배 쪽은 연한 회색임
	• 성체는 입 주변에 흰색 반점이 있음
	• 머리는 살짝 둥글납작하고, 주둥이가 튀어나오지 않음
	• 가슴지느러미 끝이 뾰족함
	• 등지느러미가 몸통 가운데에 있음

해부학

고양이고래와 가장 닮은 종은 난쟁이범고래이며, 범고래붙이나 거두고래와도 어느 정도 닮아 있다. 이들 네 개 종은 모두 '검은물고기'라는 별칭이 있다. 바다에 사는 다른 참돌고래과와는 달리, 고양이고래의 몸 색깔은 어둡고 주둥이도 튀어나와 있지 않다. 성체 개체의 경우 입술 주변의 흰색 반점이 가장 눈에 띄는 특징이다. 수컷은 암컷보다 살짝 몸이 길고 다부지며, 등지느러미가 더 높고 머리가 둥글다. 또 성체 수컷은 항문 뒤 배 쪽에 융기가 두드러진다.

행동

고양이고래는 수백 마리가 대규모 집단을 이루는 경우가 많지만, 가끔은 수천 마리가 무리를 짓기도 한다. 또 고래류의 다른 종과 종종 어울리는데, 가장 흔하게 어울리는 종은 사라와크돌고래와 뱀머리돌고래이다. 고양이고래는 해변에 떼 지어 좌초되는 모습을 자주 보이는데, 전 세계적으로 이런 사건이 최소 35번 이상 기록되었다.

먹이와 먹이 찾기

위장 내용물을 분석한 결과, 해양 중층수(수심 200~1,000m)에 사는 물고기와 오징어가 고양이고래의 주식으로 드러났다. 간혹 고래류를 잡아먹기도 한다.

생활사

고양이고래의 생활사 가운데 알려진 상당 부분은 좌초한 개체를 조사해 알게 된 지식이다. 1982년 일본에서 떼 지어 좌초한 암컷 119마리를 조사한 결과 성적인 성숙에 달한 개체의 나이는 11살 반에서 44살 반까지였다. 그리고 성숙한 수컷의 나이는 16살 반에서 38살 반 사이였다.

보호와 관리

여러 위험 요인이 존재한다. 일본, 대만, 세인트빈센트섬, 인도네시아를 포함한 세계 곳곳에서 생계를 위해서나 몰이사냥, 작살 사냥을 통해 고양이고래를 조금씩 잡는다. 등지느러미가 손상된 모습을 보면 하와이에 사는 개체군들도 사람들의 어업 때문에 피해를 입고 있다. 그뿐만 아니라 전 세계 열대지방에서 다른 어류를 잡으려는 유망, 자망, 주낙, 건착망에 이 고래가 걸려드는 경우가 보고된다. 고양이고래는 사람들이 내는 소음에 취약하다. 2004년 카우아이섬에서, 2008년 마다가스카르섬에서 나타난 좌초 사례는 이 지역에서 높은 주파수와 중간대 주파수의 수중 음파 탐지기를 사용했던 것과 관련이 있다.

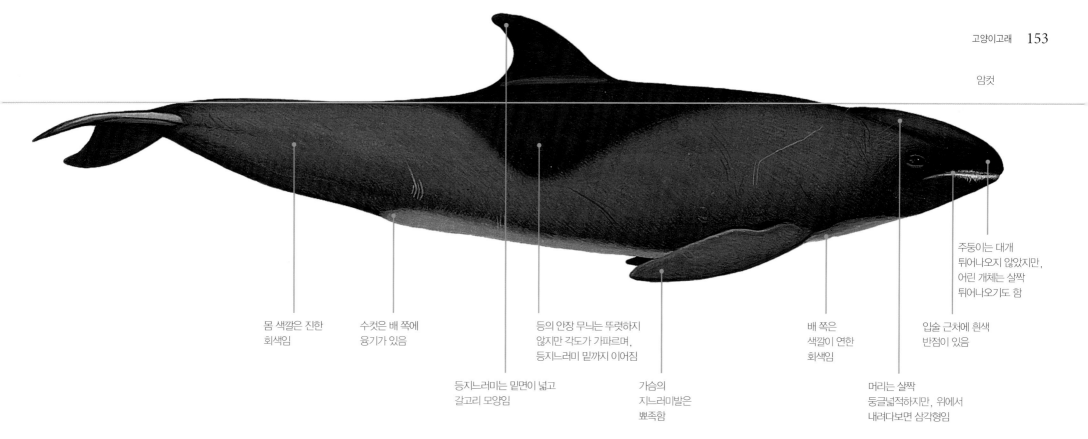

암컷

주둥이는 대개
튀어나오지 않았지만,
어린 개체는 살짝
튀어나오기도 함

몸 색깔은 진한
회색임

수컷은 배 쪽에
융기가 있음

등의 안장 무늬는 뚜렷하지
않지만 각도가 가파르며,
등지느러미 밑까지 이어짐

배 쪽은
색깔이 연한
회색임

입술 근처에 흰색
반점이 있음

등지느러미는 밑면이 넓고
갈고리 모양임

가슴의
지느러미발은
뾰족함

머리는 살짝
둥글넓적하지만, 위에서
내려다보면 삼각형임

검은물고기라는 별칭을 가진 종들의 지느러미발 비교

가까운 친척 관계인 검은물고기류의 가슴 지느러미발의 모양은
다양하다. 고양이고래의 지느러미발은 길고 뾰족한 데 비해,
난쟁이범고래는 짧고 끝이 둥그스름하다. 그리고 범고래붙이의
지느러미발은 S자 모양이다.

고양이고래   난쟁이범고래   범고래붙이

몸 크기

갓 태어난 새끼: 1m
성체: 2.1~2.8m

**수면에 올라왔다가
잠수하는 동작**

1. 머리와 이마가 마치
어뢰처럼 수면 위로 떠오른다.
뿜어낸 물은 대개 보이지
않는다.

2. 몸통의 위쪽 3분의 2가
물 위에 드러날 무렵
등지느러미가 보이기
시작한다.

3. 수면에 떠오른 옆모습이
낮으며 떠올라 있는 시간이
짧다.

4. 꼬리 연결대는 고래가
빠른 속도로 이동할 때만
보인다.

5. 꼬리로 수면을
내려치는 동작은
거의 보이지
않는다.

수면 위에서 보이는 동작

고양이고래는 완전히 몸을 드러내며
뛰어오르는 경우가 거의 없다. 하지만
빠르게 헤엄치는 동안에는 종종 몸을 거의
완전히 드러내며 뛰어오른다. 이들은 큰
무리 안에서 작은 무리를 이루면서 같이
이동한다.

범고래붙이 FALSE KILLER WHALE

과명: 참돌고래과

종명: 프세우도르카 크라시덴스Pseudorca crassidens

다른 흔한 이름: 흑범고래, 검은물고기(다른 여러 고래 종도 이 이름으로 불림)

분류 체계: 다른 대양 돌고래류와 가까운 친척임

유사한 종: 거두고래류, 난쟁이범고래, 고양이고래와 혼동되는 경우가 많음

태어났을 때의 몸무게: 80kg

성체의 몸무게: 1,000~2,000kg

먹이: 물고기(참치 같은 대형 어류)와 오징어

집단의 크기: 대개 10~40마리가 떼를 짓지만, 가끔은 300마리 이상으로 이뤄진 무리가 발견되기도 함

주된 위협: 다른 어류를 잡기 위한 주낙에 걸려듦, 어부의 직접 포획, 오염

IUCN 등급: 전 세계적으로 관심 필요종 목록에 올라감. 하와이 근처의 유전적으로 구별되는 개체군은 멸종 위기종임

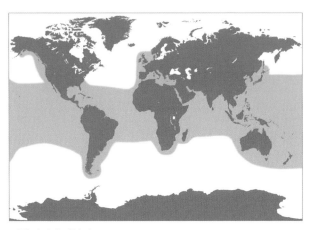

서식 범위와 서식지

이 종은 전 세계 열대와 온대지방의 바닷물에서 서식한다. 주로 깊은 물속이 서식지이지만, 가끔은 대양 한가운데 섬의 해안 가까이에서 발견되기도 한다.

종 식별 체크리스트

- 몸통이 날씬하고 길쭉하며, 몸 전체가 검은색임
- 이마가 둥글넓적하고, 머리는 끝으로 갈수록 좁아짐
- 등지느러미는 갈고리 모양이고 끝이 둥그름함
- 가슴의 지느러미발은 S자 모양임
- 지느러미는 몸통 중앙에 있음

해부학

범고래붙이는 거두고래, 고양이고래, 난쟁이범고래와 혼동되는 경우가 많다. 하지만 범고래붙이의 등지느러미 밑부분은 거두고래보다 좁고, 몸통과 머리는 다른 종보다 폭이 좁으며 머리 모양도 덜 둥그렇다.

행동

범고래붙이는 군집성이 높고 활발하게 활동하는 종으로, 수면 아래로 빠르게 헤엄치는 모습이 종종 관찰된다. 이 종은 선박에 다가가 뱃머리에 일어나는 파도를 탄다. 범고래붙이가 이루는 큰 무리는 여러 작은 집단으로 나뉘며 이들은 흩어져 먼 거리를 이동하기도 한다. 군집성이 발달한 다른 종과 마찬가지로, 범고래붙이는 떼 지어 바닷가에 좌초되고는 하는데, 최대 800개체 이상이 좌초된 사례도 있다.

먹이와 먹이 찾기

범고래붙이는 식용 돌고래인 마히마히나 참치 같은 몸집이 큰 낚싯감 물고기를 포함한 여러 어류와 물고기를 잡아먹는다. 이들은 협동해서 사냥하며, 먼 거리를 흩어져 이동하다가 먹잇감을 나눌 때 다시 모인다. 어떤 지역에서는 다른 돌고래 종을 공격하기도 한다.

생활사

범고래붙이의 생활사에 대한 상당수의 지식은 좌초했거나 사로잡힌 종 표본을 조사해 얻은 결과이다. 이빨을 조사한 결과 가장 나이 많은 수컷은 58살, 가장 나이 많은 암컷은 63살로 추정되었다. 또 이 종의 암컷은 8~11살에 성적으로 성숙하며 수컷은 18살에 성적으로 성숙한다. 임신 기간은 약 14개월이다.

보호와 관리

범고래붙이는 열대지방에서 물고기 잡이 도구에 걸린 어류를 종종 가로챈다. 이런 행동 때문에 어망에 몸이 끼이는 경우도 많다. 환경오염과 독소 또한 위험한데, 범고래붙이는 몸집이 큰 먹잇감을 잡아먹기 때문이다. 중금속과 독소가 고래의 몸에 축적되면 병에 걸리기 쉬울 뿐더러 건강상의 문제를 일으킬 수 있다.

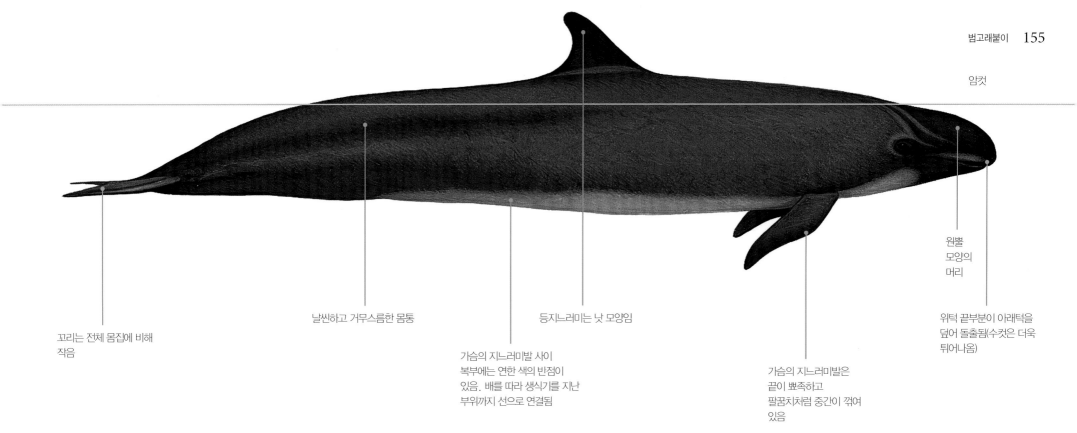

암컷

원뿔
모양의
머리

위턱 끝부분이 아래턱을
덮어 돌출됨(수컷은 더욱
튀어나옴)

꼬리는 전체 몸집에 비해
작음

날씬하고 거무스름한 몸통

등지느러미는 낫 모양임

가슴의 지느러미발 사이
복부에는 연한 색의 반점이
있음. 배를 따라 생식기를 지난
부위까지 선으로 연결됨

가슴의 지느러미발은
끝이 뾰족하고
팔꿈치처럼 중간이 꺾여
있음

다양한 머리 모양

암수가 머리 모양이 약간 다르다. 수컷은 암컷보다 이마가 둥글둥글한
편이며, 수컷은 위턱 끝이 아래턱을 덮어 더 많이 돌출되어 있다.

수컷

암컷

몸 크기

갓 태어난 새끼: 1.5~1.9m
성체: 암컷 3.5~5m, 수컷 3.7~6.1m

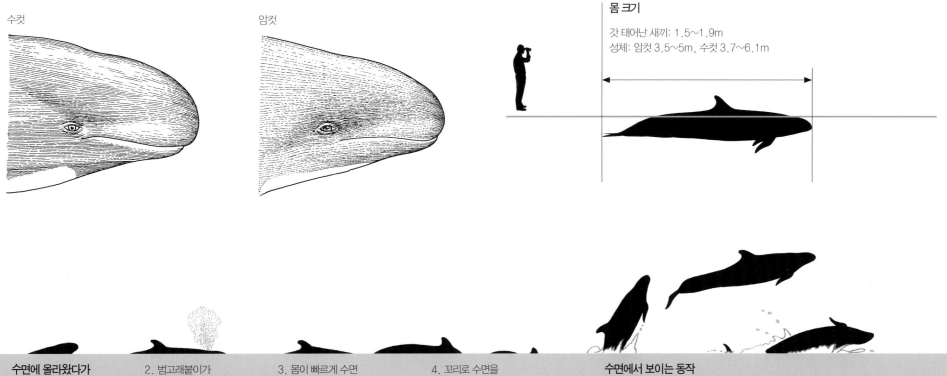

**수면에 올라왔다가
잠수하는 동작**

1. 고래가 물 위로
떠오르며 머리와 이마가
모습을 드러낸다. 눈도
보인다.

2. 범고래붙이가
뿜어낸 물은
둥그런 모양이며
눈에 잘 띤다.

3. 몸이 빠르게 수면
아래로 들어가면서,
등지느러미가 완전히
모습을 드러낸다.

4. 꼬리로 수면을
내려치는 경우는 드물다.

수면에서 보이는 동작

범고래붙이는 자주 물 위로 뛰어오르며, 먹잇감을 쫓을 때면 이런 묘기
행동이 특히 더 두드러진다. 이 고래는 박치기를 해 먹잇감을 물 밖으로
튀어오르게 하거나, 입에 문 채 자기가 수면 위로 뛰어오른다. 작은
규모의 무리를 이뤄 느슨하게 흩어진 채 먼 거리를 같이 다니기도 한다.
뱃머리 가까이에 이는 파도를 타는 행동도 흔히 보인다.

꼬마돌고래 TUCUXI

과명: 참돌고래과

종명: 소탈리아 플루비아틸리스Sotalia fluviatilis

다른 흔한 이름: 없음

분류 체계: 바다에 사는 비슷한 돌고래인 기아나돌고래는 최근 꼬마돌고래와 별도의 종이라는 사실이 확인됨

유사한 종: 기아나돌고래와 아주 비슷하게 생겼지만(비록 기아나돌고래의 몸집이 조금 크지만), 두 종이 같은 곳에 서식하지는 않음

태어났을 때의 몸무게: 8kg

성체의 몸무게: 35~45kg

먹이: 최대 길이 35cm까지의 물고기

집단의 크기: 대개 2~5마리가 무리를 짓지만, 20마리 정도가 떼를 짓는 경우도 있음

주된 위협: 고기잡이 그물에 걸려들거나, 어떤 장소에서는 물고기 미끼용으로 사냥되기도 함

IUCN 등급: 자료 부족종

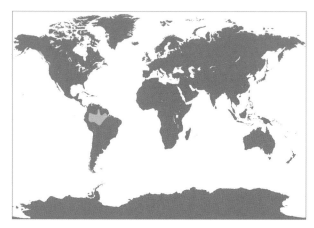

서식 범위와 서식지

이 종은 민물에서만 서식하며, 브라질, 컬럼비아, 페루, 에콰도르에 걸친 아마존 분지에서 발견된다. 컬럼비아와 베네수엘라의 오리노코 분지에서도 산다.

종 식별 체크리스트	
	• 몸집이 작음
	• 몸 위쪽은 회색이고 아래쪽은 분홍색임
	• 등지느러미는 몸통 가운데에 있고 삼각형임
	• 빠르게 헤엄치고, 종종 물 위로 뛰어오름
	• 뿜어낸 물은 관찰되지 않음

해부학

꼬마돌고래는 몸이 뻣뻣하지만 유선형이며, 서식 구역이 많이 겹치는 아마존강돌고래와는 등지느러미 모양이 많이 다르다. 이 활동적인 작은 돌고래의 몸통 위쪽은 진한 회색이고 아래쪽은 분홍색을 띤 흰색이며, 위턱과 아래턱에 조그만 이빨이 각각 26~35쌍 있다.

행동

꼬마돌고래는 화려한 기술로 헤엄치며, 수면 근처에 올라오면서 시끄러운 숨소리를 낸다. 몸통을 완전히 드러내며 수면 위로 뛰어오르는 행동도 잦다. 참돌고래과의 다른 돌고래처럼 멀리 있어 눈에 들어오지 않는 동료와 소통하기 위해 딸깍 소리나 휘파람 소리를 낸다. 이들의 서식지인 아마존강 유역은 물이 탁해서 시야가 제한적이기 때문이다. 꼬마돌고래는 자주 마주치는 아마존강돌고래와 어울리지 않으며, 선박에도 가까이 다가가지 않는다. 또 다른 돌고래와는 달리 뱃머리에 이는 파도를 타지도 않는다.

먹이와 먹이 찾기

꼬마돌고래는 무리 안에서 단단히 뭉쳐 사냥을 하는데, 종종 수면 바로 아래에서 물고기들에게 빠르게 돌진한다. 그러면 물고기들은 갈 길을 잃고 헤매게 된다. 30종 이상이 이 돌고래의 먹잇감으로 알려져 있는데, 몇몇은 보호구역의 호수나 수로에서 살고 몇몇은 물살이 빠른 강에 산다.

생활사

수컷은 몸집에 비해 정소가 크며 암컷보다 몸이 크지는 않고 싸움의 흔적도 보이지 않는다. 이 모든 것은 꼬마돌고래가 다른 종에게 드러내는 공격성보다 같은 종 수컷 사이에서 정자 경쟁의 형태로 나타나는 경쟁 관계를 더 흔하게 보인다는 사실을 의미한다. 임신 기간은 약 11개월이고, 짝짓기는 계절별로 일어난다. 지금껏 발견된 가장 나이 많은 개체는 36살이었다.

보호와 관리

꼬마돌고래의 위험 요인은 모두 인간과 관련이 있다. 수십 만 년 동안 신선한 물에서 사는 데 적응해왔던 이 돌고래는 이제 심각하게 파괴된 서식지에서 살아야만 한다. 그 결과 꼬마돌고래는 대단한 위험에 처했고 원래 수명의 1퍼센트도 못 살게 되었다. 사망률을 높이는 주요 요인은 꼬마돌고래가 사는 강기슭의 모든 인간 마을에서 고기잡이를 위해 자망을 활용한다는 점이다. 이 돌고래는 이 그물에 몸이 얽힌다. 최근에는 물고기 미끼를 얻기 위해 꼬마돌고래를 직접 사냥하는 관습도 심각한 문제로 떠오르고 있다.

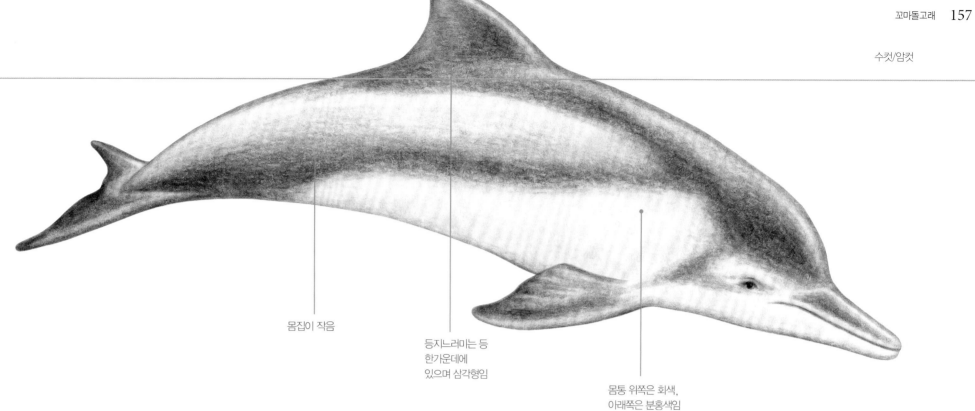

몸집이 작음

등지느러미는 등
한가운데에
있으며 삼각형임

몸통 위쪽은 회색,
아래쪽은 분홍색임

등지느러미 모양 비교

남아메리카의 두 민물 돌고래의 등지느러미는 무척 다른 모습이다.
꼬마돌고래는 위로 곧추섰고 약간 갈고리 모양이지만, 아마존강돌고래는
지느러미보다는 등에 난 긴 융기에 더 가까워 보인다.

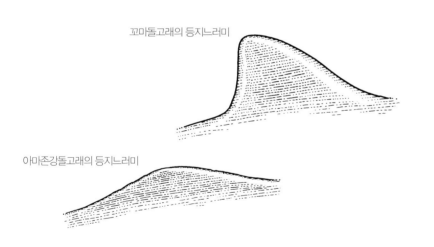

꼬마돌고래의 등지느러미

아마존강돌고래의 등지느러미

몸 크기

갓 태어난 새끼: 70~80cm
성체: 약 1.5m

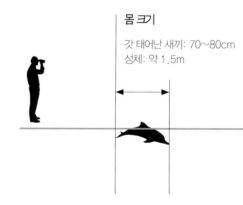

수면에 올라왔다가
잠수하는 동작

1. 이 종의 수면 위 행동은
1초도 안 걸린다. 숨을
들이마시는 것으로
시작한다.

2. 몸을 계속 구부리면서, 이
돌고래는 공기를 들이마시고
등도 드러낸다.

3. 돌고래는 머리를 다시 물
안에 넣으면서 등을 구부린
채 가파른 각도로 다음 번
잠수를 시작한다.

4. 꼬마돌고래의
몸에서 가장
마지막으로 물속에
사라지는 부위는
꼬리 연결대이다.

수면 위로 뛰어오르기

꼬마돌고래는 물 위로 몸통을 확실히 드러내며
뛰어오르는 경우가 많다. 그리고는 물보라를
일으키면서 수면에 뛰어든다. 이 작은 돌고래는
몸이 아주 빠르기 때문에 눈 한 번 깜박거려도
놓치기 쉽다.

기아나돌고래 GUIANA DOLPHIN

과명: 참돌고래과

종명: 소탈리아 구이아넨시스 *Sotalia guianensis*

다른 흔한 이름: 바다꼬마돌고래, 강하구돌고래, 코스테로

분류 체계: 민물에 사는 비슷한 종 꼬마돌고래와 별개의 종이라는 점이 최근 밝혀짐

유사한 종: 꼬마돌고래와 아주 비슷함. 하지만 두 종이 같은 곳에서 서식하지는 않음

태어났을 때의 몸무게: 12~15kg

성체의 몸무게: 100kg

먹이: 주식은 물고기이지만 오징어와 새우도 먹음

집단의 크기: 2~10마리, 최대 60마리

주된 위협: 고기잡이 그물에 걸려들거나, 어떤 장소에서는 물고기 미끼용으로 사냥되기도 함

IUCN 등급: 자료 부족종

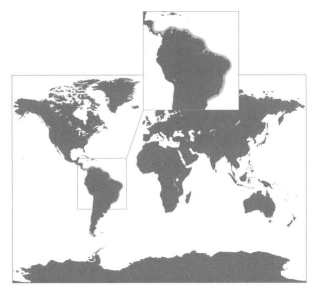

서식 범위와 서식지

이 종은 온두라스에서 브라질 남부에 이르는 바닷가에서 서식한다. 종종 만이나 강 하구에서도 발견된다. 분포하는 모습은 불연속적이다.

종 식별 체크리스트	• 몸집이 작고 진한 회색을 띰 • 몸 한가운데에 삼각형의 등지느러미가 있음 • 수면 위에서 활발한 동작을 보이며 뛰어오르기를 자주 함

해부학

기아나돌고래는 몸집이 작고 다부지며 주둥이가 살짝 튀어나왔고, 등지느러미가 삼각형이며 지느러미발이 날씬하다. 몸통 위쪽은 진한 회색이며 아래로 갈수록 연한 회색에서 분홍색이 도는 회색이 된다. 위턱과 아래턱에 작은 이빨이 각각 26~30쌍이 있다. 위턱 입가에는 모공이 있어서(옆 페이지 참고) 전기수용기가 있음을 알 수 있는데, 이것은 혼탁한 물속에서 먹잇감을 찾는 데 쓰일 것으로 여겨진다.

행동

기아나돌고래는 사회적인 종이라서 만이나 강어귀에서 무리를 지은 모습이 발견된다. 민물에 사는 유사한 종인 꼬마돌고래처럼, 이 돌고래도 물 위에서 아주 활동적이어서 종종 수면 위로 몸통을 완전히 드러내며 뛰어오르지만 뱃머리 파도를 타지는 않는다. 피부에 이빨자국이 남아 있는 경우가 있지만 싸움은 드물게 벌어진다. 기아나돌고래 무리는 서식지를 쉽게 바꾸지 않으며 대부분의 다른 해양 돌고래에 비하면 서식 범위가 좁은 편이다. 잠수 시간은 최대 2분 정도다.

먹이와 먹이 찾기

이 돌고래는 해저나 심해에 사는 60종 이상의 물고기 떼를 먹는다고 알려져 있다. 20cm 미만의 작은 물고기를 먹이로 선호한다. 사냥은 혼자서 할 때도 있고 무리 지어 할 때도 있다. 여러 무리가 사는 지역에 따라 그들만의 섭식 전략을 개발했을 것으로 여겨지는데, 가장 연구가 많이 이뤄진 무리에서는 돌고래들이 물 위로 뛰어오르며 물고기를 몰아와 잠시 혼란에 빠뜨리고는 잡아먹는다.

생활사

임신 기간은 11~12개월이며 출산과 출산 사이의 간격은 2~3년이다. 짝짓기를 특정 계절에만 한다고 정해지지는 않았다. 암컷은 5~8살에 처음으로 출산하고 수컷은 7살 정도에 성적으로 성숙한다. 가장 나이 든 개체는 나이가 30살 정도였다. 수컷의 정소가 상대적으로 큰 것으로 보아, 이 종은 정자 경쟁을 하며 여러 마리 대 여러 마리가 짝짓기 행동을 한다고 여겨진다.

보호와 관리

바닷가에 사는 고래류들이 모두 그렇듯이, 기아나돌고래도 인간이 끼치는 해로운 영향 탓에 고통받고 있다. 자망이나 후릿그물, 새우통발에 걸려 매년 여러 마리가 목숨을 잃는다. 이 돌고래는 무리와 무리 사이에 유전자 흐름이 거의 없고, 현재 넓은 해안 지대에 개체가 한 마리도 없기 때문에 지역 개체군이 개체수를 회복하는 데는 시간이 많이 걸릴 것으로 추정된다.

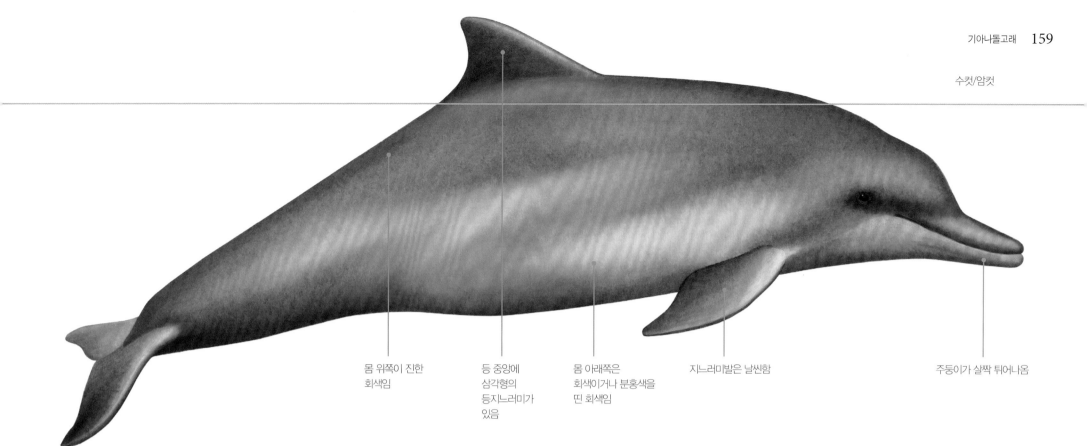

수컷/암컷

몸 위쪽이 진한
회색임

등 중앙에
삼각형의
등지느러미가
있음

몸 아래쪽은
회색이거나 분홍색을
띤 회색임

지느러미발은 날씬함

주둥이가 살짝 튀어나옴

입가의 모공

기아나돌고래는 위턱을 따라 작은 모공들이 줄지어
있는데, 여기에는 전기장을 감지하는 기능이 있으며
먹이를 찾을 때 유용할 것으로 여겨진다.

머리

입가의 모공

몸 크기

갓 태어난 새끼: 80~100cm
성체: 1.7~2m

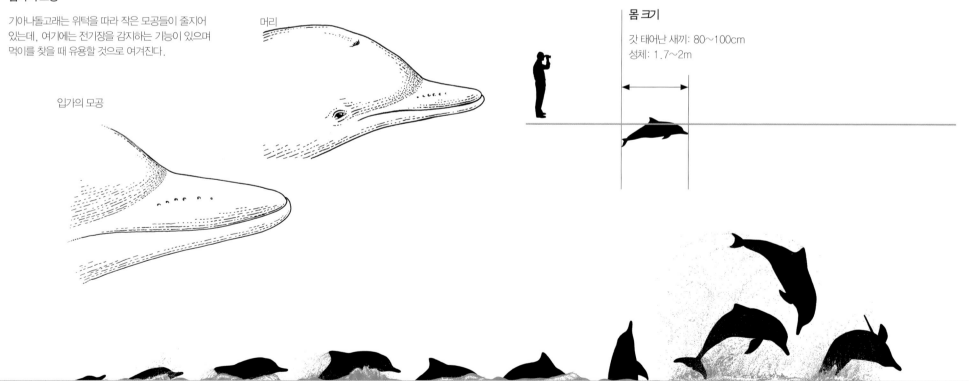

수면에 올라왔다가 잠수하는
동작

1. 돌고래가 물 위로 올라오는
동작은 짧게 이루어지며 물
뿜기부터 시작된다.

2. 돌고래는 몸을 계속
구부리면서 숨을
들이마시고 등을
내보인다.

3. 머리가 물속에
가라앉으면서,
가파른 각도로 잠수를
시작하는 동안 등은
아치 모양으로
구부러진다.

4. 수면 아래로 완전히
가라앉기 전까지
마지막으로 보이는
부위는 꼬리
연결대이다.

수면 위로 뛰어오르기

기아나돌고래는 종종 몸통을 완전히 내보이며 수면
위로 뛰어오른다. 그리고 물보라를 일으키며 수면에
떨어진다. 이 작은 돌고래는 하는 행동이 굉장히
잽싸다.

인도태평양혹등고래 INDO-PACIFIC HUMPBACK DOLPHIN

과명: 참돌고래과

종명: 소우사 키넨시스Sousa chinensis

다른 흔한 이름: 중국흰고래

분류 체계: 지금까지 소우사속에서 네 개의 종이 확인됨. 대서양에 사는 소우사 테우스지(대서양 혹등고래), 인도양에 사는 소우사 플룸베아(인도양혹등돌고래), 인도양 동쪽과 태평양 서쪽에 사는 소우사 키넨시스(인도태평양혹등고래), 오스트레일리아 북부에서 뉴기니 남부에 이르는 사훌 대륙붕 위에 사는 소우사 사훌렌시스(오스트레일리아혹등돌고래)임

유사한 종: 서식 범위가 거의 비슷한 큰돌고래와 혼동을 일으킬 수 있음

태어났을 때의 몸무게: 40~50kg

성체의 몸무게: 230~250kg

먹이: 물고기와 두족류

집단의 크기: 1~10마리, 홍콩 근처에서는 20~30마리가 무리 짓기도 함

주된 위협: 자망에 의한 부수어획, 서식지 손실과 파괴, 해안 개발, 오염, 선박의 통행, 지구 온난화

IUCN 등급: 위기 근접종, 단 동대만 해협의 작은 개체군은 심각한 위기종

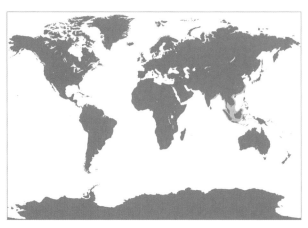

서식 범위와 서식지

이 종은 인도 동쪽에서 중국 중앙, 동남아시아 전역에 걸친 열대, 온대 해안에서 서식한다. 수심이 얕은 바닷가, 강어귀, 근해 모래톱에서 살며 강으로 들어오는 경우도 종종 있다.

종 식별 체크리스트

- 위턱이 길고 잘 발달해 있으며 몸집이 다부짐
- 갓 태어난 새끼와 어린 개체는 진한 회색임
- 성체는 몸 색깔이 거의 흰색임
- 등지느러미가 다른 소우사속 종에 비해 크고, 삼각형이며 살짝 갈고리 모양임. 지느러미 아래쪽이 혹처럼 두툼하지는 않지만 넓게 발달해 있음

해부학

인도태평양혹등고래는 몸집이 중간 정도이고 다부진 것이 특징이다. 몸 색깔은 대개 회색이지만 연령이나 서식지에 따라 색이 많이 달라지기도 한다. 예컨대 중국 남부에서 온 성체들은 대부분 흰색이고, 다른 지역에서 온 개체들은 진한 회색이고 얼룩이 있는 경우도 있다. 소우사 테우스지(대서양혹등고래)와 소우사 플룸베아(인도양혹등돌고래)의 특징인 등의 혹은 이 종에서는 존재하지 않으며, 등지느러미도 이 종들에 비해 크고 더 각진 삼각형이다.

행동

인도태평양혹등고래는 일반적으로 수줍고 비밀스러운 성격이며 선박에 다가와 뱃머리에 이는 파도를 타지도 않는다. 하지만 수직으로 뛰어오르기, 비스듬히 뛰기, 앞으로 공중제비 돌기 같은 다양한 수면 위 묘기를 선보인다. 짝짓기를 포함한 사회적 활동을 할 때는 개체들이 서로 가까이 다가가 육체 접촉(서로를 건드리고 깨물며 몸을 서로 문지르는) 같은 물리적 상호작용을 많이 하고, 점프나 공중제비 같은 묘기도 많이 부린다. 지느러미와 꼬리도 물 위에 종종 내려친다.

먹이와 먹이 찾기

이 돌고래는 그때그때 구할 수 있는 먹이를 다양하게 먹는다고 알려져 있다. 해안과 강어귀에 걸쳐 산호초 근처에 사는 여러 자리돔과 물고기를 먹는다. 두족류와 갑각류도 잡아먹는다. 홍콩에서는 저인망 어선과 협력해서 먹이를 사냥하기도 한다.

생활사

짝짓기와 출산은 연중 아무 때나 일어난다. 임신 기간은 10~12개월이고, 수유 기간은 2년 이상이다. 성적인 성숙은 암컷이 9~10살, 수컷이 12~13살에 이루어지며 출산과 출산 사이 간격은 3년으로 추정된다. 평균 수명은 30년 이상이다.

보호와 관리

전 세계적으로 개체수가 얼마인지는 알려지지 않았다. 개체수가 알려진 작은 개체군은 수십, 수백 마리로 구성되어 있는데, 중국 남부 주강에는 1,200마리 이상이 살기도 한다. 해안에 주로 분포하는 특성 때문에 인도태평양혹등고래는 자망이나 상어 침입 방지망에 몸이 얽히는 것, 서식지 감소와 파괴, 선박과의 충돌, 오염, 기후 변화 등 다양한 위협에 취약하다.

수컷/암컷

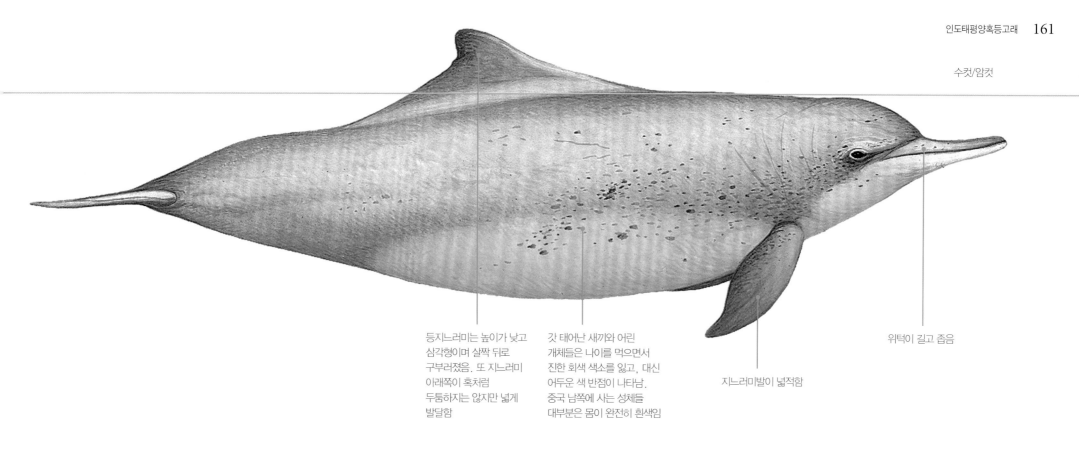

등지느러미는 높이가 낮고 삼각형이며 살짝 뒤로 구부러졌음. 또 지느러미 아래쪽이 혹처럼 두툼하지는 않지만 넓게 발달함

갓 태어난 새끼와 어린 개체들은 나이를 먹으면서 진한 회색 색소를 잃고, 대신 어두운 색 반점이 나타남. 중국 남쪽에 사는 성체들 대부분은 몸이 완전히 흰색임

지느러미발이 넓적함

위턱이 길고 좁음

몸 색깔

갓 태어난 새끼와 어린 개체들은 진한 회색이다. 그러다 성체가 되면 이 진한 회색 색소가 일부 또는 전부 사라지고 거의 흰색이 된다. 특히 중국 남부에 사는 개체군은 성체의 몸 색깔이 완전히 흰색이다.

몸 크기

갓 태어난 새끼: 1m
성체: 2~2.6m

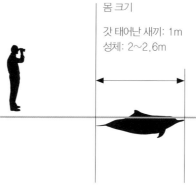

수면에 올라왔다가 잠수하는 동작

1. 먼저 길고 폭이 좁은 위턱이 드러나고, 그 다음으로 이마가 모습을 드러낸다. 가끔은 머리 전체가 완전히 물 위로 드러나기도 한다.

2. 분수공이 물 위로 드러날 때까지도 몸통 대부분은 물에 잠긴 상태이다. 그리고 몸통이 아치 모양으로 구부러지며 등지느러미가 드러난다.

3. 마지막으로 머리가 물에 잠기고 등이 더 많이 구부러지면서 돌고래가 꼬리의 등 쪽 부분만 남기고 잠수한다. 물에 들어가는 과정에서 이 돌고래는 등을 가파른 각도로 구부리며 꼬리를 드러낸다.

수면 위로 뛰어오르기

수면 위 동작은 일반적으로 이 돌고래에게 흔하지 않다. 하지만 가끔은 수직으로 뛰어오르거나 비스듬히 뛰어오르고, 공중제비를 돌기도 한다.

인도양혹등돌고래 INDIAN HUMPBACK DOLPHIN

과명: 참돌고래과

종명: 소우사 플룸베아Sousa plumbea

다른 흔한 이름: 납빛돌고래

분류 체계: 지금까지 소우사속에서 네 개의 종이 확인됨. 대서양에 사는 소우사 테우스지(대서양혹등돌고래), 인도양에 사는 소우사 플룸베아(인도양혹등돌고래), 인도양 동쪽과 태평양 서쪽에 사는 소우사 키넨시스(인도태평양혹등고래), 오스트레일리아 북부에서 뉴기니 남부에 이르는 사훌 대륙붕 위에 사는 소우사 사훌렌시스(오스트레일리아혹등돌고래)임

유사한 종: 서식 범위가 거의 비슷한 큰돌고래와 혼동을 일으킬 수 있음

태어났을 때의 몸무게: 14kg

성체의 몸무게: 250~260kg

먹이: 물고기와 두족류

집단의 크기: 1~20마리, 아랍해에서는 100마리 정도가 무리 지어 발견되기도 함

서식지: 모래나 바위로 이루어진 해안가의 얕은 물이나 강어귀에서 주로 발견됨

개체군: 개체군의 전체 크기가 추정된 바 없음. 개체군 아래의 하위 집단은 수십, 수백 마리로 이루어졌으리라 추정됨

주된 위협: 자망에 의한 부수어획, 서식지 손실과 파괴, 해안 개발, 오염, 선박의 통행, 지구 온난화

IUCN 등급: 평가된 적이 없음

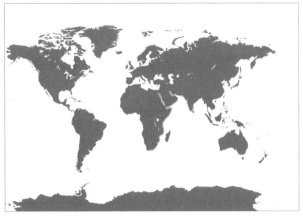

서식 범위와 서식지

이 종은 남아프리카 남서쪽 말단에서 동쪽으로는 미얀마에 이르는 인도양 바닷가에서 발견된다.

종 식별 체크리스트

- 길고 잘 발달된 위턱과 다부진 몸집
- 몸 색깔은 대체로 회색이며 몸 아래쪽은 분홍색을 띤 흰색임
- 등에 잘 발달된 혹이 눈에 띔
- 등지느러미는 소우사 키넨시스(인도태평양혹등고래)에 비해 작고 살짝 갈고리 모양이며, 삼각형이지만 각진 정도가 덜함

해부학

인도양혹등돌고래는 몸길이가 최대 2.8m로 혹등돌고래 가운데 가장 크다. 등에는 눈에 잘 띄는 혹이 있는데, 성체와 새끼 모두에게 존재한다. 등지느러미는 소우사 키넨시스(인도태평양혹등고래)에 비해 작고 살짝 갈고리 모양이며 삼각형의 각이 둥그스름하다. 새끼들은 몸이 연한 회색이며 반점이 없지만, 성체는 진한 회색이고 배 쪽으로 갈수록 연해진다. 몸 위쪽과 머리에 종종 상처가 있고 색이 흰색이다.

행동

다른 혹등돌고래와 마찬가지로 인도양혹등돌고래는 수줍음이 많으며 뱃머리에 다가와 파도를 타지 않는다. 낮 동안에는 모래와 바위가 많은 맹그로브 해안선과 강어귀를 따라 얕은 물에서 먹이를 먹거나 이동하는 모습이 관찰된다. 구애나 짝짓기 같은 사회적인 행동을 할 때는 두 마리 이상의 개체가 계속 물리적인 접촉을 하면서 서로의 양 옆에서 활발하게 헤엄치고 옆으로 구르며 몸통의 반 정도를 물 위로 드러낸다. 그 다음 두 개체가 20~40초 동안 복부가 서로 연결된 상태에서 천천히 헤엄치며 수면 아래를 구른다.

먹이와 먹이 찾기

아라비아만과 모잠비크의 바자루토에서 인도양혹등돌고래들이 노출된 모래둑에 물고기 떼를 몰아넣고는, 낮은 물 위로 뛰어오르며 먹잇감을 붙잡는 모습이 목격되었다. 좌초한 돌고래 개체의 위장을 조사한 결과 강어귀에 사는 물고기와 두족류가 발견되었다.

생활사

암컷은 10살에 성적으로 성숙하며 수컷은 12~13살에 성숙한다. 임신 기간은 10~12개월이며, 출산과 출산 사이의 간격은 약 3년이다. 새끼들은 2살 이상이 되면 완전히 젖을 뗀다. 평균 수명은 30년 이상이다.

보호와 관리

소우사 플룸베아를 소우사 키넨시스에서 분리된 종으로 간주한 보전 등급 평가는 아직 이뤄지지 않았다. 인도양혹등돌고래에게 가해지는 위협은 다음과 같다. 자망에 몸이 얽혀듦, 해안과 먼 바다가 개발(간척, 항만이나 강 준설, 항구 건설, 석유나 천연가스 개발)됨에 따라 서식지가 파괴됨, 선박의 통행, 기후 변화.

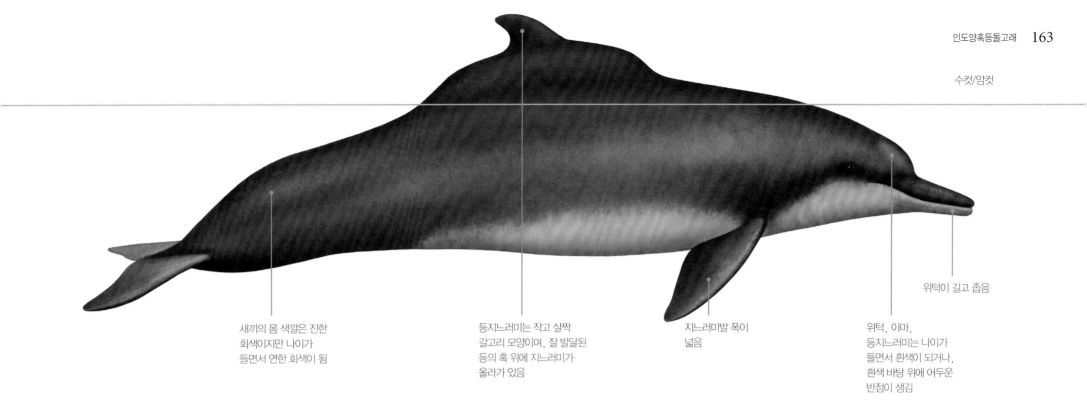

수컷/암컷

새끼의 몸 색깔은 진한
회색이지만 나이가
들면서 연한 회색이 됨

등지느러미는 작고 살짝
갈고리 모양이며, 잘 발달된
등의 혹 위에 지느러미가
올라가 있음

지느러미발 폭이
넓음

위턱, 이마,
등지느러미는 나이가
들면서 흰색이 되거나,
흰색 바탕 위에 어두운
반점이 생김

위턱이 길고 좁음

등에 난 혹

소우사 플룸베아의 특징은 등에 난 혹이
두드러진다는 점이다.

몸 크기

갓 태어난 새끼: 1m
성체: 2~2.8m

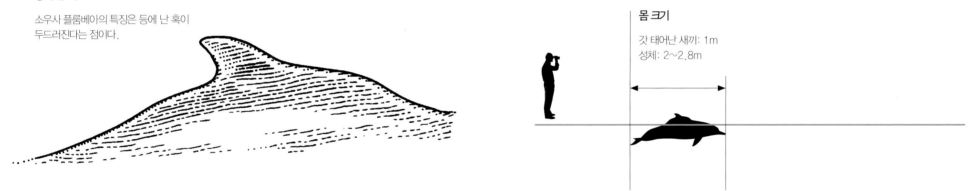

**수면에 올라왔다가
잠수하는 동작**

1. 먼저 길고 좁은
위턱이, 그 다음으로
이마가 물 위로 모습을
드러낸다. 가끔은 머리
전체를 수면 위로 완전히
들어올리기도 한다.

2. 분수공이 물 위로 드러나지만
몸통 대부분은 물에 잠긴
상태이다. 이후 몸통이 아치
모양으로 구부러지면서 등에 난
혹과 등지느러미가 보인다.

3. 마지막으로 머리가 수면 아래로 잠기면서,
등이 구부러져 조금 더 높이 올라가고,
돌고래가 물 아래로 가라앉으면서 꼬리의 등
쪽 부분만 내보인다. 물 아래로 더 깊이
잠수하면서 돌고래는 등을 가파른 각도로
구부리고 꼬리를 노출한다.

수면 위로 뛰어오르기

인도양혹등돌고래는 수면 위
동작을 잘 보이지 않지만, 가끔
수직으로 뛰어오르거나, 옆으로
뛰어오르고, 공중제비를 돌기도
한다.

오스트레일리아혹등돌고래 AUSTRALIAN HUMPBACK DOLPHIN

과명: 참돌고래과

종명: 소우사 사훌렌시스Sousa sahulensis

다른 흔한 이름: 사훌돌고래

분류 체계: 오스트레일리아에서 발견되는, 사우사속 네 개 종 가운데 하나임

유사한 종: 서식 범위가 거의 비슷한 큰돌고래와 혼동을 일으킬 수 있음

태어났을 때의 몸무게: 40~50kg

성체의 몸무게: 230~250kg

먹이: 물고기와 두족류

집단의 크기: 1~5마리가 무리를 지음. 퀸즐랜드 근해에서 30~35마리가 떼 지어 저인망 어선 뒤에서 먹이를 먹는 모습이 발견된 적도 있음

주된 위협: 자망에 의한 부수어획, 서식지 손실과 파괴, 해안 개발, 오염, 선박의 통행, 지구 온난화

IUCN 등급: 평가된 적이 없음

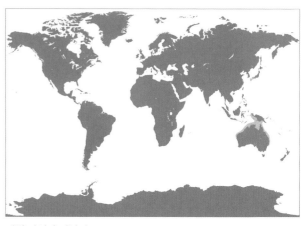

서식 범위와 서식지

이 종은 오스트레일리아 북부에서 뉴기니 남부에 이르는 사훌 대륙붕 위의 열대, 아열대 바닷물에서 발견된다. 수심이 얕은 바닷가, 강어귀, 근해 모래톱에서 살며 강으로 들어오는 경우도 종종 있다.

종 식별 체크리스트

- 위턱이 길고 잘 발달되었으며 몸이 다부짐
- 몸 색깔은 거의 회색이지만 옆구리는 흰색을 띰. 성체는 몸 전체에 흰색 상처와 어두운 색 반점이 있음
- 등지느러미는 높이가 낮고 삼각형이며, 밑면이 넓고 지느러미가 등에 난 혹 위에 올라가 있지 않음

해부학

오스트레일리아혹등돌고래의 몸길이는 1~2.7m 사이이다. 등지느러미는 높이가 낮고 삼각형이며 대서양이나 인도양혹등돌고래에서 전형적으로 나타나는 등의 혹이 이 종에는 없다. 몸통은 거의 진한 회색이며 옆구리는 연한 회색이다. 대각선 망토 무늬는 눈과 목 바로 위에서 비뇨기 기관까지 이어지며, 등 쪽은 어둡고 배 쪽은 연한 색이다. 성체는 머리, 등, 등지느러미, 꼬리 연결대에 흰색 상처와 진한 색 얼룩이 있다.

행동

오스트레일리아혹등돌고래는 대개 2~5마리의 작은 무리를 짓는다. 하지만 저인망 어선 뒤에서 먹이를 구할 때는 30마리까지 무리를 짓기도 한다. 무리는 규모와 구성을 종종 바꾸며, 개체들은 짧은 기간만 서로 어울린다. 이 종은 수줍음이 많고 사람의 눈을 피하려는 특징이 있으며 선박과는 일정 거리를 유지한다. 스넙핀돌고래나 큰돌고래와 사회적 상호작용을 하기도 한다. 오스트레일리아 북서부에서는 혹등돌고래 수컷과 스넙핀돌고래 암컷 사이에서 이종교배가 이뤄지기도 했다.

먹이와 먹이 찾기

이 돌고래는 해안과 강어귀에서 이것저것 구할 수 있는 먹이를 다양하게 먹는다. 해안과 강어귀에 걸쳐 산호초 근처에 사는 여러 자리돔과 물고기를 먹는다. 맹그로브 숲, 모래 바닥 강어귀, 해초밭, 바닷가 산호초 등 다양한 서식지에서 먹이를 섭취하며, 광범위한 영역에 걸쳐 분포하거나 아주 가깝게 분포하는 무리들이 특정 지역의 먹잇감을 노릴 수 있다. 때때로 돌고래 개체들이 물고기들을 얕은 곳까지 쫓고 먹이를 잡느라 물 위로 뛰어오르기도 한다.

생활사

짝짓기와 출산은 일 년 내내 이루어진다. 임신 기간은 10~12개월이며, 수유기는 2년 이상이고 출산과 출산 사이의 간격은 3년이다. 평균 수명은 30년 이상으로 추정된다.

보호와 관리

전 세계적으로 개체수가 추정된 적은 없다. 다만 수백 개체에 이르는 하위 개체군이 확인된 적이 있을 뿐이다. 이 종은 바닷가에 살기 때문에, 자망이나 상어 침입 방지망에 몸이 얽히거나 서식지 감소와 파괴, 선박과의 충돌, 오염, 기후 변화 등 다양한 위협에 취약하다.

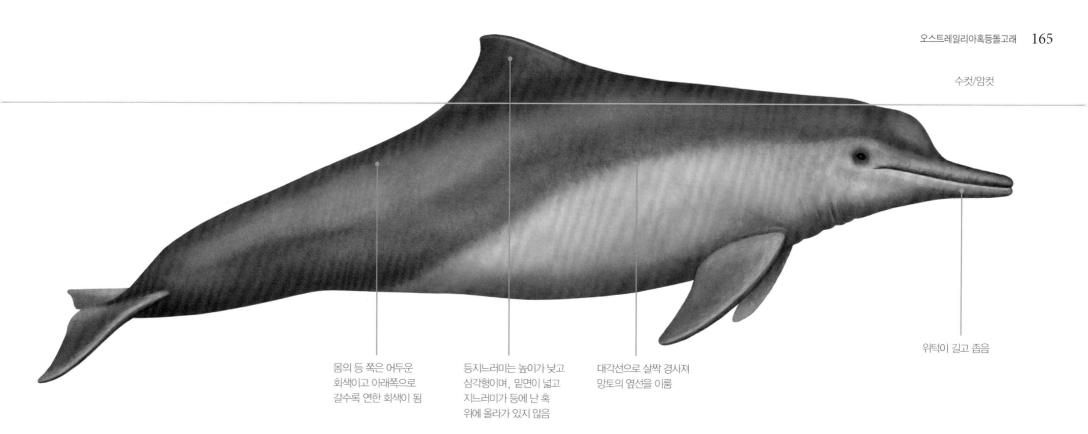

수컷/암컷

몸의 등 쪽은 어두운
회색이고 아래쪽으로
갈수록 연한 회색이 됨

등지느러미는 높이가 낮고
삼각형이며, 밑면이 넓고
지느러미가 등에 난 혹
위에 올라가 있지 않음

대각선으로 살짝 경사져
망토의 옆선을 이룸

위턱이 길고 좁음

등의 망토 무늬

이 종은 진한 색을 띤 몸통 위쪽과 이보다 연한 색을 띠는
옆구리와 배 사이에 희미한 대각선 경계를 이룬다. 이것은
다른 혹등돌고래에게서는 나타나지 않는 특징이다.

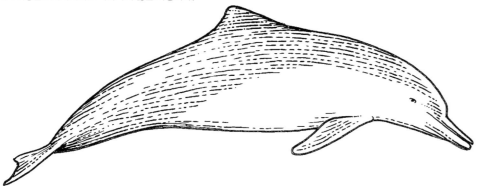

몸 크기

갓 태어난 새끼: 1m
성체: 2~2.7m

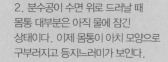

**수면에 올라왔다가
잠수하는 동작**

1. 먼저 길고 좁은 위턱이,
이어 이마가 물 위에
드러난다. 가끔은 머리 전체가
물 위에 완전히 드러나기도
한다.

2. 분수공이 수면 위로 드러날 때
몸통 대부분은 아직 물에 잠긴
상태이다. 이제 몸통이 아치 모양으로
구부러지고 등지느러미가 보인다.

3. 마지막으로 머리가 수면 아래로 잠기고 등이
조금 높이 구부러져 올라가며, 돌고래가 잠수하는
과정에서 꼬리의 등 쪽 부위만 보인다. 돌고래는
잠수할 때 등을 가파른 각도로 구부리며 꼬리를
드러낸다.

수면 위로 뛰어오르기

수면 위 동작은 잘 보이지 않지만,
가끔 수직으로 뛰어오르거나, 옆으로
뛰어오르고, 공중제비를 돌기도 한다.

대서양혹등고래 ATLANTIC HUMPBACK DOLPHIN

과명: 참돌고래과

종명: 소우사 테우스지|Sousa teuszii

다른 흔한 이름: 카메룬돌고래, 테우즈돌고래

분류 체계: 이 종을 따로 분류하는 것이 타당한지에 대한 논란이 있었지만, 최근의 유전학적, 형태학적 분석에 따르면 이 종은 인도양과 태평양에 사는 다른 혹등돌고래류와는 확실히 구별됨

유사한 종: 역시 해안에 서식하는 큰코돌고래와 혼동되기 쉬움

태어났을 때의 몸무게: 10kg

성체의 몸무게: 250~285kg

먹이: 물고기

집단의 크기: 1~40마리까지 떼를 짓지만, 대개 3~8마리가 무리를 이룸

주된 위협: 자망에 의한 부수어획, 직접적인 포획, 서식지 파괴, 어류 남획과 기후 변화에 따른 먹잇감 감소

IUCN 등급: 취약종

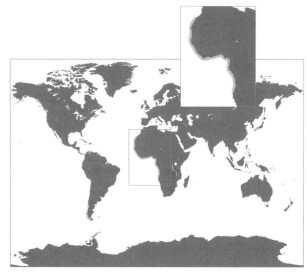

서식 범위와 서식지

대서양혹등고래는 사하라 서부에서 앙골라에 이르는, 대서양 동쪽 아프리카 해안 서부의 열대와 아열대지방의 토착종이다. 수심 20m 이하의 얕은 바닷가나 강어귀에서 주로 발견된다.

종 식별 체크리스트	• 위턱이 잘 발달되어 있고 몸이 다부짐
	• 등과 옆구리가 쥐색이고, 배 쪽으로 갈수록 연한 회색이 됨
	• 등지느러미는 작고 살짝 갈고리 모양이며 삼각형이고, 잘 발달된 등의 혹 위에 지느러미가 올라가 있음

해부학

대서양혹등고래의 겉모습은 인도태평양혹등고래와 비슷하다. 대서양혹등고래는 몸이 다부지고, 지느러미발이 넓적하며 끝이 둥글다. 또 잘 발달된 위턱은 다른 혹등돌고래류보다 짧으며, 작고 갈고리 모양인 등지느러미는 독특한 등의 혹 위에 올라가 있다. 몸 색깔은 등과 옆구리가 거의 쥐색이며 배 쪽으로 갈수록 연한 회색이 된다. 위턱과 등지느러미는 개체가 나이 들수록 색이 연해진다. 또 소우사속의 다른 종에 비해 이빨의 수가 적은 편이다(위턱에 27~32쌍, 아래턱에 31~39쌍).

행동

이 종은 대개 수줍음이 많아서 뱃머리 근처로 다가와 파도를 타지 않으며, 수면 위에서 여러 동작을 보이는 경우도 거의 없다. 대개 1~8마리가 무리를 짓지만, 20~40마리가 떼 짓는 사례도 관찰된 바 있다. 앙골라에서는 몇몇 개체가 특정 장소에만 머무르며 특정 사회 행동을 보인다. 개체들은 작은 만에서 먹이를 사냥하거나 암초 위의 파도나 건조한 강어귀에서 쉬며, 이동은 주로 해안을 따라 이루어진다.

먹이와 먹이 찾기

이 종의 돌고래 무리는 대개 수심이 얕은 바닷가와 파도가 부서지는 해안에서 먹이를 구한다. 숭어과 어류 같은 물고기 떼를 사냥해 먹는 것으로 보인다.

생활사

이 종에 대한 생활사 연구는 이뤄진 바가 없다. 소우사 플룸베아(인도양혹등돌고래) 같은 관련 종을 보면 수컷이 암컷보다 몸집이 클 것으로 보인다.

보호와 관리

전체 개체수는 알려져 있지 않지만, 수천 마리 정도라고 여겨진다. 대서양혹등고래는 서식 구역이 지리적으로 한정적이고 개체수가 적으며 최근 들어 줄어들고 있기 때문에 세계자연보전연맹에서 취약종으로 분류된다. 자망에 의한 부수어획이 가장 큰 위협이고, 직접적인 포획, 서식지 파괴, 남획, 해양 오염, 인간이 일으킨 소음, 기후 변화 등도 이 종에게 위협적이다.

수컷/암컷

등에 난 독특한 혹 위에
작은 삼각형 등지느러미가
있음

위턱은 좁고 잘
발달됨

등의 혹

소우사 테우스지와 소우사 플룸베아의 표본을
보면 등지느러미 아래쪽에 눈에 띄는 혹이 있는
것이 특징이다.

몸 크기

갓 태어난 새끼: 1m
성체: 1.8~2.8m

수면에 올라왔다가
잠수하는 동작

1. 먼저 좁은 위턱이 물
위로 보이고 이어 이마가
물 위로 드러난다.
가끔은 머리 전체가
보이기도 한다.

2. 몸통 대부분이 물 안에 있는
동안 분수공이 수면 위로
드러난다. 그리고 몸통이 아치
모양으로 구부러지고,
등지느러미와 혹이 드러난다.

3. 마지막으로 머리가 수면
아래로 들어가고, 등이 조금
높이 구부러지며 몸통이 더
들어가면서 등 근처만 보인다.

수면 위로 뛰어오르기

대서양혹등고래는 수면 위에서 행동을 보이는 일이
드물지만 앞이나 뒤로 수직으로 뛰어오르는 장면도
목격되었다. 물에 들어갈 때는 꼬리가 보이기도 한다.

알락돌고래 PANTROPICAL SPOTTED DOLPHIN

과명: 참돌고래과

종명: 스테넬라 아테누아타 Stenella attenuata

다른 흔한 이름: 점박이돌고래, 흰점돌고래, 그라프만돌고래, 좁은부리돌고래, 점박이쇠돌고래

분류 체계: 두 개 아종이 확인되었음. 먼 바다에 사는 아종과(스테넬라 아테누아타 아테누아타) 열대 태평양 동쪽 해안에 사는 아종이 있음(스테넬라 아테누아타 그라프마니)

유사한 종: 스테넬라속의 다른 종과 흔히 혼동됨. 하지만 참돌고래나 큰돌고래와 혼동되기도 함

태어났을 때의 몸무게: 알려져 있지 않음

성체의 몸무게: 90~120kg

먹이: 해수 표층이나 중층에 사는 물고기, 오징어, 갑각류

집단의 크기: 평균적인 집단 크기는 70~170개체임

주된 위협: 어망에 걸려들거나 포식자(범고래, 상어, 다른 검은물고기류)에게 잡아먹히고, 일본, 서아프리카, 카리브해, 인도네시아에서 몰이사냥을 당하기도 함

IUCN 등급: 관심 필요종

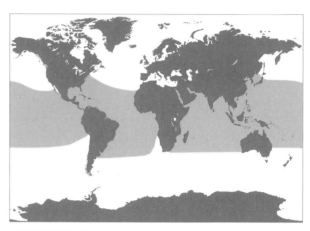

서식 범위와 서식지

이 종은 전 세계 열대, 아열대, 온대지방 바닷물에 고루 서식하는데 특히 먼 바다에 주로 산다. 스테넬라 아테누아타 그라프마니는 거의 바닷가에 분포하며, 열대 태평양 동부의 해안에 가까운 대륙붕에 산다.

종 식별 체크리스트

- 주둥이가 부리 모양으로 길고 폭이 좁음
- 등에 어두운 색 독특한 망토 무늬가 있음
- 점박이 무늬는(나이가 들면서 발달하는) 등의 망토 무늬 부위에 거의 한정됨. 스테넬라 아테누아타 그라프마니는 성체의 몸 전체에 점박이 무늬가 있음
- 성체는 위턱 끝이 완전히 흰색임
- 지느러미가 몸통 가운데에 있음

해부학

알락돌고래는 참돌고래류 가운데 상대적으로 몸집이 작으며 몸이 날씬하고 위턱이 긴데 성체에는 점박이 무늬가 있다. 점박이 무늬가 얼마나 많은지는 지역에 따라 다르다. 해안 가까이에 사는 개체들은 먼 바다에 사는 개체보다 점이 더 많다. 어린 개체는 몸에 점이 없어 다른 종으로 착각을 일으키기도 하지만, 큰코돌고래나 대서양알락돌고래에 비하면 이 돌고래는 몸집이 작은 편이다.

행동

이 종은 무리를 짓는 사회성이 아주 강하고, 무리의 크기는 몇몇 개체에서 수천 개체까지 다양하다. 해안에 사는 개체군은 먼 바다에 사는 개체군보다 작은 무리를 짓는 경향이 있다. 알락돌고래는 군집성이 있으며 종이 다른 돌고래와도 어울린다. 열대 태평양 동부에 사는 알락돌고래는 바다새나 황다랑어와 종종 어울리기도 한다. 이 종은 묘기를 굉장히 잘 보이며, 물 위로 펄쩍 뛰어오르는 경우가 많다.

먹이와 먹이 찾기

알락돌고래는 바닷물의 표층과 중층에 사는 다양한 물고기, 오징 어, 갑각류를 먹고 산다. 열대 태평양 동부의 먼 바다에 사는 개체들은 여럿이 떼를 지은 황다랑어 무리와 같이 발견되는데, 이런 행동을 보이는 이유는 밝혀지지 않았다.

생활사

이 돌고래는 암컷이 9~11살, 수컷이 12~15살에 성적으로 성숙한다. 임신 기간은 약 11개월이며 일 년 내내 새끼를 낳는다. 출산과 출산 사이의 간격은 2~3년이며, 수유기는 생후 9개월에서 2년까지 이어진다.

보호와 관리

열대 태평양 동부에 사는 이 종의 숫자는 과거 1960~1970년대에 다랑어 어업에 쓰이는 건착망에 덩달아 잡히는 바람에 25퍼센트 가까이 줄었다. 지금은 이런 심각한 위협이 사라졌지만, 일본과 솔로몬제도에서 벌어지는 몰이사냥 때문에 여전히 많은 수가 위험에 빠져 있다. 그뿐만 아니라 스리랑카, 인도네시아, 소앤틸리스 제도, 필리핀에서는 사람들이 직접 소비하거나 낚시 미끼로 쓰려고 알락돌고래를 사냥하고 있다.

수컷/암컷

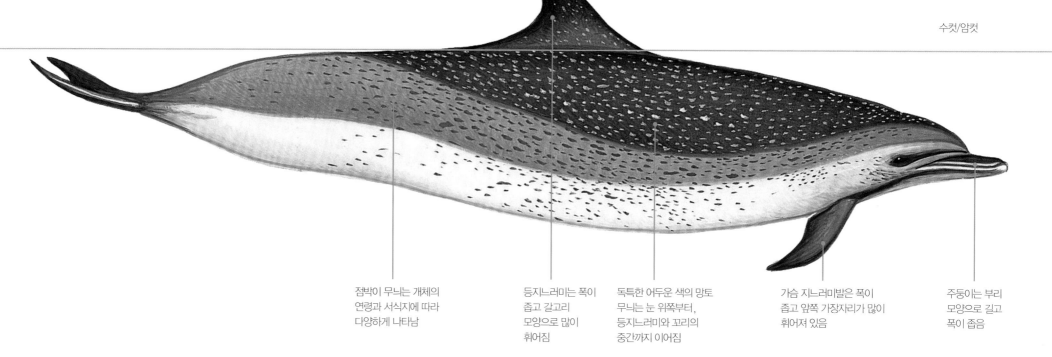

점박이 무늬는 개체의
연령과 서식지에 따라
다양하게 나타남

등지느러미는 폭이
좁고 갈고리
모양으로 많이
휘어짐

독특한 어두운 색의 망토
무늬는 눈 위쪽부터,
등지느러미와 꼬리의
중간까지 이어짐

가슴 지느러미발은 폭이
좁고 앞쪽 가장자리가 많이
휘어져 있음

주둥이는 부리
모양으로 길고
폭이 좁음

새끼의 몸 색깔

갓 태어난 새끼에게는 점박이 무늬가 없다. 또 몸 색깔은 두 가지의 색으로 이뤄지는데,
등 쪽은 진한 회색이고 배 쪽은 연한 회색이다. 새끼가 성장하면서 배 쪽에 점박이
무늬가 처음 생기고, 나중에는 등 쪽에도 무늬가 생긴다.

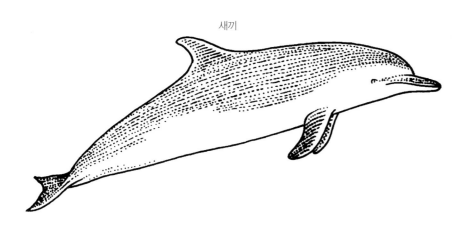

새끼

몸 크기

갓 태어난 새끼: 80~85cm
성체: 암컷 1.6~2.4m, 수컷 1.6~2.6m

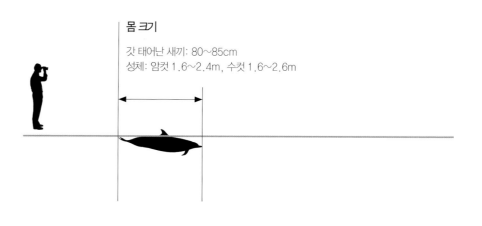

이 종은 무리 지어 수면으로
올라오거나 빠른 속도로 이동하고,
몸통을 완전히 드러내며 물 위로
뛰어오르는 행동을 자주 보인다.
사람들이 이 종을 사냥하지 않고
건착망 어업도 하지 않는
지역에서는, 개체들이 배에 가까이
다가와 뱃머리에 일어나는 파도를
타기도 한다.

**수면에
올라왔다가
잠수하는 동작**

1. 수면 위로
올라오면서 부리
모양의 주둥이만
먼저 드러낸다.

2. 이어 머리를 물
밖으로 내밀고,
몸통 전체를
노출한다.

3. 다음으로
등지느러미와
몸통이 빠르게
모습을
드러낸다.

4. 마지막으로
돌고래가 물속에
완전히 잠기기 전,
꼬리와 꼬리
연결대가 보이기도
한다.

수면 위로 뛰어오르기

알락돌고래는 종종 물 밖으로 높이 뛰어오른다. 특히 어린 새끼들이 이런
묘기를 자주 보여준다.

클리멘돌고래 CLYMENE DOLPHIN

과명: 참돌고래과

종명: 스테넬라 클리메네Stenella clymene

다른 흔한 이름: 짧은주둥이스피너돌고래, 헬멧돌고래

분류 체계: 스피너돌고래, 줄무늬돌고래와 가까운 친척임

유사한 종: 스피너돌고래나 참돌고래류와 쉽게 혼동됨

태어났을 때의 몸무게: 10kg

성체의 몸무게: 암컷 75kg, 수컷 80kg

먹이: 바닷속 물기둥에 사는 작은 물고기와 오징어

집단의 크기: 60~80마리

주된 위협: 베네수엘라와 서아프리카 해안에서 고기잡이 도구에 사로잡힘

IUCN 등급: 자료 부족종

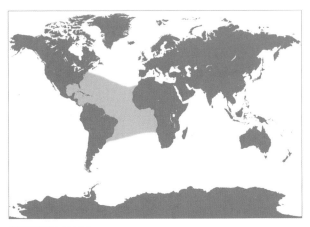

서식 범위와 서식지

이 종은 대서양의 수심 깊은 열대, 아열대 바닷물에 사는 토착종이다.

종 식별 체크리스트	• 몸 옆면이 세 가지 색깔로 이루어짐 • 주둥이 끝에 콧수염 모양 반점이 있음 • 등 한가운데에 갈고리 모양의 등지느러미가 있음

해부학

클리멘돌고래는 대부분의 다른 돌고래에 비해 몸길이가 짧고 몸집이 작다. 이 돌고래는 겉모습이 스피너돌고래와 아주 닮았기 때문에 최근에 들어서야 하나의 분리된 종으로 인식되었다. 다른 종과 구별되는 특징이라면, 등에 망토 모양의 어두운 무늬가 있고 옆구리는 연한 회색이며 배는 흰색이라는 점이다. 또 주둥이 끝 입술 부위에 마치 콧수염이 난 듯한 검은 반점이 있다.

행동

클리멘돌고래는 짧은부리참돌고래나 스피너돌고래와 어울리는 모습이 관찰된다. 또 스피너돌고래처럼 헤엄치면서 묘기를 부리거나 빙빙 돌기도 한다. 무리 안에서는 성별, 연령별로 작은 무리를 짓는다.

먹이와 먹이 찾기

클리멘돌고래는 바닷물 속 물기둥에 사는 작은 물고기와 오징어를 주로 먹는다. 가끔은 먹잇감이 수직 방향으로 올라오는 밤에 사냥을 나가기도 한다. 또한 먼 바다로 나가 사냥하는 경향이 있다.

생활사

이 돌고래의 번식 과정에 대해서는 알려진 바가 아주 적다. 성적으로 성숙한 개체는 몸길이가 1.8m이다. 최근의 유전학 연구에 따르면 클리멘돌고래는 스피너돌고래나 줄무늬돌고래의 자연적인 이종교배로 처음 나타났을 가능성이 있다. 또한 클리멘돌고래 자체도 스피너돌고래와 이종교배가 가능하리라 추측된다.

보호와 관리

이 종은 돌고래류 가운데서도 가장 알려진 바가 적다. 그래서 어떤 요인이 가장 심각한 위협이 되는지도 알려지지 않았다. 하지만 꽤 많은 수가 카리브해와 서아프리카 근처에서 직접, 간접적으로 포획되고 있어 사람들의 주의가 필요하다.

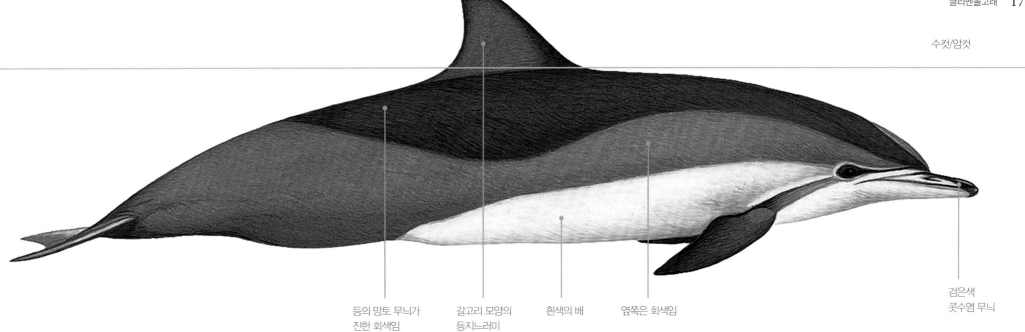

수컷/암컷

등의 망토 무늬가
진한 회색임

갈고리 모양의
등지느러미

흰색의 배

옆쪽은 회색임

검은색
콧수염 무늬

콧수염 달린 주둥이

클리멘돌고래를 가장 가까운 친척인
스피너돌고래와 구별 짓게 하는 특징은
주둥이 끝에서 시작되는 길쭉하고 어두운
반점이다. 연구자들이 종종 '콧수염'이라고
부르는 이 반점은 이마의 볼록 튀어나온
부위 근처까지 이어진다.

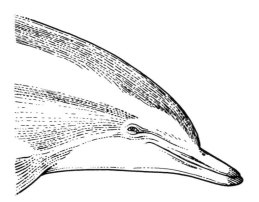

몸 크기

갓 태어난 새끼: 측정 결과가 없음
성체: 암컷 1.9m, 수컷 2m

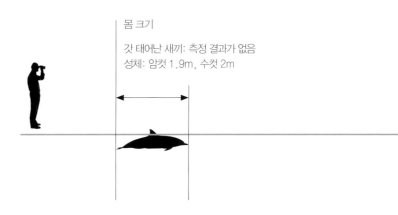

수면에 올라왔다가
잠수하는 동작

1. 수면 위로 위턱이 맨
먼저 모습을 드러낸다.

2. 그 다음으로, 머리와
등이 드러난다. 뿜어낸
물이 확실히 눈에 띄지는
않는다.

3. 마지막으로 꼬리
연결대가 수면 아래로
사라지며, 꼬리를 물
위에 내려치는 행동은
보이지 않는다.

수면 위로 뛰어오르기

스피너돌고래와 마찬가지로 클리멘돌고래는 물 위로 완전히
뛰어올라 회전하는 등 묘기를 자주 보여준다.

줄무늬돌고래 STRIPED DOLPHIN

과명: 참돌고래과

종명: 스테넬라 코이룰레오알바 Stenella coeruleoalba

다른 흔한 이름: 에우프로시네돌고래(옛날 이름), 스트리커쇠돌고래(다랑어 어업을 하는 열대 태평양 지역에서)

분류 체계: 커다란 과와 분류상 논란이 있는 포괄적인 속에 포함됨. 아종은 확인되지 않았지만 형태학적, 유전학적 차이점을 토대로 한 개체군 구성은 명확함. 가장 가까운 친척은 클리멘돌고래이다.

유사한 종: 배가 하얀색인 먼 바다에 사는 다른 돌고래들, 즉 사라와크돌고래, 클리멘돌고래, 참돌고래, 스피너돌고래와 혼동될 수 있음

태어났을 때의 몸무게: 7~11kg

성체의 몸무게: 156kg

먹이: 먼 바다의 깊은 곳에 사는 작고 다양한 물고기와 오징어

집단의 크기: 지역에 따라 10~30마리에서 수백 마리로 다양함. 때때로 500개체 넘게 무리 짓기도 함

주된 위협: 일본에서 직접 포획당하거나, 유망에 의한 부수어획, 1990년대 초반 바이러스 감염으로 떼죽음에 이르게 한 환경오염 등이 위협임

IUCN 등급: 관심 필요종(지중해에 사는 작은 개체군은 취약종으로 평가됨)

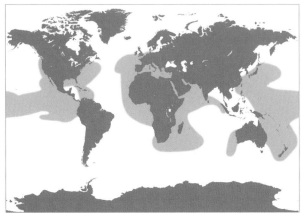

서식 범위와 서식지

이 종은 전 세계 열대와 온대지방의 해역에서 흔하게 서식한다. 특히 대륙붕의 대양 방향과 대륙사면에서 주로 발견된다.

종 식별 체크리스트	
	• 다부진 보통 해양 돌고래류의 몸집
	• 잘 발달된, 적당히 긴 주둥이
	• 등 한가운데와 가까운, 갈고리 모양의 높은 등지느러미
	• 몸통에서 어두운 색과 밝은 색이 크게 대비됨. 꼬리는 진한 회색 또는 푸른색을 띤 검은색이고, 눈에서 항문, 눈에서 지느러미까지 좁은 줄무늬가 있음. 등의 망토 부위는 진한 색이며, 척추 쪽에 흰색 또는 연한 회색의 무늬가 박혀 있음

해부학

몸집이 다부지고, 몸에 독특한 색깔 패턴이 있는 것이 큰 특징이다. 위턱에 뾰족하고 작은 이빨 39~53쌍이, 아래턱에 39~55쌍이 있을 정도로 이빨이 많다.

행동

줄무늬돌고래는 군집성이 있으며, 활발하고 힘이 넘쳐 빠르게 헤엄친다. 대개 여러 마리가 빽빽하게 무리를 이뤄 이동하며, 이 종이 많이 서식하는 지역에서는 100마리 이상이 무리를 짓는 일도 흔하다. 수면 위에서 보이는 행동은 뛰어오르기, 턱으로 수면 내려치기 등이 있으며, 높이 호를 그리며 뛰어올랐다가 물에 다시 들어가기 전까지 꼬리를 빠르게 돌리는 '꼬리 돌리기 점프'도 특기이다. 하지만 선박 가까이 다가오는 일은 드물다. 일본에서는 무리 전체가 바닷가로 좌초해 많은 수가 목숨을 잃는 사례가 있었으며 관찰 결과에 따르면 이 종은 복잡한 방식으로 무리를 짓는 편이다. 새끼나 성체로만 이뤄진 무리도 있고, 새끼와 성체가 섞이기도 하며 무리 안에서도 짝짓기 하는 무리와 하지 않는 무리로 다시 나뉜다. 성체와 같이 무리 짓는 갓 태어난 새끼 돌고래들은 젖을 떼기까지 1~2년이 걸리며 젖을 떼면 더 큰 새끼들의 무리에 합류하고, 더 성장하면 성체 무리나 새끼와 성체가 섞인 무리에 합류한다.

먹이와 먹이 찾기

줄무늬돌고래의 먹이는 다양한 작은 물고기 떼와 두족류이다. 이 종은 먹이를 찾기 위해 수심 200~700m까지 내려가며, 깊은 물속에서 수직 방향으로 이동하는 물고기가 많은 저녁이나 밤에 사냥을 한다. 서식 범위 안에서 줄무늬돌고래는 계절에 따라 이동하는 따뜻한 해류의 앞부분을 따라 관찰되는 경우가 많다.

생활사

암컷은 5~13살, 수컷은 7~15살에 성적으로 성숙한다. 임신 기간은 12~13개월로 추정된다. 수컷과 암컷 모두 기대수명은 57~58년 정도이다.

보호와 관리

줄무늬돌고래는 전 세계적으로 널리 분포하며 개체수도 많다. 북태평양 서부에 150만 마리, 태평양 북동부와 열대지역에 150만 마리, 지중해 서부에 12만 마리 가까이 서식한다. 하지만 일본에서 많은 수의 돌고래를 사냥한 탓에 서식지에서 개체수가 꽤 줄어든 적이 있다. 몇몇 지역에서는 유망, 건착망, 다른 고기잡이 도구에 걸려들어 많은 수가 죽는다.

수컷/암컷

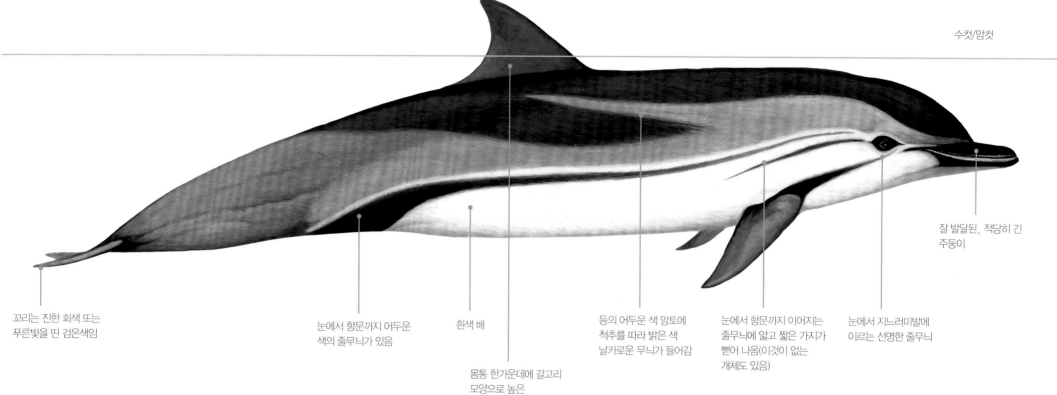

꼬리는 진한 회색 또는
푸른빛을 띤 검은색임

눈에서 항문까지 어두운
색의 줄무늬가 있음

흰색 배

몸통 한가운데에 갈고리
모양으로 높은
등지느러미가 있음

등의 어두운 색 망토에
척추를 따라 밝은 색
날카로운 무늬가 들어감

눈에서 항문까지 이어지는
줄무늬에 얇고 짧은 가지가
뻗어 나옴(이것이 없는
개체도 있음)

눈에서 지느러미발에
이르는 선명한 줄무늬

잘 발달된, 적당히 긴
주둥이

색깔 패턴

멀리서 보면 줄무늬돌고래는 대양에 사는 배가 흰 다른 돌고래와 혼동되기
쉽다. 하지만 눈에서 항문, 눈에서 지느러미발에 이르는 선명한 옆구리
무늬와, 몸통 중앙 등 쪽에 밝은 색 무늬가 들어가는 특징을 살피면 이
돌고래를 다른 종과 구별할 수 있다.

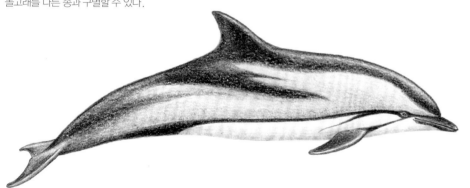

몸 크기

갓 태어난 새끼: 0.9~1m
성체: 암컷 2.2m, 수컷 2.4m

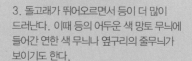

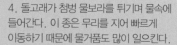

활동적인 종이지만 언제나
다음과 같이 눈에 띄는 수면
행동을 하지는 않는다.
하지만 독특한 색깔의 무늬가
있어서 무리 속에 섞인
개체들을 서로 식별할 수
있는 경우가 많다.

**수면에 올라왔다가
잠수하는 동작**

1. 적당히 튀어나온
잘 발달한 주둥이가 물
위로 나온다.

2. 그 다음으로 눈에 띄는
등지느러미가 등장한다. 흰색을
띤 몸통 아래쪽과 진한 색의
나머지 부분이 대조적이라 눈에
잘 띈다.

3. 돌고래가 뛰어오르면서 등이 더 많이
드러난다. 이때 등의 어두운 색 망토 무늬에
들어간 연한 색 무늬나 옆구리의 줄무늬가
보이기도 한다.

4. 돌고래가 첨벙 물보라를 튀기며 물속에
들어간다. 이 종은 무리를 지어 빠르게
이동하기 때문에 물거품도 많이 일으킨다.

대서양알락돌고래 ATLANTIC SPOTTED DOLPHIN

과명: 참돌고래과

종명: 스테넬라 프론탈리스 Stenella frontalis

다른 흔한 이름: 고삐돌고래

분류 체계: 아종은 확인되지 않았지만 두 가지 하위 형태가 있음(해안에 사는 몸집이 크고 육중한 무리와, 먼 바다에 사는 날씬한 무리)

유사한 종: 알락돌고래, 큰돌고래와 혼동되기 쉬움

태어났을 때의 몸무게: 알려져 있지 않음

성체의 몸무게: 143kg

먹이: 지역과 서식지 유형에 따라 굉장히 다양하지만, 해저의 물고기, 오징어, 무척추동물을 아우름

집단의 크기: 대개 1~15개체이며, 최대 50개체까지 무리를 지음. 이동할 때는 100개체가 무리 짓기도 함

주된 위협: 심각한 위협은 알려져 있지 않지만, 몇몇 지역에서 직접적인 사냥이나 부수어획이 문제가 될 수 있음

IUCN 등급: 자료 부족종

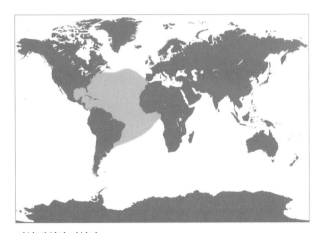

서식 범위와 서식지

이 종은 멕시코만을 포함한 대서양의 온대, 열대지방 토착종이지만 지중해에서는 서식하지 않는다. 해안에 사는 무리는 주로 대륙붕 위와 대륙붕 가장자리를 따라 서식한다. 그리고 먼 바다에 사는 무리는 대양의 섬 주변과 대륙사면 위에서 발견된다.

종 식별 체크리스트

- 다부진 보통 해양 돌고래류의 몸집
- 잘 발달된, 적당히 긴 주둥이
- 등 한가운데와 가까운, 갈고리 모양의 높은 등지느러미
- 대개 몸 윗면은 진한 색이고 옆구리는 회색이며, 아랫면은 흰색임. 개체의 연령에 따라 점박이 무늬는 다양하게 나타남
- 눈에서 지느러미발에 이르는 회색 줄무늬와, 어두운 색 망토 무늬를 관통해 등지느러미까지 이어지는 연한 색 반점이 있음
- 완전히 자란 개체는 위턱 주둥이 끝이 흰색임

해부학

대서양알락돌고래는 자라면서 몸 색깔 패턴이 여러 번 바뀐다. 갓 태어났을 즈음에는 흰색과 회색으로 이루어졌다가 조금 성장하면 작은 점이 생기고(몸통 아래쪽에는 검은색, 위쪽에는 흰색 점), 여기서 더 자라면 얼룩무늬가 생기며 성체가 되면 검은색과 흰색의 점박이 무늬가 나타난다. 성체는 위턱이나 주둥이 끝이 흰색인 점이 눈에 띄는 특징이다. 위턱에는 이빨이 32~42쌍, 아래턱에는 30~40쌍 있다.

행동

이 종은 군집성을 약간만 보일 뿐이라 대개는 최대 15개체로 이뤄진 작은 무리를 짓고, 가끔은 50~100개체가 무리를 짓는다. 대서양알락돌고래는 선박에 잘 다가오며, 묘기도 부릴 수 있다. 바하마 뱅크에 사는 무리들은 그동안 다이버들에게 익숙해져서 관광뿐 아니라 장기간에 걸친 연구 대상도 되었다. 대서양알락돌고래는 큰돌고래와 서식지가 많이 겹치며 가끔은 가까이 어울리기도 한다.

먹이와 먹이 찾기

이 종의 먹이 찾기 행동은 서식지에 따라 다양하다. 예컨대 바하마에 사는 무리는 깊은 바닷물에서 먹이를 찾는데, 먹잇감들이 표면으로 올라오는 밤 시간을 노린다. 하지만 낮이 되면 얕고 깨끗한 물에서 휴식을 취하면서 사회적 행동을 하며, 바닥 근처에 사는 물고기 떼를 잡아먹는다. 멕시코만에 사는 무리는 가끔 저인망 어선을 따라다니며 음식물 쓰레기를 주워 먹는다. 협동해서 물고기 떼를 몰아 사냥하기도 한다.

생활사

암컷은 8~15살에 성적으로 성숙하며, 1~5년의 간격을 두고 출산을 한다. 새끼가 죽지 않고 살아남은 어미의 출산 간격은 3.5년에 가깝다. 새끼를 돌보는 기간은 5년 정도이다. 그리고 알려진 최대 수명은 23년이다.

보호와 관리

비록 대서양이라는 대양 한 곳의 분지 토착종이지만, 대서양알락돌고래는 꽤 개체수가 많다. 미국 근해를 제외하고도 개체수를 정확하게 추정한 결과가 몇 가지 있는데, 여기에 따르면 대서양 해안을 따라 2만 7,000마리, 멕시코만 북부에 3만 7,000마리 서식한다. 주로 바닷가에 산다는 점을 생각하면 이 돌고래는 고기잡이 도구에 몸이 잘 얽힐 것으로 여겨진다.

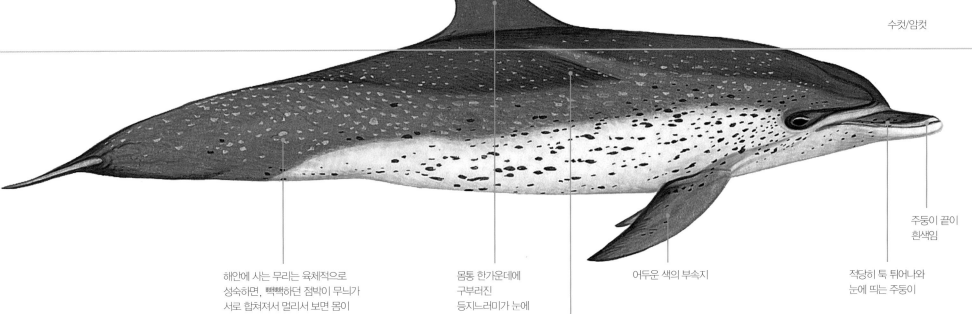

수컷/암컷

해안에 사는 무리는 육체적으로
성숙하면, 빽빽하던 점박이 무늬가
서로 합쳐져서 멀리서 보면 몸이
흰색인 것처럼 보임

몸통 한가운데에
구부러진
등지느러미가 눈에
띔

어두운 색 망토 무늬를 관통해
등지느러미까지 이어지는 연한
색 반점이 있음

어두운 색의 부속지

적당히 툭 튀어나와
눈에 띄는 주둥이

주둥이 끝이
흰색임

몸통의 무늬와 패턴

이 돌고래는 등은 진한 색이고 옆구리는 이보다 연하며 배에는 흰색인 기본적인 색깔 패턴이 있지만
새끼에서는 아직 나타나지 않는다. 새끼는 나이가 들면서 처음에는 점박이 무늬가 생겼다가 얼룩
반점이 나타나며, 나중에는 성체에서 볼 수 있는 것처럼 진한 색과 연한 색의 점이 서로 합쳐지고
점박이 무늬도 빽빽히게 많아진다.

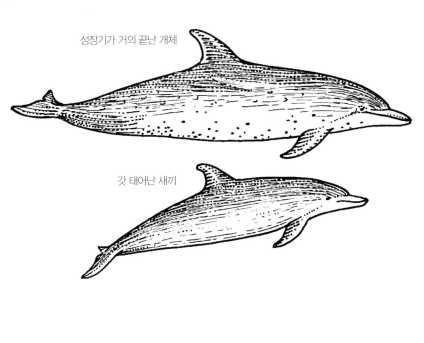

성장기가 거의 끝난 개체

갓 태어난 새끼

몸 크기

갓 태어난 새끼: 0.9~1.2m
성체: 1.7~2.3m

수면에 올라왔다가
잠수하는 동작

1. 활발하고 에너지가 넘치는
이 돌고래는 수면에
올라오면서 맨 처음 이마와
함께 잘 발달된 주둥이를 물
위로 내놓는다.

2. 그 다음으로 등
정중앙에 있는,
상대적으로 크고
꼿꼿하게 선
등지느러미가
드러난다.

3. 마지막으로 꼬리 연결대가
휘어진 채 물 밖으로
드러난다. 꼬리 연결대는
등지느러미와 꼬리를
연결하는 부위이다.

수면에서 보이는 동작

대서양알락돌고래를
관찰하다 보면 수면 위
동작도 구경할 수 있다.

이 돌고래는 빠르게 헤엄치며,
선박 가까이 다가와 뱃머리의
파도를 탄다. 그리고 묘기에
가까운 수면 동작을 선보인다.

스피너돌고래 SPINNER DOLPHIN

과명: 참돌고래과

종명: 스테넬라 론기로스트리스Stenella longirostris

다른 흔한 이름: 긴주둥이돌고래, 긴부리돌고래, 스피너쇠돌고래, 스피닝돌고래, 스피너, 하와이스피너돌고래

분류 체계: 네 아종이 확인되었다. 그레이스피너돌고래(스테넬라 론기로스트리스 론기로스트리스), 동부스피너돌고래(스테넬라 론기로스트리스 오리엔탈리스), 중앙아메리카스피너돌고래 (스테넬라 론기로스트리스 켄트로아메리카나), 난쟁이스피너돌고래(스테넬라 론기로스트리스 로세이벤트리스)이다.

유사한 종: 클리멘돌고래, 알락돌고래, 줄무늬돌고래, 참돌고래

태어났을 때의 몸무게: 10kg

성체의 몸무게: 75kg

먹이: 주로 해양 중층수에 사는 작은 물고기를 먹음

집단의 크기: 10~50개체가 일반적임

주된 위협: 직접 포획 또는 부수어획, 환경오염

IUCN 등급: 자료 부족종

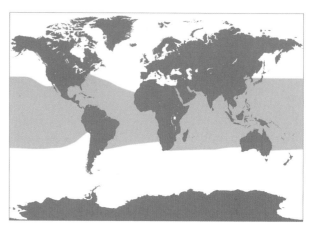

서식 범위와 서식지

이 돌고래는 열대, 아열대 대양에서 발견된다. 낮에는 얕은 만에서 휴식하다가 밤에는 먼 바다에 나가 먹이를 잡는다.

종 식별 체크리스트	
	• 몸이 길쭉하고 날씬하며 몸집이 작음
	• 주둥이가 길고 좁음
	• 눈에서 지느러미발까지 진한 색의 줄무늬가 이어짐
	• 지역에 따라 몸 색깔이 다양함
	• 지느러미가 몸통 중앙에 있음

해부학

스피너돌고래의 겉모습에서 보이는 특징은 지리적인 서식 범위에 따라 아주 다양하다. 예컨대 그레이스피너돌고래와 난쟁이스피너돌고래는 몸이 세 가지 색깔로 이루어졌으며 등에는 망토 무늬가 있고, 옆구리는 이보다 연한 회색이며 배 쪽은 흰색이다. 두 가지의 아종 모두 등지느러미가 살짝 갈고리 모양으로 휘어졌지만, 그레이스피너돌고래는 조금 더 삼각형으로 각이 져 있다. 한편 동부스피너돌고래는 몸통이 거의 진한 회색이며, 삼각형의 등지느러미가 앞으로 휘어져 있다. 이 아종의 수컷 성체는 등지느러미가 더 많이 앞으로 휘어졌으며, 항문 뒤편에 융기가 발달했다. 그리고 중앙아메리카스피너돌고래는 동부스피너돌고래의 가까운 친척이지만, 수컷 성체에 항문 근처 융기가 없다.

행동

스피너돌고래는 무리를 짓는 특성이 크며 1,000개체 이상이 떼를 짓기도 한다. 하지만 대개는 10~50개체로 이뤄진다. 스피너돌고래는 낮에는 대양의 섬 근처 수심이 얕고 모래 바닥인 만에서 휴식하며 대부분의 시간을 보낸다. 그리고 오후 늦게 먼 바다로 나와 바닷물 속에서 수직 방향으로 올라오는 먹잇감을 찾아 잡아먹는다.

먹이와 먹이 찾기

대부분의 스피너돌고래는 깊은 물에 살다가 저녁에 얕은 물로 올라오는 중층수에 사는 물고기를 주로 잡아먹는다. 단 난쟁이스피너돌고래는 해저나 산호 속에 사는 물고기, 무척추동물을 더 많이 먹는다.

생활사

스피너돌고래는 일 년 내내 계절을 가리지 않고 짝짓기를 하지만 출산을 가장 많이 하는 시기는 서식지와 아종에 따라 다양하다. 암컷은 4~7살에, 수컷은 7~10살에 성적으로 성숙한다. 임신 시기는 약 10개월 반이며 새끼는 평균적으로 3년마다 한 번씩 가진다. 기대수명은 20년 이상이다.

보호와 관리

열대 태평양 동부에 서식하는 스피너돌고래는 1960~1970년대 참치 건착망 어업으로 많은 수가 덩달아 잡혀 목숨을 잃었다. 타이만에서는 난쟁이스피너돌고래가 새우잡이 저인망에 사고로 걸려들기도 한다. 스리랑카나 카리브해, 인도네시아, 필리핀에서는 어업을 위한 미끼로 쓰거나 사람들이 잡아먹으려고 이 돌고래를 직접 포획하기도 한다. 일본이나 서아프리카에서도 이런 사냥이 가끔 일어난다.

수컷/암컷

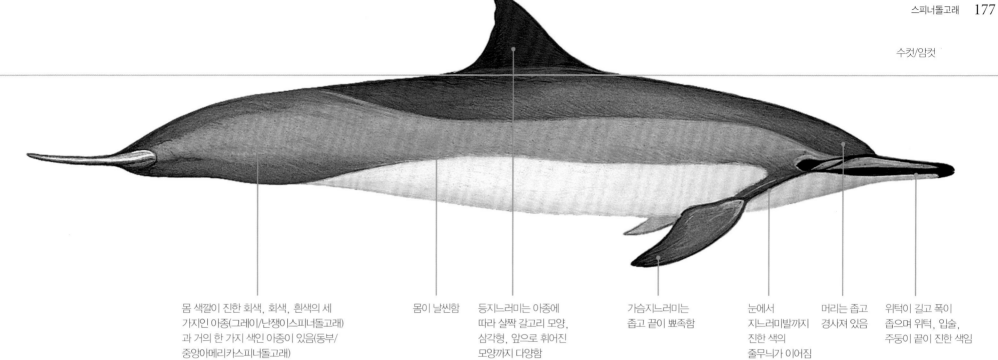

몸 색깔이 진한 회색, 회색, 흰색의 세 가지인 아종(그레이/난쟁이스피너돌고래)과 거의 한 가지 색인 아종이 있음(동부/중앙아메리카스피너돌고래)

몸이 날씬함

등지느러미는 아종에 따라 살짝 갈고리 모양, 삼각형, 앞으로 휘어진 모양까지 다양함

가슴지느러미는 좁고 끝이 뾰족함

눈에서 지느러미발까지 진한 색의 줄무늬가 이어짐

머리는 좁고 경사져 있음

위턱이 길고 폭이 좁으며 위턱, 입술, 주둥이 끝이 진한 색임

등지느러미의 모양

스피너돌고래에서 등지느러미의 모양은 아종이나 성별에 따라 상당히 다르다. 그레이스피너돌고래의 성체 수컷은 대개 약간 휘어진 삼각형 등지느러미를 가진다. 하지만 중앙아메리카스피너돌고래와 난쟁이스피너돌고래의 성체 수컷은 등지느러미가 앞으로 휘어져 있다. 한편 동부스피너돌고래의 성체 수컷은 등지느러미가 크고 앞으로 꽤 휘어진 모습이다.

중앙아메리카/
난쟁이스피너돌고래

동부스피너돌고래

그레이스피너돌고래

몸 크기

갓 태어난 새끼: 70~85cm
성체: 1.6~2.4m

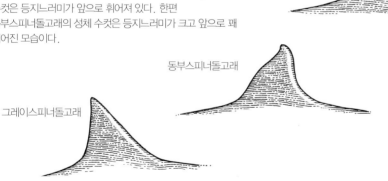

수면에 올라왔다가 잠수하는 동작

1. 먼저 위턱을 수면 위로 내민다.

2. 머리와 등이 드러나며, 이때 뿜어낸 물이 또렷이 보이지는 않는다.

3. 꼬리 연결대가 물속으로 가라앉고, 꼬리를 수면에 내려치는 행동을 보이지는 않는다.

해안에서는 이 돌고래가 선박을 쫓아와 뱃머리에 일어난 파도를 타는 일도 흔하다.

수면 위로 뛰어오르기

이 돌고래는 물 위로 몸통을 완전히 드러내며 훌쩍 뛰어올라 회전(스핀)을 하는 묘기를 종종 보여주기 때문에 '스피너돌고래'라는 이름이 붙었다. 어떤 개체는 한 번 뛰어올라 일곱 번을 회전하기도 한다. 뛰어올라 회전하는 동작을 연속으로 보여주는 경우도 종종 있다. 연령과 성을 가리지 않고 이 묘기를 보이며, 다른 고래류 가운데 이런 동작이 가능한 종은 없다. 스피너돌고래는 몸에 빨판상어가 붙는 경우가 많기 때문에 이런 기생 동물을 떼어내기 위해 격렬한 회전을 한다고 여겨진다.

뱀머리돌고래 ROUGH-TOOTHED DOLPHIN

과명: 참돌고래과

종명: 스테노 브레다넨시스 Steno bredanensis

다른 흔한 이름: 비스듬한 머리

분류 체계: 소탈리아속이나 오르카일라속의 여러 종과 가까움

유사한 종: 위에서 내려다보면 큰코돌고래와 구별하기 어려움

태어났을 때의 몸무게: 알려져 있지 않음

성체의 몸무게: 155kg

먹이: 수면 가까이에 사는 작은 물고기, 마히마히 같은 커다란 포식자 물고기, 오징어를 비롯한 두족류

집단의 크기: 평균적으로 10~30개체

주된 위협: 하와이섬, 무레아섬, 소시에테 제도의 타히티섬 근처에서 벌어지는 취미 낚시 때문에 먹잇감인 물고기가 감소하는 현상, 마우이나 더 흔하게는 미국 플로리다주의 동부 해안에서 여러 마리가 떼 지어 좌초하는 것

IUCN 등급: 관심 필요종

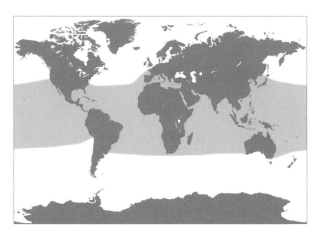

서식 범위와 서식지

이 종은 전 세계적으로 온대에서 열대 사이에 분포한다. 대양의 섬들 근처 깊은 물속에서 가장 많이 서식하지만, 가끔은 브라질의 대륙붕을 따라 얕은 물에서 발견되기도 한다.

종 식별 체크리스트	
	● 이마가 좁고 기울어짐
	● 햇볕이 닿는 등은 진한 회색이고, 햇볕이 안 닿는 배는 흰색임
	● 성체의 몸통 아래쪽과 밑면에 흰색 반점이 보임
	● 등지느러미가 살짝 갈고리 모양으로 휨
	● 이빨에 세로 방향으로 융기가 있음

해부학

뱀머리돌고래는 스테노속의 유일한 종이다. 머리뼈는 흑등돌고래류와 구별이 가지 않지만, 이빨 갯수가 다르다. 이 돌고래는 위턱에 19~26쌍, 아래턱에 19~28쌍의 이빨이 있다. 가슴의 지느러미발은 다른 고래류에 비해 뒤쪽에 있으며, 지느러미발의 길이가 전체 몸길이의 17~19퍼센트이다.

행동

유전학 연구와 사진식별법 연구 결과, 이 종은 자기들의 특정 서식지에만 머무르려는 습성을 가진다. 이런 행동과 함께 외부에서 오는 유전자의 흐름도 제한적이기 때문에, 뱀머리돌고래는 개체군의 구성이 섬처럼 고립되어 있다. 부상당하거나 아픈 개체를 돌보기, 다 같이 헤엄쳐 이동하기, 덩치 큰 먹잇감을 여럿이 힘을 합쳐 사냥하기 같은 행동을 보면, 이 돌고래는 사회적으로 조직화가 되어 있다. 호기심이 많고 물 위에 뜬 거품으로 장난하는 모습도 종종 관찰되며, 선박에 다가와 근처에 일어나는 물결을 탄다. 하지만 하와이나 타히티섬에서는 선박을 피하기도 한다. 다른 돌고래나 흑등고래류와 어울리는 일도 잦다.

먹이와 먹이 찾기

이 돌고래는 작은 물고기와 오징어를 먹는다. 동갈치나 날치같이 수면 근처에서 서식하는 종을 잡아먹는데, 가끔 다른 종과 같이 무리지어 사냥하기도 한다. 마히마히 같은 커다란 포식자 물고기를 여러 마리가 힘을 합쳐 사냥하는 모습도 관찰되었다.

생활사

기대수명은 36년 이상이다. 수컷은 14살에, 암컷은 10살에 성적으로 성숙한다. 암컷은 한 번에 새끼 한 마리를 낳고, 임신 기간은 알려져 있지 않지만 큰돌고래처럼 12개월 이상일 것이라고 추정된다. 평균적으로 10~30마리 정도가 무리를 짓는데 혼자인 개체와 쌍을 이룬 개체가 같이 어울린다. 큰 무리 규모가 관찰된 사례는, 하와이섬에서 약 90마리, 프랑스령 폴리네시아섬에서 150마리, 열대 태평양 동부에서 300마리로 구성된 무리였다.

보호와 관리

몇몇 섬 지역에서는 취미로 이뤄지는 사냥이 이 돌고래의 위협 요인이다. 미국령 사모아섬과 열대 태평양 동부에서는 고기잡이 도구에 몸이 얽힌다. 미국 플로리다주 동부 해안에서는 여럿이 떼를 지어 바닷가에 좌초하는 사례가 여러 번 있었고, 마우이섬에서도 이런 일이 한 번 관찰되었다.

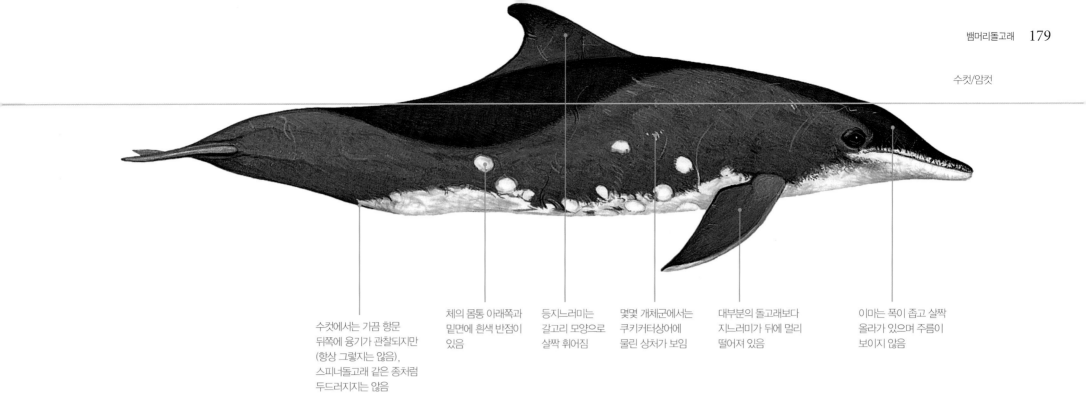

수컷/암컷

수컷에서는 가끔 항문
뒤쪽에 융기가 관찰되지만
(항상 그렇지는 않음),
스피너돌고래 같은 종처럼
두드러지지는 않음

체의 몸통 아래쪽과
밑면에 흰색 반점이
있음

등지느러미는
갈고리 모양으로
살짝 휘어짐

몇몇 개체군에서는
쿠키커터상어에
물린 상처가 보임

대부분의 돌고래보다
지느러미가 뒤에 밀리
떨어져 있음

이마는 폭이 좁고 살짝
올라가 있으며 주름이
보이지 않음

색깔 패턴과 지느러미발

뱀머리돌고래의 성체는 옆구리 아래쪽과 몸 밑면에 독특한 흰색 반점이
있다. 가슴의 지느러미발은 다른 고래류에 비해 뒤쪽에 있으며,
지느러미발의 길이가 전체 몸길이의 17∼19퍼센트이다.

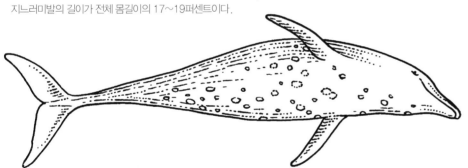

몸 크기

갓 태어난 새끼: 1m
성체: 최대 2.55∼2.8m, 평균 암컷 2.6m, 수컷 2.7m

수면에 올라왔다가 잠수하는 동작

1. 호흡하기 위해 물
위로 올라올 때 먼저
머리와 위턱 끝만 수면에
내놓는다. 이
돌고래에게서만 보이는
특징이다.

2. 이어 몸통이 물 밖으로
올라오고, 등지느러미가
드러나지만 하반신은 물에
잠겨 있다.

3. 호흡을 마치면
위턱이 물속에 다시
들어가고, 등이 조금
구부러진다.

4. 가끔 꼬리가 물
밖으로 드러나기도
한다.

5. 물 위에 올라올 때 몸통을 따라
물보라와 물거품이 많이 딸려오는
경우가 많다.

남방큰돌고래 INDO-PACIFIC BOTTLENOSE DOLPHIN

과명: 참돌고래과

종명: 투르시옵스 아둔쿠스Tursiops aduncus

다른 흔한 이름: 인도양큰돌고래, 해안큰돌고래

분류 체계: 자매 종인 큰돌고래와 가까운 친척임

유사한 종: 큰돌고래

태어났을 때의 몸무게: 9~18kg

성체의 몸무게: 175~200kg

먹이: 해저, 산호, 표층, 중층에 사는 물고기, 두족류

집단의 크기: 1~15개체. 드물게 수백 마리로 구성된 무리가 발견되기도 함

주된 위협: 서식지 파괴, 어구에 몸이 얽힘, 생태 관광

IUCN 등급: 자료 부족종

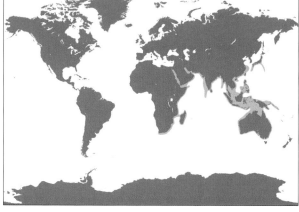

서식 범위와 서식지

열대, 온대지방 인도양과 태평양 서부의 섬 근처나 해안 가까이 대륙붕 위에 서식한다.

종 식별 체크리스트

- 몸이 날씬하고 위턱의 폭이 좁으며 길쭉함
- 등 표면이 진한 색에서 중간 색조의 회색임
- 배 쪽은 분홍빛을 띤 흰색임
- 연령에 따라 배 쪽에 반점이 있기도 함
- 큰코돌고래 등지느러미가 갈고리 모양인 데 비해 이 돌고래는 삼각형임

해부학

남방큰돌고래는 가까운 친척인 큰돌고래에 비해 몸이 날씬하고 길쭉하며, 위턱의 폭이 좁다. 등은 진한 회색이고, 등지느러미는 삼각형이거나 갈고리 모양으로 휘어 있다. 배는 연한 회색이며 몇몇 개체군 중에서 성체는 배에 진한 색의 점이 있다.

행동

이 종은 매일, 매 시간 무리를 지었다가 헤어지기를 거듭하면서 지낸다. 암컷과 수컷이 어울리는 정도는 암컷의 번식 상태와 연관된다. 성체 수컷은 짝짓기에 능동적인 암컷에 접근할 수 있도록 무리를 지으려 한다. 성체 암컷은 혼자서 다니기도 하고 동료와 대규모로 무리를 짓기도 한다. 새끼는 특정 무리에만 가담하며 다른 개체와 상호작용하는 일에 상당한 시간을 들인다.

먹이와 먹이 찾기

남방큰돌고래는 중층수나 산호초에 사는 물고기, 두족류를 먹고 사는데, 먹이나 사냥 전략은 개체군에 따라 다르고 개체 사이에서도 조금씩 다르다. 사냥은 개체가 혼자 하기도 하고 협동해서 하기도 한다. 특히 해면동물을 도구로 활용해 사냥을 한다는 사실이 고래류 가운데 처음으로 관찰되어 기록된 바 있다. 원뿔 모양 해

면동물을 위턱에 씌워 해저에 사는 먹잇감을 찾을 때 보호용 장비로 사용하는 것이다. 행동학, 유전학적인 연구에 따르면 이런 행동은 어미에서 자손, 특히 딸에게 전해진다. 수면 위로 뛰어올라 물고기를 잡고, 조개껍데기를 도구로 사용하며, 어선에서 버려진 어획물을 먹거나 어선에서 물고기를 받아먹는 등의 행동도 이런 방식으로 학습된다.

생활사

이 종의 평균수명은 약 40년이다. 암컷은 12~15살, 수컷은 10~15살에 성적으로 성숙한다. 출산과 짝짓기를 많이 하는 시기는 일 년 중 수온이 가장 높은 때이며, 임신 기간은 약 12개월이다. 새끼를 양육하는 기간은 3~5년이며, 생후 6개월이 되면 새끼가 젖을 떼고 고체 먹이를 먹는다. 출산과 출산 사이의 간격은 대개 3~6년이다.

보호와 관리

남방큰돌고래가 받는 주된 위협은 해안 개발에 따른 서식지 파괴이다. 또 사고로 그물에 몸이 얽혀 사람들에게 잡히거나, 생태 관광, 소음, 화학물질로 말미암은 해양 오염으로 위험에 처하기도 한다.

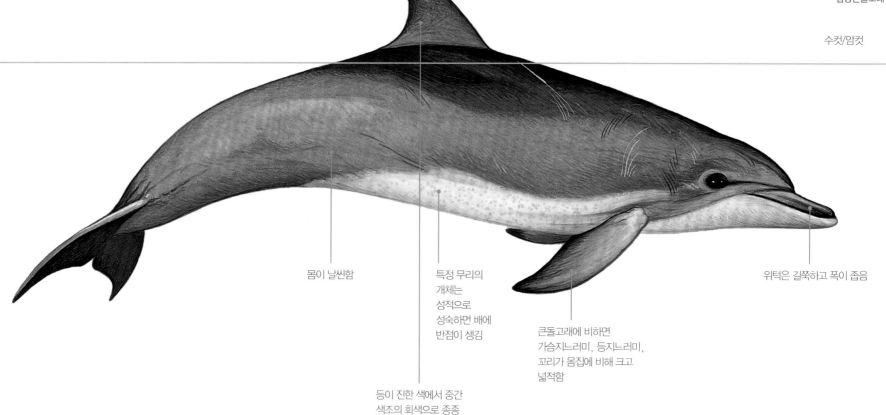

수컷/암컷

몸이 날씬함

특정 무리의 개체는 성적으로 성숙하면 배에 반점이 생김

등이 진한 색에서 중간 색조의 회색으로 종종 망토 모양을 함

큰돌고래에 비하면 가슴지느러미, 등지느러미, 꼬리가 몸집에 비해 크고 넓적함

위턱은 길쭉하고 폭이 좁음

등지느러미의 모양

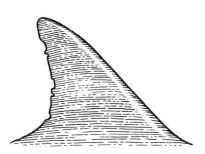

남방큰돌고래는 대부분 등지느러미 뒤쪽 가장자리에 울퉁불퉁하게 파인 독특한 자국이 있다. 새끼가 자라면서 같은 종의 성체들과 상호작용하며 생기는 자국이다. 개체에 따라 다르기 때문에 특정 개체를 알아보는 표식이 될 수 있다.

몸 크기

갓 태어난 새끼: 0.9~1.25m
성체: 1.8~2.5m

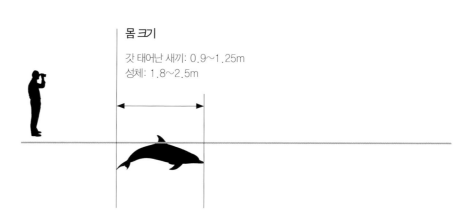

수면에 올라왔다가 잠수하는 동작

1. 먼저 위턱을 물 위로 불쑥 내미는 것이 이 돌고래의 특징이다. 이때 돌고래는 숨을 내쉰다.

2. 이어 머리와 등이 물 위로 나오고 분수공이 보인다. 이 시점에서 돌고래는 숨을 들이마신다.

3. 등지느러미와 몸통의 일부가 물 위로 드러난다. 물 아래로 들어가면서 등을 아치 모양으로 구부리며, 가끔은 완전히 가라앉기 전에 꼬리 연결대를 일부 노출하기도 한다.

먹이 찾기 잠수

먹이를 찾는 잠수 동작의 특징은 꼬리 연결대가 물 위로 보이는 것이다. 몸의 다른 부위보다 꼬리 연결대가 수면 위로 많이 드러난다.

먹이를 찾을 때는 꼬리를 드러내며 잠수하기도 한다. 그림처럼 꼬리 전체가 물 밖으로 노출되는 동작을 보인다.

이러한 두 가지 잠수 동작은 이 돌고래에서 많이 나타나며 먹이를 찾을 때뿐만 아니라 휴식하거나 다른 개체와 어울릴 때도 나타난다.

큰돌고래 COMMON BOTTLENOSE DOLPHIN

과명: 참돌고래과

종명: 투르시옵스 트룬카투스Tursiops truncatus

다른 흔한 이름: 병코돌고래

분류 체계: 두 개의 아종이 있음(투르시옵스 트룬카투스 폰키투스와 투르시옵스 트룬카투스 트룬카투스). 또 몇몇 지역에서는 해안과 먼 바다에 사는 생태형이 각기 다름

유사한 종: 인도태평양큰돌고래, 알락돌고래, 대서양알락돌고래, 큰코돌고래, 뱀머리돌고래

태어났을 때의 몸무게: 14~20kg

성체의 몸무게: 암컷은 최대 260kg, 수컷은 최대 650kg

먹이: 무리를 짓거나 짓지 않는 다양한 종류의 물고기, 새우, 문어, 오징어 같은 무척추동물

집단의 크기: 2~15마리가 가장 흔하지만, 먼 바다에서는 수백 마리가 떼를 짓기도 함. 집단의 크기는 번식 상태, 행동, 서식지에 따라 매우 다양함

주된 위협: 서식지 파괴, 사냥, 생포(전시용, 연구용, 군사적 목적), 몰이사냥, 부수어획, 인간에 의한 오염

IUCN 등급: 관심 필요종

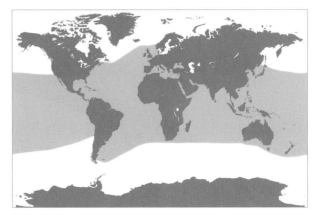

서식 범위와 서식지

이 종은 수온이 섭씨 10~32도인 열대, 온대지방에서 발견된다. 주로 대륙붕 위의 해안(만과 강어귀 포함)에서 서식하지만 가끔 먼 바다의 깊은 물속에 살기도 한다.

종 식별 체크리스트	
	• 몸통은 위쪽이 진한 회색에서 연한 회색이고 아래쪽이 분홍색을 띤 흰색임 • 다부진 위턱과 이마 사이에 눈에 띄는 주름이 있음 • 등지느러미가 높고 갈고리 모양임 • 지느러미가 등 한가운데에 있음

해부학

큰돌고래는 해상공원이나 수족관에 많이 산다. 그래서 고래류 가운데 사람들에게 잘 알려져 있고, 사람들이 잘 알아보는 종이다. 병코돌고래라는 별명이 있듯, 중간 정도 몸집의 이 돌고래는 위턱이 튼튼하고 병 모양이다. 갈고리 모양의 등지느러미 뒤쪽 가장자리를 따라 울퉁불퉁한 자국이 있어, 이 자국을 보고 개체를 식별할 수 있다. 이 종에는 암수의 모습이 다른 성적 이형성이 있어서 수컷이 암컷보다 3분의 1 더 크다. 먼 바다에 사는 개체는 바닷가 가까이에 사는 개체보다 몸집이 크다.

행동

큰돌고래는 잠수 시간이 상대적으로 짧고 뛰어오르기, 꼬리 내려치기, 머리 내밀기 같은 행동을 보이기 때문에 물 위에서 쉽게 눈에 띤다. 먹이를 찾거나 다른 개체와 어울리는 사회 행동을 할 때 이런 동작을 보인다. 또 선박 가까이 다가와 물결을 타는 행동도 자주 보여준다.

먹이와 먹이 찾기

이 돌고래는 떼를 짓거나 짓지 않은 다양한 종류의 물고기를 먹는다. 개별적으로 또는 여럿이 협력해서 물고기를 몰아 사냥한다.

생활사

큰돌고래는 사냥하거나 포식자들로부터 몸을 피하고 짝짓기를 하거나 새끼를 키우기 위해 그때그때 재빨리 무리를 지었다가 흩어진다. 무리의 규모는 다양하지만 대개 2~15마리로 이루어진다. 암컷은 양육을 하느라 다른 암컷과 단단히 무리를 짓기 때문에, 수컷은 암컷과 짝짓기를 하려고 다른 수컷과 협력한다. 암컷은 2~6년마다 새끼를 한 마리씩 낳으며, 임신 기간은 12개월이다. 야생 환경에서 큰돌고래는 50년 이상을 생존하며, 암컷이 수컷에 비해 조금 더 오래 산다.

보호와 관리

이 돌고래에 대한 주된 위협은 서식지 파괴와 감소, 사람들이 직접 잡아먹거나 미끼로 쓰기 위한 사냥, 선박과의 충돌, 부수어획, 몰이사냥, 환경오염 등이다. 비록 큰돌고래는 서식 범위 안에서는 개체수가 많은 편이라 관심 필요종으로 분류되지만, 해안 가까이에 사는 개체군은 사냥이나 서식지 파괴에 보다 취약하다. 예컨대 지중해, 흑해, 대만, 일본, 페루, 에콰도르, 칠레 근해가 특히 그렇다.

수컷/암컷

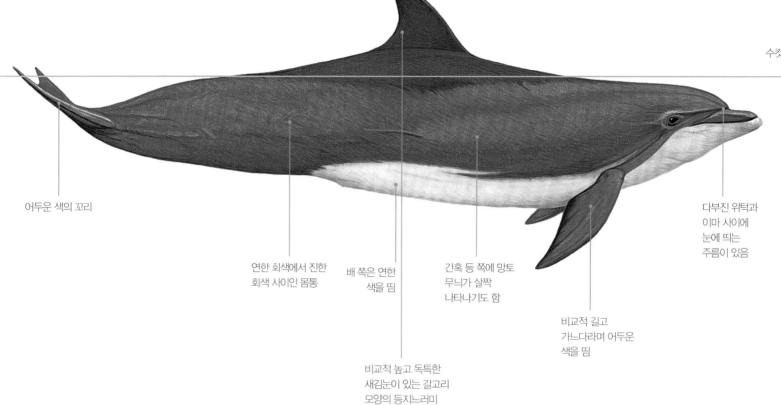

어두운 색의 꼬리

연한 회색에서 진한
회색 사이인 몸통

배 쪽은 연한
색을 띰

간혹 등 쪽에 망토
무늬가 살짝
나타나기도 함

비교적 높고 독특한
새김눈이 있는 갈고리
모양의 등지느러미

비교적 길고
가느다라며 어두운
색을 띰

다부진 위턱과
이마 사이에
눈에 띄는
주름이 있음

다양한 몸 색깔

큰돌고래는 전체적으로 몸 색깔이
회색이며 배 쪽으로 갈수록 색이 점점
연해진다. 남방큰돌고래와는 달리
배에 작은 반점이 거의 없다.

등 쪽은 연한 회색에서 진한 회색
사이임

배 쪽은 흰색에서 분홍색 사이임

몸 크기

갓 태어난 새끼: 0.8~1.4m
성체: 1.9~4.3m

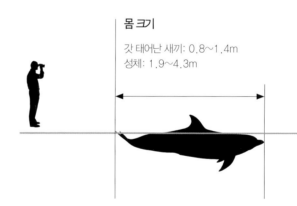

수면에 올라왔다가 잠수하는 동작

몸통을 매끄럽게 아치 모양으로 구부리며
분수공, 등지느러미, 등의 융기를 수면 위에
드러낸다.

뛰어오르기

위턱을 먼저 쑥 내밀고 이어 몸통을 수직 방향으로 솟구친
다음, 꼬리 연결대를 살짝 구부리면서 몸이 수평 방향이
되도록 공중에 떠 있다가 머리부터 물에 들어간다.

향유고래(오른쪽)

카리브해 도미니카 근해에서 향유고래
(피세테르 마크로케팔루스) 한 마리가
튀어나온 작은 아래턱을 열고 수면
근처에서 헤엄치고 있다.

이빨고래아목
향유고래과, 꼬마향고래과

향유고래과에는 향유고래라는 1종이 있으며, 비슷한 꼬마향고래과에는 향유고래보다 몸집이 훨씬 작고 덜 알려진 꼬마향유고래와 쇠향고래가 있다. 이 무리들은 모두 머리에 경뇌유(경랍) 기관이 있어서 향유고래라는 이름이 붙었다. 경뇌유 기관 안에는 고래가 소리를 내는 데 중요한 왁스 같은 액체가 들어 있다. 향유고래가 꼬마향유고래나 쇠향고래보다 이 기관의 크기가 훨씬 크고 눈에 잘 띈다.

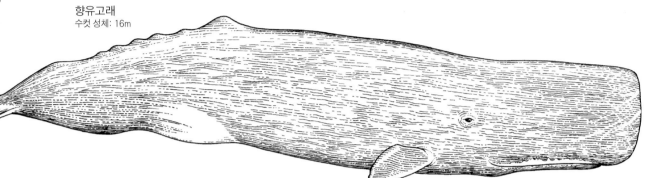

향유고래
수컷 성체: 16m

쇠향고래
수컷 성체: 1.9~2.6m

- 향유고래는 전 세계 대양분지에 고루 서식하는데, 암수의 서식지가 조금 다르다. 수컷 성체는 먼 거리를 이주하기 때문에 서식 구역이 더 넓으며, 남극과 북극의 고위도 지역에서도 발견된다. 한편 암컷과 새끼들은 서식 구역이 훨씬 좁으며 열대와 아열대의 깊은 바다에서 서식한다.
- 꼬마향유고래와 쇠향고래는 전 세계 열대와 온대지방의 바다에서 발견된다.
- 향유고래는 이빨고래류 가운데 몸집이 제일 커서, 성체의 몸길이가 11~16m이고 몸무게는 1만 5,000kg~4만 5,000kg에 달한다. 수컷 성체는 암컷 성체보다 훨씬 크고 무겁다.
- 꼬마향유고래와 쇠향고래는 향유고래보다 몸집이 훨씬 작다. 이 두 종의 성체는 몸길이가 2~3.3m이다.
- 향유고래는 몸 색깔이 갈색에서 회색이다. 그리고 꼬마향유고래와 쇠향고래는 진한 회색이다.
- 향유고래는 커다란 몸집과 화물 트레이너를 닮은 네모난 머리, 주름진 피부, 머리 앞쪽에 있으며 왼쪽에 치우친 분수공의 위치 등의 특징 때문에 바다 한가운데에서도 눈에 띈다.
- 그러나 꼬마향유고래와 쇠향고래는 바다 한가운데에서 종을 식별하기가 힘든데, 몸집이 작고 사람들 눈에 잘 띄지 않기 때문이다. 하지만 뭉툭한 머리 모양이 특징적인 편이고, 등지느러미의 위치와 크기로 꼬마향유고래와 쇠향고래를 구별할 수 있다.
- 향유고래류는 모두 물속 깊이까지 잠수하며, 아래턱이 조금 튀어나와 있고 수심 깊은 곳에서 먹이를 빨아들여 먹는다고 추정된다.

향유고래 무리의 몸 크기

지금껏 발견된 가장 큰 향유고래는 성체 수컷으로 몸무게가 약 4만 5,000kg에 달한다. 꼬마향유고래나 쇠향고래는 훨씬 작아서, 꼬마향유고래만 드물게 450kg을 넘는 정도이다.

향유고래 수컷
성체의 머리뼈

턱뼈는 경뇌유를 얻는 고래의
머리 조직, 비골, 경뇌유 기관이
한데 합쳐지는 단단한 뼈임

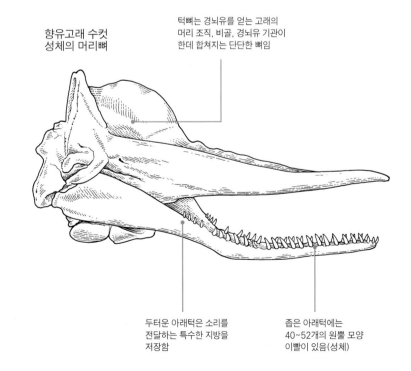

머리뼈

향유고래의 아래턱은 폭이 아주 좁고 조금 튀어나와 있으며 성체의 경우 40~52쌍의 원뿔형 이빨이 나 있다. 위턱은 향유고래의 경뇌유 기관과 비강, 다른 이빨고래류의 이마의 지방 덩어리 조직을 강하게 한데 붙드는 역할을 한다. 두꺼운 아래턱의 안쪽은 이빨고래류의 속귀까지 소리를 전달하는 데 쓰이는 특수한 지방 덩어리를 담고 있다. 또 향유고래의 두개골 바로 뒤에는 포유류 가운데 가장 큰 뇌가 자리해 보호받는다.

두터운 아래턱은 소리를
전달하는 특수한 지방을
저장함

좁은 아래턱에는
40~52개의 원뿔 모양
이빨이 있음(성체)

향유고래 SPERM WHALE

과명: 향유고래과

종명: 피세테르 마크로케팔루스Physeter macrocephalus

다른 흔한 이름: 향유고래, 말향고래

분류 체계: 향유고래는 향유고래과의 유일한 종이며, 훨씬 작은 꼬마향유고래, 쇠향고래와 가까운 친척임

유사한 종: 유사한 종이 없지만, 바다에 나가면 향유고래는 혹등고래나 귀신고래 같은 수염고래류와 혼동되기 쉬운데 몸집이 커서 멀리서 보면 비슷하기 때문임

태어났을 때의 몸무게: 500~1,000kg

성체의 몸무게: 암컷 1만 5,000kg, 수컷 4만 5,000kg

먹이: 두족류와 물고기

집단의 크기: 20~30마리(암컷과 새끼 무리들). 수컷 성체는 독립적으로 지내지만 어린 수컷들은 20마리 정도 유동적인 무리를 지음

주된 위협: 환경오염, 해양 쓰레기를 삼킴, 선박과의 충돌, 고기잡이 도구에 몸이 얽힘

IUCN 등급: 취약종

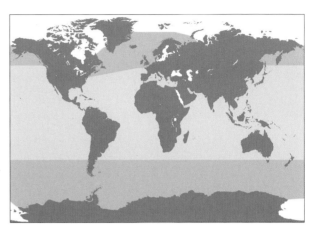

서식 범위와 서식지

향유고래는 전 세계 모든 대양에서 고루 발견되는 종이다. 하지만 수컷과 암컷은 서로 다르게 분포한다. 남극과 북극 근처에서는 수컷 성체만 발견되며, 암컷과 성숙하지 않은 새끼들은 대개 열대와 아열대 대양분지(그림에서 연한 색으로 표시된 지역)의 깊은 물에서 발견된다. 수컷 성체는 짝짓기 철에 따뜻한 바다로 이주한다.

종 식별 체크리스트

- 위턱에는 이빨이 없음
- 피부에 주름이 짐
- 성체는 머리가 크고 사각형임
- 성체는 아래턱에 40~52개의 원뿔형 이빨이 있음
- 분수공은 머리 앞, 왼쪽에 있으며 낮고 비스듬하게 물을 뿜음
- 몸집이 큼

해부학

향유고래는 이빨고래류 가운데 가장 몸집이 크며 암수 간의 성적 이형성 또한 대단히 큰 종이다. 수컷 성체는 암컷 성체보다 몸무게가 세 배이고 몸길이도 더 길며, 사각형 머리가 크고 눈에 잘 띈다. 향유고래라는 이름은 이 고래 머리에 경뇌유 기관이 있어서 붙은 이름이다. 이 기관 안에는 소리를 내는 데 활용하는 밀랍 같은 액체가 들어 있다. 경뇌유 기관에는 비강 복합체가 포함되는데 그 전체 길이는 몸길이의 3분의 1에 이를 정도이다. 향유고래는 머리뼈가 비대칭적이며, 그 때문에 분수공이 머리 왼쪽 앞에 치우쳐 있다. 이 고래는 포유류 가운데 뇌가 가장 크다. 이빨은 아래턱에만 있는데, 성적으로 성숙한 이후에 돋기 시작한다.

행동

수컷과 암컷은 서식 범위와 행동이 아주 다르다. 향유고래는 여럿이 무리를 지으며, 20~30마리의 성체 암컷과 새끼 암컷이 섞인 모계 중심의 무리를 이룬다. 이런 암컷 중심의 무리는 열대와 아열대 지방의 수심 깊은 물에서 주로 발견된다. 성체처럼 깊이 잠수할 수 없는 새끼 고래는 수면 가까이에서 지내는데 그러면 성체 암컷이 같이 머무르며 돌봐준다. 외부의 위협을 받으면, 암컷은 무리의 다른 구성원과 새끼를 지키기 위해 위험을 무릅쓰고 방어를 위한 진을 꾸린다. 젊은 수컷은 4살에서 21살 사이에 자기가 태어난 무리를 떠나 자유롭게 만났다가 헤어지는 수컷 무리에 들어가며, 고위도 지역으로 이동한다. 남극과 북극 근처에서 발견되는 향유고래는 오직 성체 수컷뿐이다. 성체 수컷은 암컷 무리를 방문해 짝짓기를 할 때 열대와 아열대로 이동한다. 암컷은 대양분지를 가로지르는 성체 수컷에 비해 서식 범위가 훨씬 좁다. 하지만 암컷과 수컷 모두 먹잇감이 풍부한 바닷물 속에서 더 많이 서식한다.

먹이와 먹이 찾기

향유고래는 엄청나게 많은 양의 먹잇감을 삼키는 것으로 잘 알려져 있다. 커다란 덩치를 유지하기 위해서는 매일 자기 몸무게의 약 3퍼센트에 해당하는 먹이를 먹어치워야 한다. 전 세계를 통틀어 향유고래가 먹어 없애는 생물량은 전 세계 연간 어획량과 거의 비슷할 정도이다. 하지만 향유고래의 먹잇감과 인간이 잡는 해산물은 종류가 거의 겹치지 않는다. 먹이를 찾는 향유고래는 깊은 바다에서 두족류를 많이 먹는데, 그 중에는 대왕오징어나 훔볼트오징어 같은 커다란 오징어류가 포함된다. 이들 고래는 해저에 사는

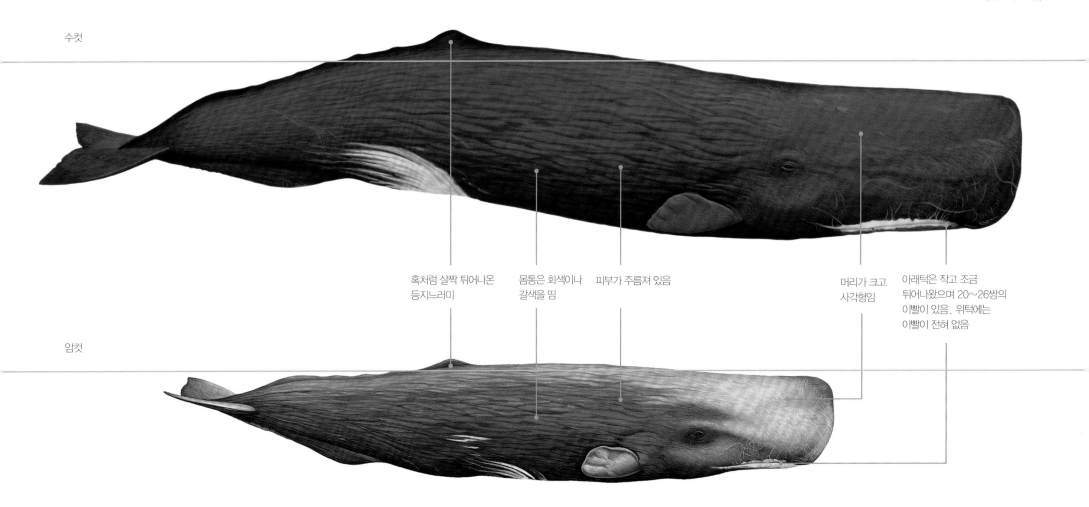

수컷

암컷

혹처럼 살짝 튀어나온
등지느러미

몸통은 회색이나
갈색을 띰

피부가 주름져 있음

머리가 크고
사각형임

아래턱은 작고 조금
튀어나왔으며 20～26쌍의
이빨이 있음. 위턱에는
이빨이 전혀 없음

머리뼈 전두낭 경뇌유
기관
덮개 왼쪽
비강
분수공

원위낭

경뇌유 기관

향유고래라는 이름은 이 고래가
갖고 있는 커다란 경뇌유 기관
때문에 붙여졌다. 이 기관은
비강 복합체 같은 다른 구조물과
같이 붙어 있으며 고래 몸길이의
거의 3분의 1을 차지한다.
경뇌유 기관 안에는 고래가
소리를 내는 데 필요한 기름이
가득 들어 있다.

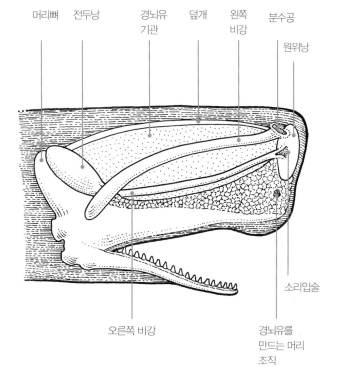

오른쪽 비강

경뇌유를
만드는 머리
조직

소리입술

몸 크기

갓 태어난 새끼: 4m
성체: 수컷 16m, 암컷 11m

물고기도 잡아먹는다. 사람들에게 사로잡히거나 좌초된 향유고래의 위장 속을 조사해보면 아주 다양한 먹이와 먹이가 아닌 물체들이 발견된다.

생활사

향유고래는 수명이 60~70년이고, 이보다 더 오래 살 수도 있다. 암컷은 9살 정도에 성적으로 성숙하며 30살까지는 계속 성장한다. 수컷은 조금씩 성장하기 때문에 10살 정도에 성적인 성숙이 시작되지만 20살은 되어야 성숙이 끝난다. 수컷은 암컷 몸무게의 세 배가 될 때까지 몸이 자라는데 이때의 나이는 45~50살이다. 암컷은 4~6년마다 한 마리씩 새끼를 낳으며 나이가 들면서 출산 사이의 간격이 점점 길어진다. 임신 기간은 14~16개월이다. 새끼는

1살이 되기 전에 젖 대신 고체 먹이를 먹기 시작하지만, 적어도 2살까지는 젖을 떼지 못한다. 향유고래는 출산율이 낮은 편이기 때문에 사람들의 포획에 큰 영향을 받는 취약종이다.

보호와 관리

향유고래는 1988년 포획이 금지되기 전까지 전 세계적으로 큰 바다에서 사냥되었다. 사람들이 사냥하기 전에는 전 세계적으로 110만 마리가 서식했으리라 추정된다. 하지만 지금은 큰 바다에 36만 마리 정도가 남아 있을 뿐이다. 사냥이 금지되면서 향유고래의 개체수는 천천히 회복되고 있지만 여전히 다양한 종류의 위협을 받고 있다. 예컨대 몇몇 지역에서 원시적인 수단으로 소규모로 행해지는 고래잡이, 선박과의 충돌 등이다. 또 향유고래는 비닐봉지 같

은 해양 쓰레기를 삼키면 목숨을 잃을 수도 있고 고기잡이 도구에 몸이 얽히거나 소음, 해양오염, 질병이 발생하여 괴로움을 겪기도 한다.

사회적 행동

향유고래는 무리를 이루는 것을 아주 좋아해서 복잡한 사회 속에서 생활한다. 아래 사진은 대서양 아조레스 제도 바다에서 향유고래 성체들과 갓 태어난 새끼가 어울리는 모습이다.

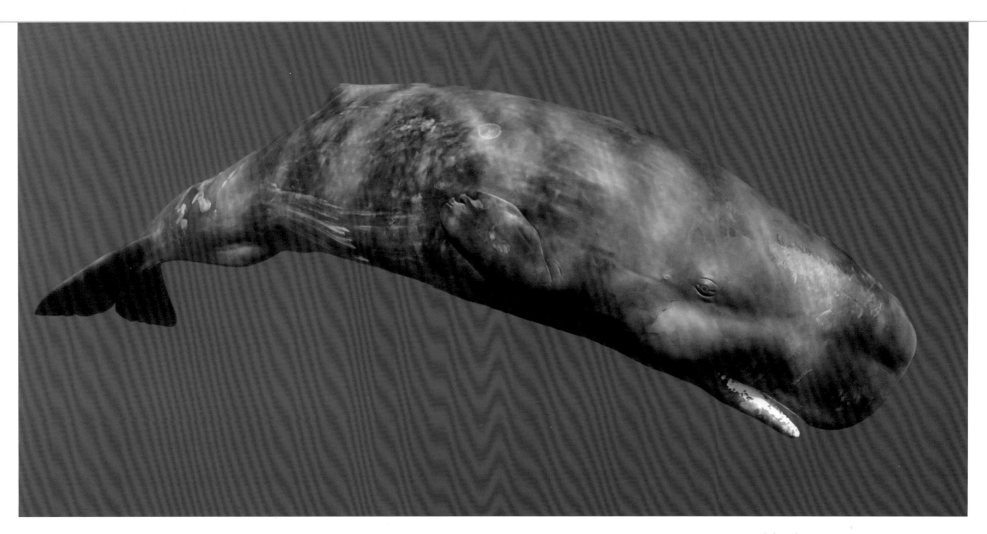

어린 고래

6~11살 사이의 어린 향유고래 암컷 한 마리가
카리브해 도미니카 공화국 근처 바다에서 구경꾼들을
살피고 있다. 어린 암컷은 성체 암컷이 주도하는
무리에 머무르면서 성체로 자란다.

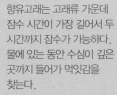

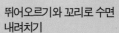

향유고래는 고래류 가운데
잠수 시간이 가장 길어서 두
시간까지 잠수가 가능하다.
물에 있는 동안 수심이 깊은
곳까지 들어가 먹잇감을
찾는다.

**수면에 올라왔다가
잠수하는 동작**

1. 머리 왼쪽 앞에
있는 분수공에서
낮고 비스듬하게
물을 내뿜는다.

2. 깊이 오래 잠수하기 위해,
향유고래는 등을 아치
모양으로 구부린다. 혹
모양의 등지느러미는 똑바로
위를 향한다.

3. 향유고래는 꼬리를 수평
방향으로 물 위에 내놓으면서
기나긴 잠수를 시작한다.

**뛰어오르기와 꼬리로 수면
내려치기**

복잡하게 무리를 이루는
사회적인 종인 향유고래는 수면
위로 뛰어오르거나 꼬리,
지느러미발로 수면을 내려쳐서
큰 소리를 낸다.

꼬마향유고래 PYGMY SPERM WHALE

과명: 꼬마향고래과

종명: 코기아 브레비켑스Kogia breviceps

다른 흔한 이름: 쇠향유고래, 꼬마향고래

분류 체계: 쇠향고래와 가장 가깝고, 향유고래와는 조금 가까움

유사한 종: 쇠향고래

태어났을 때의 몸무게: 53kg

성체의 몸무게: 수컷 234~374kg, 암컷 301~480kg

먹이: 두족류, 물고기, 깊은 바다에서 사는 새우

집단의 크기: 1~3마리

주된 위협: 물속 소음, 해양 쓰레기, 작살 사냥, 다이너마이트를 활용한 어획, 가끔 다른 물고기를 잡으려는 유망에
몸이 얽힘

IUCN 등급: 자료 부족종

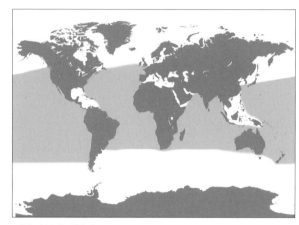

서식 범위와 서식지

이 종은 전 세계 주요 대양의 온대, 열대지역 바닷물에서 서식한다.
먹잇감이 남아프리카와 대만 인근에 남아 있기 때문에 꼬마향유고래는
대륙붕 가장자리 너머의 바닷물에서 사는 경향이 있다. 여기에 비하면
쇠향고래는 대륙사면 같이 해안에 더 가까운 바닷물에서 산다.

**종 식별
체크리스트**

- 위턱에 이빨이 없음
- 전체 몸길이 대 등지느러미의
  비율이 5퍼센트 미만임
- 등지느러미의 위치는 등의 3분의
  2 지점임
- 아래턱이 튀어나옴
- 머리 모양이 사각형임

해부학

꼬마향유고래는 쇠향고래보다 몸집이 크지만, 두 고래 모두 머리
가 사각형이고 아래턱이 튀어나와 있다. 꼬마향유고래의 등지느
러미는 몸집에 비해 작으며, 꼬리 방향으로 등의 3분의 2 지점에
있다. 이 종은 아래턱에만 적은 수의 이빨이 있다. 눈 뒤에는 아가
미틈과 비슷하게 생긴 무늬가 있다. 꼬마향유고래와 쇠향고래 모
두 향유고래와 비슷한 작은 경뇌유 기관을 가졌다.

행동

꼬마향유고래는 바다에서 활발한 활동을 보이지는 않는다. 날씨
가 좋고 바다가 잔잔하지 않으면 모습을 잘 드러내지도 않는다. 움
직이지 않은 채 수면 위에 떠 있는 모습도 종종 관찰된다. 선박이
다가오면 물속에 오랫동안 잠수해 밖으로 나오지 않는다. 놀라면
항문에서 진한 갈색의 액체를 배출하는데, 이 액체가 물속에서 진
한 구름처럼 뿜어지기 때문에 포식자에게서 몸을 피하는 데 도움
이 된다고 여겨진다. 1~3마리로 이뤄진 무리를 짓는다.

먹이와 먹이 찾기

이 고래는 주로 두족류를 먹지만 깊은 물속에 사는 물고기나 새우
도 먹는다. 아래턱에 조그만 이빨이 있는 것으로 보아 먹잇감을 흡
입해서 먹는 것으로 보인다. 좌초한 개체의 위장 속 내용물이 사
는 깊이를 생각해보면, 이 종은 바다 쪽으로 향하는 대륙사면에서
먹이를 먹는다. 꼬마향유고래가 먹이를 구하는 지역은 쇠향고래
와 겹친다. 하와이에 서식하는 이 고래는 먹이를 구하려고 수심
800~1,200m 아래까지 잠수한다.

생활사

꼬마향유고래의 수명은 20년 이상이다. 이 고래는 3~5살에 성적
으로 성숙하며, 암컷은 그 이후로 거의 매년 새끼를 낳는다. 연구
결과 이 종은 몇몇 지역에서 특정 계절에 짝짓기를 한다. 임신 기
간은 11~12개월로 추정된다.

보호와 관리

꼬마향유고래는 물속 소음에 취약하다. 바다에 버려진 쓰레기를
삼켰다가 죽음에 이르기도 한다. 그뿐만 아니라 심해에 설치한 유
망이나 선박과의 충돌, 작살이나 다이너마이트 어업도 위협적이
다. 전체적으로 이 종에 대해서는 알려진 바가 많지 않다.

수컷/암컷

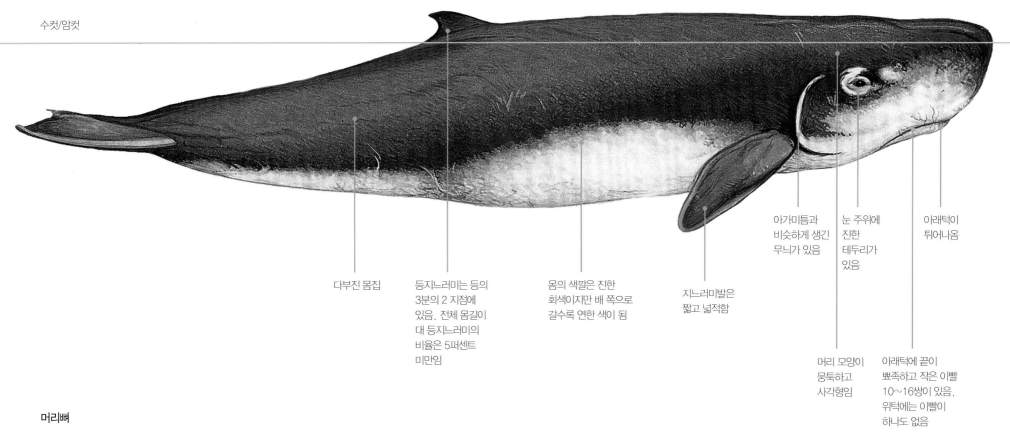

다부진 몸집

등지느러미는 등의 3분의 2 지점에 있음. 전체 몸길이 대 등지느러미의 비율은 5퍼센트 미만임

몸의 색깔은 진한 회색이지만 배 쪽으로 갈수록 연한 색이 됨

지느러미발은 짧고 넓적함

아가미틈과 비슷하게 생긴 무늬가 있음

눈 주위에 진한 테두리가 있음

아래턱이 튀어나옴

머리 모양이 뭉툭하고 사각형임

아래턱에 끝이 뾰족하고 작은 이빨 10~16쌍이 있음. 위턱에는 이빨이 하나도 없음

머리뼈

꼬마향유고래는 머리뼈가 사각형인 것이 특징이다. 그에 따라 곁에서 볼 때도 머리가 각이 져 있다. 머리뼈는 폭이 넓으며 주둥이가 아주 짧다. 머리뼈는 좌우 비대칭이어서 분수공은 머리의 왼쪽에 치우쳐 있다. 위턱에는 이빨이 하나도 없다.

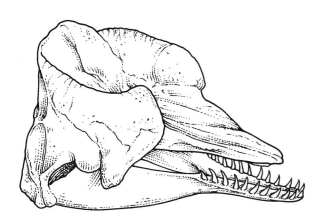

몸 크기

갓 태어난 새끼: 1.2m
성체: 암컷 2.6~3.2m, 수컷 2.4~3.3m

수면에 올라왔다가 잠수하는 동작

1. 꼬마향유고래는 물 위에서 가만히 떠 있는 것이 특징이다. 마치 물 위에 뜬 통나무처럼 보인다.

2. 이 종은 가끔 몸을 구부려 물속으로 잠수한다. 물에 들어가면서 수직으로 잠수해 사라지는 경우가 더 많다.

쇠향고래 DWARF SPERM WHALE

과명: 꼬마향고래과

종명: 코기아 시무스Kogia sima

다른 흔한 이름: 난쟁이향유고래

분류 체계: 꼬마향유고래와 가장 가깝고, 향유고래와는 조금 가까움

유사한 종: 꼬마향유고래

태어났을 때의 몸무게: 14kg

성체의 몸무게: 암컷 169~264kg, 수컷 111~303kg

먹이: 두족류, 물고기, 깊은 바다에 사는 새우

집단의 크기: 1~8마리

주된 위협: 물속 소음, 해양 쓰레기, 작살 사냥, 다이너마이트를 활용한 어획, 가끔 다른 물고기를 잡기 위한 유망에 몸이 얽힘

IUCN 등급: 자료 부족종

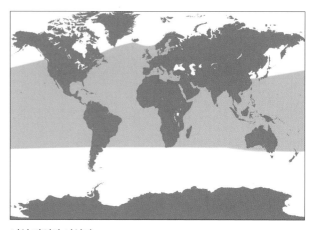

서식 범위와 서식지

이 종은 열대, 온대지방의 전 세계 주요 대양분지에서 서식한다. 하와이에서는 이 종이 수심 1,000~1,500m에서 가장 많이 발견된다. 먹잇감이 남아프리카와 대만 인근에 남아 있기 때문에 쇠향고래는 대륙붕 가장자리와 대륙사면 위에서 살며, 꼬마향유고래에 비해 해안에 가까운 대륙붕에 더 흔하게 서식할 것이다.

종 식별 체크리스트
• 위턱에도 이빨이 있음
• 등지느러미가 전체 몸길이에서 차지하는 비율이 5퍼센트 이상임
• 등지느러미가 등 한가운데에 있음
• 아래턱이 튀어나옴
• 머리가 사각형임

해부학

쇠향고래는 꼬마향유고래보다 몸집이 작지만, 두 종 모두 머리가 사각형이고 아래턱이 나와 있다. 쇠향고래의 등지느러미는 꼬마향유고래에 비하면 몸집보다 큰 편이고, 위치도 등 한가운데이다. 두 종은 모두 아래턱에 적은 수의 이빨이 있지만, 쇠향고래는 위턱에도 이빨이 있다. 눈 뒤에는 아가미틈처럼 생긴 무늬가 있다. 꼬마향유고래와 쇠향고래는 모두 향유고래같이 경뇌유 기관이 있는데 조금 작다.

행동

쇠향고래는 바다에서 활발한 활동을 보이지는 않는다. 날씨가 좋고 바다가 잔잔하지 않으면 모습을 잘 드러내지도 않는다. 움직이지 않은 채 수면 위에 떠 있는 모습도 종종 관찰된다. 선박이 다가오면 물속에 오랫동안 잠수해 밖으로 나오지 않는다. 이 고래는 항문에서 분비물을 내보내 포식자의 시야를 가려 자기 몸을 지키기도 한다. 1~8마리로 구성된 무리를 짓는다.

먹이와 먹이 찾기

쇠향고래의 먹이는 주로 두족류이지만 깊은 물속에 사는 물고기와 새우도 먹는다. 아래턱에 조그만 이빨이 있는 것으로 보아 먹잇감을 흡입해서 먹는 것으로 보인다. 좌초한 개체의 위장 속 내용물이 사는 깊이를 생각해보면, 이 종은 대륙사면과 대륙붕에서 먹이를 먹는다. 쇠향고래가 먹이를 구하는 지역은 꼬마향유고래와 겹친다. 하지만 쇠향고래는 더 바닷가 근처에서 먹이를 찾으며 먹이의 크기도 살짝 작다.

생활사

쇠향고래는 수명이 20년 정도밖에 되지 않는다. 이 종은 3~5살에 성적으로 성숙하며 암컷은 그 이후로 매년 새끼를 한 마리씩 낳는다. 연구 결과 이 종은 몇몇 지역에서 특정 계절에 짝짓기를 한다. 임신 기간은 11~12개월로 추정된다.

보호와 관리

쇠향고래는 물속 소음에 취약하다. 바다에 버려진 쓰레기를 삼켰다가 죽음에 이르기도 한다. 그뿐만 아니라 심해에 설치한 유망이나 선박과의 충돌, 작살이나 다이너마이트 어업도 위협적이다. 전체적으로 이 종에 대해서는 알려진 바가 많지 않다.

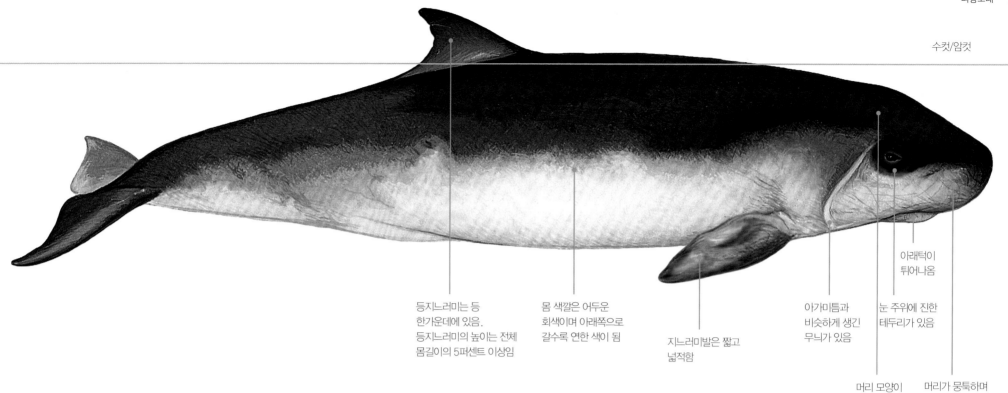

수컷/암컷

등지느러미는 등
한가운데에 있음.
등지느러미의 높이는 전체
몸길이의 5퍼센트 이상임

몸 색깔은 어두운
회색이며 아래쪽으로
갈수록 연한 색이 됨

지느러미발은 짧고
넓적함

아가미틈과
비슷하게 생긴
무늬가 있음

눈 주위에 진한
테두리가 있음

아래턱이
튀어나옴

머리 모양이
뭉툭하고
사각형임

머리가 뭉툭하며
다부진 몸집을 가진
데 비해, 아래턱의
이빨은 7~12쌍으로
뾰족하고 작음.
위턱에도 이빨이 몇
쌍 있기도 함

머리뼈의 모양

쇠향고래는 머리뼈가 사각형인 것이 특징이다. 그에 따라 겉에서 볼 때도
머리가 각이 져 있다. 머리뼈는 폭이 넓으며 주둥이가 아주 짧다. 머리뼈는
좌우 비대칭이어서 분수공은 머리의 왼쪽에 치우쳐 있다.

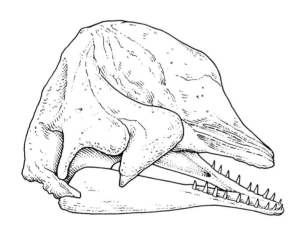

몸 크기

갓 태어난 새끼: 1m
성체: 암컷 2.1~2.7m, 수컷 1.9~2.6m

수면에 올라왔다가 잠수하는 동작

1. 쇠향고래는 물 위에서 가만히 떠 있는 것이
특징이다. 마치 물 위에 뜬 통나무처럼 보인다.

2. 쇠향고래는 수면
아래로 부드럽게
들어가기도 하고,
수직으로 몸을 세워
잠수하기도 한다.

일각돌고래와 흰고래는 모두 무리 짓는 습성이 강해서 이주 철이 되면 대규모로 떼를 짓는다. 이들은 여럿이 모여 강어귀에서 얕은 강바닥에 피부를 비벼 각질을 없애기도 하고, 겨우내 얼음 빙하 사이에서 같이 지내기도 한다. 오른쪽 사진은 캐나다 북부의 한 강어귀에서 7~8월에 여러 마리의 흰고래들이 모여 강바닥에 피부를 비비는 모습이다.

이빨고래아목
외뿔고래과

외뿔고래과 안에 현존하는 종은 일각돌고래와 흰고래 2종 뿐이다. 이들은 이빨고래류 가운데 몸집이 중간 정도이며 북반구에서만 서식한다. 일각돌고래는 북극의 대서양 지역에서만 제한적으로 서식하지만, 흰고래는 서식 범위가 더 넓어서 북극과 조금 더 따뜻한 바닷가를 포함한 극지방 거의 전체에 걸쳐 분포한다. 두 종은 다소 고립된 채 무리 지어 생활하는데, 어떤 무리는 바다에 얼음이 얼면 먼 거리를 이주하기도 하고 어떤 무리는 같은 지역에 일 년 내내 머무르기도 한다.

'일각고래과'는 이빨이 하나라는 것을 뜻하는데, 바로 일각돌고래의 독특한 구강구조 때문에 붙은 이름이다. 이 종은 엄니 하나가 윗입술 왼쪽에서 길게 뻗어 나와 있는데, 그 길이는 2.6m에 이르며 겉은 나선 모양으로 감겨 있다. 한편 흰고래는 최대 34개의 이빨을 갖고 있으며 닳아 있는 경우가 많아 먹이를 씹기에는 적당하지 않다.

- 두 종 모두 태어날 때 몸 색깔이 진한 갈색이나 회색이고, 나이가 들면서 색깔이 변한다.
- 두 종 모두 등에 지느러미보다는 융기가 있다. 이것은 바다 위에 얼음이 많이 떠다니는 환경에서 적응한 결과로 추정된다.
- 이들은 청각이 아주 뛰어나며 목소리를 잘 활용한다. 예컨대 의사소통을 하는 데 다양한 종류의 소리를 활용하며, 반향정위를 위해 딸깍 소리를 낸다.
- 두터운 지방층이 있어서(두께 10mm) 추운 날씨에 체온을 보호해주며 식량을 구하지 못해도 한동안 에너지를 가져다 쓰는 저장고 역할을 한다.
- 외뿔고래과 종들은 수명이 꽤 길고 보다 늦은 나이에 성적으로 성숙하며 2~3년 간격을 두고 새끼를 한 마리씩 낳는다.
- 두 종 모두 군집성이 있으며 작은 무리를 지어 같이 이동한다. 더 넓은 지역에 사는 개체군은 수백 마리가 큰 무리를 짓기도 한다.
- 두 종 모두 바다에 떠다니는 얼음 근처에서 자주 시간을 보내는데 그에 따라 가끔 여러 마리가 얼음 사이에 갇혀 옴짝달싹 못하는 경우가 있다.

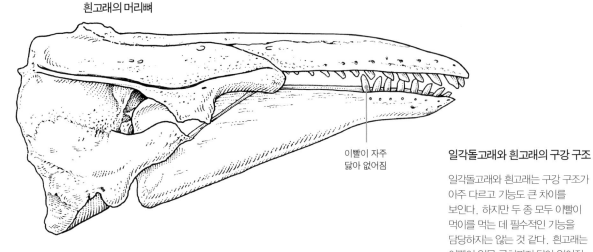

흰고래의 머리뼈

이빨이 자주 닳아 없어짐

일각돌고래와 흰고래의 구강 구조

일각돌고래와 흰고래는 구강 구조가 아주 다르고 기능도 큰 차이를 보인다. 하지만 두 종 모두 이빨이 먹이를 먹는 데 필수적인 기능을 담당하지는 않는 것 같다. 흰고래는 이빨이 잇몸 근처까지 닳아 없어진 경우가 많고 먹이를 붙잡는 정도로만 사용된다.

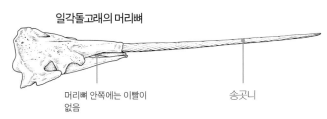

일각돌고래의 머리뼈

머리뼈 안쪽에는 이빨이 없음

송곳니

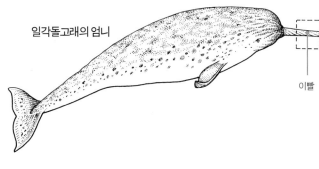

일각돌고래의 엄니

이빨

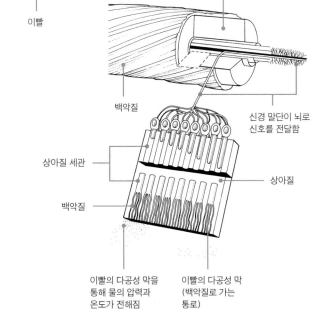

상아질

백악질

상아질 세관

백악질

신경 말단이 뇌로 신호를 전달함

상아질

이빨의 다공성 막을 통해 물의 압력과 온도가 전해짐

이빨의 다공성 막 (백악질로 가는 통로)

일각돌고래 이빨의 감각 기능

새로 밝혀진 해부학적 연구에 따르면, 일각돌고래의 엄니는 외부 환경의 감각 신호를 수신하는 안테나 역할을 한다. 옆 그림은 엄니의 상아질층 세포와 가까이 있는 다공성 백악질층으로 외부 바닷물의 온도와 압력 신호가 전해지는 모습을 보여준다. 상아질 속의 신경 말단은 신경 조직을 활성화하고, 그에 따라 신호가 엄니에서 뇌로 전해진다. 짝 선택 과정에서도 이것이 도움이 되는데, 발정기의 암컷이 먹이를 찾거나 서로 모여 있는 곳의 물을 엄니로 탐지할 수 있다.

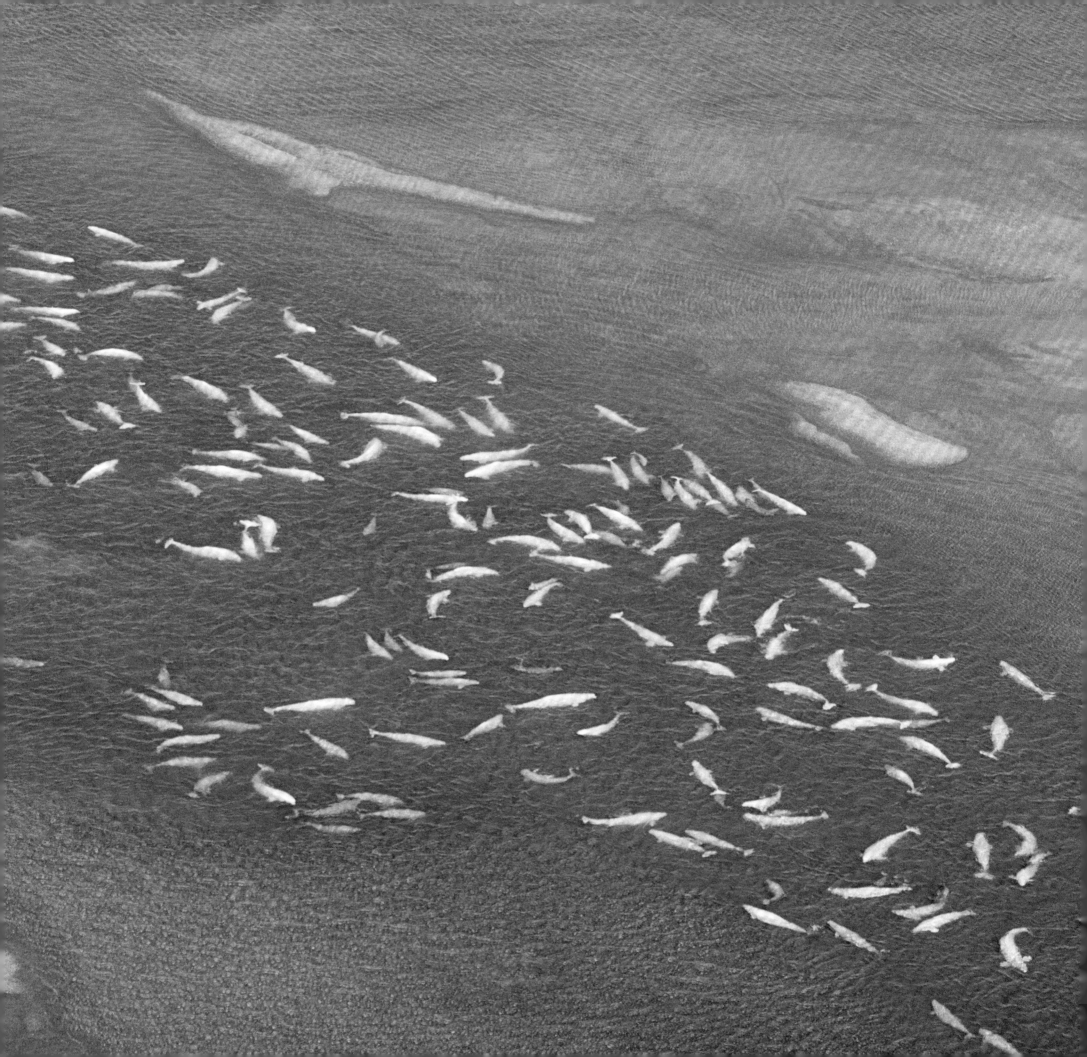

일각돌고래 NARWHAL

과명: 외뿔고래과

종명: 모노돈 모노케로스 Monodon monoceros

다른 흔한 이름: 외뿔고래, 긴이빨고래

분류 체계: 가장 가까운 친척은 흰고래임

유사한 종: 2살이 안 되는 새끼들은 흰고래 새끼와 혼동될 수 있음

태어났을 때의 몸무게: 150kg

성체의 몸무게: 암컷 900kg, 수컷 1,700kg

먹이: 검정가자미, 오징어, 극지대구, 갑각류

집단의 크기: 1~3마리, 이주할 때는 10~20마리가 무리를 짓기도 함

주된 위협: 사냥, 소음공해, 사람들의 어업, 기후 변화

IUCN 등급: 위기 근접종

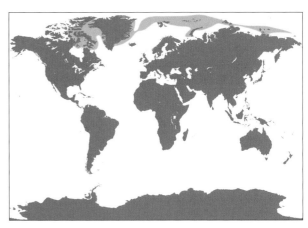

서식 범위와 서식지

이 종은 북위 60도 북극지방의 대서양에서 서식한다. 여름에는 바닷가에서, 겨울에는 빙하가 밀집해서 떠다니는 먼 바다의 깊은 물속에서 산다.

종 식별 체크리스트	
	• 몸 색깔은 회색이나 갈색을 띤 검은색이고 반점이 있기도 함
	• 배가 흰 색임
	• 수컷은 엄니가 길게 삐져나와 나선처럼 꼬임
	• 등지느러미가 없고 그 대신 등에 융기가 있음
	• 지느러미발은 짧고 휘어짐
	• 꼬리의 뒤쪽 가장자리는 볼록함

해부학

갓 태어난 일각돌고래는 갈색을 띤 진한 회색이지만 성체로 자라면 몸 위쪽은 반점이 있는 검은색이 되고 아래쪽은 흰색이 된다. 암컷은 머리뼈 안쪽 위턱에 두 개의 이빨이 남아 있다. 수컷은 왼쪽 엄니가 위턱 앞으로 쭉 길게 튀어나와 있다. 돌고래가 성장하면서 엄니는 왼쪽으로 나선처럼 감긴다. 완전히 성장한 수컷이 감당할 수 있는 엄니 길이는 약 3m이지만 많은 수컷은 2m 이하의 엄니를 달고 다닌다. 몇몇 돌고래의 엄니는 쭉 곧지만, 다른 돌고래는 코르크 마개뽑이처럼 휘어 있다. 가끔은 암컷 중에도 엄니가 튀어나온 개체가 있고, 수컷 중에 엄니가 없거나 두 개인 개체도 간혹 발견된다. 일각돌고래의 엄니를 자세하게 조사한 최근의 연구에 따르면, 엄니의 표면에서 그 밑의 상아질까지는 통로로 연결되어 있다. 이 통로를 통해 신경계가 외부의 수온과 압력, 염도에 반응한다. 그러니 엄니는 외부의 환경 자극을 감지하는 안테나 역할을 하는 셈이다(194페이지 참고).

행동

일각돌고래는 다른 이빨고래류에 비해 헤엄치는 속도가 느리며, 때로는 수면에서 오랫동안 휴식을 취하기도 한다. 이 돌고래는 해양 포유류 가운데 잠수 깊이가 아주 깊은 편이라 수심 1,500~2,000m 밑까지 내려가며 한 번에 최대 25분을 버틸 수 있다. 거꾸로 몸을 뒤집어서 헤엄치기도 한다. 일각돌고래는 겁이 아주 많은 편이며 서식지에 선박이 지나다니면 피해를 많이 입는다. 수컷은 수면 위에서 서로 엄니를 가볍게 교차시키는 행동도 가끔 보인다. 이러한 '엄니 맞대기'는 사회적인 우월성을 드러내거나 엄니를 깨끗하게 청소하는 기능이 있고, 어쩌면 감각 기능도 있다고 여겨진다. 일각돌고래는 6~20마리가 함께 떼를 지으며, 암수가 섞이기도 하고 따로 무리 짓기도 한다. 가끔은 몇 마리가 피오르드의 얼음 안에 갇혀 탁 트인 바다로 나가지 못하는 경우도 있다.

수컷

위턱 왼쪽에서
엄니가 길고
곧게 뻗쳐 나옴

엄니는
왼쪽으로 감긴
나선 모양임

성체의 등과 옆구리에는
검은색과 흰색의
얼룩무늬가 있음

등에는 높이 5cm, 폭
50cm의 융기가 있음

배는 흰색이고 가끔 검은
줄무늬가 있기도 함

마치 웃는 것처럼
입꼬리가 위로 올라감

눈에 띄는 이 엄니
때문에 수컷을 암컷과
쉽게 구별할 수 있음

엄니 끝은 가끔 닳거나
부러져 있기도 함

꼬리와 지느러미발

꼬리는 가운데가 패어 있고 가장자리가 볼록하다. 수컷의 꼬리는
암컷보다 폭이 넓으며 가운데 파인 자국이 더 두드러진다. 지느러미발의
끝 부분은 돌고래가 나이가 들수록 위로 많이 말려 올라간다.

몸 크기

갓 태어난 새끼: 1.5m
성체: 암컷 4m, 수컷 4.6m

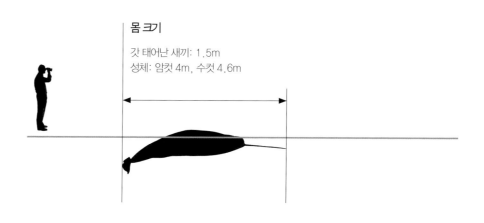

꼬리

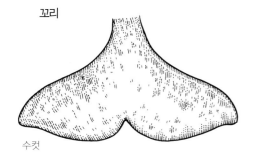

수컷

지느러미발

앞에서 본 지느러미발

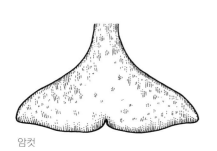

암컷

옆에서 본 지느러미발

엄니

두 개의 엄니

엄니를 확대한 모습

두 개의 엄니

일각돌고래 수컷은 엄니가 한 개뿐이지만(왼쪽 송곳니), 가끔은
오른쪽 송곳니도 튀어나와 엄니가 두 개인 개체도 있는데 이런
개체는 전체의 0.25퍼센트 미만이다. 엄니는 왼쪽으로
나선형처럼 꼬여 있다.

먹이와 먹이 찾기

먹이를 찾는 활동은 대부분 겨울에 이루어지는데, 이때 일각돌고래는 6~8개월 동안 얼음 덩어리 근처에서 거의 움직이지 않는다. 이 기간 동안에 돌고래는 바다 밑바닥에서 활발하게 먹이를 찾는다. 반대로 여름철에는 수심 500m 밑으로는 거의 내려가지 않는다. 하지만 겨울을 나는 장소로 이동하면 일각돌고래는 하루에 최대 25번, 수심 800m 넘는 깊이까지 내려가 그린란드 넙치, 오징어, 갑각류, 북극대구를 잡아먹는다. 깊은 곳까지 잠수가 가능하지만 이 돌고래는 얕은 물에서 깊은 물까지 골고루 사냥 장소로 삼는다.

생활사

일각돌고래는 5~6월 사이에 새끼를 낳으며 짝짓기는 이른 봄에 한다. 교미를 할 때는 암컷과 수컷이 배와 배를 맞대고 물속에서 수직 방향으로 자세를 취한다. 암컷은 일반적으로 3년마다 한 마리씩 새끼를 낳지만 한 번에 두 마리의 배아를 임신한 사례도 보고된 바 있다. 갓 태어난 새끼는 몸길이가 1.5~1.7m이며 지방 층이 25cm에 달한다. 수유 기간은 1~2년이며 암컷은 8~9살, 수컷은 17살에 성적으로 성숙한다. 최대수명은 100살 정도이다.

보호와 관리

일각돌고래는 전 세계적인 규모로 개체수를 조사한 결과 위기 근접종으로 분류되었다. 얼마 전까지만 해도 자료 부족종인 상태였다. 이 종을 잡아먹는 주요 포식자는 인간이며, 그린란드나 캐나다에 사는 이누이트족 사냥꾼들은 엄니와 가죽을 얻으려고 일각돌고래를 사냥한다. 하지만 사람들이 상업적으로 팔려고 이 종을 사냥하지는 않는다. 일각돌고래 사냥은 상호 협정에 따라 규제받으며 국제 협정에 따라 엄니를 사고파는 무역도 제한되어 있다. 이 종은 기후 변화와 인간의 산업 활동에 취약하다.

수면 위로 드러난 엄니

일각돌고래 수컷은 수면 가까이 헤엄칠 때 엄니가 물 위로 드러난다. 이 개체는 머리에서 등까지 어두운 색 반점이 있다.

머리 위에서 바라본 모습

위에서 보면 일각돌고래 수컷은 엄니와 점박이
무늬 때문에 쉽게 알아볼 수 있다. 사진 속
개체의 엄니는 나머지 몸길이 전체의 절반에
달한다.

물 뿜기

이 돌고래가 뿜어낸 물은
똑바로 50cm 높이까지
올라가지만 눈에 잘
띄지는 않는다.

수면에서 휴식하기

일각돌고래 수컷은 수면 위를
헤엄칠 때 엄니를 드러낸다. 암수
모두 수면 가까이에서 때때로
머리를 살짝 위로 쳐든다.

암수 모두 수면 위를
오래 헤엄칠 때는 등을
드러낸다.

수면에 올라왔다가 잠수하는 동작

돌고래가 물속으로 들어갈 때는 등을
살짝 아치처럼 구부린다. 깊이 잠수할
때는 꼬리도 드러낸다.

엄니로 보이는 과시 행동

수컷은 가끔 물 위에서 엄니를 서로 가볍게
맞대거나 과시하는데, 이것은 사회적인
우월성을 드러내기 위해서이다.

흰고래 BELUGA

과명: 외뿔고래과

종명: 델피나프테루스 레우카스Delphinapterus leucas

다른 흔한 이름: 흰돌고래

분류 체계: 일각돌고래와 가까운 친척임. 지역에 따라 몸의 크기가 다양하지만 아종이라고 인정되지는 않으며 서로 다른 생태형으로 여겨짐

유사한 종: 형태학적으로 일각돌고래와 비슷하지만 수컷에게 엄니는 없음. 등지느러미가 없는 다른 중간 크기, 작은 크기의 이빨고래류와 겉모습이 조금 비슷함

태어났을 때의 몸무게: 80~100kg

성체의 몸무게: 암컷 750kg, 수컷 1,400kg

먹이: 다양한 물고기(연어류와 북극대구), 두족류(오징어, 문어), 무척추동물(새우와 게)

집단의 크기: 혼자서 지내거나 20마리 정도의 무리를 짓고 때로는 1,000마리 이상의 떼를 짓기도 함

주된 위협: 석유와 천연가스 개발, 산업화와 도시 오염 등 인간 활동의 증가로 소음공해, 환경오염, 서식지 파괴가 일어남. 그 밖에 기후 변화와 개체군 규모가 작다는 점도 위험 요인임

IUCN 등급: 위기 근접종. 미국 쿡만의 개체군은 심각한 위기종, 허드슨만과 언게이바만의 개체군은 멸종 위기종임

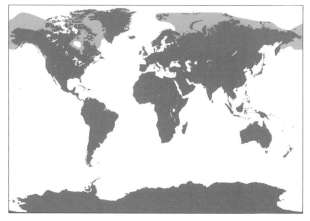

서식 범위와 서식지

이 종은 베링해, 추크치해, 보퍼트해, 허드슨만, 데이비스해협, 백해, 랍테프해, 카라해를 포함한 북극해와 그 인근 해역의 대륙사면과 대륙붕, 심해에서 서식한다. 오호츠크해와 알래스카만, 세인트로렌스 하구에는 고립된 개체군이 발견되기도 한다.

종 식별 체크리스트

- 등지느러미가 없음
- 새끼는 회색이고 성체는 흰색임
- 몸길이가 최대 5.2m이며 이빨고래류 중에서는 중간 크기임
- 머리가 작고 이마가 톡 튀어나와 있음
- 뿜어낸 물은 높이가 낮고 눈에 잘 띄지 않음

해부학

흰고래는 등지느러미가 없는 대신 등에 폭이 좁은 융기가 있다. 이 종은 목이 유연하고 머리가 작으며, 이마가 톡 튀어나오고 주둥이가 짧다. 지느러미발은 넓적한 주걱 모양이며, 꼬리는 폭이 넓고 뒤 가장자리가 튀어나와 있다. 등지느러미가 없는 대신 이 고래는 배에 지방층이 있어 수직 안정판 역할을 한다. 새끼는 진한 회색이고, 나이가 들어 성체가 되면 흰색이 된다. 흰고래는 지방층과 피부가 두텁다. 몸길이는 최대 5.2m이고, 성적 이형성이 있어서 수컷은 암컷보다 몸길이가 25퍼센트 더 길다.

행동

흰고래는 수심 1.5m의 얕은 바닷가뿐만 아니라 얼음 덩어리가 여기저기 떠다니는 북극해에서도 능숙하게 헤엄친다. 또한 얼음 아래 1,000m나 되는 깊은 곳까지 잠수할 수 있다. 이 종은 군집성이 높아서 여름철에는 모여서 얕은 물 바닥에 피부를 문지르거나 새끼를 돌보고 사냥도 같이 한다. 가장 북쪽에 사는 개체군들은 여름을 나는 지역에서 3,000km나 떨어진 겨울을 나는 지역까지 이주하기도 한다. 극지방 얼음 덩어리의 남쪽 가장자리 또는 얼음에 둘러싸인 호수인 빙호와 얼음의 북쪽 가장자리를 따라 이동하는

것이다. 유전학적인 연구에 따르면 흰고래는 자기가 태어난 여름을 나는 지역으로 되돌아오려는 유소성이 있는데, 이 행동이 세대를 거쳐 이어진다. 같이 여름을 나는 무리들이 인구 통계학적으로 서로 구별되는 하위 개체군을 이루는 것이다. 흰고래는 고래류 가운데서도 아주 다양한 소리를 내는 종이며, 그 덕분에 예전부터 선원들은 아름다운 소리에 감명받아 흰고래를 '바다의 카나리아'라고 불렀다. 이 종은 수면 위로 머리 내밀기나 꼬리로 수면 내려치기 같은 다양한 행동을 선보이며 복잡한 사회적 상호작용이 가능하다. 수컷 성체는 암컷이나 새끼와는 분리되어 바닷가에서 수컷으로만 이루어진 무리를 이룬다. 그리고 얼음으로 뒤덮인 바닷물 깊은 곳에서 다양한 동작과 움직임을 보여준다.

먹이와 먹이 찾기

흰고래는 바닷물 바닥이나 심해에서 사는 북극대구, 연어, 빙어 같은 다양한 물고기를 먹는다. 또한 오징어, 조개, 새우, 게 같은 다양한 무척추동물을 먹기도 한다. 이 종의 섭식 행동은 조류에 맞춰 매일 작은 규모 안에서 이뤄지는 움직임으로 구성되며, 봄과 여름에 강을 따라 올라오는 먹잇감을 찾는다. 또 조수에 따라 빙하

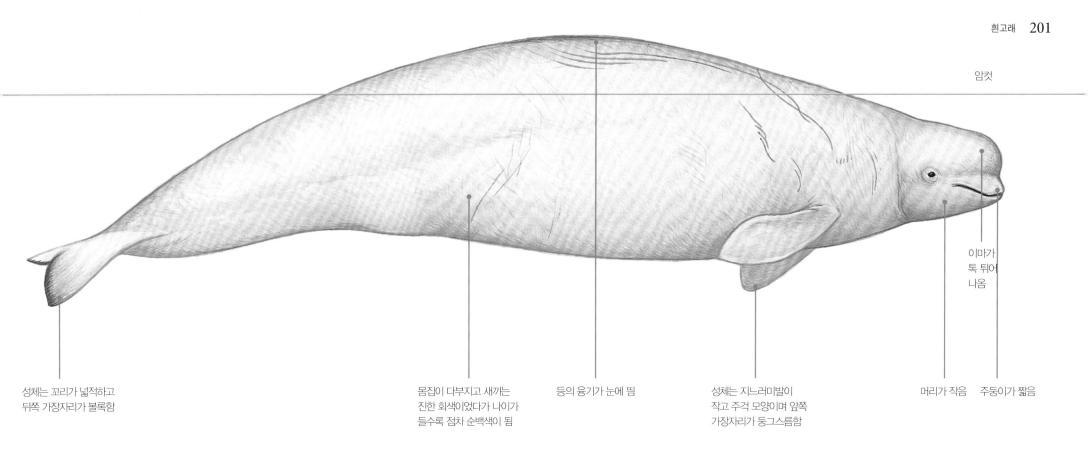

암컷

성체는 꼬리가 넓적하고
뒤쪽 가장자리가 볼록함

몸집이 다부지고 새끼는
진한 회색이었다가 나이가
들수록 점차 순백색이 됨

등의 융기가 눈에 띔

성체는 지느러미발이
작고 주걱 모양이며 앞쪽
가장자리가 둥그스름함

머리가 작음

주둥이가 짧음

이마가
톡 튀어
나옴

꼬리의 뒤쪽 가장자리

꼬리 뒤쪽 가장자리의 모양과 크기가 변화하는
모습은 이 종의 독특한 특징이다. 나이가
어릴수록 꼬리 뒤쪽 가장자리가 편평하다.
비슷한 현상이 가슴 지느러미발에서도
나타나는데, 개체가 나이가 들수록 지느러미발의
끝이 점점 위로 말려 올라간다.

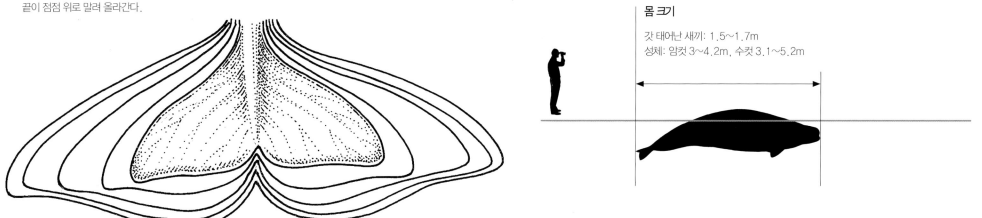

몸 크기

갓 태어난 새끼: 1.5~1.7m
성체: 암컷 3~4.2m, 수컷 3.1~5.2m

가 밀려오는 상황에서 집중해서 먹이를 찾거나, 계절별로 멀리 이주하고 강어귀, 대륙사면, 대륙붕, 해저를 넘나들며 수면 근처에서 다양한 동작을 통해 먹이를 구한다.

생활사

흰고래는 8~12살에 성적으로 성숙하며 수명은 80년 이상이다. 암컷 성체는 늦봄에서 초여름 사이에 새끼를 한 마리씩 낳으며 최대 2년 동안 양육한다. 이주하는 무리 속에서는 새끼들이 봄 이동 기간에 태어나거나 여름을 나는 지역에 도착한 다음 태어난다. 어떤 개체군에서는 다른 무리에 비해 나이 든 암컷이 새끼를 낳기도 한다. 또 성체 수컷의 몸집이 크고 개체끼리 다퉈서 생긴 흉터가 많은 것으로 보아 흰고래는 수컷이 암컷을 두고 경쟁하는 일부다처의 짝짓기 체계를 가졌다고 여겨진다. 흰고래에게는 몇몇 포식자가 있는데 북극곰, 범고래 그리고 인간이다. 북극해와 그 근처에서 생활하는 데 잘 적응했지만 이 고래는 바다 빙하 사이에 간히는 일이 종종 있다. 그린란드 말로 'sassat'라고 하는 이 현상은, 흰고래 여러 마리가 빠르게 형성되는 얼음 사이에 갇혀 목숨을 잃는 경우를 가리킨다.

보호와 관리

흰고래는 오래 전부터 북극 지방에 사는 사람들이 자급자족할 식량을 구하거나 문화생활을 하는 데 필요한 자원이 되어 왔다. 원주민 공동체나 해당 국가의 정부가 이런 지역 가운데 상당수를 효과적으로 관리한다. 지리적으로 고립된 작은 개체군은 산업 활동을 하는 도시 지역에 가까이 있는 탓에 미래가 불확실해졌다. 어떤 개체군은 멸종 위기종이나 심각한 위기종으로 분류되는데, 그 무리를 보호하려는 노력이 최근에 있었는데도 복구에 실패한 데다 자립 가능한 최소한의 개체군 크기나 위험 요인이 결정되지 못했기 때문이다. 이처럼 미래가 불확실한 개체군이 등장한 것은 기후 변화로 말미암은 생태계 교란과 인간 활동의 증가 때문이다.

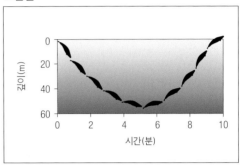

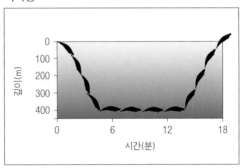

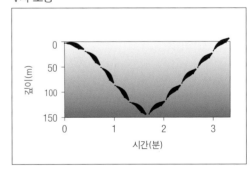

잠수 형태

흰고래가 물속에서 잠수하는 옆모습을 수심과 시간에 따라 그래프로 나타내면 아래와 같이 사각형, V자, 포물선을 그린다.

포물선

사각형

V자 모양

흰고래의 특징

캐나다 근처 북극해에서 성체 흰고래 무리를 위에서 바라본 모습이다. 몸 색깔이 순백색이며 등지느러미가 없고, 몸통을 거의 물결처럼 움직일 정도로 목이 유연하다는 점이 특징이다.

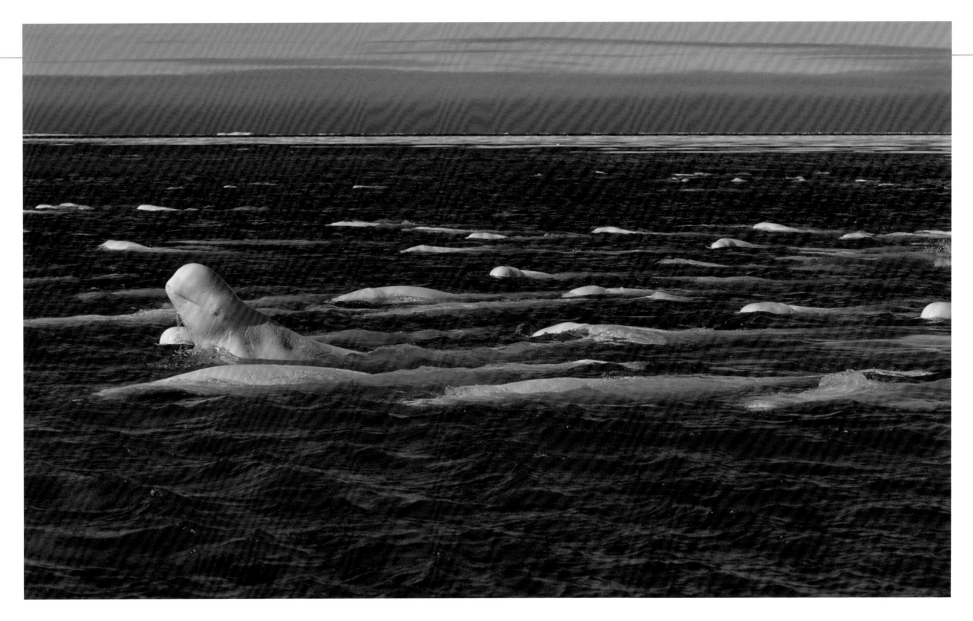

무리 짓는 흰고래

캐나다 근처 북극해에서 헤엄치고 있는 대규모 흰고래 무리의
모습이다. 이 종은 여름이 되면 때로는 수천 마리가 떼를 지어
여름을 나는 지역으로 이동한다. 이들은 바닷가의 얕은 물에서
모여 바닥에 몸을 부비고 먹이를 사냥하며 새끼를 기른다.

**얕은 물에 수면에
올라왔다가 잠수하는
동작**

1. 머리를 수면 위로
살짝 내밀고 물을
뿜는다.

2. 고래의 등이 나타난다.

3. 이어 등을 동그랗게 구부리
기 시작한다.

4. 꼬리가 아직 물속에 잠긴
상태로 잠수 동작이 끝난다.
흰고래는 대개 천천히 몸을
굴리는 모습으로 헤엄친다.

수면 위에서 보이는 동작

흰고래는 연이어 수면 위로 올라왔다가 꼬리를
내려친 다음 깊이 잠수하기 시작한다. 몸통을
수직 방향으로 세워 물 위에 올라온 다음 물속에
들어가는 동작도 종종 보인다.

이빨고래아목
부리고래과

지중해 바다 위로 높이 솟구쳐 오른 민부리고래의 모습이다. 얼굴이 하얀색인 것으로 보아 수컷 성체로 추정된다. 등지느러미는 작고 거위를 연상시킬 정도로 주둥이가 살짝 튀어나와 있다(이 종은 거위부리고래라고도 불린다). 최근에는 군용 음파탐지기에 여러 마리가 떼 지어 바닷가에 좌초된 모습이 포착되었는데, 이것은 이 고래에게 닥치는 긴박한 위험 요인 중 하나이다.

이빨고래아목 부리고래과는 전 세계 대형 포유류 가운데 알려진 바가 가장 적은 무리일지도 모른다. 이 글을 쓰는 시점에 부리고래과는 6개 속에서 22종이 있다고 알려져 있지만, 나중에 몇 개 종이 더 발견될지도 모른다. '부리고래'라는 이름은 이 과에 속한 종 모두에게 적용될 법하지만, 베라르디우스속이나 히페로돈속 같은 큰 무리는 '병코고래'라고 불리는 경우가 더 많다. 최근까지만 해도 이 종에 대해 우리가 아는 지식은 모두 좌초한 개체들을 조사한 결과에서 얻은 것이다.

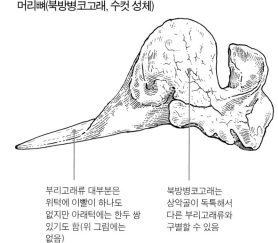

망치고래

목에 V자 모양으로 앞쪽에 모이는 주름이 있음

이마가 뭉툭함. 어떤 종은 편평하기도 함

잘 발달된 주둥이

작은 지느러미발은 지느러미 주머니에 딱 맞게 들어감

아래턱에 이빨이 돋아 있는데 위치는 종에 따라 다양함

낮은 등지느러미는 등 뒤편에 자리함

꼬리 연결대는 옆으로 눌린 모습임

꼬리 가운데에는 파인 자국이 없거나 얕게 파임

머리뼈(북방병코고래, 수컷 성체)

부리고래류 대부분은 위턱에 이빨이 하나도 없지만 아래턱에는 한두 쌍 있기도 함(위 그림에는 없음)

북방병코고래는 상악골이 독특해서 다른 부리고래류와 구별할 수 있음

- 부리고래는 전 세계 모든 대양에서 발견되며 몸길이는 4~13m이고 암컷이 수컷보다 더 큰 경향이 있다. 온대지역을 피하는 종이 있는가 하면(북방병코고래, 남방병코고래, 아르누부리고래), 어떤 종은 특정 지역의 대양분지에만 서식하는 토착종이고(북대서양의 소워비부리고래와 북태평양 북부에 사는 데라니야갈라부리고래), 전 세계적으로 골고루 분포하거나 온대지방에 널리 서식하는 종도 있다(민부리고래, 혹부리고래).
- 부리고래과의 모든 종은 부리가 있지만 그 길이나 튀어나온 정도는 다양하다. 또 어떤 종은 이마가 툭 튀어나온 반면 어떤 종은 편평하다. 하지만 등지느러미는 모든 종에서 등 정중앙에 있다. 모든 부리고래는 몸 앞쪽으로 수렴하는 목주름을 가졌으며, 꼬리 뒤쪽 가장자리는 대개 가운데가 얕게 패어 있다. 지느러미발은 상대적으로 짧아서 몸통에 살짝 들어간 부위인 지느러미발 주머니에 딱 맞게 들어간다.
- 한 가지 종을 제외한(셰퍼드부리고래) 모든 부리고래는 이빨이 별로 없어서, 아래턱에만 1~2쌍의 기능적인 이빨이 있고 위턱에는 전혀 없다. 대부분의 종에서는 개체가 성숙하는 과정에서 수

컷에게만 이빨이 돋는다. 몇몇 종에서는 이빨이 엄니처럼 닫힌 입 밖으로 길게 튀어나오기도 한다. 이런 엄니는 수컷끼리 공격적인 다툼이 벌어질 때 무기로 사용될 수 있다. 메소플로돈속의 여러 종은 수컷의 이빨 두 개가 아래턱을 따라 삐져나오는데, 이빨 끝이 입의 중간지점 바로 뒤나 사이 어딘가에 위치한다. 그 결과 입선이 아치 모양으로 둥글어지는 경우가 종종 생긴다.
- 부리고래는 모두 상당히 깊은 물속에 산다. 대개 수심 300m 이상의 깊은 물이다. 그렇기 때문에 이 고래들은 대륙의 해안선 과 다소 멀리 떨어진 지역에 분포하는 경향이 있다.
- 이 고래들은 잠수가 능숙해서 깊은 바닷물에 사는 오징어와 물고기를 주로 잡아먹는다.
- 부리고래는 고래류 가운데는 드물게도 그동안 대부분의 종과 개체군이 대규모 고래잡이의 대상이 되지 않았다. 예외인 종이 있

다면 북대서양 북부의 북방병코고래와 일본 근해의 망치 고래이다.

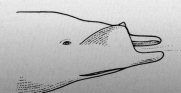
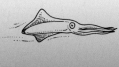
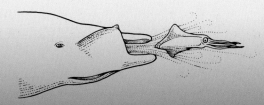

흡입 섭식

다른 이빨고래류와 마찬가지로 부리고래도 먹잇감의 위치를 파악하고 그 방향으로 가기 위해 반향정위를 활용한다.

하지만 먹잇감을 붙잡아 삼킬 때는 흡입하는 방법을 사용한다. 혀를 피스톤처럼 오므리며 목에 있는 주름을 펼치면 입 안쪽의 압력이 갑자기 줄어들어 진공 상태가 되는데, 이 압력

차이로 먹잇감을 입안에 끌어들일 수 있다. 부리고래의 위장에 이빨로 씹힌 흔적도 없는 오징어가 많이 발견되는 이유도 바로 흡입 섭식 때문이다.

아르누부리고래 ARNOUX'S BEAKED WHALE

과명: 부리고래과

종명: 베라르디우스 아르눅시|*Berardius arnuxii*

다른 흔한 이름: 큰병코고래, 큰부리고래

분류 체계: 아종은 발견되지 않았다. 가까운 친척은 겉모습이 비슷한 망치고래이다. 서식 범위가 거의 비슷한 남방병코고래와 혼동될 수 있다.

태어났을 때의 몸무게: 알려져 있지 않음

성체의 몸무게: 알려져 있지 않음. 망치고래와 비슷할 것으로 추정됨

먹이: 깊은 바다에 사는 물고기나 오징어

집단의 크기: 15마리 정도가 작고 밀집된 무리를 짓기도 하고, 가끔 수십 마리가 무리를 이루기도 함

주된 위협: 알려진 주요 위험 요인은 없음

IUCN 등급: 자료 부족종

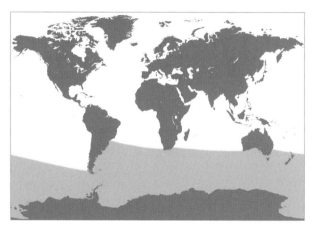

서식 범위와 서식지

이 종은 남극 대륙에 이르는 남극해 근처에서 서식한다. 빙하 가장자리나 깨진 유빙 가까이에서 종종 발견된다. 대부분 남위 40도 남쪽에 살지만 가끔은 남위 34도 북쪽에서도 서식한다.

종 식별 체크리스트

- 길고 날씬한 몸
- 머리가 작고 위턱이 길쭉함. 이마의 앞쪽 단면은 거의 수직 방향으로 떨어짐
- 아래턱 맨 앞에 커다란 삼각형 이빨이 두 개 있는데(성적으로 성숙한 개체에서) 위턱을 살짝 덮고 있음. 나이 든 개체는 이빨이 상당히 닳아 있으며 따개비가 붙어 있기도 함
- 몸 색깔은 잿빛을 띤 회색에서 진한 갈색이며 머리 부분은 살짝 더 연함. 나이 든 개체는 이마, 등, 옆구리에 길쭉한 상처(이빨 자국)가 많음
- 등지느러미는 작으며 삼각형이거나 살짝 갈고리 모양이고(끝은 둥그스름함), 등 한가운데에서 한참 뒤로 물러난 지점에 있음

해부학

이 종은 망치고래와 거의 비슷하지만 몸집이 조금 작을 뿐이다. 암컷은 수컷보다 살짝 몸집이 크다. 대부분의 특징은 부리 고래류에게서 전형적인 것들이다. V자 모양의 목주름, 몸통의 우묵한 곳에 딱 들어가는 작은 지느러미발, 그리고 뒤쪽 가장 자리에 파인 자국이 없는 꼬리 등이다. 또 주둥이가 길고 이마가 둥글넙적하며 등지느러미가 작은 삼각형이고 등 한가운데 뒤쪽에 자리한다는 점이 특징이다. 성체 수컷과 암컷 모두 크고 편평한 삼각형의 이빨 한 쌍이 아래턱 끝에 튀어나와 있으며, 가까이에서 보면 입을 다물어도 이빨이 보인다. 길쭉하고 날씬한 몸통에는 이빨로 긁힌 상처가 많다.

행동

이 종은 최대 15마리가 무리를 지으며 수면 위로 같이 떠올라 낮고 둥그스름한 모양으로 물을 뿜는다. 가끔은 40~80마리로 더 큰 무리를 지으며 먹이를 구하기 위해 큰 무리를 하위 무리로 쪼개 활동하는 경우도 종종 있다. 이 종은 수면에서 활발한 편이어서 꼬리로 물 위를 내려치거나 가끔 뛰어오르기도 한다. 또 녹음해 연구해보면 소리 신호를 꽤 많이 활용하는 종이기도 하다. 딸깍 소리, 연달아 내는 딸깍 소리, 휘파람 소리 등을 활용한다.

먹이와 먹이 찾기

이 종의 먹이는 북태평양에 사는 망치고래와 비슷해 심해 밑바닥에 사는 물고기와 오징어를 주로 먹고 산다. 아르누부리고래는 잠수 시간이 길어서 한 시간까지도 버틴다. 대양에서 주로 서식하지만 수심 1,000m 미만의 대서양 연안에서 발견되기도 한다.

생활사

아르누부리고래의 생활사는 망치고래와 거의 비슷하며, 망치고래가 보다 더 잘 연구되어 있다. 따라서 망치고래의 경우로 미루어 짐작해보면, 아르누부리고래의 임신 기간은 1년 반 정도이고 암컷은 2년에 한 번씩 새끼를 낳으리라 추정된다.

보호와 관리

이 종의 개체수는 잘 알려져 있지 않다. 대규모로 사냥당한 적이 없으며 인간 활동으로 큰 위협을 받는지 여부도 알 수 없다. 비록 남방병코고래보다는 개체수가 적지만 아르누부리고래는 여름철에 뉴질랜드 쿡해협에서 자주 관찰되며, 뉴질랜드 남부와 남아메리카에서도 종종 보인다.

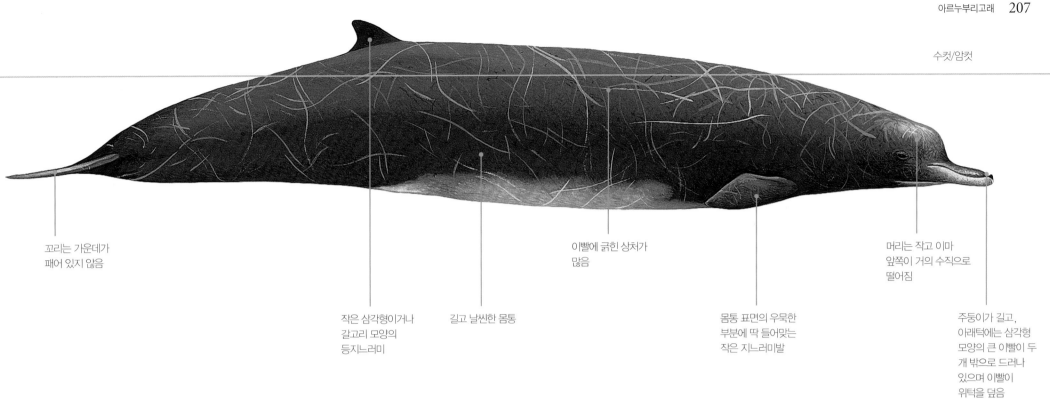

수컷/암컷

꼬리는 가운데가
패어 있지 않음

작은 삼각형이거나
갈고리 모양의
등지느러미

길고 날씬한 몸통

이빨에 긁힌 상처가
많음

몸통 표면의 우묵한
부분에 딱 들어맞는
작은 지느러미발

머리는 작고 이마
앞쪽이 거의 수직으로
떨어짐

주둥이가 길고,
아래턱에는 삼각형
모양의 큰 이빨이 두
개 밖으로 드러나
있으며 이빨이
위턱을 덮음

독특한 머리 모양

아르누부리고래의 머리는 작으며 이마 앞부분이 가파른
각도로 떨어지는 점이 독특하다. 또 주둥이가 길며 아래턱
끝에 이빨 두 개가 노출되어 위턱을 살짝 덮는다.

몸 크기

갓 태어난 새끼: 알려져 있지 않지만 망치고래의 예를 보면 4~4.5m 정도로 추정됨
성체: 약 10m

수면에 올라왔다가 잠수하는 동작

1. 항상 그런 것은 아니지만,
가끔 무리의 개체 하나가 물을
뿜은 다음 수면 위로 머리를
비스듬히 내밀어 긴 주둥이와 툭
튀어나온 이마를 드러내기도
한다. 그리고는 다시 물속에
들어가 수면 가까이에
머무른다.

2. 더 전형적인
동작은, 물을 뿜은
다음 어두운 색의 긴
등을 드러내며 떠 있는
것이다. 때로는 이마가
보이기도 한다.

3. 이어 몸통 뒤쪽에
붙은 작은
등지느러미가 휙
모습을 드러낸다.

4. 등을 심하게 아치
모양으로 구부리면, 깊이
잠수를 한다는 것을 알
수 있다.

수면 위로 뛰어오르기

아르누부리고래는 수면 위로 뛰어오르는 동작을
자주 보이지는 않지만, 일단 물 위로 뛰어오르면
길쭉하고 늘씬한 몸통과 작은 지느러미발, 긴
주둥이가 한 번에 드러나는 장관을 볼 수 있다.

망치고래 BAIRD'S BEAKED WHALE

과명: 부리고래과

종명: 베라르디우스 바이르디|Berardius bairdii|

다른 흔한 이름: 큰부리고래, 큰병코고래

분류 체계: 아종은 확인되지 않음. 북태평양 동부와 서부의 개체군은 서로 분리되었다고 여겨지며 서부에는
개체군이 여럿 있다고 추정됨. 남반구에서 가장 가까운 친척은 아르누부리고래임

유사한 종: 겉모습이 아르누부리고래와 아주 닮음. 다른 부리고래류는 이 고래와 혼동될 여지가 적은데, 몸집이
크고 이마가 둥글게 튀어나왔으며 긴 주둥이 끝에 이빨이 노출되어 있는 특징 때문임. 멀리서 보면
향유고래로 착각할 가능성도 있음

태어났을 때의 몸무게: 알려져 있지 않음

성체의 몸무게: 8,000~1만 1,000kg

먹이: 깊은 물속에 사는 물고기와 오징어가 주식임

집단의 크기: 대개 3~10마리가 떼를 짓지만 가끔은 50마리까지 무리를 짓기도 함

주된 위협: 알려져 있지 않지만 일본에서 주기적으로 일어나는 고래잡이가 위험 요인일 가능성이 있음(연간 60
마리로 한정됨)

IUCN 등급: 자료 부족종

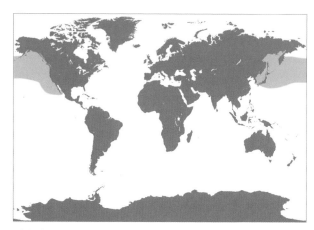

서식 범위와 서식지

망치고래는 북위 30도 북쪽, 북태평양의 시원한 온대지방 자생종이다.
특히 대륙사면을 따라 해저의 급경사면과 해산 근처에 서식하며 수심
1,000~3,000m 깊이를 선호한다. 이 종은 이주하는 특성이 있지만 가끔
겨울과 봄에 오호츠크해의 해빙에서도 발견된다.

종 식별 체크리스트	
	• 몸통이 길쭉하고 날씬함
	• 머리가 작고 위턱이 길쭉함. 이마의 앞쪽 단면은 거의 수직 방향으로 떨어짐
	• 아래턱 맨 앞에 커다란 삼각형 이빨이 두 개 있는데(성적으로 성숙한 개체에서) 위턱을 살짝 덮고 있음. 나이 든 개체는 이빨이 상당히 닳아 있으며 따개비가 붙어 있기도 함
	• 몸 색깔은 잿빛을 띤 회색에서 진한 갈색이며 머리 부분은 살짝 더 연함. 나이 든 개체는 이마, 등, 옆구리에 길쭉한 상처(이빨 자국)가 많음
	• 등지느러미는 작으며 삼각형이거나 살짝 갈고리 모양이고(끝은 둥그스름함), 등 한가운데에서 한참 뒤로 물러난 지점에 있음

해부학

망치고래는 부리고래류 가운데 몸집이 제일 크다. 암컷은 수컷보
다 살짝 몸집이 크다. 대부분의 특징은 부리고래류에게서 전형적
인 것들이다. V자 모양의 목주름, 몸통의 우묵한 곳에 딱 들어가
는 작은 지느러미발 그리고 뒤쪽 가장자리에 파인 자국이 없는 꼬
리 등이다. 또 주둥이가 길고 이마가 둥글넓적하며 등지느러미가
작은 삼각형이고 등 한가운데 뒤쪽에 자리한다는 점이 특징이다.
성체 수컷과 암컷 모두에서 크고 편평한 삼각형의 이빨 한 쌍이 아
래턱 끝에 튀어나와 있으며, 가까이에서 보면 입을 다물어도 이빨
이 보인다. 길쭉하고 날씬한 몸통에는 이빨로 긁힌 상처와 쿠키커
터상어에게 물린 자국이 많다.

행동

망치고래는 바다에서 최대 10마리 정도의 밀집된 무리를 이루는
모습이 발견된다. 무리의 구성원들이 동시에 물 위로 올라와 낮고
둥그스름한 물을 뿜는다. 가끔은 수면 위로 뛰어오르거나 꼬리로
물 위를 내려치고, 머리를 내밀기도 한다.

먹이와 먹이 찾기

주로 해저에 사는 물고기를 먹는다. 깊은 곳까지 길게 잠수하며,
가끔은 수심 1,500m까지 내려가 45분 정도 잠수하고 한 시간을

넘기기도 한다.

생활사

임신 기간은 17개월로 추정된다. 암컷은 10~15살에 성적으로 성
숙하며 이후로 2년에 한 번씩 배란한다. 수컷은 암컷보다 조금 빨
리 6~11살에 성적으로 성숙한다. 몸이 완전히 자라는 것은 15살
정도이다. 다른 종과는 달리 망치고래는 수컷의 자연적인 치사율
이 낮아 암컷보다 오래 산다. 그래서 수컷은 평균수명이 84살, 암
컷은 54살 정도이다.

보호와 관리

제2차 세계대전 이후로 일본에서 매년 약 300마리의 망치고래를
사냥했지만, 지금은 연간 60마리로 포획량이 제한되었다. 1915년
에서 1966년 사이 캘리포니아에서 알래스카에 이르는 북아메리
카 연안에서 포경선이 총 100마리 이하의 망치고래를 잡았다. 하
지만 그 이후로 20세기 후반에 망치고래는 태평양 동쪽에서 완전
히 보호받는 종이 되었다. 개체수는 일본에서 약 7,000마리, 북아
메리카 서부에서 1,000마리 정도로 추정된다. 이 고래는 가끔 고
기잡이 도구에 사고로 몸이 얽히거나(특히 먼 바다의 홀림걸그물) 선
박과 충돌하는 경우가 있으며, 다른 부리고래류와 마찬가지로 인
간이 일으킨 소음에 영향을 받는다.

수컷/암컷

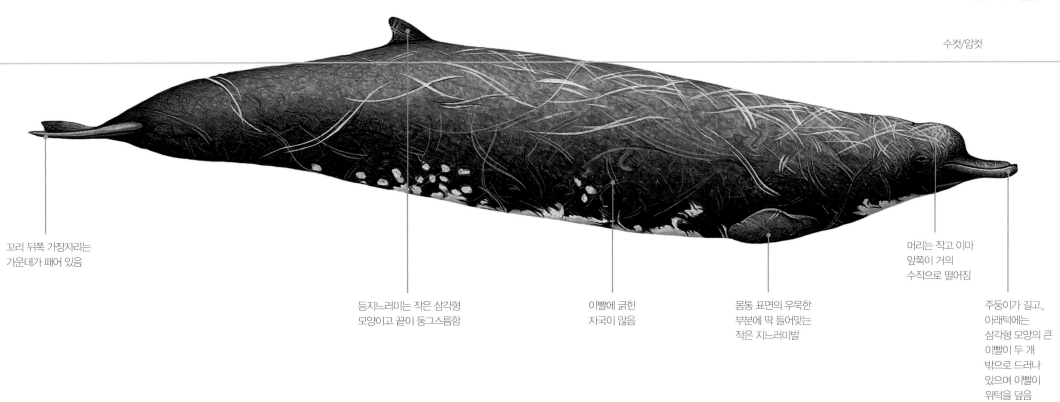

꼬리 뒤쪽 가장자리는
가운데가 패어 있음

등지느러미는 작은 삼각형
모양이고 끝이 둥그스름함

이빨에 긁힌
자국이 많음

몸통 표면의 우묵한
부분에 딱 들어맞는
작은 지느러미발

머리는 작고 이마
앞쪽이 거의
수직으로 떨어짐

주둥이가 길고,
아래턱에는
삼각형 모양의 큰
이빨이 두 개
밖으로 드러나
있으며 이빨이
위턱을 덮음

성체의 머리 모양

망치고래는 머리가 작으며 이마 앞부분이 가파른 각도로
떨어지는 점이 독특하다. 또 주둥이가 길며 아래턱 끝에
이빨 두 개가 노출되어 위턱을 살짝 덮는다.

몸 크기

갓 태어난 새끼: 4.5~4.6m
성체: 암컷 12.8m, 수컷 12m

수면에 올라왔다가 잠수하는 동작

1. 길게 잠수했다가 수면 위로
올라오면서, 먼저 가파른
각도로 주둥이와 머리를 내미는
동시에 폭발하는 듯이 물을
내뿜는다.

2. 이 덩치 큰 고래는 길쭉한 몸을
수면 위에 내보이는 경우가 드물다.
이럴 때는 작은 돔 모양의 머리에
이어 아주 긴 어두운 색 등이 모습을
드러낸다(긴 상처와 쿠키커터상어에
물린 자국으로 덮여 있음).

3. 마지막으로 몸 뒤쪽이
드러나며 작은 삼각 모양의
등지느러미가 보인다.
지느러미 끝은
뾰족하기보다는 둥근
모양이 많다.

꼬리로 수면 내려치기

이 고래는 가끔 꼬리를 치켜
올리는데, 꼬리의 뒤쪽
가장자리는 가운데가 파여
있지 않은 것이 특징이다.
들어올린 꼬리로 수면을
내려친다.

수면 위로 머리 내밀기

가끔은 머리를 수직
방향으로 하여 수면 위로
내밀기도 한다. 이때
기다란 주둥이가 확실히
모습을 드러낸다.

북방병코고래 NORTHERN BOTTLENOSE WHALE

과명: 부리고래과

종명: 히페루돈 암풀라투스Hyperoodon ampullatus

다른 흔한 이름: 북대서양병코고래

분류 체계: 독특한 특징을 가진 한 개체군이 캐나다 노바스코샤 주 근해의 깊은 해저협곡('도랑')에 서식함. 이와 비슷하게 독특한 개체군들이 북대서양의 여러 곳에 서식할 것으로 여겨짐

유사한 종: 온대지방에 서식하는 민부리고래, 소워비부리고래와 비슷함. 하지만 이 종들은 북방병코고래에 비해 몸집이 훨씬 작고 이마가 편평함

태어났을 때의 몸무게: 알려져 있지 않음

성체의 몸무게: 5,800~7,500kg

먹이: 오징어의 한 종인 고나투스 파브리키가 주식임. 청어나 볼락류, 심해 새우, 극피동물도 먹음

집단의 크기: 평균적으로 4마리가 무리를 이루며 간혹 10마리가 넘게 떼를 짓기도 함

주된 위협: 과거에는 많이 사냥되었지만 오늘날에는 보호받고 있음. 주낙에 부수어획되거나, 지진파 연구와 해군의 음파 탐지기로 말미암은 물속 소음이 위험 요인임

IUCN 등급: 자료 부족종

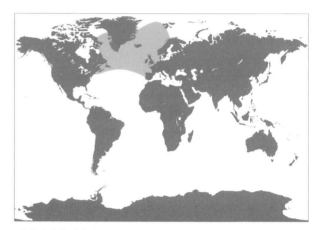

서식 범위와 서식지

이 종은 북위 40도 북부의 시원한 온대, 아북극 북대서양 자생종이다. 특히 수심 1,000m 이상의 깊은 물과 해저협곡, 대륙사면을 따라 서식한다. 얼음 가장자리와 깨진 유빙 가까이에서 발견되기도 한다. 어떤 지역에서는 일 년 내내 쭉 서식하지만 먼 거리를 이주한다는 증거도 있다.

종 식별 체크리스트

- 몸이 길쭉하지만 다부짐
- 주둥이가 두텁고 짧지만 잘 발달됨
- 이마가 툭 튀어나와 있는데, 특히 성체 수컷은 사각형으로 편평함
- 성체 수컷의 아래턱 끝에 이빨 두 개가 살짝 앞으로 휘어져 튀어나와 있음. 살아 있는 개체에서는 드물게 관찰되지만, 가끔 이빨에 따개비가 붙어 있기도 함
- 몸 색깔은 회색 또는 초콜릿색임. 몸통 위쪽은 갈색이고 아래로 갈수록 연해짐
- 성체 수컷의 주둥이 전체와 머리 앞쪽은 흰색임
- 갈고리 모양의 등지느러미가 등 한가운데 뒤쪽에 위치함

해부학

이 종의 해부학적 특징 가운데 가장 놀라운 점은 성체 수컷의 머리가 툭 튀어나왔으며 앞쪽이 편평하고 각이 졌다는 점이다. 이것은 머리뼈 위쪽 상악골 표면에 커다란 융기가 있기 때문이다. 이런 구조는 소리를 내는 데 쓰일 수도 있고, 뼈 조직이 조밀해 수컷 사이의 박치기 다툼에 유용하게 활용될 수도 있다. 다른 대부분의 부리고래류와는 달리 이 종은 수컷이 암컷보다 크다.

행동

4~10마리가 무리를 짓는 것이 일반적이다. 전부 수컷으로 이뤄진 무리일 수도 있고, 성체 암컷과 새끼로 이뤄진 무리거나 모두 섞인 무리일 수도 있다. 수면 위에서 보이는 행동은 다양한데, 물 위에 가만히 머무르거나 각자 빠르게 헤엄치면서 이런 행동을 보인다. 이 고래는 호기심 때문에 한 자리에 머무르거나 천천히 움직이는 선박에 다가가는 경향이 있어서 사냥의 대상이 되기 쉽다. 또한 이 고래는 동료가 다치면 죽을 때까지 곁을 떠나지 않는 행동으로도 알려져 있다. 이 때문에 고래잡이 업자들은 이 종을 더 쉽게 잡을 수 있기도 하다.

먹이와 먹이 찾기

이 고래는 자기의 서식 구역 안에 사는 고나투스 파브리키라는 오징어를 주로 먹고 산다. 또 수심 1,400m 이상 되는 깊이까지 매일 잠수한다. 하지만 1시간 이상 오래 잠수하는 경우는 흔하지 않다. 몇몇 지역에서는 한 서식지에만 일 년 내내 머무르지만 다른 지역에서는 계절별로 이주한다.

생활사

암컷은 11살에 성적으로 성숙하며 수컷은 그보다 일찍 성숙한다. 임신 기간은 1년 이상이며, 출산과 출산 사이의 간격은 2년 이상이다. 평균 수명은 37년 이상이다.

보호와 관리

1850년대에서 1970년대 사이에 고래잡이로 목숨을 잃은 북방병코고래는 6만 5,000마리 이상이다. 이 종은 지난 40년 동안은 보호를 받았다. 최근 아이슬란드와 페로제도 근해에서는 이 고래가 꽤 많이 발견되었기 때문에 개체군의 회복은 어느 정도 가능하다고 보인다. 오늘날 북방병코고래를 위협하는 가장 큰 요인은 고기잡이 어구에 걸려들어 사고로 목숨을 잃는 것이나 먼 바다의 석유나 천연가스 개발, 군사 활동으로 생기는 소음이다.

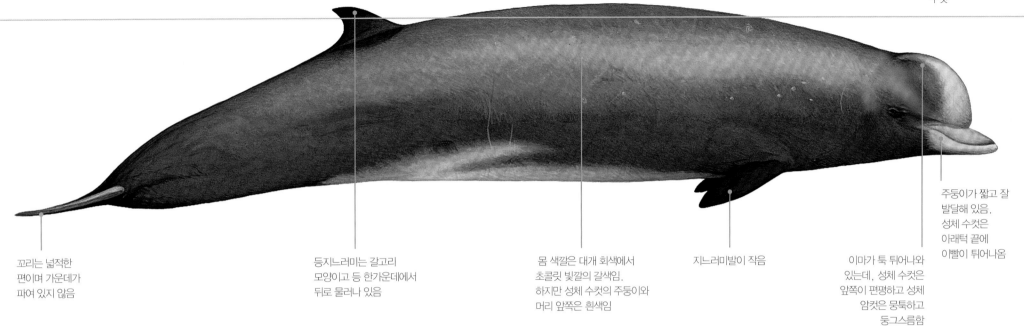

수컷

꼬리는 넓적한 편이며 가운데가 파여 있지 않음

등지느러미는 갈고리 모양이고 등 한가운데에서 뒤로 물러나 있음

몸 색깔은 대개 회색에서 초콜릿 빛깔의 갈색임. 하지만 성체 수컷의 주둥이와 머리 앞쪽은 흰색임

지느러미발이 작음

이마가 툭 튀어나와 있는데, 성체 수컷은 앞쪽이 편평하고 성체 암컷은 뭉툭하고 둥그스름함

주둥이가 짧고 잘 발달해 있음. 성체 수컷은 아래턱 끝에 이빨이 튀어나옴

성체 수컷의 머리 모양

성체 수컷의 머리 모양은 꽤나 독특하다. 이마가 둥그스름하며 흰색이고, 아래턱 끝에는 작은 이빨이 두 개 튀어나와 있으며 가끔은 따개비가 붙어 기생한다. 바다에서 관찰할 수 있는 살아 있는 개체에서는 이 이빨이 드물게 보인다.

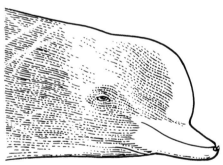

몸 크기

갓 태어난 새끼: 3~3.5m
성체: 암컷 8.7m, 수컷 9.8m

수면에 올라왔다가 잠수하는 동작

1. 북방병코고래가 수면 위로 올라오면서 둥그스름하게 두드러진 연한 색의 이마가 모습을 드러내고, 둥근 모양의 물이 잠깐 관찰된다. 날씨가 좋고 운이 따른다면 주둥이도 볼 수 있다.

2. 뿜어낸 물이 사라지면서, 길쭉한 등과 그 위의 갈고리 모양 등지느러미가 드러난다.

3. 고래가 잠수하기 시작하면서 등지느러미와 꼬리 연결대만 보인다.

꼬리로 수면 내려치기

북방병코고래는 깊은 잠수를 시작할 무렵에만 수면 위에서 꼬리를 가끔 보이지만, 꼬리를 수면 위에 내려치는 행동은 그보다 자주 보인다.

수면 위로 뛰어오르기

북방병코고래는 가끔 물 위로 뛰어오르기도 한다. 사회성이 좋은 종이라서 가까운 동료끼리 작은 무리를 지으며, 길게 잠수했다 올라온 이후 수면 근처에서 상당 시간 서로 어울린다.

남방병코고래 SOUTHERN BOTTLENOSE WHALE

과명: 부리고래과

종명: 히페루돈 플라니프론스Hyperoodon planifrons

다른 흔한 이름: 남극병코고래

분류 체계: 아종은 확인되지 않았지만, 연구에 따르면 아종이나 어쩌면 종 수준의 구별되는 하위 개체군이 존재할 가능성이 있음

유사한 종: 서식 범위가 비슷하기 때문에 아르누부리고래와 혼동될 수 있음. 하지만 아르누부리고래가 몸집이 더 크고 주둥이가 길며, 이마가 툭 튀어나오고 등지느러미가 작음

태어났을 때의 몸무게: 알려져 있지 않음

성체의 몸무게: 4,000kg

먹이: 오징어

집단의 크기: 대개 10마리를 넘기지 않을 정도로 작은 무리를 이룸

주된 위협: 대규모 고래잡이의 대상이었던 적은 없음. 주낙에 부수어획되거나, 지진파 연구와 해군의 음파 탐지기로 말미암은 물속 소음이 위험 요인임

IUCN 등급: 관심 필요종

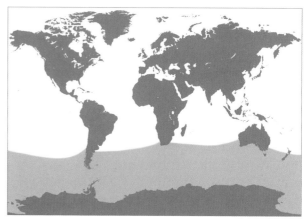

서식 범위와 서식지

이 종은 남반구의 남극수렴대에서 유빙 가장자리 사이에 고루 분포한다. 북쪽으로는 오스트레일리아, 아프리카, 남아메리카 해안을 따라 남위 30도까지 서식한다.

종 식별 체크리스트

- 몸이 길쭉하고 다부짐
- 주둥이가 두텁고 잘 발달됨
- 이마가 툭 튀어나와 있으며 수컷 성체에게서 더 두드러짐
- 성체 수컷의 아래턱 끝에 이빨 두 개가 살짝 앞으로 튀어나와 돌출됨
- 몸 색깔은 등 쪽이 진한 색이고 배 쪽은 연한 색임
- 주둥이와 머리의 색깔은 몸의 다른 부위보다 연하며, 특히 수컷 성체는 바다에서 보면 거의 흰색으로 보임
- 등지느러미는 갈고리 모양이고 등 한가운데에서 물러난 위치에 있음

해부학

남방병코고래의 상악골 융기는 북방병코고래와 비슷하지만 그보다 편평하고 덜 돌출되어 있다. 그렇기 때문에 남방병코고래 성체 수컷의 머리도 북방병코고래보다 앞쪽에서 볼 때 각진 정도가 덜하다. 이 고래는 북방병코고래보다 몸집도 작은 편이다. 하지만 그밖의 다른 해부학적인 특징은 아주 비슷하다.

행동

남방병코고래의 생활사와 행동은, 이미 자세하게 연구가 진행된 북방병코고래와 비슷할 것으로 여겨진다. 10마리 이내의 작은 무리를 지으며, 뿜어낸 물을 관찰 가능한 경우가 많고 가끔은 물 위로 뛰어오른다.

먹이와 먹이 찾기

남방병코고래는 오징어를 주식으로 삼을 것이라 추정되지만 먹이나 섭식 행동에 대한 직접적인 정보는 적다. 오스트레일리아 해변에서 떼 지어 좌초된 이 고래의 위장을 조사한 결과 비막치어(메로)의 뼈와 미더덕과 동물이 발견된 바 있었다. 이 고래의 잠수 시간이나 잠수 행동에 대한 관찰 데이터는 없지만 아마도 깊은 물까지 잠수할 것으로 여겨진다.

생활사

훨씬 많이 연구가 이뤄진 친척 종 북방병코고래의 생활사를 통해 유추하자면, 이 고래의 경우 암컷은 11살 정도에 성적으로 성숙하고 수컷은 그보다 이른 나이에 성숙할 것이다. 또 임신 기간은 1년 이상이고, 출산과 출산 사이의 간격은 2년 이상이라 추정된다. 북방병코고래의 수명으로 미루어 짐작하면 남방병코고래의 수명은 35년 이상이다.

보호와 관리

이 고래는 그동안 서식 구역 모든 곳에서 활발한 사냥 대상이었다. 1970~1980년대 남극해를 항해하는 선박 위에서 이뤄진 연구 결과 개체 수는 약 50만 마리 정도였다. 위험 요인에 대해서도 자세한 정보가 없기는 하지만 먼 바다에 설치한 자망에 걸려들어 죽는 사례가 기록된 바 있고, 다른 부리고래류와 마찬가지로 남방병코고래 또한 먼 바다의 석유와 천연가스 개발 및 군사 행동 때문에 생기는 소음에 취약하다고 여겨진다.

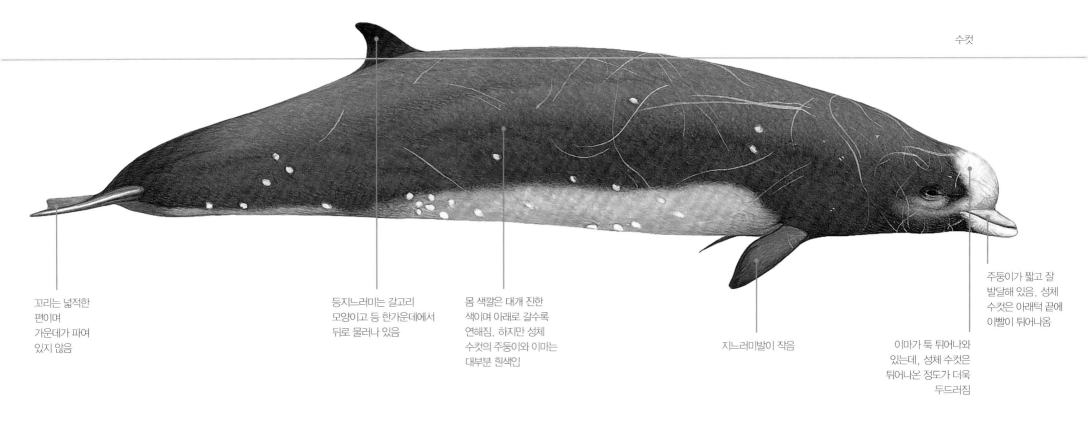

수컷

꼬리는 넓적한 편이며 가운데가 파여 있지 않음

등지느러미는 갈고리 모양이고 등 한가운데에서 뒤로 물러나 있음

몸 색깔은 대개 진한 색이며 아래로 갈수록 연해짐. 하지만 성체 수컷의 주둥이와 이마는 대부분 흰색임

지느러미발이 작음

이마가 툭 튀어나와 있는데, 성체 수컷은 튀어나온 정도가 더욱 두드러짐

주둥이가 짧고 잘 발달해 있음. 성체 수컷은 아래턱 끝에 이빨이 튀어나옴

성체 수컷의 머리 모양

성체 수컷의 주둥이는 짧고 두터우며 잘 발달되어 있고, 이마는 급한 경사를 이루면서 볼록 솟아 있으며 얼굴과 이마 전체가 거의 흰색이다. 아래턱 끝에는 이빨 두 개가 밖으로 드러나 있다.

몸 크기

갓 태어난 새끼: 알려져 있지 않음
성체: 암컷 7.8m, 수컷 7.1m

수면에 올라왔다가 잠수하는 동작

1. 남방병코고래가 수면 위로 올라오면서 둥그스름하게 두드러진 연한 색의 이마가 모습을 드러내고, 둥근 모양의 물이 잠깐 관찰된다. 날씨가 좋고 운이 따른다면 주둥이도 볼 수 있다.

2. 뿜어낸 물이 사라지면서, 길쭉한 등과 그 위의 갈고리 모양 등지느러미가 드러난다.

3. 고래가 잠수하기 시작하면서 등지느러미와 꼬리 연결대만 보인다.

꼬리로 수면 내려치기

남방병코고래는 깊은 잠수를 시작할 무렵에만 수면 위에서 꼬리를 가끔 보인다.

수면 위로 뛰어오르기

이 고래는 이따금 물 위로 뛰어오르며, 가끔은 수직으로 몸통을 세우거나 완전히 수면 위로 몸통을 드러내며 점프한다. 사회성이 좋은 종이라서 가까운 동료끼리 작은 무리를 지으며, 길게 잠수했다 올라온 이후 수면 근처에서 상당 시간 어울린다.

인도태평양부리고래 LONGMAN'S BEAKED WHALE

과명: 부리고래과

종명: 인도파케투스 파키피쿠스Indopacetus pacificus

다른 흔한 이름: 롱맨부리고래

분류 체계: 아종이나 독립적인 개체군이 확인된 적은 없음

유사한 종: 과거에는 남방부리고래와 같이 묶여 '열대부리고래'라고 불렸음. 하지만 지금은 서로 다른 속에
들어가는 것으로 다시 분류됨

태어났을 때의 몸무게: 알려져 있지 않음

성체의 몸무게: 알려져 있지 않음

먹이: 오징어

집단의 크기: 인도양과 태평양에 서식하는 다른 부리고래류에 비해 무리의 크기가 커서, 평균적으로 7~30마리로
구성되며 가끔은 100마리까지 무리 짓기도 함

주된 위협: 주된 위험 요인은 알려져 있지 않으나, 유망에 몸이 얽히거나 비닐 쓰레기를 삼키는 것, 해군의 음파
탐지기가 내는 소음 등으로 위험에 처할 수 있다고 여겨짐

IUCN 등급: 자료 부족종

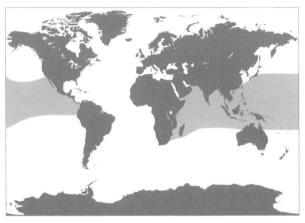

서식 범위와 서식지

이 종은 열대 인도태평양 자생종으로 멕시코만 서쪽에서 아프리카 동부
해안과 아덴만까지 서식한다. 수면의 온도가 적어도 26도 이상인 수심
2,000m 이상의 대양에서 주로 산다.

**종 식별
체크리스트**

- 주둥이가 길고 이마가 둥글게
  튀어나옴
- 높이가 낮고 둥그스름하게
  뿜어내며, 대개 약간 앞으로
  기울어져 있음
- 등지느러미가 크고 삼각형이며,
  약간 갈고리 모양이고 등의 3
  분의 2 지점에 있음
- 성체 수컷에게서만 아래턱 끝에
  두 개의 이빨이 튀어나와 있음
- 몸 색깔은 고르게 갈색이거나
  회색이지만 입 근처만 연한
  황갈색임
- 몸통에는 쿠키커터상어에게
  물려서 생긴 하얀 타원형 상처가
  있으며, 특히 성체 수컷은 이빨에
  긁힌 긴 상처도 있음

해부학

수컷 성체에게서만 한 쌍의 이빨이 아래턱 끝에 삐져나와 있는데,
이 이빨은 날씨가 좋고 가까이에서 개체를 관찰 가능한 이상적인
조건에서만 볼 수 있다. 연한 색의 둥그스름하게 튀어나온 이마와
꽤 길쭉한 주둥이, 상대적으로 큰 등지느러미, 상반신 옆구리 배
쪽의 흰색에서 연한 회색 무늬 같은 특징도 현장에서 이 종을 식
별하는 데 도움이 된다.

행동

인도태평양부리고래는 군집성이 있으며 평균적으로 7~30마리가
밀접하게 무리를 짓는데, 여기에는 암수 성체와 새끼가 모두 포함
된다. 100마리 이상 무리를 짓는 경우도 보고된 적이 있다. 수면
위를 빠르게 헤엄칠 때는 가끔 물 위를 살짝 뛰어오르기도 하는데
그 모습이 몸집 큰 돌고래와 닮았다. 가끔은 거두고래류나 병코돌
고래들과 어울리는 모습이 관찰되기도 한다.

먹이와 먹이 찾기

이 종의 먹이나 섭식 행위, 개체가 보이는 움직임에 대해서는 알

려진 바가 전혀 없다. 두 개체의 위장 내용물을 조사한 결과 오징
어의 잔해가 발견된 정도이다. 이 고래는 물속 깊이 잠수하는 것
으로 보이며 1시간 이상 잠수가 가능하다.

생활사

생활사에 대해서는 사실상 알려진 정보가 없다.

보호와 관리

이 종이 관찰된 빈도로 미루어 짐작하면, 인도태평양부리고래는
개체수가 꽤 적은 편이다. 하와이 근처에 1,000마리, 열대 태평양
동부에 300마리 정도가 존재한다고 추산된다. 주된 위험 요인도
알려져 있지 않다. 하지만 이 종의 서식 범위 안에서 유망이나 주
낙 어업이 광범위하게 이뤄지고 있어서 고래가 그물에 몸이 얽히
는 경우가 꽤 있다. 그뿐만 아니라 다른 부리고래류와 마찬가지로
인도태평양부리고래도 해군의 음파 탐지기나 연구용 지진파로 말
미암은 물속 소음에 취약하리라 추측된다.

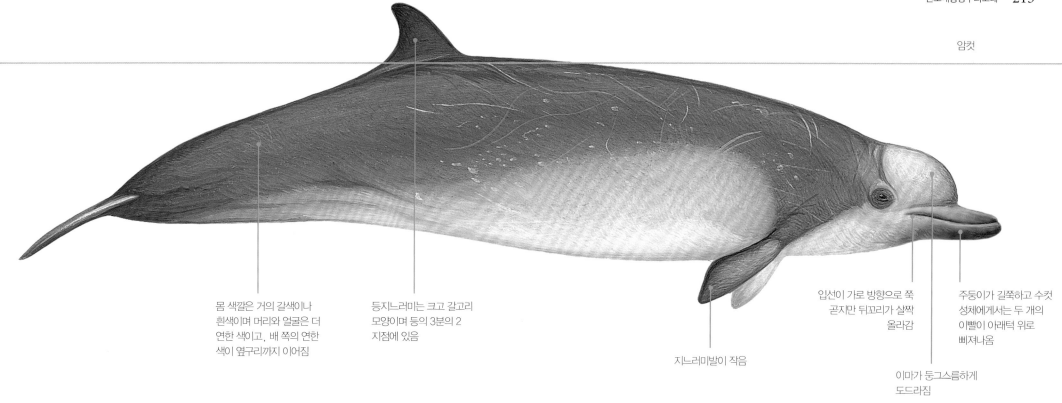

암컷

몸 색깔은 거의 갈색이나
흰색이며 머리와 얼굴은 더
연한 색이고, 배 쪽의 연한
색이 옆구리까지 이어짐

등지느러미는 크고 갈고리
모양이며 등의 3분의 2
지점에 있음

지느러미발이 작음

입선이 가로 방향으로 쭉
곧지만 뒤꼬리가 살짝
올라감

이마가 둥그스름하게
도드라짐

주둥이가 길쭉하고 수컷
성체에게서는 두 개의
이빨이 아래턱 위로
삐져나옴

성체 암컷의 머리 모양

인도태평양부리고래의 머리를 보면
이마가 툭 튀어나와 있고 부리가 꽤
길어서 병코고래류와 비슷해
보인다. 아래 그림은 성체
암컷이다(성체 수컷에 대해서는
참고할 만한 사진 자료가 없으며,
성체 암컷은 이 책에 실린 그림 두
개가 조금씩 다르듯 개체별로
조금씩 다를 수 있다). 아래턱
끝에는 이빨 한 쌍이 있는데, 수컷
성체에게서만 이 이빨이 앞쪽으로
튀어나와 있다. 하지만 튀어나온
이빨이 눈에 잘 띄지는 않는다.

몸 크기

갓 태어난 새끼: 2.9m
성체: 5.6~6.5m

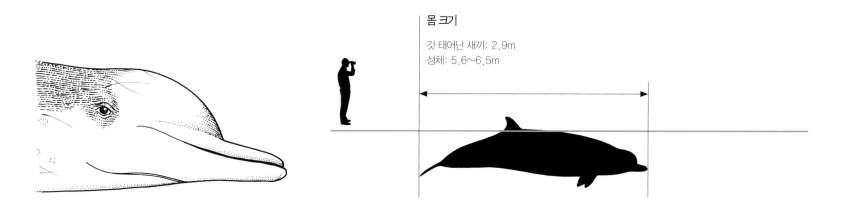

수면에 올라왔다가 잠수하는 동작

1. 인도태평양부리고래는 몸집이
크고 상대적으로 큰 규모로 무리를
짓는다. 활발하고 기운 넘치게
수면으로 올라와 물을 뿜어낸 다음
주둥이와 이마를 내보인다.

2. 뿜어낸 물이 사라지면,
연한 색을 띤 머리 위쪽과
회색 또는 갈색을 띤 등 쪽
표면이 확연히 대비되어
모습을 드러낸다.

3. 곧 길쭉한 부리와 두드러진
등지느러미가 보인다.

4. 고래가 깊이 잠수를
시작하면 등이 아치 모양으로
구부러진다.

5. 마지막으로 등지느러미와
꼬리 연결대만 물 밖으로
보이며, 이때부터 완전히
물속 깊이 사라지기까지 45
분이 조금 넘게 걸린다.

소워비부리고래 SOWERBY'S BEAKED WHALE

과명: 부리고래과

종명: 메소플로돈 비덴스Mesoplodon bidens

다른 흔한 이름: 북대서양부리고래, 북해부리고래

분류 체계: 유전학적인 분석 결과 가장 가까운 친척은 트루부리고래임

유사한 종: 바다에서 보면 북대서양에 사는 다른 부리고래들과 구별하기 어렵지만, 소워비부리고래 성체
수컷에게서 이빨이 노출된 모습은 트루부리고래나(아래턱 끝에 드러남) 혹부리고래(아래턱의 올라간
부분에 보임), 제르베부리고래(살짝 보임)와 다름

태어났을 때의 몸무게: 170kg

성체의 몸무게: 1,000~1,300kg

먹이: 오징어와 작은 심해어

집단의 크기: 최대 10마리 정도로 크기가 작음

주된 위협: 심해 유망이나 주낙에 몸이 얽히거나 소음, 해양 쓰레기를 삼키는 것도 위험 요인임

IUCN 등급: 자료 부족종

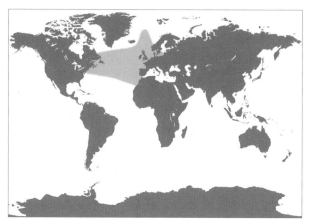

서식 범위와 서식지

이 종은 북대서양 토착종이며 시원한 온대에서 아북극 지역의 바닷물에
주로 산다. 북쪽으로는 북위 71도의 노르웨이해까지 분포한다.
해저협곡을 포함한 대륙사면과 대륙붕 위에서 주로 서식한다.

종 식별 체크리스트

- 주둥이가 길고 이마가 튀어나오지 않음
- 수컷은 주둥이 중간쯤 아래턱이 살짝 솟아 있는데, 여기에 송곳니가 앞으로 기울어져 튀어나옴
- 등 뒤쪽으로 갈고리 모양 등지느러미가 튀어나옴
- 몸 색깔은 별 특징이 없음. 위쪽은 진한 회색이고 아래로 갈수록 연해짐
- 특히 수컷 성체의 등과 옆구리에는 길쭉하게 이빨로 긁힌 상처가 있음

해부학

소워비부리고래는 몸이 길쭉하고 몸통 양쪽 끝이 가늘어지는 것이 특징이다. 부리는 상대적으로 긴 편이고, 이마는 살짝 튀어나왔지만 부풀어 오른 정도는 아니며 위턱까지 완만한 경사를 이루고 있다. 몸통 위쪽은 진한 회색이고 몸 아래쪽은 연한 회색에서 흰색이며 눈 주변은 어두운 색을 하고 있다. 암컷은 입선이 쭉 곧아 있지만, 성체 수컷은 뒤쪽을 향해 입선이 특징적으로 올라가 있고 아래턱에 작은 송곳니가 튀어나와 있다.

행동

이 종은 최대 10마리 정도로 꽤 작은 규모의 무리를 이룬다. 무리 안에는 성체 수컷과 성체 암컷, 새끼가 포함된다. 소워비부리고래는 조심성이 많고 사람들에게 다가오지 않는 편이라 가까이에서 관찰되었다는 기록은 드물다. 파도가 잔잔할 때에도 이 고래가 뿜어낸 물은 눈에 띄지 않는 편이다. 수컷 성체는 등과 옆구리에 길쭉한 상처가 보이는데, 이것은 수컷이 작고 뾰족한 송곳니를 무기로 서로 싸운다는 사실을 알려준다.

먹이와 먹이 찾기

이 종의 먹이에 대해 알려진 정보 대부분은, 부수어획으로 사로잡

히거나 해안에 좌초한 개체들의 위장 내용물을 분석해서 얻은 것들이다. 소워비부리고래의 주식은 오징어와 심해어이지만 움직이는 게나 갑오징어도 먹는다. 잠수 시간은 30분 이상이며 수심 1,000m 깊이까지 잠수가 가능하다.

생활사

생활사에 대해서는 사실상 알려진 정보가 없다.

보호와 관리

소워비부리고래의 개체수는 북대서양 중앙과 페로제도, 북대서양 서부에 걸쳐 수천 마리에 지나지 않는 것으로 추정된다. 먼 바다에 설치한 유망은 이 고래에게 치명적이어서, 1989~1998년 사이 미국 동부의 대륙붕 가장자리에 설치한 작은 유망들 때문에 소워비부리고래가 24마리 이상 목숨을 잃었을 정도이다. 주낙 역시 위험 요인이다. 그뿐만 아니라 이 고래는 다른 부리고래류와 마찬가지로 해군 음파 탐지기나 연구용 지진파로 말미암은 물속 소음에도 많이 민감하다.

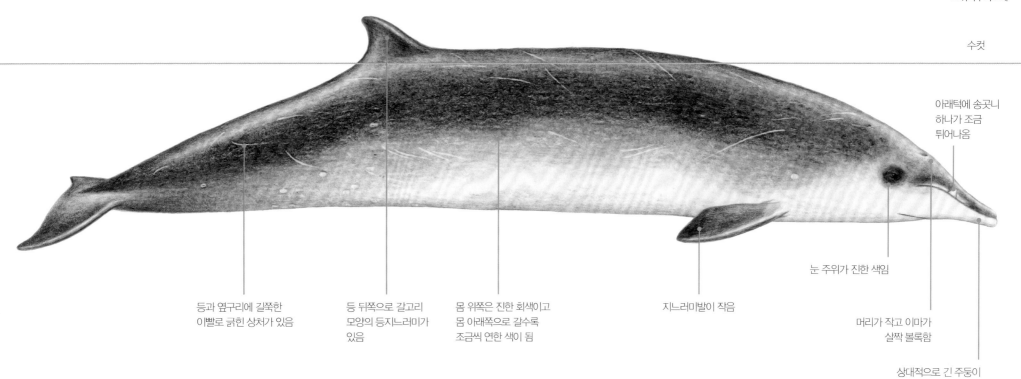

수컷

아래턱에 송곳니
하나가 조금
튀어나옴

등과 옆구리에 길쭉한
이빨로 긁힌 상처가 있음

등 뒤쪽으로 갈고리
모양의 등지느러미가
있음

몸 위쪽은 진한 회색이고
몸 아래쪽으로 갈수록
조금씩 연한 색이 됨

지느러미발이 작음

눈 주위가 진한 색임

머리가 작고 이마가
살짝 볼록함

상대적으로 긴 주둥이

성체 수컷의 머리 모양

머리는 작고, 살짝 동그스름한 이마가 길쭉한 부리까지 꽤
매끈하고 완만하게 이어진다. 아래턱에 삐져나온 두 개의 이빨은
수컷 성체에게서만 나타나는 특징인데, 입선 뒤쪽의 살짝 올라간
부위에 작고 삼각형인 송곳니 두 개가 돌출해 있다.

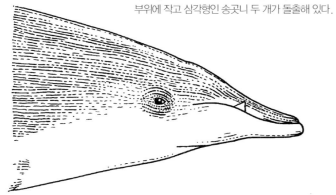

몸 크기

갓 태어난 새끼: 2.4m
성체: 5~5.5m

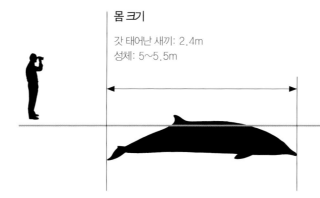

**수면에 올라왔다가 잠수하는
동작**

1. 수면 위로 올라올 때 처음으로
눈에 띄는 것은 길쭉하고 폭이
좁은 주둥이이다. 이 고래는
30~45도 각도로 물 위에 모습을
드러낸다. 머리는 몸집에 비해
작고 이마는 살짝 튀어나왔다.

2. 이 고래는 물을 뿜어낸
다음 주둥이를 다시 물에
집어넣기 시작한다. 뿜어낸
물은 관찰 가능하지만 눈에
특별히 잘 띄지는 않는다.

3. 머리가 물속에 가라앉으면,
등이 모습을 드러내면서 끝이
뾰족하고 갈고리 모양으로
도드라진 등지느러미가 보인다.

수면 위에서 보이는 행동

소워비부리고래는 작은
규모의 밀접한 무리를
지으며, 수면에서의
활동은 활발하지 않다.
가끔씩 꼬리로 수면을
내려치는 정도이다.

앤드루부리고래 ANDREWS' BEAKED WHALE

과명: 부리고래과

종명: 메소플로돈 보우도이니Mesoplodon bowdoini

다른 흔한 이름: 낮은볏부리고래

분류 체계: 아종은 확인되지 않았으며, 개체군 구성에 대해서도 알려진 바가 없음

유사한 종: 남반구에 사는 주둥이가 흰색인 다른 고래들, 예컨대 끈모양이빨고래, 그레이부리고래, 헥터부리고래와 혼동될 수 있음

태어났을 때의 몸무게: 알려져 있지 않음

성체의 몸무게: 알려져 있지 않음

먹이: 확실하지 않으나 오징어나 물고기를 먹으리라 추정됨

집단의 크기: 알려져 있지 않음

주된 위협: 지진파 조사나 해군 음파 탐지기로 말미암은 소음에 영향을 받거나, 먼 바다에 설치한 흘림걸그물과 주낙에 몸이 얽히거나 쓰레기를 삼켜 위험에 빠질 수 있음

IUCN 등급: 자료 부족종

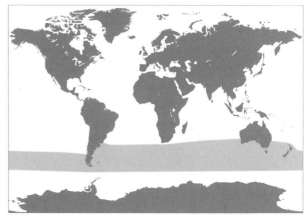

서식 범위와 서식지

이 종은 남반구 남위 32도와 54도 30분 사이의 극지방 근처 시원한 온대지방 바다에서만 산다. 여러 마리가 떼를 지어 오스트레일리아와 뉴질랜드 해안에 좌초하기도 한다. 이런 현상은 우루과이, 아르헨티나 (티에라 델 푸에고), 포클랜드섬, 트리스탄다쿠냐제도에서도 나타난다. 서식지에 대한 자세한 정보는 없지만 아마도 먼 바다의 깊은 물속에서 살 것이라 추정된다.

종 식별 체크리스트

- 머리의 앞뒤 길이가 짧고 이마가 살짝 튀어나옴
- 주둥이가 두툼하고 짧으며, 아래턱 뒤쪽 절반이 아치 모양으로 많이 구부러짐
- 성체 수컷은 아래턱 양쪽에 이빨 하나씩 튀어나와 마치 엄니처럼 보임
- 등 뒤쪽에 작고 약간 갈고리 모양의 등지느러미가 있음
- 성체 수컷은 주둥이 대부분이 흰색이지만 몸의 다른 곳은 뚜렷한 무늬 없이 진한 색임
- 성체 암컷은 부리가 완전한 흰색이 아니고 몸의 다른 곳과 마찬가지로 살짝 색조가 들어감
- 특히 수컷은 몸통에 이빨로 긁힌 길쭉한 상처가 있는 경우가 많음

해부학

앤드루부리고래는 부리고래류 가운데 몸집이 작은 편이고 가장 덜 알려진 종에 속한다. 이마는 살짝 튀어나와 있지만 위턱까지는 완만한 경사를 타고 이어진다. 부리는 짧고 두터우며, 수컷 성체는 아래턱의 아치 모양으로 구부러진 부분에 송곳니가 튀어나와 있어 위턱 표면을 덮는다. 이 송곳니는 왼쪽, 오른쪽에 모두 있으며 이것을 무기로 싸움을 벌인 탓에 성체의 몸에는 길쭉한 흰색 상처가 나 있다. 몸 색깔에 대한 정보는 해변에 좌초된 개체를 보고 얻은 것이라 죽고 나서 몸 색이 변했을 가능성이 있어 정확하지 않다. 하지만 수컷 성체의 주둥이가 앞쪽이 흰색이라는 점은 확실하다. 암컷은 주둥이 앞쪽의 흰색이 덜 뚜렷하다. 또 수컷이 전체적으로 암컷보다 어두운 색을 띤다고 알려져 있다.

행동

바다에서 직접 관찰된 사례가 없기 때문에 앤드루부리고래의 행동이나 무리 구성에 대해서는 알려진 바가 없다.

먹이와 먹이 찾기

알려진 정보가 없지만, 아마도 같은 속의 고래들처럼 오징어가 주식일 것으로 여겨진다.

생활사

알려진 정보가 거의 없다. 뉴질랜드 근처 바다에서 여름과 가을에 새끼를 낳는다는 사실이 알려진 정도이다.

보호와 관리

이 고래는 자연적으로도 개체수가 얼마 없지만, 실제로 바다에서 이 종을 찾고 식별하는 것이 어렵기 때문에 보고가 덜 이뤄진다는 측면도 있다. 앤드루부리고래가 떼 지어 좌초하는 사례가 뉴질랜드와 오스트레일리아에서 대부분 이뤄진다는 점은 사실을 왜곡할 수도 있는데, 실제로 앤드루부리고래가 이 지역에서 많이 서식한다기보다는 이 두 나라에서 고래류의 좌초 현상을 탐지하고 보고, 연구하는 노력을 다른 나라에 비해 더 많이 기울이는 터라 사례를 더 많이 보고했을 수 있기 때문이다. 그 밖에 앤드루부리고래가 다른 지역에서 사냥되었다든지 이 종이 고기잡이 도구에 몸이 얽히거나(부수어획) 소음이나 해양 쓰레기에 영향을 받는다는 증거는 없다.

수컷

주둥이가 짧고 두터움.
수컷 성체는 주둥이의
앞쪽 절반에서 3분의 2
정도까지 흰색이지만,
암컷은 흰색에 다른 색이
섞임

꼬리는
가운데가
파여 있지
않음

등 뒤쪽에 작고
갈고리 모양의
등지느러미가 있음

작은
지느러미발

머리가 작고
이마가 살짝
튀어나옴

수컷 성체는
아래턱이 구부러져
있어, 치관(이빨의
머리 부분)이 드러나
주둥이 중간쯤에
엄니처럼 보임. 이
엄니는 위턱을 덮음

성체 수컷은 대개
회색에서 검은색이고,
암컷은 수컷에 비해 배
쪽으로 갈수록 몸
색깔이 옅어짐

성체가 될수록 몸에
길쭉한 상처가 생김

이마가 위턱까지
매끄러운 경사를 이룸

머리, 턱, 이빨

이 종은 머리가 꽤 작고 이마가 살짝 튀어나와 있으며, 짧고 두터운
주둥이까지 완만하고 매끄러운 경사를 이룬다. 입선은 중간
정도에서 위로 올라가 있으며, 성체 수컷은 아래턱의 이 부위에서
이빨이 잇몸을 뚫고 돌출되어 위턱 일부를 덮는다. 그 밖에 눈에
띄는 특징이 있다면 주둥이 앞쪽이 흰색이라는 점이다. 암컷과
새끼는 이 특징이 덜 두드러진다.

몸 크기

갓 태어난 새끼: 2.2m
성체: 4.4m 이상. 암컷은 최대 4.9m

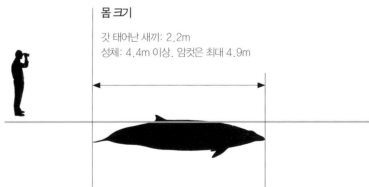

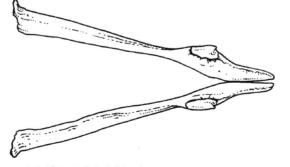

아래턱을 등 쪽에서 바라본 모습으로,
이빨의 위치와 방향을 보여준다.

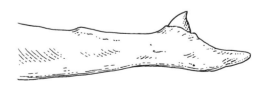

턱을 옆에서 바라본 모습으로, 이빨의 위치를
보여준다.

허브부리고래 HUBBS' BEAKED WHALE

과명: 부리고래과

종명: 메소플로돈 칼흅시|Mesoplodon carlhubbsi

다른 흔한 이름: 아치부리고래

분류 체계: 아종이나 독립적인 개체군이 확인되지 않음. 오늘날 가장 가까운 친척은 앤드루부리고래로 추정됨

유사한 종: 데라니야갈라부리고래, 민부리고래, 은행이빨부리고래와 서식 지역이 겹친다. 하지만 허브부리고래 성체 수컷은 머리 위쪽이 모자를 쓴 듯 하얀색이라서 다른 종과 쉽게 구별됨

태어났을 때의 몸무게: 알려져 있지 않음

성체의 몸무게: 1,500kg

먹이: 수심 200~1,000m에 사는 오징어와 물고기

집단의 크기: 바다에서 직접 관찰한 사례는 드물지만, 작은 무리를 이룰 것으로 보임

주된 위협: 일본에서 가끔 사냥의 대상이 되거나 유망에 몸이 걸리기도 함. 수중 소음이나 해양 쓰레기를 삼키는 것도 주요 위험 요인임

IUCN 등급: 자료 부족종

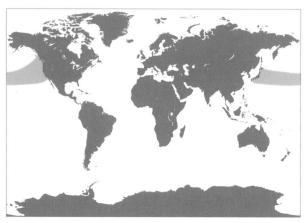

서식 범위와 서식지

이 종은 북위 33~54도 사이의 시원한 온대 북태평양 지역의 자생종이다. 이 종에 대한 대부분의 정보는 떼 지어 해안에 좌초한 개체들로부터 얻는데, 이런 현상은 태평양 동쪽에서는 샌디에이고와 캘리포니아, 프린스루퍼트, 브리티시콜럼비아에서 일어나고 태평양 서부에서는 일본 혼슈에서만 일어난다.

종 식별 체크리스트

- 메소플로돈속이 대개 그렇듯 몸이 통통하고 지느러미발이 작음. 또 등지느러미가 중간 사이즈에 갈고리 모양이며 등 뒤쪽에 있음
- 주둥이가 적당히 길며, 수컷 성체는 주둥이가 흰색이지만 암컷은 연한 색임
- 수컷 성체는 입선이 아치 모양으로 꽤 올라가 있으며 둥글게 올라간 정점에는 송곳니가 도드라져 있음
- 수컷 성체의 둥그스름한 이마에는 꼭대기에 모자 모양의 흰색 부분이 눈에 많이 띔
- 수컷 성체의 몸 대부분은 진한 회색에서 검은색이며 깊은 상처 자국이 있지만, 암컷과 새끼는 몸 위쪽은 진한 색이고 아래쪽은 연한 색임

해부학

이 종에서 가장 눈에 띄는 특징은 수컷 성체에게서 나타난다. 흰색의 잘 발달된 주둥이와 머리뼈에 얹힌 모자 모양 이마의 흰색 반점이, 나머지 몸통의 진한 색과 대비를 이룬다. 또한 이 고래는 입선을 따라 중간 정도에 아치 모양으로 올라간 부위에 큼지막하고 옆으로 편평하며 뾰족한 이빨이 튀어나와 있다. 이 이빨은 입이 닫히면 위턱 위로 돌출되며, 수컷 성체는 이것을 무기로 서로 싸우기 때문에 몸통 여기저기에 길쭉하게 긁힌 상처가 나타난다. 수컷 성체는 입을 다문 채 적을 향해 자기의 위턱을 강하게 압박해 상대에게 고통을 주며 그에 따라 몸에 긁힌 상처가 생긴다.

행동

허브부리고래는 드물게 발견되어 식별되는 종이기 때문에, 행동에 대해 알려진 바가 거의 없다. 수컷 성체의 몸에 난 상처를 보고 무리 속에서 사회적으로 우위를 얻기 위해 싸운 흔적이라고 해석하는 정도이다. 이 길쭉한 상처는 두 개가 평행해서 난 경우가 많으며, 최대 길이가 2m이다.

먹이와 먹이 찾기

이 종의 먹이에 대한 지식은 해변에 좌초된 개체들의 위장 내용물을 보고 연구한 결과이다. 그에 따르면 심해 오징어나 물고기가 주식인 것으로 나타났다. 또한 목숨이 붙은 채 좌초한 허브부리고래 새끼 두 마리를 관찰한 결과 부리고래류에서 나타나는 흡입 섭식을 한다는 사실이 밝혀졌다.

생활사

이 종의 생활사에 대해서는 알려진 바가 없다.

보호와 관리

1990년대 중반까지 미국 캘리포니아 근해에서 대규모 유망 어업을 벌인 결과 메소플로돈속의 고래 여덟 마리가 목숨을 잃은 바 있다. 하지만 이것도 부수어획의 사례 일부에 불과할 뿐 실제로 목숨을 잃은 개체의 숫자는 더 많을 수 있다. 다른 부리고래류와 마찬가지로 허브부리고래도 대륙붕의 바다 쪽 깊은 물에 쳐놓은 유망이 위험 요인인 것이다. 또한 해군의 음파 탐지기와 연구용 지진파로 말미암은 물속 소음, 해양 쓰레기를 삼킬 위험성 등이 이 고래의 잠재적인 위협이라고 볼 수 있다.

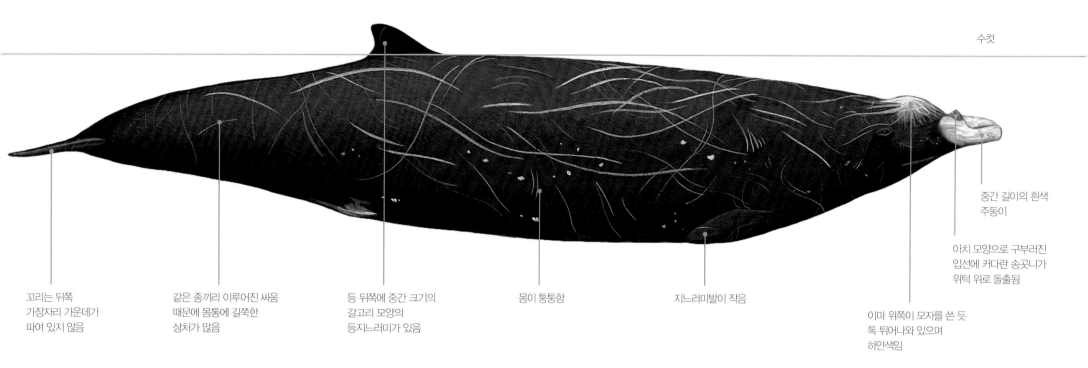

수컷

중간 길이의 흰색
주둥이

아치 모양으로 구부러진
입선에 커다란 송곳니가
위턱 위로 돌출됨

이마 위쪽이 모자를 쓴 듯
톡 튀어나와 있으며
하얀색임

지느러미발이 작음

몸이 퉁퉁함

등 뒤쪽에 중간 크기의
갈고리 모양의
등지느러미가 있음

같은 종끼리 이루어진 싸움
때문에 몸통에 길쭉한
상처가 많음

꼬리는 뒤쪽
가장자리 가운데가
파여 있지 않음

성체의 머리 모양

암수 모두 주둥이가 흰색이거나 부분적으로 연한 회색이 섞여 있지만, 머리에서 보이는 몇 가지
특징으로 암수를 구별할 수 있다. 수컷 성체는 입선이 중간에 위로 튀어나온 부위에 송곳니가
돌출되어 있는 것이 특징이다. 하지만 여기에 비해 암컷은 입선이 길고 매끈하며 위로
튀어나오거나 이빨이 돌출되지 않는다. 또 다른 암수의 큰 차이는 수컷은 마치 모자를 쓴 것처럼
둥그스름한 머리 위쪽에 흰색 반점이 있다는 점이다.

수컷

암컷

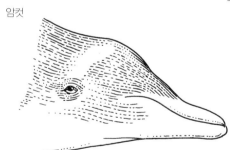

몸 크기

갓 태어난 새끼: 약 2.5m까지 자람
성체: 최대 5.4m

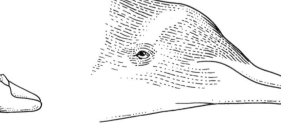

수면에서 보이는 행동

이 종은 바다에서 흔하게 접할
수 없어 식별하기 힘들다.
수면 위로 드러난 모습도 다른
종보다 눈에 덜 띄는 편이다.
작게 무리를 이루고 뿜어낸
물도 눈에 덜 띄며, 수면에서
보내는 시간도 적다.

수면에 올라왔다가
잠수하는 동작

1. 성체 수컷이 물 위에
나타나면, 흰색
주둥이가 드러나면서
위로 많이 올라간
아래턱과 하얀 모자를
쓴 듯한 머리가 보인다.

2. 곧이어 머리 위로 물을
뿜으며, 등도 모습을
드러낸다. 이 고래가 뿜어낸
물은 기상 조건에 따라
연하게 보이거나 아예
보이지 않을 수도 있다.

3. 머리가 물속에 들어가면서 등과
중간 크기의 등지느러미가 물 위에
나타난다. 이 고래는 물속에 들어갈
때 꼬리를 드러내지 않는 경우가
많다.

혹부리고래 BLAINVILLE'S BEAKED WHALE

과명: 부리고래과

종명: 메소플로돈 덴시로스트리스Mesoplodon densirostris

다른 흔한 이름: 빽빽한주둥이고래

분류 체계: 아종은 확인되지 않음. 하지만 대서양에 사는 개체군과 태평양에 사는 개체군이 서로 섞이지 않는
독립적인 무리라는 것은 거의 확실함

유사한 종: 메소플로돈속과 민부리고래의 암컷, 새끼와 혼동될 수 있음. 하지만 혹부리고래 성체 수컷은 아래턱이
튀어나와 있고 양쪽에 이빨이 하나씩 앞으로 기울어져 돌출되어 있는 특징이 있어 구별 가능함

태어났을 때의 몸무게: 60kg

성체의 몸무게: 800~1,000kg

먹이: 오징어와 작은 물고기

집단의 크기: 2, 3마리, 최대 10마리가 무리를 지음

주된 위협: 해군의 음파 탐지기로 인한 소음, 유망에 몸이 얽힘, 해양 쓰레기를 삼키거나 몸이 얽힘

IUCN 등급: 자료 부족종

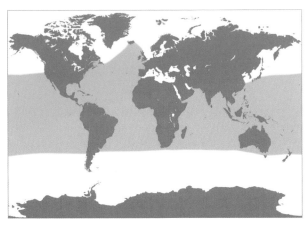

서식 범위와 서식지

혹부리고래는 전 세계 열대와 따뜻한 온대지방에 고루 분포한다. 수심
500m 이상의 대륙사면의 깊은 바닷물에 서식하는 종이지만 섬 근처에
오래 머무르는 개체군도 있다.

종 식별 체크리스트

- 이마는 다른 종에 비해 상대적으로 편평하고 주둥이가 길며, 수컷 성체는 아래턱 끝에서 바로 뒷부분이 튀어나와 있다는 점이 특징임
- 튀어나온 아래턱 양쪽에는 커다란 이빨들이 있고 치관 부위가 작고 뾰족함
- 등 뒤쪽에 작거나 중간 크기의 갈고리 모양 등지느러미가 있음
- 몸 색깔은 등 쪽이 진한 색이고 (눈 주위 포함) 아래턱을 포함해 배 쪽은 연한 색임
- 몸통에는 쿠키커터상어에게 물린 상처나 다른 수컷 성체에게 물린 길쭉한 이빨 자국이 나 있는 경우가 많음

해부학

혹부리고래는 몸집이 다부지며 이마는 거의 편평하다. 다른 메소플로돈속 고래와 달리 가장 눈에 띄는 특징은 성체 아래턱이 위쪽으로 심하게 발달되었다는 점이다. 아래턱이 위로 올라붙어 얼굴을 덮은 모습은 수컷 성체에게서 더 두드러진다. 수컷 성체는 올라간 아래턱 위에 커다란 이빨의 치관이 노출되며, 여기에 따개비가 적어도 하나 이상 붙어 기생하기 때문에 더욱 더 눈에 띈다. 또 다른 특징은 위턱뼈인데, 이 뼈는 다른 종과 상대가 안 될 정도로 밀도가 높다(코끼리의 상아보다도 밀도가 높다).

행동

혹부리고래는 대개 2~3마리의 소규모 무리를 이루며 때로는 10마리까지도 무리를 짓는다. 이렇게 작게 무리를 지어 다니며 수면에서 거의 활동을 하지 않기 때문에, 기상 조건이 아주 좋지 않으면 이 고래를 관찰하기 힘들다.

먹이와 먹이 찾기

대부분의 다른 부리고래류와 마찬가지로 혹부리고래의 주식은 오징어와 작은 심해어이다. 이 고래는 수심 500m 이상의 깊은 바다를 좋아한다. 수백 마리의 개체로 이뤄진 개체군이 바닷가의 수심이 깊은 하와이섬 같은 특정 섬에 서식한다. 하와이섬에서는 혹부리고래에 대한 연구가 많이 이루어졌으며, 이곳의 개체군은 수심 500~1,000m에 서식하지만 대양 한가운데 사는 다른 개체군은 수심 3,500~4,000m에서 서식한다. 먹이를 찾을 때 평균적인 잠수 시간은 한 시간 정도이다.

생활사

이 종의 생활사에 대해서는 사실상 알려진 바가 없다.

보호와 관리

혹부리고래는 꽤 널리 퍼져 있지만 동시에 개체수가 많지 않다. 또한 부리고래과 가운데 민부리고래 다음으로 해군이 사용하는 강한 중주파수의 음파 탐지기로 말미암은 집단 좌초를 많이 겪는 종이다. 바하마와 카나리아제도에서 이런 사례가 보고되어 왔다. 혹부리고래는 먼 바다에 설치한 흘림걸그물과 주낙 때문에 목숨을 잃거나 해양 쓰레기를 삼켜 다치기도 한다. 직접적인 사냥 대상이 되었는지에 대해서는 알려져 있지 않다.

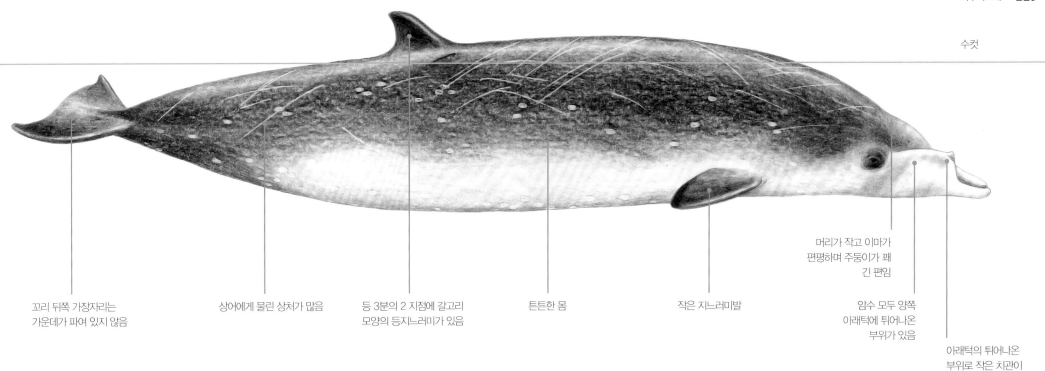

수컷

꼬리 뒤쪽 가장자리는
가운데가 파여 있지 않음

상어에게 물린 상처가 많음

등 3분의 2 지점에 갈고리
모양의 등지느러미가 있음

튼튼한 몸

작은 지느러미발

머리가 작고 이마가
편평하며 주둥이가 꽤
긴 편임

암수 모두 양쪽
아래턱에 튀어나온
부위가 있음

아래턱의 튀어나온
부위로 작은 치관이
드러남

성체의 머리 모양

암수 모두 성체의 머리 모양이 매우 특이하다. 앞에서 보면 암컷의 머리는 거의 원뿔형인데,
아래턱은 등 쪽으로 상당히 올라붙어 위턱을 집게처럼 누른다(V자 모양의 목주름도 존재한다).
옆에서 보면 수컷은 이마가 둥그스름하기보다 편평한 편이고, 아래턱에 독특하게 위로 올라간
부위가 있으며 그 위에 이빨이 튀어나왔고 여기에 따개비가 기생하는 경우가 많다.

성체 수컷의 머리

암컷 머리를 앞에서 본 모습

몸 크기

갓 태어난 새끼: 2m
성체: 최대 4.7m

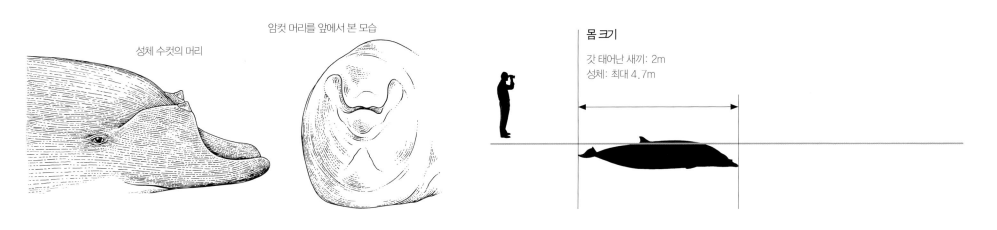

**수면에 올라왔다가
잠수하는 동작**

1. 수컷 성체가 수면 위로
올라오면, 제일 처음 눈에
띄는 것이 독특한 특징을
가진 얼굴이다. 아래턱의
위로 튀어나온 부위가 위턱
위까지 덮고 있다.

2. 이 종은 다른 부리고래류에
비해 이마가 편평한 편이다.
아래턱 양쪽의 올라간 부위 맨
위에는 이빨이 튀어나와
있으며, 여기에 하나 이상의
따개비가 붙어 있는 경우가
많다.

3. 고래는 물을 내뿜은 다음 몸을
굴리면서 잠수해 들어가고, 등
뒤쪽에 있는 갈고리 모양의 뾰족한
등지느러미가 두드러지게 보인다.

수면 위에서 보이는 행동

혹부리고래는 물속에
들어가는 과정에서 거의
꼬리를 보이지 않는다. 수면
위로 뛰어오르기 같은 공중
동작 또한 거의 하지 않는다.

제르베부리고래 GERVAIS' BEAKED WHALE

과명: 부리고래과

종명: 메소플로돈 에우로파이우스Mesoplodon europaeus

다른 흔한 이름: 앤틸리스부리고래, 멕시코만류부리고래, 유럽부리고래

분류 체계: 아종은 확인되지 않았으며, 개체군 구성에 대해서도 알려져 있지 않음

유사한 종: 메소플로돈속의 다른 암컷, 새끼나 민부리고래, 망치고래와 혼동될 수 있지만
민부리고래보다 주둥이가 길고 망치고래와 달리 아래턱에 볼록 솟은 부분이 없음

태어났을 때의 몸무게: 알려져 있지 않음

성체의 몸무게: 1,200kg 이상

먹이: 오징어

집단의 크기: 작게 무리를 짓는 편이며 최대 10마리를 넘지 않음

주된 위협: 해군 음파 탐지기로 말미암은 소음, 먼 바다의 흘림걸그물이나 주낙에 몸이 얽힘, 해양
쓰레기를 삼키거나 몸이 얽힘

IUCN 등급: 자료 부족종

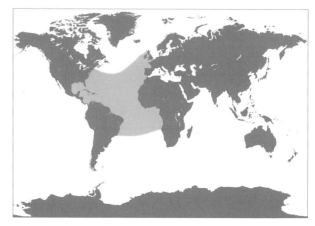

서식 범위와 서식지

제르베부리고래는 대서양 토착종이며, 열대와 따뜻한 온대지방 바닷물에
제한적으로 서식하고 대서양 동쪽보다는 서쪽에 더 흔하다. 이 종은 미국
남부 동쪽 해안에서 브라질 남부까지, 대서양 중앙의 어센션섬과 북해
남부, 서아프리카 해안에서도 발견된 바 있다. 이 종은 대개 깊은 바닷물에
서식하며 대륙사면 가장자리 바다 방향에서 발견된다.

종 식별 체크리스트	머리는 작고 이마가 살짝 튀어나왔으며 주둥이는 길쭉함. 입선은 거의 직선이고 아래턱이 위로 올라오지 않음

- 머리는 작고 이마가 살짝 튀어나왔으며 주둥이는 길쭉함. 입선은 거의 직선이고 아래턱이 위로 올라오지 않음
- 턱 끝 뒤에 뾰족하고 작은 치관이 돌출해 있으며, 가끔은 따개비가 붙어 있기도 함
- 등 뒤쪽에 작은 갈고리 모양의 등지느러미가 있음
- 몸 색깔은 등 쪽이 진한 색이고 (눈 주위 포함) 아래턱을 포함해 배 쪽은 연한 색임
- 몸통에는 특히 수컷 성체의 경우 이빨에 긁힌 긴 상처가 있고, 암컷은 성기와 젖샘 근처에 흰색 또는 연한 회색 자국이 있음

해부학

제르베부리고래는 메소플로돈속의 다른 고래에 비해 머리가 작은 편이며, 수컷 성체라 해도 아래턱의 입선은 위로 올라가 있지 않다. 좌우 양쪽에 하나씩 튀어나온 이빨은 수컷 성체에서 주둥이 끝에 확실하게 드러나지만, 다른 메소플로돈속에 비해서는 암수 간의 차이, 즉 성적 이형성이 뚜렷하지 않은 편이다. 메소플로돈속의 다른 고래는 수컷 성체에서 이빨이 더 뚜렷하게 드러나고 몸의 색깔 패턴도 많이 다르기 때문이다.

행동

제르베부리고래는 한 쌍이나 작은 무리를 지어 생활하는 것이 전형적이다. 바다에서는 눈에 덜 띄기 때문에 사람들이 이 종을 관찰해서 종을 식별하고 보고하는 사례는 드물다. 수컷 성체 몸에 있는 길쭉한 상처는 아마도 같은 종의 다른 수컷과 싸워서 난 자국일 것이다.

먹이와 먹이 찾기

다른 대부분의 부리고래와 마찬가지로 제르베부리고래는 주로 오징어를 먹지만 심해어나 새우 역시 먹고 산다. 이 종은 깊이, 오랜 시간 잠수한다. 먼 거리를 이주한다는 증거는 없다.

생활사

이 종의 생활사에 대해서는 알려진 바가 없다.

보호와 관리

제르베부리고래는 서식 범위가 제한되어 있어 부리고래과 가운데 개체수가 가장 적은 축에 속한다. 이 고래는 카리브해와 멕시코 만류 근처에 다른 곳보다 많이 살고 어쩌면 북대서양해류 근처에도 살 것으로 추정되지만, 일반적으로 가장 많이 분포하는 지역은 대서양 동쪽보다는 서쪽이다(떼 지어 좌초한 사례를 두고 볼 때). 이 고래는 미국 남동부에서 꽤 흔히 좌초하지만, 해군의 음파 탐지기로 말미암은 집단 좌초를 겪지는 않는 편이다. 하지만 그렇다고 해서 소음의 영향을 아예 받지 않는다는 것은 아니다. 또 이 고래는 고기잡이 도구에 부수적으로 잡히는 사례가 상대적으로 적기는 해도 자망, 주낙, 정치망 등에 취약한 것은 사실이다. 푸에르토리코에 표류한 한 제르베부리고래 새끼의 위장 내용물을 조사한 결과 비닐봉지가 많이 나왔던 사례도 있었다. 그러니 바다 쓰레기도 위험 요인이다. 하지만 운 좋게도 이 고래가 사람들의 필요에 따른 상업적인 목적으로 사냥당하는 종은 아니다.

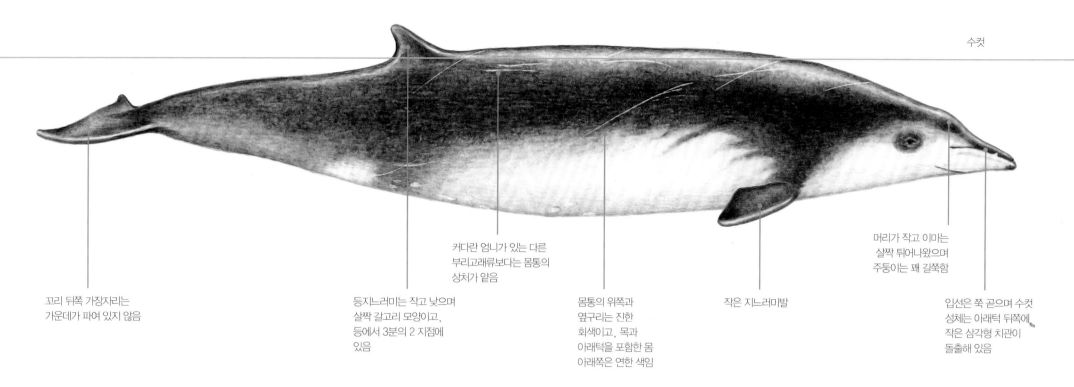

수컷

꼬리 뒤쪽 가장자리는
가운데가 파여 있지 않음

등지느러미는 작고 낮으며
살짝 갈고리 모양이고,
등에서 3분의 2 지점에
있음

커다란 엄니가 있는 다른
부리고래류보다는 몸통의
상처가 얕음

몸통의 위쪽과
옆구리는 진한
회색이고, 목과
아래턱을 포함한 몸
아래쪽은 연한 색임

작은 지느러미발

머리가 작고 이마는
살짝 튀어나왔으며
주둥이는 꽤 길쭉함

입선은 쭉 곧으며 수컷
성체는 아래턱 뒤쪽에
작은 삼각형 치관이
돌출해 있음

수컷 성체의 머리 모양

제르베부리고래의 머리는 꽤 작고
유선형이며 살짝 길쭉하다. 주둥이도
폭이 좁고 길쭉하며, 입선은 쭉 곧고
수컷 성체에게만 아래턱 좌우 양쪽 끝에
작은 삼각형 이빨이 튀어나와 있다.
몸의 색깔 패턴은 단순한 편이어서 등
쪽은 거의 진한 색이고 배 쪽은 연하며,
눈 주변에는 대개 진한 얼룩이 있다.

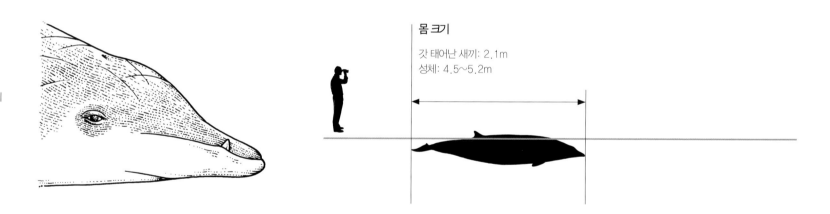

몸 크기

갓 태어난 새끼: 2.1m
성체: 4.5~5.2m

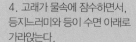

수면에 올라왔다가
잠수하는 동작

1. 제르베부리고래는 물
위에 올라오면서 부리부터
보인다. 바다의 기상 상태가
좋을 때 이 고래가 내미는
부리를 관찰할 수 있다.

2. 이어 이마와 등의 앞쪽
부분이 모습을 드러낸다.
날씨에 따라 뿜어낸 물이
보일 수도 있고 보이지
않을 수도 있다.

3. 머리가 물속에 가라앉고, 긴
주둥이와 갈고리 모양의 눈에
띠는 등지느러미가 모습을
드러낸다. 지느러미는 가끔 끝이
살짝 휘어 있기도 한다.

4. 고래가 물속에 잠수하면서,
등지느러미와 등이 수면 아래로
가라앉는다.

5. 가끔은 고래가 몸을
구부리면서 등지느러미가
가리았고, 이어 등지느러미
뒤의 꼬리 연결대가 상당 부분
모습을 드러내기도 한다.

은행이빨부리고래 GINKGO-TOOTHED BEAKED WHALE

과명: 부리고래과

종명: 메소플로돈 긴크고덴스Mesoplodon ginkgodens

다른 은한 이름: 일본부리고래

분류 체계: 아종은 확인되지 않았으며, 개체군 구성에 대해서도 알려져 있지 않음. 이 종의 이름은 이빨이 은행나무(긴코 빌로바)를 닮아서 붙여짐. 트루부리고래 분기군의 한 구성원인데 여기에는 메소플로돈 미루스(트루부리고래), 메소플로돈 에우로파이우스(제르베부리고래)도 포함됨

유사한 종: 바다에서 보면 최근에 발견된 데라니야갈라부리고래와 사실상 구별되지 않음

태어났을 때의 몸무게: 알려져 있지 않음

성체의 몸무게: 알려져 있지 않음

먹이: 오징어와 물고기

집단의 크기: 최대 5마리의 작은 무리를 지음

주된 위협: 유망, 정치망(일본), 주낙에 사고로 몸이 얽혀들거나, 연구용 지진파와 해군 음파 탐지기가 내는 소음에도 취약할 수 있음

IUCN 등급: 자료 부족종

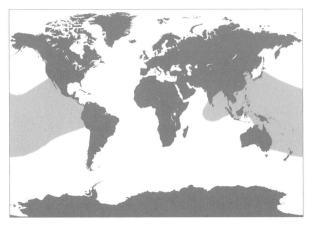

서식 범위와 서식지

이 종은 태평양 서부의 온대지방 바닷물에 주로 서식하지만 캘리포니아, 뉴질랜드, 오스트레일리아 근해의 따뜻한 바닷물과 갈라파고스섬에서도 몇 마리가 발견되었다. 일본과 대만 남쪽 쿠로시오해류에서도 흔히 발견된다. 깊은 바닷물에 주로 살지만 이 종이 바다에서 식별되는 경우가 드물기 때문에 서식지에 대해 자세히 알려지지는 않았다.

종 식별 체크리스트

- 튀어나와 두드러진 주둥이
- 머리에 이마가 튀어나온 대신 편평한 편이고, 위턱과는 살짝 경사를 이룸
- 아래턱은 뒤쪽을 향해 올라가 있음. 수컷 성체는 아래턱의 올라온 부위 끝에 작은 치관이 돌출됨
- 지느러미와 꼬리는 상대적으로 작음
- 등에서 3분의 2 지점에 작은 갈고리 모양의 등지느러미가 있음
- 몸통은 대부분 진한 색이고 군데군데 회색 얼룩이 있으며 목 주변은 연한 색인 경우가 많음
- 몸통에는 상처가 많지 않은 편이지만 항문에서 생식기 근처에는 쿠키커터상어가 문 흔적이 보이기도 함

해부학

은행이빨부리고래는 메소플로돈속의 고래 가운데 몸에 흰색의 상처가 거의 없는 유일한 종이다. 메소플로돈속의 고래는 길쭉한 흰색 상처가 특징이다. 이렇듯 이 종에게 상처가 거의 없다는 사실은, 위턱에 송곳니가 살짝만 튀어나왔고 위턱까지 돌출되지 않는다는 외적 특징과 관련이 있다. 하지만 이것 말고 다른 대부분은 메소플로돈속의 전형적인 특징을 따른다. V자 모양의 목주름과 몸통 아래쪽의 작은 지느러미발, 위쪽 가장자리 가운데가 살짝 파인 꼬리, 몸통 뒤쪽에 있는 작은 갈고리 모양 등지느러미가 그것이다.

행동

이 종은 5마리 정도가 뭉쳐 무리를 지을 것이라 추정된다.

먹이와 먹이 찾기

먹이에 대한 정보는 확실하지 않지만 오징어와 물고기를 먹을 것이라 추정된다.

생활사

생활사에 대해서는 알려진 바가 없다.

보호와 관리

은행이빨부리고래의 개체수는 추정된 바가 없다. 역사적으로 일본에서 사냥꾼들이 가끔 이 고래를 사냥해왔지만, 최근에는 사냥보다는 자망, 주낙, 정치망 등의 그물에 몸이 걸리거나 사로 잡혀 목숨을 잃는 경우가 대부분이다(일본의 경우).

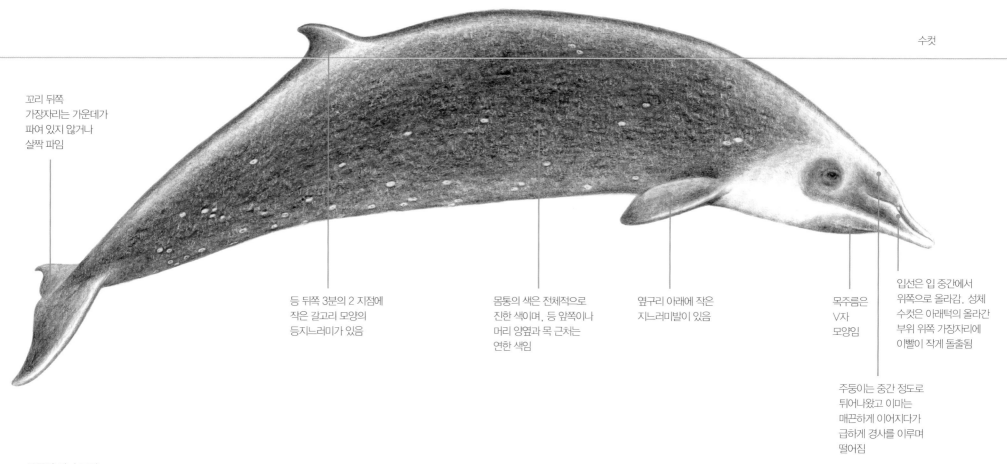

수컷

꼬리 뒤쪽
가장자리는 가운데가
파여 있지 않거나
살짝 파임

등 뒤쪽 3분의 2 지점에
작은 갈고리 모양의
등지느러미가 있음

몸통의 색은 전체적으로
진한 색이며, 등 앞쪽이나
머리 양옆과 목 근처는
연한 색임

옆구리 아래에 작은
지느러미발이 있음

목주름은
V자
모양임

주둥이는 중간 정도로
튀어나왔고 이마는
매끈하게 이어지다가
급하게 경사를 이루며
떨어짐

입선은 입 중간에서
위쪽으로 올라감. 성체
수컷은 아래턱의 올라간
부위 위쪽 가장자리에
이빨이 작게 돌출됨

독특한 치아 모양

은행이빨부리고래의 이빨은 은행잎을 닮았지만 정확히 같은 모양은 아니다.
이 종의 이빨은 높이보다 폭이 더 넓으며, 앞쪽과 뒤쪽 가장자리가 볼록하다.
수컷 성체는 아래턱 외부로 이빨이 살짝만 돌출해 있다.

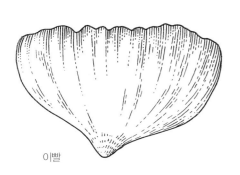

이빨

은행잎

몸 크기

갓 태어난 새끼: 2m
성체: 4.9~5m

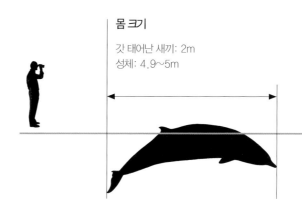

이 고래는 바다에서
확실히 관찰된 적이
없기 때문에 다음의
동작 설명에는 다소
추정이 섞여 있다.

**수면에 올라왔다가
잠수하는 동작**

1. 고래가 뿜어낸 물은
기상 조건에 따라
희미하게 보일 수도, 아예
안 보일 수도 있다.

2. 물을 뿜은 후 고래의
이마와 주둥이가 잠깐 수면
위로 모습을 드러내고, 이어
등지느러미가 보인다.

3. 다른 메소플로돈속 고래와
마찬가지로 등지느러미는 등의
한참 뒤쪽에 있으며, 머리가
완전히 가라앉은 뒤에도 아직
보이지 않을 수 있다.

4. 잠수 깊이에 따라
이 고래는 등을 높이
치켜 올려 구부릴 수도
있고 그렇지 않을 수도
있다.

5. 알려진 바에
따르면, 이 고래는
수면 아래로 몸이
가라앉기 전에
꼬리를 들어올리지
않는다.

그레이부리고래 GRAY'S BEAKED WHALE

과명: 부리고래과

종명: 메소플로돈 그라이|Mesoplodon grayi

다른 흔한 이름: 스캠퍼다운고래

분류 체계: 아종은 확인되지 않았고 개체군 구성에 대해서도 알려지지 않음

유사한 종: 앤드루부리고래나 끈모양이빨고래 같은 서식 범위가 겹치는 부리고래과의 다른 종과 혼동될 수 있지만 그레이부리고래는 주둥이가 길고 완전히 흰색이기 때문에 구별 가능함

태어났을 때의 몸무게: 알려져 있지 않음

성체의 몸무게: 적어도 1,200kg 이상으로 추정됨

먹이: 물고기와 오징어

집단의 크기: 대개 5마리 이하이지만 때로는 10마리 이상이 무리 짓기도 함

주된 위협: 확실하게는 밝혀지지 않았지만 해군 음파 탐지기나 연구용 지진파로 말미암은 소음과 고기잡이 도구 및 쓰레기에 몸이 얽히고 비닐을 삼키는 것 등이 위험 요인으로 추정됨

IUCN 등급: 자료 부족종

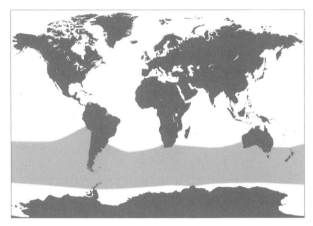

서식 범위와 서식지

이 종은 남반구 토착종이며 남위 30도 남쪽의 시원한 온대지역에만 제한적으로 서식한다. 오스트레일리아, 뉴질랜드, 남아메리카, 남아프리카 해안에 떼 지어 좌초된 사례가 보고되기도 했다. 남극 근처에서도 몇 번 발견되었으며 페루와 나미비아 같은 남반구 북쪽 해안에서도 좌초된 사례가 있다. 이 종은 먼 바다의 깊은 바닷물에서 주로 발견되지만 바닷가 얕은 물에서도 종종 발견된다.

종 식별 체크리스트

- 머리가 작고 주둥이가 아주 김
- 이마는 둥글고 낮으며, 주둥이와 매끈하게 이어져 있음
- 입선은 쭉 곧으며 주둥이 뒤쪽 아래턱에서 작은 치관이 돌출되어 있음(주로 수컷 성체의 경우고 가끔은 암컷에서)
- 몸통 3분의 2 지점에 작은 갈고리 모양의 등지느러미가 있음
- 주둥이와 얼굴 앞쪽은 흰색이거나 연한 회색이지만(규조류 때문에 노란색 얼룩이 지기도 함), 몸 다른 곳은 회색이고 눈 주변은 진한 색임. 주로 몸통 위쪽은 진한 색이고 아래쪽은 연한 색임
- 수컷 성체는 이빨에 긁힌 자국과 쿠키커터상어에게 물린 상처가 있음

해부학

그레이부리고래는 머리 모양이 독특하며, 주둥이가 길쭉하고 폭이 좁고(수컷보다 암컷이 더 길다), 둥그스름하며 높이가 낮은 이마는 위턱까지 매끄러운 경사를 이룬다. 입선은 쭉 곧지만 수컷 성체는(때때로 암컷 또한) 아래턱 양쪽 중간에 위가 편평한 송곳니가 살짝 삐져나와 있다. 송곳니에는 따개비가 붙어 기생할 수도 있다. 또 다른 독특한 특징은 암수 모두 위턱 안쪽에 작은 이빨이 돌고래처럼 줄지어 나 있다는 점이다. 한쪽에 4~19개가 있다.

행동

이 고래는 5마리 이하의 작은 무리를 짓지만 가끔은 10마리 이상의 무리를 이루기도 한다. 한 번은 바닷가에 떼 지어 좌초된 28마리의 고래 가운데 적어도 3마리가 그레이부리고래라고 확인된 적도 있었다. 어미는 새끼의 몸길이가 3m를 넘기 전에는 큰 무리에서 분리되어 생활하는 경향이 있다. 어미는 새끼를 양육하는 기간 초기에 얕은 물로 이주하기도 한다.

먹이와 먹이 찾기

이 종의 먹이에 대해 알려진 지식은 좌초된 개체의 위장 내용물을 분석해서 얻은 것이 전부이다. 그 결과 남아프리카와 남아메리카에 서식하는 개체들의 위장 속에는 물고기만 있었지만, 뉴질랜드에 사는 개체들의 위장 속에는 작은 오징어가 많았다. 이 고래는 바다 깊은 곳까지 잠수하지만, 잠수 행동이 직접 연구되지는 못했다.

생활사

이 종의 생활사에 대해서는 알려진 바가 적다. 한 번은 이 종의 한 암컷이 뉴질랜드에서 새끼와 함께 좌초하기도 했는데 새끼에게 모유를 수유하는 동시에 임신한 상태였다. 또한 좌초되는 패턴을 보면 새끼를 낳는 계절은 주로 여름인 듯 보인다.

보호와 관리

그레이부리고래의 개체수는 확실하게 추정된 바가 없지만, 뉴질랜드와 오스트레일리아에 이 고래가 흔하게 좌초되는 것으로 보아 서식 범위 안에서는 꽤 흔한 것으로 여겨진다. 다른 부리고래류와 마찬가지로, 이 고래는 서식지 안에서 벌어지는 유망 어업으로 부수적으로 잡히거나, 연구용 지진파와 해군의 음파 탐지기 같은 물속 소음에 해로운 영향을 받는다.

수컷

주둥이와 머리 앞쪽은
흰색이거나 연한 회색

쭉 곧은 입선

수컷 성체의 턱
중앙에는 작은 엄니
하나가 튀어나옴.
가끔은 암컷도 이런
특징을 보임

꼬리 뒤쪽
가장자리 중앙은
파여 있지 않음

몸통에 길쭉한 상처가 있는
것은 많은 부리고래류에게서
나타나는 특징임. 상처는
암컷보다 수컷이 더 많음

몸통 3분의 2
지점에 작은 갈고리
모양의
등지느러미가 있음

몸통 위쪽과 눈 주위는
진한 회색이고 몸통
아래쪽은 연한 회색임

양쪽 옆구리
아래쪽에
지느러미발이 있음

머리가 작고 이마가
낮고 둥그스름함.
이마가 경사져
내려오면서
길쭉하고 폭이 좁은
주둥이와 합쳐짐

암컷

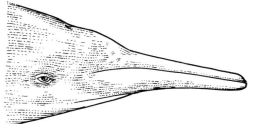

성체의 머리 특징

암컷과 수컷 모두 길쭉하고 폭이 좁은
주둥이와 쭉 곧은 입선을 가졌다. 특히
수컷 성체는(때때로 암컷 성체도) 주둥이
좌우 양쪽으로 아래턱 중간쯤에 작은
삼각형 이빨이 돌출되어 있다. 이마는 살짝
둥그스름하고 높이가 낮으며 위턱까지
매끄러운 경사를 이루며 이어진다.

수컷

몸 크기

갓 태어난 새끼: 2.1~2.4m
성체: 암수 모두 5.5m. 암컷은 수컷보다 몸집이 약간 큼

수면에 올라왔다가
잠수하는 동작

1. 잠수를 끝내고 물 위로
올라오는 과정에서 흰색의
길쭉한 주둥이를 수면에
내놓는다. 그리고 물을
뿜는데, 뿜어낸 물은
옆으로 퍼져 높이가 낮다.

2. 이어 몸을 아치 모양으로 살짝
구부려 머리를 물속에 넣는다.
그러면 머리가 시야에서 사라지는
대신 길쭉한 등과 등지느러미가
드러난다.

3. 긴 잠수에 들어갈 때면
이 고래는 등을 아치
모양으로 높이 구부리지만,
꼬리는 대개 수면 위로 들어
올리지 않는다.

수면 위로 뛰어오르기

그레이부리고래는 가끔 물 위로 높이
뛰어올랐다가 커다란 물보라를 일으키면서
물에 풍덩 떨어진다.

헥터부리고래 HECTOR'S BEAKED WHALE

과명: 부리고래과

종명: 메소플로돈 헥토리Mesoplodon hectori

다른 흔한 이름: 뉴질랜드부리고래

분류 체계: 1860년대에 독립된 하나의 종으로 제안되었지만, 1990년대 유전학적인 분석이 이뤄지고 나서야
확실하게 입증됨. 페린부리고래(메소플로돈 페리니)와 혼동되기 쉬움

유사한 종: 겉모습으로는 페린부리고래와 비슷하지만, 한 종은 남반구에 다른 한 종은 북반구에 서식하기 때문에
실제로 혼동을 일으키는 경우는 없음

태어났을 때의 몸무게: 알려져 있지 않음

성체의 몸무게: 알려져 있지 않음

먹이: 주로 오징어를 먹고, 물고기도 약간 먹으리라 추정됨

집단의 크기: 무리를 지은 모습이 직접 관찰되지는 않았지만 작게 무리를 지으리라 여겨짐

주된 위협: 먼 바다의 유망이나 주낙에 몸이 얽혀서 목숨을 잃거나, 소음에 시달리거나, 해양 쓰레기를 삼키는
문제가 주된 위험 요인이라 추정됨

IUCN 등급: 자료 부족종

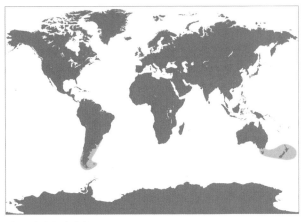

서식 범위와 서식지

이 종은 남반구 토착종이며 주로 남위 35~55도 사이의 시원한
온대지방에 서식한다. 바닷가에 떠 지어 좌초되는 경우가 많으며,
뉴질랜드나 오스트레일리아, 남아프리카, 남아메리카의 동서 양쪽 해안
(포클랜드제도를 포함한)에서 일부 발견된 사례가 있다.

종 식별 체크리스트
• 이마에서 매끄럽게 경사를 이루며 머리가 점점 좁아지고, 주둥이는 중간 정도로 길쭉함
• 성체 수컷은 양쪽 아래턱 뒤쪽에서 송곳니가 노출되어 튀어나옴
• 등지느러미는 등 뒤쪽에 있으며 상대적으로 크기가 작고 살짝 갈고리 모양임
• 몸의 색깔 패턴은 큰 특색이 없어서 대부분 회색이고, 지느러미발 앞쪽이나 아래턱을 포함한 몸 아래쪽에 흰색 또는 아주 연한 색이 섞여 있음. 눈 주위는 진한 색임
• 특히 수컷 성체는 등과 옆구리에 이빨에 긁힌 길쭉한 상처와 상어에게 물린 자국이 있지만, 다른 부리고래류만큼 상처가 선명하지는 않은 편임

해부학

헥터부리고래는 부리고래과 고래 가운데 몸집이 아주 작은 축에
속하며 최대 몸길이가 4.2m 정도이다. 이 고래는 메소플로돈속의
전형적인 특징을 가지는데, 예컨대 몸이 길쭉하고 양쪽으로 갈수
록 좁아지는 것이 그렇다. 또 주둥이가 잘 발달해 있지만 특별히
길지는 않고, 이마가 툭 튀어나왔다기보다는 위턱까지 완만하게
이어지는 편이다. 몸통은 위쪽이 회색이고 아래쪽으로 갈수록 색
이 옅어진다. 이 고래는 몸의 색깔 패턴이 복잡해서 지느러미발 앞
쪽에 연한 회색과 흰색이 섞여 있으며 아래턱과 위턱 끝은 흰색이
고 눈 주변은 검은색이다. 다른 부리고래류의 성체 수컷이 그렇듯
입선이 뒤쪽에서 위로 올라가 있지는 않다. 성체 수컷의 아래턱에
는 두 개의 작은 삼각형 이빨이 위로 튀어나와 있다.

행동

이 고래는 먼 바다의 깊은 물속에 살며, 대부분의 시간을 물 안에
서 보내기 때문에 어떤 행동을 하는지 알려진 바가 적다. 관찰된
사례가 적은 것으로 보아, 크게 무리를 지어 사람들의 눈에 잘 띄
는 종은 아닌 것으로 보인다.

먹이와 먹이 찾기

헥터부리고래의 먹이에 대해서는 확실히 알려진 바가 없다. 다만
중층이나 심층수에 사는 오징어나 심해어를 먹고 산다고 추측된
다. 먼 바다에 서식하는 것으로 보아, 이 종은 먹잇감을 찾아 수심
깊은 곳까지 잠수해 들어갈 것이며 잠수 시간도 길 것이다.

생활사

이 종의 생활사에 대해서는 사실상 알려진 바가 없다.

보호와 관리

이 고래가 마주해야 할 위험 요인에 대해서는 확실한 정보를 얻는
것이 불가능하다. 하지만 다른 부리고래류와 마찬가지로, 이 종도
서식 범위 안의 고기잡이 도구에 몸이 얽혀들 가능성이 높다. 또
한 해군의 음파 탐지기나 연구용 지진파로 말미암은 물속 소음을
비롯해 해양 쓰레기를 삼킬 위험성 또한 문제로 지적된다.

수컷

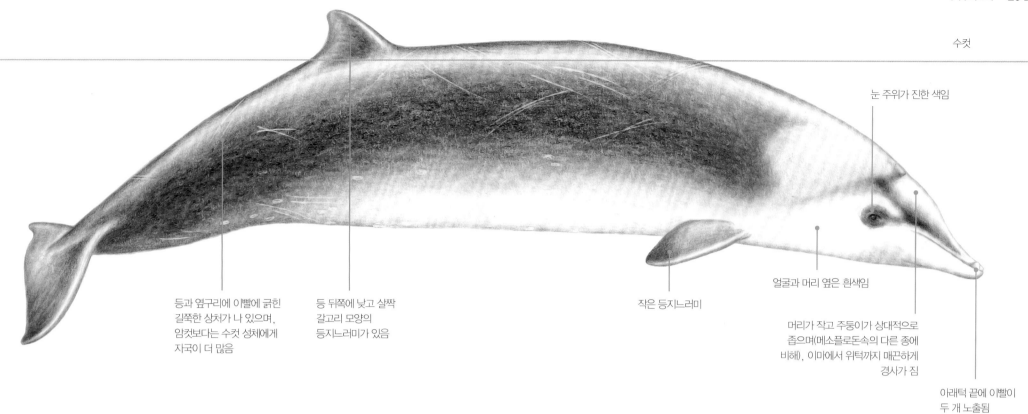

눈 주위가 진한 색임

등과 옆구리에 이빨에 긁힌
길쭉한 상처가 나 있으며,
암컷보다는 수컷 성체에게
자국이 더 많음

등 뒤쪽에 낮고 살짝
갈고리 모양의
등지느러미가 있음

작은 등지느러미

얼굴과 머리 옆은 흰색임

머리가 작고 주둥이가 상대적으로
좁으며(메소플로돈속의 다른 종에
비해), 이마에서 위턱까지 매끈하게
경사가 짐

아래턱 끝에 이빨이
두 개 노출됨

성체의 머리 특징

이 종은 머리가 작고 이마에서
주둥이까지 완만한 경사로 이어져
있으며, 주둥이가 짧은 편이다.
아래턱과 위턱 끝은 흰색을 띠고 눈
주변은 진한 색이라 몸의 색깔 패턴이
복잡하다. 성체 수컷은 아래턱 끝에서
살짝 뒤 지점에 작은 삼각형 이빨이
두 개 돌출되어 있다.

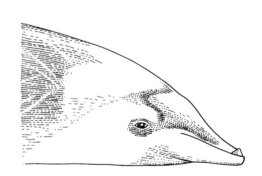

몸 크기

갓 태어난 새끼: 1.8m
성체: 4.2m

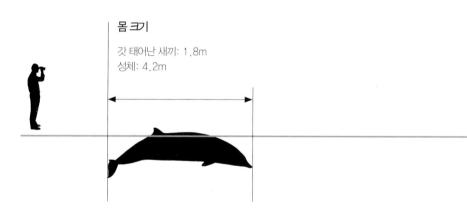

**수면에 올라왔다가
잠수하는 동작**

1. 고래가 오랫동안
잠수했다가 수면으로
올라오면서 상대적으로
짧지만 잘 발달된 주둥이가
맨 처음 모습을 드러낸다.

2. 얼마 지나지 않아 고래가
머리 꼭대기와 등을 드러내며
물을 뿜는데, 뿜어낸 물은 관찰
가능할 수도 있고 그렇지 않을
수도 있다. 뿜어낸 물이
보이는지, 그리고 얼마나
또렷이 보이는지는 기상
조건에 따라 달라진다.

3. 머리가 물속으로 들어가면서,
등을 따라 작고 높이가 낮은
등지느러미가 드러난다. 이 고래가
잠수를 시작할 때 꼬리까지 보이는
경우는 드물다.

수면 위로 뛰어오르기

오스트레일리아 서부에서는 헥터부리고래
수컷이 낮게 수면 위로 뛰어오르는 모습이
사진으로 찍힌 바 있다. 이런 행동은 드물게
예외적으로 나타나기 때문에 얼마나 자주
나타나는지는 불확실하다.

데라니야갈라부리고래 DERANIYAGALA'S BEAKED WHALE

과명: 부리고래과

종명: 메소플로돈 호타울라Mesoplodon hotaula

다른 흔한 이름: 없음

분류 체계: 아종이나 개체군 구성에 대해 알려진 바가 없음

유사한 종: 바다에서는 은행이빨부리고래와 사실상 구별이 불가능하며, 이 두 종은 서식 범위도 겹치기 때문에 DNA 검사를 해야 확실히 구별할 수 있음

태어났을 때의 몸무게: 알려져 있지 않음

성체의 몸무게: 알려져 있지 않음

먹이: 오징어와 물고기로 추정됨

집단의 크기: 2~3마리

주된 위협: 그물이나 주낙에 몸이 걸리거나 지진파 연구와 해군 음파 탐지 등에 취약하리라 추정됨

IUCN 등급: 자료 부족종

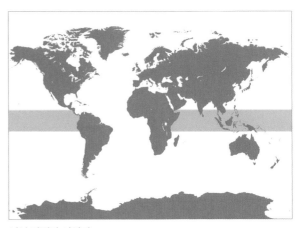

서식 범위와 서식지

이 종은 적도 부근의 인도양과 태평양에서 발견된다. 스리랑카를 비롯해 키리바시 공화국의 통가루섬(길버트섬), 미국의 라인제도, 몰디브, 세이셸에서 서식한다. 어떤 서식지를 선호하는지는 확실하지 않지만 깊은 물에서 주로 발견된다.

종 식별 체크리스트

- 주둥이가 꽤 튀어나옴
- 이마가 특별히 튀어나오지 않았으며 매끄럽게 이어지다가 위턱으로 합쳐질 때 급격한 경사를 이룸
- 아래턱은 뒤쪽이 위로 올라가 있음(입선이 중간에 위로 올라감)
- 성체 수컷은 아래턱의 올라간 꼭대기에 치관이 돌출됨
- 지느러미발과 꼬리는 상대적으로 작음
- 등을 따라 3분의 2 지점에 갈고리 모양의 작은 등지느러미가 있음
- 몸통은 거의 진한 색이고 살짝 회색 얼룩이 있으며 목 근처가 연한 색인 경우가 많음
- 몸에는 상처가 그렇게 많지 않지만 쿠키커터상어에게 물린 자국은 여기저기에 있음

해부학

이 고래의 겉모습은 은행이빨부리고래와 아주 비슷해서 오랫동안 같은 종으로 여겨졌다. 지금도 바다에서 보면 두 종은 구별이 불가능하다(경험이 많은 전문가가 아니면). 사체와 뼈가 주어져도 종을 확실히 분간하려면 DNA 증거가 필요하다. 아래턱에는 잇몸 위로 송곳니가 살짝 삐져나와 있으며 위턱을 덮을 정도로 크지는 않다. 부리고래류의 송곳니가 대개 그렇듯이 데라니야갈라부리고래의 이빨에도 따개비가 기생하는 경우가 많다. 이 고래도 메소플로돈 속의 전형적인 특징을 갖는데, V자 모양의 목주름을 비롯해 몸통 아래쪽에 작은 지느러미발이 있고, 꼬리 뒤쪽 가장자리의 중간이 작게 패어 있으며, 등 뒤쪽에 갈고리 모양의 작은 등지느러미가 있다는 점이 그것이다.

행동

최대 5마리 정도로 무리를 지은 모습이 보고된 바 있다(종 식별이 확실하지는 않음). 또한 여러 개체가 수면 위로 뛰어오르는 모습도 목격된 적이 있다.

먹이와 먹이 찾기

먹이에 대한 확실한 정보는 없지만 아마도 오징어와 심해어를 먹으리라 추정된다.

생활사

사실상 알려진 바가 없다.

보호와 관리

데라니야갈라부리고래의 개체수나 관리 등급에 대해서는 알려진 바가 없다. 하지만 서식 범위와 겹치는 주낙 어업이나 해군의 음파 탐지기 등은 이 고래에게 위협이 될 것이라 여겨진다. 가끔 서식지 근처 키리바시섬의 주민들에게 사냥된다는 증거도 있다.

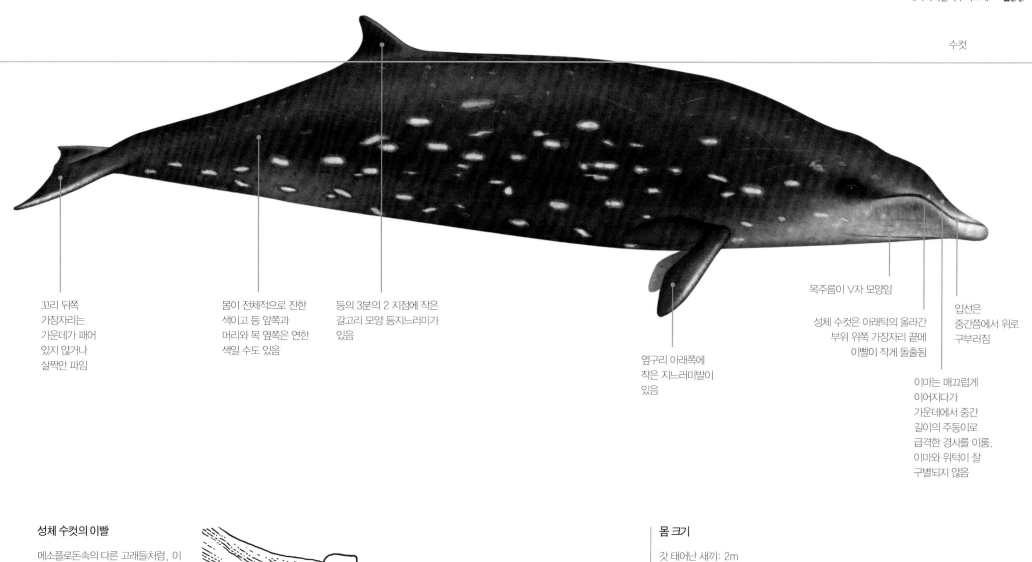

수컷

꼬리 뒤쪽
가장자리는
가운데가 패어
있지 않거나
살짝만 파임

몸이 전체적으로 진한
색이고 등 앞쪽과
머리와 목 옆쪽은 연한
색일 수도 있음

등의 3분의 2 지점에 작은
갈고리 모양 등지느러미가
있음

옆구리 아래쪽에
작은 지느러미발이
있음

목주름이 V자 모양임

성체 수컷은 아래턱의 올라간
부위 위쪽 가장자리 끝에
이빨이 작게 돌출됨

입선은
중간쯤에서 위로
구부러짐

이마는 매끄럽게
이어지다가
가운데에서 중간
길이의 주둥이로
급격한 경사를 이룸.
이마와 위턱이 잘
구별되지 않음

성체 수컷의 이빨

메소플로돈속의 다른 고래들처럼, 이
고래의 수컷 성체는 아래턱 중간이
올라가 있고 여기에 큰 삼각형의 양
옆으로 편평한 이빨이 좌우 한 쌍
돌출되어 있다. 이 이빨은 끝이
날카롭게 잇몸을 뚫고 돋아 있어
수컷과 수컷 사이의 싸움에 쓰일
것으로 여겨진다.

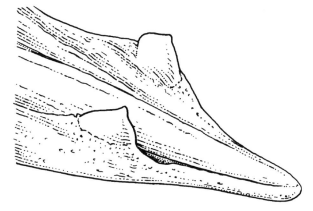

몸 크기

갓 태어난 새끼: 2m
성체: 암컷 4.8m 이상. 수컷에 대한
정보는 없음

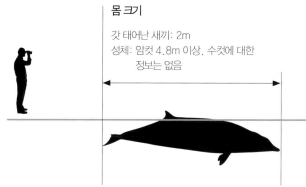

이 고래는 바다에서
확실히 관찰된 적이
없기 때문에 다음의
동작 설명에는 다소
추정이 섞여 있다.

**수면에 올라왔다가
잠수하는 동작**

1. 기상 조건에 따라
뿜어낸 물이
희미하게 보이거나
아예 안 보일 수도
있다.

2. 물을 뿜어낸 다음,
이마와 주둥이가 잠깐 수면
위에 드러났다가 이어
등지느러미가 모습을
드러낸다.

3. 메소플로돈속의 다른 고래들과
마찬가지로 등지느러미는 등 한참
뒤쪽에 있기 때문에, 머리가 완전히
물에 들어갈 때까지 등지느러미가
보이지 않는다.

4. 잠수 깊이에 따라, 이
고래는 물에 들어가기 전에
등을 아치 모양으로 높이
구부리기도 하고 그렇게
하지 않기도 한다.

5. 지금까지 알려진
바에 따르면 이
고래는 수면 아래로
미끄러져 들어갈 때
꼬리를 높이 들어
올리지는 않는다.

끈모양이빨고래 STRAP-TOOTHED WHALE

과명: 부리고래과

종명: 메소플로돈 라야르디 Mesplodon layardii

다른 흔한 이름: 레이어드부리고래

분류 체계: 아종은 없고 개체군 구성도 확인되지 않음

유사한 종: 앤드루부리고래나 그레이부리고래와 혼동될 수 있지만, 끈모양이빨고래는 주둥이가 길고 흰색이며 이마는 검은색이고 몸에 회색 반점이 있어 구별 가능함

태어났을 때의 몸무게: 알려져 있지 않음

성체의 몸무게: 1,800kg 이상으로 추정됨

먹이: 오징어

집단의 크기: 2~6마리

주된 위협: 해군 음파 탐지기로 말미암은 소음이나, 고기잡이 도구와 쓰레기에 몸이 얽히는 것 또는 비닐을 삼키는 것이 주요 위험 요인임

IUCN 등급: 자료 부족종

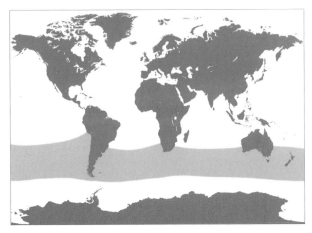

서식 범위와 서식지

이 종은 남반구 토착종으로 대개 남위 35도에서 60도 사이의 시원한 온대지방 바다에 분포하며 남극 근처에서도 서식한다. 떼 지어 좌초한 최초한 사례를 보면 북쪽으로 브라질 동부와 남위 30도의 인도양 북부 미얀마 해안까지 분포한다. 바다에서 발견된 사례를 보면 적어도 수심 2,000m의 깊은 물에서 발견된다.

종 식별 체크리스트	
	• 머리가 작고 이마가 둥글넓적하며 주둥이가 꽤 길쭉함. 입선은 끄트머리에서 시작해 중간쯤에서 살짝 위로 올라감
	• 성체 수컷의 아래턱은 이빨이("끈모양 이빨") 돌출되어 있음. 턱은 이마 쪽으로 약 45도 기울어져 있으며 녹색을 띤 갈색 규조류로 덮인 경우가 많음
	• 몸통 뒤쪽에 갈고리 모양의 작은 등지느러미가 있음
	• 주둥이와 목은 흰색이고, 분수공 바로 뒤쪽에서 시작해 등지느러미 쪽으로 흰색 또는 회색의 큰 반점이 있음
	• 생식기 근처와 꼬리 뒤쪽 가장자리에 흰색 얼룩이 있음

해부학

끈모양이빨고래는 메소플로돈속 가운데서도 몸 색깔이 가장 눈에 띄고 몸집도 큰 종이다. 몸의 색깔은 흑백이 강렬하게 대비되어 독특하다. 튀어나온 이마는 검은색이고 주둥이와 목은 마치 마스크를 착용한 것처럼 흰색이며, 분수공 바로 뒤에서 등지느러미 앞까지 흰색에서 회색의 커다란 반점이 있고, 생식기 근처와 꼬리의 뒤쪽 가장자리에도 흰색 얼룩이 있다. 이 종은 수컷 성체의 아래턱에 두 개의 끈 모양 이빨이 돌출되어 있어 '끈모양이빨고래'라는 이름이 붙었다. 이 이빨은 45도 각도로 이마 쪽을 향해 뒤로 비스듬히 기울어졌고 위턱을 덮어 누르기 때문에 고래가 입을 크게 벌릴 수도 없을 정도이다. 이 이빨은 녹갈색의 규조류로 덮인 경우가 많아 상대적으로 눈에 덜 띈다.

행동

끈모양이빨고래는 2~6마리의 작은 무리를 이룬다. 바다에서 종이 식별된 사례가 드물어서 이 고래의 행동 양식에 대해서는 알려진 바가 별로 없다.

먹이와 먹이 찾기

이 고래는 바다에 사는 다양한 작은 오징어를 먹고 산다. 흥미롭게도 수컷 성체는 아래턱에 크게 돌출된 이빨 때문에 입을 크게 벌릴 수가 없지만 암컷이나 새끼가 먹는 것과 비슷한 크기의 먹이를 먹는다. 또 다른 흥미로운 점은 이 고래가 몸집이 큰 편임에도 불구하고 100g 이하의 오징어같이 꽤 작은 먹이를 먹는다는 점이다. 이것은 알 락돌고래 같은 고래목의 작은 종들이 먹는 먹이와 비슷하다.

생활사

이 고래의 생활사에 대해서는 알려진 바가 사실상 없다.

보호와 관리

끈모양이빨고래의 개체수는 추정된 바가 없지만, 남아프리카에서 좌초된 사례를 볼 때 이들의 서식 범위 안에서는 꽤 개체수가 많을 것으로 여겨진다. 이 고래는 직접적인 사냥 대상이 아니었고 고기 잡이 도구에 부수적으로 잡히지도 않는 편이다. 하지만 다른 부리고래류와 마찬가지로, 유망 같은 도구에 몸이 얽히거나 해군의 음파 탐지기 같은 물속 소음에 해로운 영향을 받을 위험이 있다.

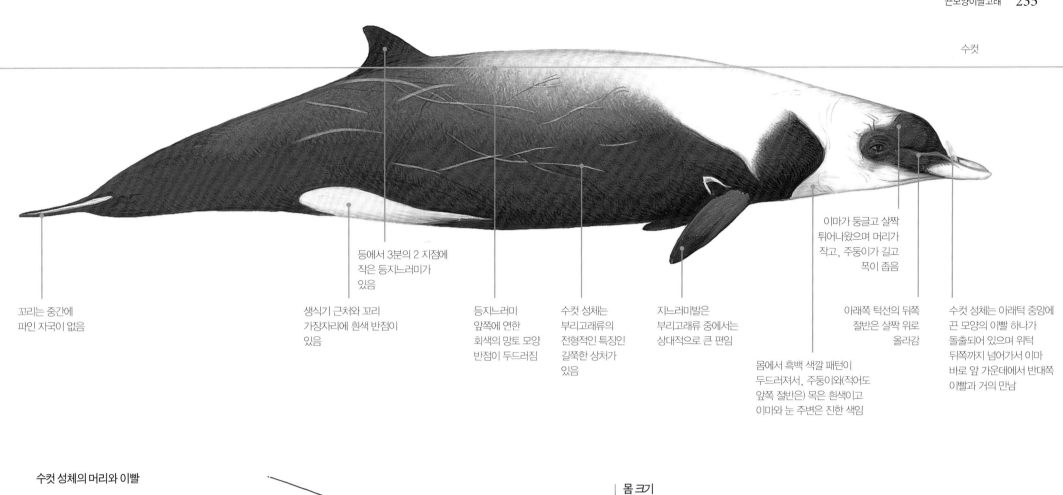

수컷

꼬리는 중간에
파인 자국이 없음

생식기 근처와 꼬리
가장자리에 흰색 반점이
있음

등에서 3분의 2 지점에
작은 등지느러미가
있음

등지느러미
앞쪽에 연한
회색의 망토 모양
반점이 두드러짐

수컷 성체는
부리고래류의
전형적인 특징인
길쭉한 상처가
있음

지느러미발은
부리고래류 중에서는
상대적으로 큰 편임

몸에서 흑백 색깔 패턴이
두드러져서, 주둥이와(적어도
앞쪽 절반은) 목은 흰색이고
이마와 눈 주변은 진한 색임

이마가 둥글고 살짝
튀어나왔으며 머리가
작고, 주둥이가 길고
폭이 좁음

아래쪽 턱선의 뒤쪽
절반은 살짝 위로
올라감

수컷 성체는 아래턱 중앙에
끈 모양의 이빨 하나가
돌출되어 있으며 위턱
뒤쪽까지 넘어가서 이마
바로 앞 가운데에서 반대쪽
이빨과 거의 만남

수컷 성체의 머리와 이빨

끈모양이빨고래 수컷 성체의 머리에는 여러 가지
특징이 있다. 먼저 독특한 끈 모양 이빨이 위턱
너머까지 비스듬히 튀어나와 있고, 주둥이는 폭이
좁고 길쭉하며 거의 흰색인 데다, 몸에 대조적인
흑백 패턴이 있어서 눈 주변에 검은색의 마스크를
한 듯하고 목 주변이 흰색이다. 또한 분수공 바로
뒤에서 시작해 등을 따라 이어지는 연한 색의
반점을 갖고 있다.

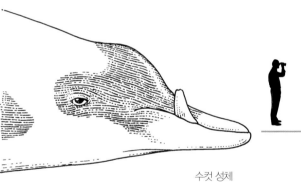

수컷 성체

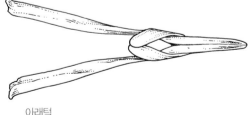

아래턱

몸 크기

갓 태어난 새끼: 2.4m
성체: 암컷 최대 5.9m, 수컷 최대 5.7m

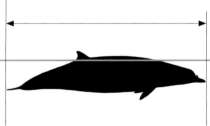

수면에 올라왔다가 잠수하는 동작

1. 물 위에 올라왔을 때, 보는 각도에
따라 관찰자는 길쭉한 흰색 주둥이와
둥글넓적한 이마를 잠깐이나마
목격할 수 있다. 또 기상 조건이
좋다면 이 고래가 뿜어낸 물도 볼 수
있는데, 그 모양은 둥그스름하고
높이가 낮다.

2. 고래가 수면 근처를 구르듯 몸을
구부리는 과정에서 주둥이가 일부도 계속
수면에 남아 있다. 만약 수컷 성체라면
주둥이 뒤쪽에 끈 모양의 이빨이 보일 수도
있지만, 이빨에 녹갈색의 규조류가 덮인
경우가 많아 쉽게 눈에 띄지는 않는다. 또
이빨에 따개비가 붙은 모습이 마치 죽
늘어진 해초처럼 보인다.

3. 수면에서 보이는 나머지
행동은 메소플로돈속의 다른
고래와 비슷하다. 등 한참
뒤쪽에 갈고리 모양의 작은
등지느러미도 보인다.

4. 고래가 등을 더욱 더
구부리면서, 작은
등지느러미가 더욱 눈에 띈다.

5. 마지막으로
고래가 수면 아래로
잠수해 들어가면서
등지느러미와 등의
뒤쪽 일부만 겨우
보인다.

트루부리고래 TRUE'S BEAKED WHALE

과명: 부리고래과

종명: 메소플로돈 미루스Mesoplodon mirus

다른 흔한 이름: 없음

분류 체계: 북대서양과 남반구에 사는 개체군이 서식지뿐만 아니라 형태적으로도 다를 수 있어 서로 독립된 개체군이며 어쩌면 아종일 가능성도 있음

유사한 종: 소위비부리고래와 가장 가까운 친척임. 하지만 트루부리고래는 수컷 성체에 점박이 무늬가 있어 구별 가능하며, 아래턱에 노출된 이빨과 몸의 색깔 패턴으로도 구별할 수 있음

태어났을 때의 몸무게: 알려져 있지 않음

성체의 몸무게: 수컷 1,020kg, 암컷 1,400kg

먹이: 오징어와 물고기

집단의 크기: 거의 10마리 이하로 작게 무리를 지음

주된 위협: 이 종의 서식지에서 유망이나 주낙 어업 때문에 몸이 얽혀드는 것이 주요 위협임

IUCN 등급: 자료 부족종

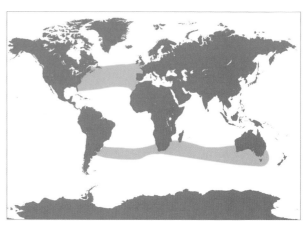

서식 범위와 서식지

예전에는 북대서양 토착종으로 여겨졌던 이 종은, 오늘날 남반구에서도 (특히 대서양 남쪽) 종종 발견된다. 이 종은 일반적으로 열대지방을 피해서 서식하지만, 바하마, 플로리다, 카나리아제도, 브라질 남동부 같은 아열대 지방에서도 발견된 기록이 있다.

종 식별 체크리스트

- 상대적으로 짧은 주둥이에 둥그스름한 이마가 경사를 이루며 연결되며, 때로는 돌고래와 비슷하게 보임

- 수컷은 주둥이 끝에서 이빨 끝이 살짝 보임

- 등 뒤쪽에 작은 삼각형 또는 갈고리 모양인 등지느러미가 있음

- 색깔 패턴은 북대서양 개체군과 남반구 개체군이 서로 차이가 있지만, 몸 위쪽과 눈 주변이 진한 색이고 목이 흰색이며 머리 옆쪽까지 흰색 무늬가 이어지는 점은 공통적임

- 남반구 개체군은 흐린 회색에서 흰색을 띤 독특한 띠가 등지느러미 바로 앞에서 시작되어 등을 타고 하반신 거의 전체를 휘감음

해부학

이 종은 몸이 꽤 다부지고 앞뒤 가장자리로 갈수록 몸통이 가늘어진다. 둥그스름한 이마가 위턱까지 매끈하게 이어지며, 주둥이는 짧은 편이고 입선은 뒤쪽이 올라가 있다. 수컷 성체는 아래턱 끝에 두 개의 이빨이 살짝 튀어나와 있다. 등지느러미는 그렇게 크지 않으며 모양이 삼각형에서 갈고리 모양까지 다양하다. 몸의 색깔 패턴은 북대서양 개체군과 남반구 개체군이 조금씩 다르다. 북대서양인 미국 동부 해안에서 발견된 무리는 몸집이 중간 정도에 몸통 위쪽은 갈색을 띤 회색이었고 아래로 갈수록 연한 흰색이며, 등지느러미는 진한 회색이어서 연한 회색인 몸의 나머지 부분과 대조적이다. 여기에 비해 남반구의 개체군은 등지느러미 앞에서 등을 따라 연한 회색에서 흰색의 띠가 있으며 이 무늬가 하반신을 감싸며 이어진다.

행동

무리 지은 모습이 자세히 관찰된 사례는 드물지만, 1~3마리의 작은 무리를 짓는 것으로 여겨진다. 대부분의 기상 조건에서 이 고래가 뿜어낸 물은 눈에 잘 띄지 않지만 물의 높이가 낮고 원기둥 모양이다. 이 고래는 반복해서 물 위로 뛰어올라 옆구리나 배로 풍

덩 떨어지는 행동을 보인다. 20~60초 간격으로 최대 24번까지 수면 위로 뛰어오르기를 반복하기도 한다.

먹이와 먹이 찾기

해안에 떼 지어 좌초한 개체들의 위장 내용물을 조사해보면 오징어와 물고기가 고루 들어 있다. 북대서양에서는 수심 1,000m 이상까지 내려갈 정도로 깊은 곳까지 잠수할 수 있다.

생활사

좌초한 암컷, 새끼, 갓 태어난 새끼들을 조사한 결과, 이 종은 임신 기간이 430일 정도이고 수유 기간은 300일 이상이며, 출산과 출산 사이의 간격은 1년보다는 2년에 더 가깝다.

보호와 관리

트루부리고래에게 가장 심각한 위협은 이 고래의 서식 범위에서 벌어지는 유망과 주낙 그물이다. 또 다른 부리고래류와 마찬가지로 연구용 지진파나 해군의 음파 탐지기 같은 인간이 만들어낸 소음에 취약할 가능성이 있다.

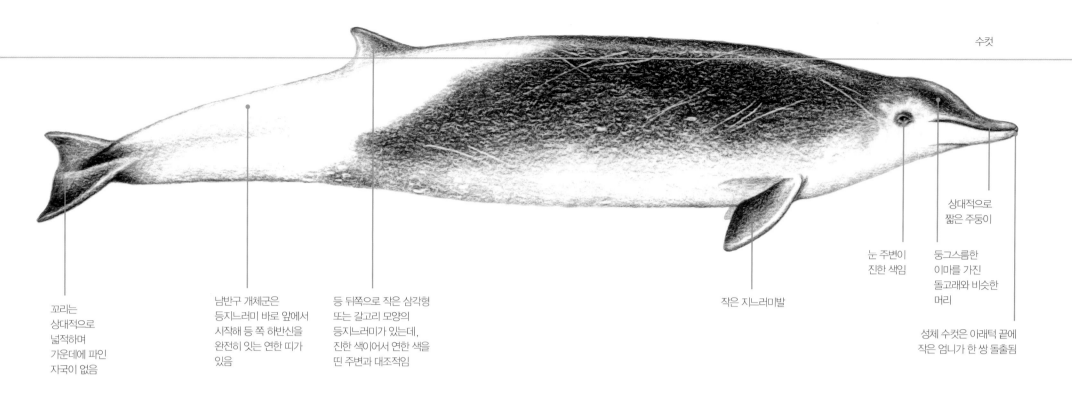

수컷

꼬리는
상대적으로
넓적하며
가운데에 파인
자국이 없음

남반구 개체군은
등지느러미 바로 앞에서
시작해 등 쪽 하반신을
완전히 잇는 연한 띠가
있음

등 뒤쪽으로 작은 삼각형
또는 갈고리 모양의
등지느러미가 있는데,
진한 색이어서 연한 색을
띤 주변과 대조적임

작은 지느러미발

눈 주변이
진한 색임

상대적으로
짧은 주둥이

둥그스름한
이마를 가진
돌고래와 비슷한
머리

성체 수컷은 아래턱 끝에
작은 엄니가 한 쌍 돌출됨

수컷 성체의 머리 특징

이 고래는 이마가 둥그스름하고 위턱까지
완만하게 경사가 져 있으며, 위턱
(주둥이)이 짧은 편이라 전체적으로
돌고래와 비슷하다. 성체 수컷은
아래턱의 끝에 이빨 두 개가 돌출해
있다. 입선은 뒤쪽이 살짝 올라가
있어서, 이 모양 또한 돌고래와
비슷하다.

몸 크기

갓 태어난 새끼: 2.2m
성체: 수컷 5m, 암컷 5.1m

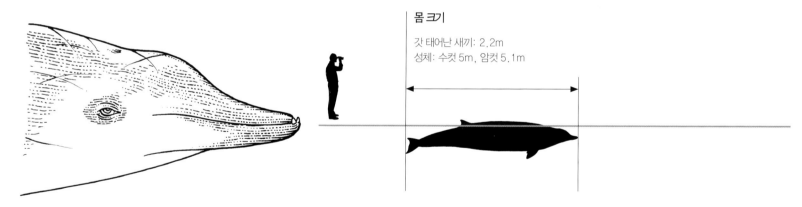

**수면에 올라왔다가
잠수하는 동작**

1. 수면 위로 올라올
때면 맨 먼저 위턱과
이마가 물 위로
모습을 드러낸다.

2. 눈높이까지 머리가
모습을 드러내는 동안 등의
상당 부분이 수면 위로
올라온다. 이 고래는 수면을
따라 스치듯 지나가면서 낮은
원기둥 모양의 물을 희미하게
내뿜기도 한다.

3. 뿜어낸 물이 빠르게
흩어지고, 등지느러미가 나올
때쯤이면 완전히 사라진다.

4. 이어 이 고래는 머리를
물속에 넣으면서 등을 아치
모양으로 구부리는데, 이때
수면에는 등과 등지느러미만
보인다.

5. 마지막으로,
몸통이 완전히
시야에서 사라진다.

페린부리고래 PERRIN'S BEAKED WHALE

과명: 부리고래과

종명: 메소플로돈 페리니Mesoplodon perrini

다른 흔한 이름: 없음

분류 체계: 2002년, 처음에는 헥터부리고래인 줄 알았던 좌초한 개체 몇 마리를 조사한 결과 새로운 종으로
판명되었고, 페린부리고래라는 이름을 얻음. 이 고래와 가장 가까운 친척은 난쟁이부리고래임

유사한 종: 헥터부리고래와 비슷하게 생겼지만, 이 종은 남반구에만 서식하기 때문에 페린부리고래와 서식 범위가
겹치지 않아 종이 혼동될 일은 없음

태어났을 때의 몸무게: 알려져 있지 않음

성체의 몸무게: 알려져 있지 않음

먹이: 오징어

집단의 크기: 알려져 있지 않음

주된 위협: 해군 음파 탐지기의 소음, 자망에 몸이 얽히는 것, 해양 쓰레기에 몸이 얽혀들거나 삼키는 것 등이 위험
요인임

IUCN 등급: 자료 부족종

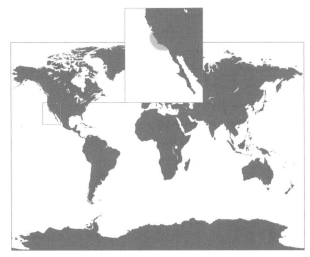

서식 범위와 서식지

이 종은 북태평양 동부에서만 서식한다고 알려져 있다. 남쪽으로는
샌디에이고, 캘리포니아 주, 북쪽으로는 캘리포니아 주 몬터레이 근처
해안까지 좌초해 발견된 사례가 있다. 거의 수심 1,000m 이상의 먼
바다에 산다.

종 식별 체크리스트

- 머리가 작고 부리가 짧으며 이마가 살짝 튀어나옴
- 쭉 곧은 입선
- 수컷 성체는 아래턱의 양쪽 끝에 삼각형 이빨이 튀어나와 있음
- 등 뒤쪽에 작거나 중간 크기의 갈고리 모양 등지느러미가 있음
- 몸 색깔은 위쪽은 진한 색이고(눈 주변 포함) 아래로 갈수록 연해지며, 목과 위턱은 흰색임. 그리고 옆구리 위와 지느러미발 앞쪽은 연한 회색이며, 눈에서 분수공 바로 앞까지 진한 색 줄무늬가 있음
- 몸통에는 군데군데 상어에게 물린 자국과 다른 수컷 성체의 이빨에 긁힌 길쭉한 상처가 있음

해부학

이 종의 몸통은 메소플로돈속의 전형적인 모양을 하고 있다. 옆면을 따라 편평하며 특히 꼬리 부위가 짧다. 주둥이는 헥터부리고래나 난쟁이부리고래를 제외한 다른 메소플로돈속 고래보다 짧은 편이다. 이마는 살짝 튀어나와 있고 입선은 쭉 곧다. 다른 부리고래류처럼 성체 수컷은 옆으로 편평한 한 쌍의 이빨이 아래턱에 튀어나와 있다. 페린부리고래의 이빨은 턱 끝 바로 뒤에 있고, 튀어나온 부분이 이등변삼각형 모양이며 앞쪽 가장자리는 완만하게 볼록하다. 이 이빨에는 따개비류가 기생할 수도 있다.

행동

이 종이 이루는 집단의 크기나 행동 양식에 대해서는 알려진 바가 없는데, 그 이유는 바다에서 이 종을 확실히 식별한 사례가 없기 때문이다. 다만 바닷가에 좌초한 수컷 성체를 조사해보면 몸통에 길쭉한 상처가 있어, 다른 부리고래류와 마찬가지로 페린부리고래의 수컷 성체 역시 이빨로 다른 수컷과 싸움을 벌여 다친다는 점을 짐작할 수 있다.

먹이와 먹이 찾기

몇몇 개체의 위장 내용물을 조사한 결과 주식은 오징어이다. 물고기도 먹는지 여부는 알려져 있지 않다.

생활사

이 종의 생활사에 대해서는 사실상 알려진 바가 없다.

보호와 관리

서식 범위가 아주 제한적이고 개체수가 적기 때문에(정확한 개체 수는 알려져 있지 않음) 사람들의 사냥 대상이라든지 고기잡이 도구에 부수적으로 잡힌다든지 하는 위험 요인에 대해서도 알 수 없다. 하지만 서식 범위 안의 연구용 지진파나 해군의 음파 탐지기, 심해 고기잡이 도구에 몸이 얽히는 것, 비닐 같은 해양 쓰레기를 삼키는 것 등은 조심해야 할 부분이다.

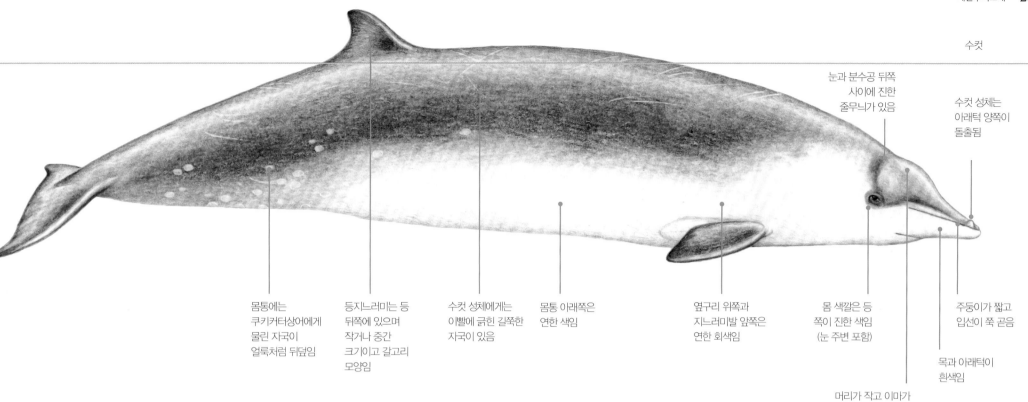

수컷

눈과 분수공 뒤쪽
사이에 진한
줄무늬가 있음

수컷 성체는
아래턱 양쪽이
돌출됨

몸통에는
쿠키커터상어에게
물린 자국이
얼룩처럼 뒤덮임

등지느러미는 등
뒤쪽에 있으며
작거나 중간
크기이고 갈고리
모양임

수컷 성체에게는
이빨에 긁힌 길쭉한
자국이 있음

몸통 아래쪽은
연한 색임

옆구리 위쪽과
지느러미발 앞쪽은
연한 회색임

몸 색깔은 등
쪽이 진한 색임
(눈 주변 포함)

주둥이가 짧고
입선이 쭉 곧음

목과 아래턱이
흰색임

머리가 작고 이마가
살짝 부풀어오름

수컷 성체의 이빨

페린부리고래 수컷 성체의 아래턱 끝 쪽에는 옆으로 편평한
삼각형의 큼지막한 이빨이 두 개 있다. 다른 부리고래류와
마찬가지로, 이 이빨은 고래가 입을 다물어도 밖으로 튀어나와
있으며 이빨로 다른 고래를 공격해 몸에 길쭉한 상처를 낸다.

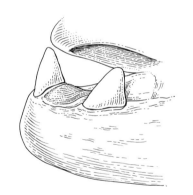

옆에서 본 모습

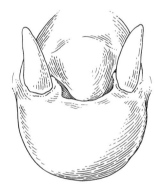

앞에서 본 모습

몸 크기

갓 태어난 새끼: 2m
성체: 수컷 3.9m, 암컷 4.4m

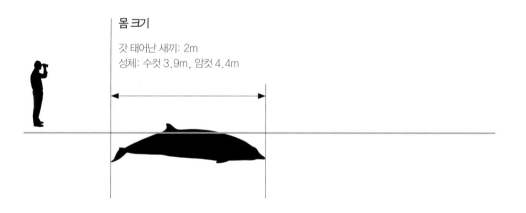

수면에 올라왔다가 잠수하는 동작

1. 이 고래는 바다에서 제대로
관찰된 적이 없기 때문에 여기서
소개하는 동작 설명은 추측에 의한
것이다. 아마도 이 고래는 물 위에
올라오면서 맨 먼저 주둥이를 내민
다음, 곧바로 살짝 둥그스름한
이마를 드러낼 것이다.

2. 이어 수면 위로 등이
구부러지기 시작한다.

3. 등 뒤쪽에 작거나 중간
크기의 등지느러미가 모습을
나타낸다.

4. 이 고래는 수면 근처에서 오랜 시간을
보내지 않고, 잠수하기 전에 물 위에서 여러
동작을 보이지도 않는다.

난쟁이부리고래 PYGMY BEAKED WHALE

과명: 부리고래과

종명: 메소플로돈 페루비아누스Mesoplodon peruvianus

다른 흔한 이름: 작은부리고래, 페루부리고래

분류 체계: 페린부리고래와 가장 가까운 친척인데 두 종 모두 알려진 바가 적음

유사한 종: 서식지가 겹치는 다른 부리고래류와 비슷하지만 난쟁이부리고래의 성체는 다른 종보다 크기가 작기 때문에 구별 가능함

태어났을 때의 몸무게: 알려져 있지 않음

성체의 몸무게: 알려져 있지 않음

먹이: 물고기와 오징어

집단의 크기: 알려지지 않았지만 작을 것으로 추정됨

주된 위협: 꽤 많은 개체가 자망에 몸이 얽히는 것으로 보아 자망이 이 종의 위험 요인임. 또 해군의 음파 탐지기에서 나온 소음에도 취약함

IUCN 등급: 자료 부족종

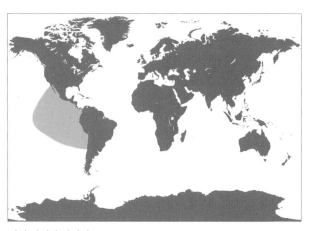

서식 범위와 서식지

이 종은 태평양에만 서식하며, 열대 태평양 중부 대양 분지를 중심으로 서식 범위가 꽤 광범위하다. 칠레 북부와 페루, 멕시코, 캘리포니아 남부 해안에 떼 지어 좌초하는 사례도 기록되었다. 수심 1,000m 이상의 먼 바다 깊은 물속에 서식한다.

종 식별 체크리스트

- 머리가 작고 이마는 살짝 둥글넓적함
- 입선은 뒤쪽을 향해 아치 모양으로 구부러져 있고, 수컷 성체는 엄니가 튀어나옴
- 등 뒤쪽으로 작은 크기에서 중간 크기인 갈고리 모양 등지느러미가 있음
- 수컷 성체는 등에 넓적하게 낫질한 듯한 무늬가 있음
- 몸 옆구리와 꼬리 연결대에 깊은 상처가 있음
- 암컷 성체에는 색깔 패턴이 없음. 상처가 약간 있고 거의 회색에서 갈색을 띰

해부학

이 고래는 메소플로돈속 가운데 몸집이 가장 작지만 전형적인 특징은 다 갖추었다. 몸통이 옆으로 납작한데 짤막한 꼬리 근처가 특히 그렇다. 주둥이는 헥터부리고래, 페린부리고래를 제외한 대부분의 메소플로돈속보다 짧다. 이마는 분수공 앞쪽이 살짝 부풀어 올랐으며 짧은 주둥이까지 완만한 경사를 이룬다. 입선은 암수 모두 위로 올라갔지만 수컷 성체는 올라간 정도가 심하다. 메소플로돈속의 다른 종과 마찬가지로, 이빨은 아래턱의 옆으로 납작한 한 쌍이 전부이며, 수컷 성체는 이 이빨이 밖으로 튀어나와 있다. 이 송곳니는 아래턱 뒤쪽의 위로 솟은 부위에 있으며, 위턱 꼭대기에 자리해 앞으로 기울어져 있다.

행동

이 종이 이루는 집단의 크기나 행동 양식에 대해서는 알려진 바가 없는데, 그 이유는 바다에서 이 종을 확실히 식별한 사례가 없기 때문이다. 다만 바닷가에 좌초한 수컷 성체를 조사해보면 몸통에 길쭉한 상처가 있어, 다른 부리고래류와 마찬가지로 난쟁이부리고래의 수컷 성체 역시 이빨로 다른 수컷과 싸움을 벌여 다친다는 점을 짐작할 수 있다.

먹이와 먹이 찾기

개체의 위장 내용물을 조사한 결과 중층, 심층수에 사는 조그만 물고기가 몇몇 지역에서는 이 고래의 중요한 먹이이다. 이 고래가 오징어도 먹을 가능성이 있지만 현재로서는 확실하지 않다.

생활사

이 종의 생활사에 대해서는 사실상 알려진 바가 없다.

보호와 관리

비록 개체수를 정확히 추정할 수는 없지만, 난쟁이부리고래는 중앙아메리카 근처 해안과 캘리포니아만 남부를 포함한 서식지에서 꽤 많이 서식하는 것 같다. 페루 근처에서 부수적으로 잡힌 개체들을 보면, 이 고래는 자기 서식지에 광범위하게 놓인 자망에 걸려들 확률이 높은 편이다. 특정 국가나 지역에서 이 고래를 사냥한다는 정보는 없다. 비록 바닷가에 떼 지어 좌초한 사례는 보고되지 않았지만, 이 고래 역시 다른 부리고래류처럼 연구용 지진파나 해군의 음파 탐지기 같은 물속 소음에 취약할 가능성이 있다.

수컷

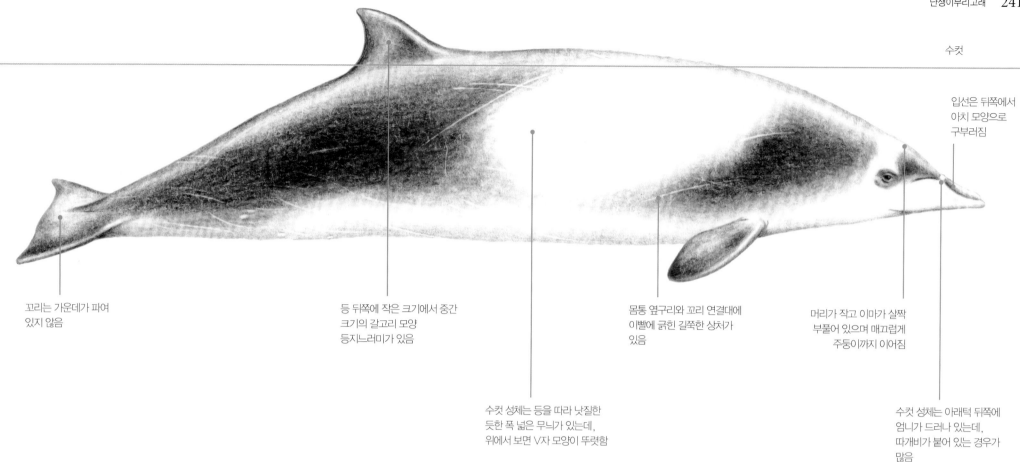

꼬리는 가운데가 파여 있지 않음

등 뒤쪽에 작은 크기에서 중간 크기의 갈고리 모양 등지느러미가 있음

몸통 옆구리와 꼬리 연결대에 이빨에 긁힌 길쭉한 상처가 있음

머리가 작고 이마가 살짝 부풀어 있으며 매끄럽게 주둥이까지 이어짐

입선은 뒤쪽에서 아치 모양으로 구부러짐

수컷 성체는 등을 따라 낫질한 듯한 폭 넓은 무늬가 있는데, 위에서 보면 V자 모양이 뚜렷함

수컷 성체는 아래턱 뒤쪽에 엄니가 드러나 있는데, 따개비가 붙어 있는 경우가 많음

수컷 성체의 머리 특징

난쟁이부리고래 수컷 성체의 머리를 보면, 아래턱이 상당히 위로 올라가 있으며 턱 뒤로 튀어나온 송곳니가 앞으로 기울어져 위턱을 덮고 있다. 이 이빨은 수컷 사이에서 다툼이 벌어졌을 때 무기로 사용되거나, 짝짓기 대상에게 자기가 성적으로 성숙했음을 알려주는 용도일 수 있다.

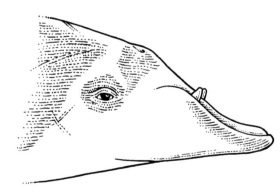

몸 크기

갓 태어난 새끼: 1.6m
성체: 3.9m

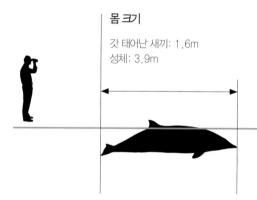

수면에 올라왔다가 잠수하는 동작

1. 난쟁이부리고래는 물 위로 올라왔을 때 자기가 가진 특징을 잘 드러내지 않는 편이다. 예컨대 뿜어낸 물은 아무리 기상 상태가 좋아도 아주 희미하게만 보이며, 수면에 처음 올라왔을 때는 살짝 경사진 이마와 위턱의 일부가 살짝 보일 뿐이다.

2. 이어 머리가 물속으로 사라져 보이지 않고 등만 보인다.

3. 곧 작거나 중간 크기인 등지느러미가 모습을 드러내는데, 지느러미는 살짝 갈고리 모양으로 휘어져 있다.

4. 등지느러미는 고래가 수면에서 몸을 아치 모양으로 구부릴 때까지도 계속 보인다.

5. 마지막으로 고래가 완전히 잠수해 모습을 감춘다. 이때 꼬리를 수면에 완전히 들어올리는 동작은 보이지 않는다.

큰이빨부리고래 STEJNEGER'S BEAKED WHALE

과명: 부리고래과

종명: 메소플로돈 스테네게리Mesoplodon stejnegeri

다른 흔한 이름: 베링해부리고래, 검이빨부리고래

분류 체계: 아종은 제안되지 않았고, 독립적인 개체군이 있다는 정보도 없음

유사한 종: 베링해 근처에서는 이 종이 유일한 메소플로돈속의 고래임. 망치고래와 민부리고래는
큰이빨부리고래와 서식 구역이 전반적으로 겹치지만, 망치고래는 몸집이 더 크고 주둥이가 길며
민부리고래는 주둥이가 더 짧기 때문에 큰이빨부리고래와 구별 가능함

태어났을 때의 몸무게: 알려져 있지 않음

성체의 몸무게: 알려져 있지 않음

먹이: 갈고리흰오징어과와 유리오징어과의 적어도 2개 과를 포함하는 심해 오징어

집단의 크기: 3~4마리에서 가끔은 15마리 이상

주된 위협: 일본에서 사냥을 하거나 유망에 몸이 얽혀든다는 보고가 있음. 물속 소음이나 바다 쓰레기를 삼킬
위험성 같은 잠재적인 요인 또한 이 종에 적용될 수 있음

IUCN 등급: 자료 부족종

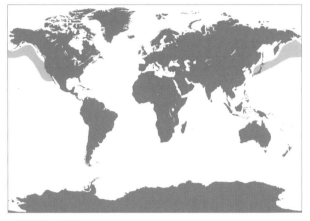

서식 범위와 서식지

이 종은 북극 근처와 북태평양, 베링해의 시원한 온대지방 토착종이며, 떼
지어 좌초한 기록을 보면 알류샨 열도와 일본 근처, 베링해 남서부의 깊은
물속에서 가장 많이 발견된다. 이런 좌초나 유망에 얽히는 사례는
남쪽으로는 캘리포니아 남쪽에서 서쪽으로는 일본 혼슈까지 분포한다.

종 식별 체크리스트

- 메소플로돈속의 전형적인 특징을 가짐. 지느러미발이 작고, 등 뒤에 살짝 갈고리 모양인 작은 등지느러미가 있음
- 이마에서 위턱까지 매끄럽게 이어지기 때문에, 몸이 가늘어지다가 그 끝에 주둥이가 자연스레 이어진 모양임
- 수컷 성체는 입선이 살짝 아치 모양이며 양쪽 턱 앞쪽에 엄니가 앞으로 기울어져 있음
- 위턱에서 눈 주위로 이어지는 헬멧 모양의 진한 무늬가 있음
- 수컷 성체는 아래턱과 목을 제외하고는 온몸이 진한 회색에서 검은색이며 깊은 상처가 많음. 반면에 암컷과 새끼는 몸 위쪽은 진한 색이지만 몸 아래쪽은 연한 색이며, 아래턱과 목은 흰색임

해부학

메소플로돈속의 이 고래의 수컷 성체에게는 독특한 특징이 있다. 이마가 편평하고 위턱까지 매끄럽게 이어진다는 점이다. 위턱은 아치 모양으로 올라가 있으며, 수컷 성체는 이 부위에 날카롭고 앞으로 기울어진 이빨이 튀어나와 있다. 허브부리고래와 마찬가지로, 이 이빨은 고래가 입을 다물어도 위턱보다 높이 올라올 만큼 돌출해 있다. 몸 색깔은 진한 회색에서 검은색이고 지느러미발 앞쪽 아랫면은 연한 색이다. 위턱의 눈 주변에는 모자를 쓴 듯한 어두운 얼룩이 있다. 암컷은 꼬리 아랫면에 독특한 흰색 얼룩이 있는 경우가 많다.

행동

큰이빨부리고래는 3~4마리가 가깝게 무리를 지으며 때로는 최대 15마리까지도 무리를 이룬다. 알류샨열도에서 암컷 4마리가 한꺼번에 좌초한 사례를 보면 이 고래는 무리를 지을 때 성별로 나뉘는 경향이 있는 듯 보인다. 구강과 안면 구조를 비롯해 몸통에 여기저기 상처가 있는 것으로 보아, 수컷 성체는 서로 암컷에게 접근하기 위해, 또는 무리에서 우위를 점하기 위해 다른 수컷과 다툼을 벌이는 것으로 보인다.

먹이와 먹이 찾기

좌초한 개체의 위장 내용물을 보면 이 고래의 주식을 알 수 있는데, 거의 심해에 사는 오징어를 먹고 산다. 먹잇감인 오징어의 서식지를 보면, 이 고래가 수심 200m까지 잠수해 사냥을 한다는 사실을 알 수 있다.

생활사

이빨의 층을 세어보면 이 고래의 수컷은 36년 이상을 산다. 좌초한 개체를 연구해보면 새끼는 주로 봄철에 낳는다. 또 이 고래는 서식 범위 안에서 이주를 하는데 겨울에서 봄 사이에는 남쪽 지방에서 보낸다. 알류샨제도에서 발견된 개체를 보면 상어에게 물린 자국이 있는데, 이것은 이 고래가 일 년 중 한 번은 따뜻한 바닷물로 옮겨가 산다는 점을 알려준다.

보호와 관리

이 고래가 발견된 사례가 드문 것으로 보아, 개체수는 꽤 적다고 여겨진다. 이 고래는 자망에 몸이 얽혀 목숨을 잃는 경우가 있다. 또한 해군의 음파 탐지기나 연구용 지진파에서 나오는 물속 소음도 위험 요인이다. 알류샨제도 근처에서 떼 지어 좌초한 사례를 보면 음파 탐지기에 노출되었음을 알 수 있다.

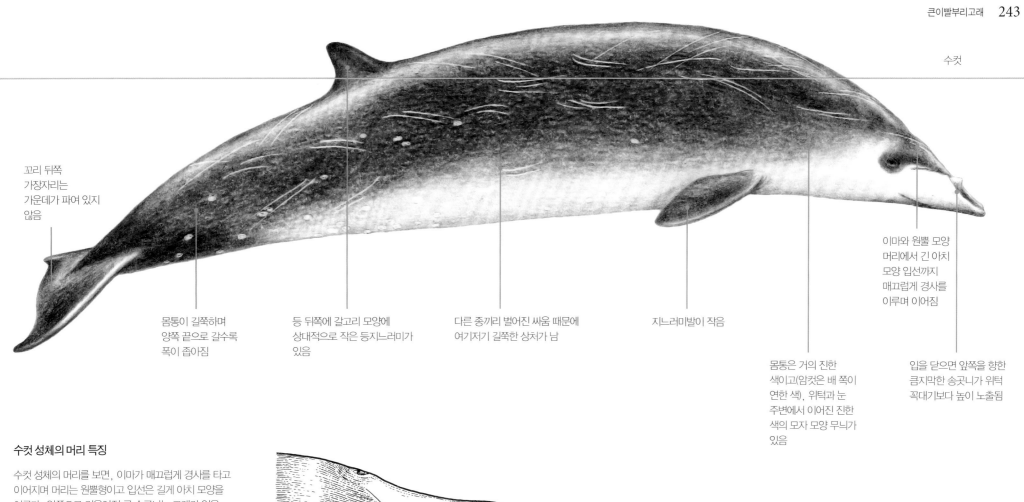

수컷

꼬리 뒤쪽 가장자리는 가운데가 파여 있지 않음

몸통이 길쭉하며 양쪽 끝으로 갈수록 폭이 좁아짐

등 뒤쪽에 갈고리 모양에 상대적으로 작은 등지느러미가 있음

다른 종끼리 벌어진 싸움 때문에 여기저기 길쭉한 상처가 남

지느러미발이 작음

몸통은 거의 진한 색이고(암컷은 배 쪽이 연한 색), 위턱과 눈 주변에서 이어진 진한 색의 모자 모양 무늬가 있음

이마와 원뿔 모양 머리에서 긴 아치 모양 입선까지 매끄럽게 경사를 이루며 이어짐

입을 닫으면 앞쪽을 향한 큼지막한 송곳니가 위턱 꼭대기보다 높이 노출됨

수컷 성체의 머리 특징

수컷 성체의 머리를 보면, 이마가 매끄럽게 경사를 타고 이어지며 머리는 원뿔형이고 입선은 길게 아치 모양을 이룬다. 앞쪽으로 기울어진 큰 송곳니는 고래가 입을 다물어도 위턱보다 높이 올라온다. 눈 주변과 위턱에는 머리에 모자를 쓴 듯한 어두운 색 얼룩이 있다.

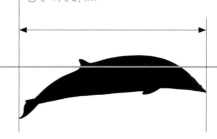

등 쪽에서 본 모습

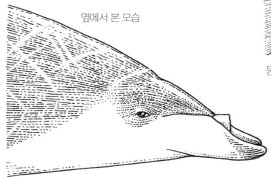

옆에서 본 모습

몸 크기

갓 태어난 새끼: 2.1m
성체: 최대 5.4m

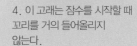

수면에서 보이는 행동

이 고래는 쉽게 발견해 종을 식별할 수 없어, 바다에서 발견된 사례가 몹시 드물다. 수면에서 본 옆모습이 다른 고래에 비해 눈에 덜 띄기 때문이다. 또한 작게 무리를 짓고, 뿜어낸 물도 잘 보이지 않으며, 수면에서 머무르는 시간이 적으며 선박에 잘 다가오지 않는 등의 특성 때문이기도 하다.

수면에 올라왔다가 잠수하는 동작

1. 수면 위로 올라오면서, 폭이 좁은 머리와 살짝 아치 모양을 이룬 아래턱, 헬멧 모양의 머리 무늬가 처음 모습을 드러낸다. 이 고래가 뿜어낸 물은 눈에 덜 띄는 편이라 보일 수도, 안 보일 수도 있다.

2. 이어 머리 꼭대기와 등이 모습을 드러낸다.

3. 머리가 물속으로 사라지면서, 등이 더 많이 노출되고 그에 따라 등지느러미도 물 밖으로 나온다.

4. 이 고래는 잠수를 시작할 때 꼬리를 거의 들어올리지 않는다.

부채이빨고래 SPADE-TOOTHED BEAKED WHALE

과명: 부리고래과

종명: 메소플로돈 트라베르시 Mesoplodon traversii

다른 흔한 이름: 없음. 예전에는 바아몬데부리고래라 불림

분류 체계: 1874년에 최초로 발견된 표본은 다른 속에 분류되었으나 최근 현재와 같이 분류됨

유사한 종: 성체는 그레이부리고래나 끈모양이빨고래와 생김새가 비슷함

태어났을 때의 몸무게: 알려져 있지 않음

성체의 몸무게: 알려져 있지 않음

먹이: 메소플로돈속의 다른 고래와 마찬가지로 심해 오징어와 물고기를 먹으리라 추정됨

집단의 크기: 알려져 있지 않음

주된 위엽: 알려져 있지 않음

IUCN 등급: 자료 부족종

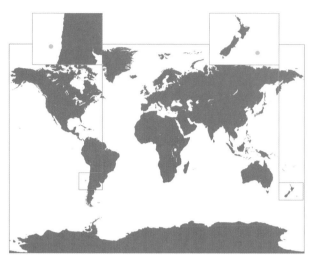

서식 범위와 서식지

지금까지 이 종은 중위도 남태평양 근처(칠레와 뉴질랜드)에서만 발견되었다. 서식지에 대한 자세한 정보는 없지만 깊은 물속에 산다는 점은 거의 확실하다.

<table>
<tr><td rowspan="4">

**종 식별
체크리스트**

</td><td>

• 수면에 비스듬한 각도로 떠오르는 모습은 이 속의 전형적인 특징임. 가끔은 상대적으로 긴 주둥이가 일부 보임

• 갈고리 모양의 등지느러미는 등 한참 뒤쪽에 있으며 지나치게 크지도, 작지도 않음

• 암컷 성체의 몸 색깔은 배와 옆구리는 흰색이고 이 흰색이 지느러미발 위쪽과 얼굴 옆쪽까지 이어짐. 등 쪽과 지느러미 같은 부속지, 튀어나온 이마와 주둥이는 진한 회색이거나 검은색이고 눈 주변에도 검은색 얼룩이 있음

• 새끼의 시체 사진을 보면, 새끼와 수컷 성체는 암컷 성체와 몸의 색깔 패턴이 거의 비슷함

</td></tr>
</table>

해부학

지금껏 이 고래는 3개의 표본과 한 번의 발견 사례로만 알려져 있다. 표본 가운데 2개는 머리뼈 조각이고, 1개는 수컷 성체의 이빨이 붙은 아래턱 조각이다. 그리고 고래가 발견된 사례는, 최근에 뉴질랜드 바닷가에 함께 좌초한 암컷 성체와 수컷 새끼 두 마리다. 이 젊은 암컷 성체의 머리 옆모습 사진을 보면 이마가 튀어나왔고 주둥이가 적당히 길쭉하다. 그리고 수컷 새끼는 이마가 훨씬 편평하며 위턱으로 완만한 경사를 그린다. 메소플로돈속의 다른 종 대부분과 마찬가지로, 수컷 성체의 잇몸에 이빨이 튀어나왔으며 고래가 입을 다물어도 바깥으로 돌출해 있다.

행동

이 종은 바다에서 직접 관찰되고 식별된 적이 한 번도 없기 때문에, 행동 양식에 대해서도 확실한 정보가 없다. 아마도 크게 무리를 이루지는 않으며 주로 먼 바다에서 서식할 것으로 추정된다.

먹이와 먹이 찾기

이 종의 먹이나 섭식 방법에 대해서는 알려진 정보가 없다. 하지만 다른 부리고래류와 마찬가지로 이 고래 역시 깊은 바다에서 물이 올라오는 구역에서 먹이를 잡으며 주로 오징어와 물고기를 먹을 것이라 추정된다.

생활사

부채이빨고래는 거의 베일에 가려진 종이라, 생활사에 대해 알려진 바도 거의 없다.

보호와 관리

이 종에 대해 알려진 바가 거의 없기 때문에 이 고래가 어떤 요인 때문에 위협을 받고, 우리가 그런 요인을 줄이고자 어떤 보전 노력을 해야 하는지도 알 수 없다.

수컷/암컷

꼬리 뒤쪽 가장자리는
가운데가 파여 있지 않음

몸통이 방추형임

등 뒤쪽에 갈고리
모양의 등지느러미가
달림

등쪽은 진한 회색 또는
검은색이고 배쪽은 흰색임

어두운 색의 지느러미발

어두운 색의 눈
주변

어두운 색의
위턱

주둥이가
길쭉함

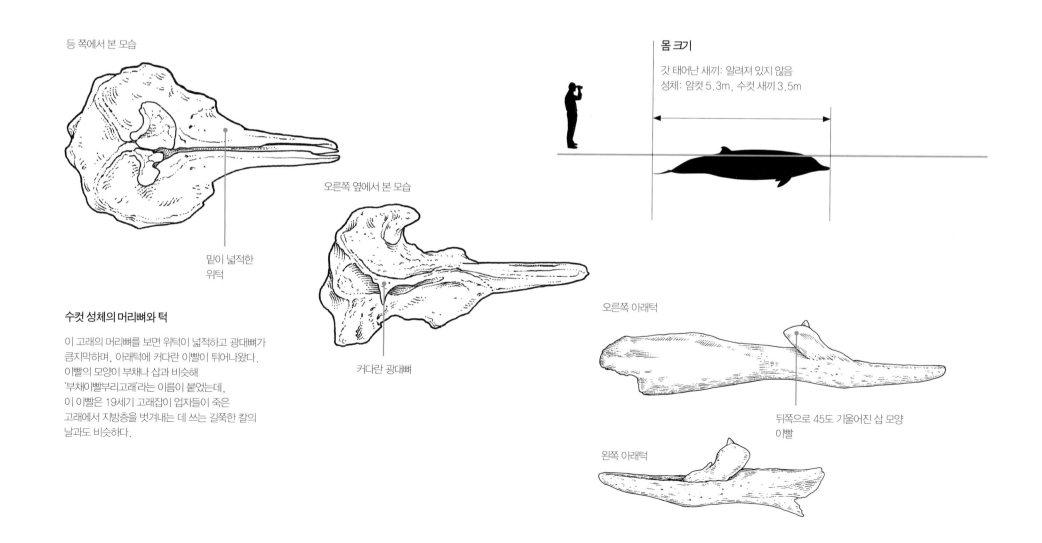

등 쪽에서 본 모습

밑이 넓적한
위턱

수컷 성체의 머리뼈와 턱

이 고래의 머리뼈를 보면 위턱이 넓적하고 광대뼈가
큼지막하며, 아래턱에 커다란 이빨이 튀어나왔다.
이빨의 모양이 부채나 삽과 비슷해
'부채이빨부리고래'라는 이름이 붙었는데,
이 이빨은 19세기 고래잡이 업자들이 죽은
고래에서 지방층을 벗겨내는 데 쓰는 길쭉한 칼의
날과도 비슷하다.

오른쪽 옆에서 본 모습

커다란 광대뼈

몸 크기

갓 태어난 새끼: 알려져 있지 않음
성체: 암컷 5.3m, 수컷 새끼 3.5m

오른쪽 아래턱

뒤쪽으로 45도 기울어진 삽 모양
이빨

왼쪽 아래턱

셰퍼드부리고래 SHEPHERD'S BEAKED WHALE

과명: 부리고래과

종명: 타스마케투스 셰페르디Tasmacetus shepherdi

다른 흔한 이름: 태즈먼부리고래, 태즈먼고래

분류 체계: 위턱과 아래턱에 이빨이 완전히 갖춰져 있어 부리고래과 안에서는 독특한 특징을 갖춤. 아종은 확인되지 않음

유사한 종: 서식 범위가 겹치는 다른 몸집 큰 부리고래들과 혼동될 수 있음. 하지만 날씨가 좋을 때는 몸 색깔과 머리의 특징을 보고(어두운 색의 길쭉한 주둥이와 툭 튀어나온 연한 색깔의 이마) 다른 종과 구별 가능함

태어났을 때의 몸무게: 알려져 있지 않음

성체의 몸무게: 알려져 있지 않음

먹이: 오징어와 해저에 사는 물고기를 모두 잡아먹음

집단의 크기: 3~6마리 정도로 작게 무리 지음

주된 위협: 확인되지는 않았지만, 해군의 음파 탐지로 말미암은 물속 소음을 비롯해 고기잡이 도구와 폐기물에 몸이 얽히거나 해양 쓰레기를 삼키는 것 등이 위험을 끼치리라 여겨짐

IUCN 등급: 자료 부족종

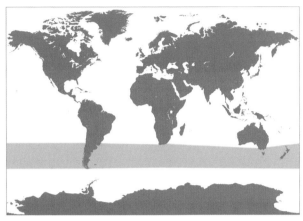

서식 범위와 서식지

이 종은 남반구 30~55도의 시원한 온대지방에 널리 분포한다. 수심이 수백, 수천 미터인 바닷물에서 발견된다. 떼 지어 좌초하는 사례는 뉴질랜드에서 보고되었으며, 살아 있는 개체는 트리스탄다쿠냐제도와 고프섬, 뉴질랜드 북부와 오스트레일리아 남부에서 발견되었다.

종 식별 체크리스트

- 몸집이 다부지며 부리고래과의 전형적인 겉모습을 드러냄. 목주름 한 쌍이 몸 앞쪽으로 수렴하며, 작은 지느러미발이 옆구리 아래쪽에 있고, 꼬리에는 가운데에 파인 부분이 없으며 등지느러미는 등 뒤쪽에 있고 갈고리 모양임(돌고래와 비슷함)

- 주둥이가 꽤 길고 잘 발달해 있으며 끝이 뾰족함

- 이마는 둥그스름하게 툭 튀어나와 있는데, 같은 메소플로돈속의 다른 종보다는 병코돌고래류와 닮음

- 수컷 성체의 아래턱 끝에는 두 개의 커다란 이빨이 튀어나와 있으며(거의 보이지는 않음), 암수 모두 위턱과 아래턱을 따라 작은 이빨들이 줄지어 나 있음

- 몸 색깔은 주둥이와 눈 주변이 진한 색이고, 이마가 흐린 색이며, 어깨가 흰색에서 연한 회색이고, 옆구리의 반점이 배의 흰색 무늬와 이어져 있음

해부학

1980년대까지 셰퍼드부리고래는 바닷가에 좌초한 개체들을 통해서만 알려져 있었고 겉모습을 알려줄 살아 있는 개체나 표본에 대한 사진이나 연구는 이뤄지지 않았다. 하지만 지금은 독특한 색깔 패턴이 잘 알려져 있다. 이 패턴은 수컷과 암컷, 나이와 상관없이 이 종에 널리 나타난다. 셰퍼드부리고래는 위턱과 아래턱에 이빨이 완전히 갖춰져 있는 것으로 부리고래과 가운데서는 유일하다(위턱 17~21쌍, 아래턱 22~28쌍). 또한 성체 수컷은 아래턱 끝부분에 큰 이빨이 튀어나와 있다(그렇게 눈에 띄는 편은 아니지만). 이마는 가파른 경사를 이루고, 주둥이가 발달해 있으며 나이가 들수록 길어진다. 수컷 성체의 몸에 있는 길쭉한 상처는 수컷끼리 싸움을 벌인 결과 생겼을 것이다.

행동

이 종이 목격된 몇몇 사례에서 고래가 뿜어낸 물은 보이기도 하지만(비행기에서 봤을 때) 희미할 정도로 거의 보이지 않기도 했다(배 위에서 봤을 때). 이 고래는 3~6마리의 작은 무리를 짓는다. 물 위로 뛰어오르거나 꼬리로 수면을 내려치는 것 같은 행동은 하지 않는다. 대신 수면 위로 올라왔을 때 주둥이를 한동안 물 위로 들어올리는 행동은 가끔 보인다.

먹이와 먹이 찾기

좌초한 두 마리의 위장 내용물을 조사한 결과 거의 심해어나 오징어였다. 잠수 행동에 대해서는 알려진 바가 없지만, 먼 바다에 주로 서식하기 때문에 잠수에 능숙할 것으로 추정된다.

생활사

알려진 바가 없다.

보호와 관리

셰퍼드부리고래는 서식 범위 안에서 사냥 대상이 된 적이 없다. 하지만 다른 부리고래류와 마찬가지로 먼 바다의 석유나 천연가스 개발, 해군의 여러 활동으로 생기는 소음에 부정적인 영향을 받을 수 있고, 해양 쓰레기를 삼킬 위험도 있다.

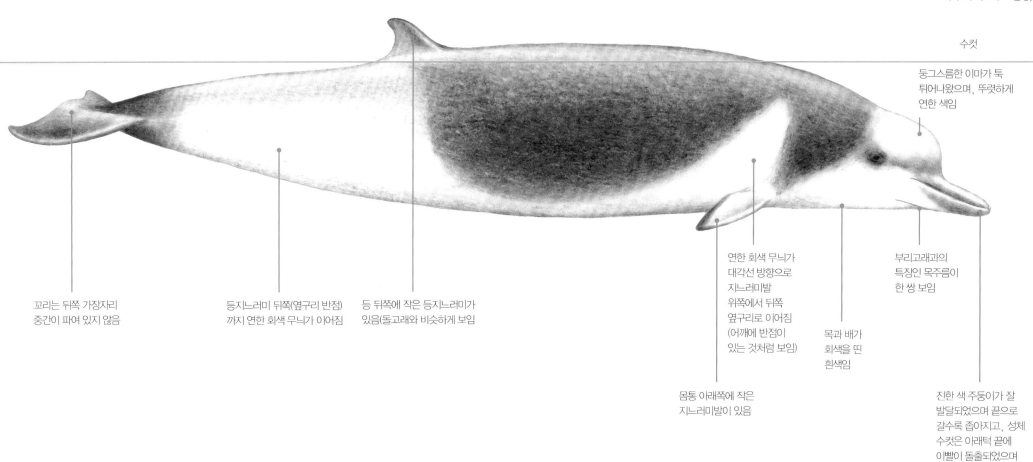

수컷

둥그스름한 이마가 툭
튀어나왔으며, 뚜렷하게
연한 색임

부리고래과의
특징인 목주름이
한 쌍 보임

진한 색 주둥이가 잘
발달되었으며 끝으로
갈수록 좁아지고, 성체
수컷은 아래턱 끝에
이빨이 돌출되었으며
위턱과 아래턱 모두에
이빨이 줄지어 남

목과 배가
회색을 띤
흰색임

연한 회색 무늬가
대각선 방향으로
지느러미발
위쪽에서 뒤쪽
옆구리로 이어짐
(어깨에 반점이
있는 것처럼 보임)

몸통 아래쪽에 작은
지느러미발이 있음

등 뒤쪽에 작은 등지느러미가
있음(돌고래와 비슷하게 보임

등지느러미 뒤쪽(옆구리 반점)
까지 연한 회색 무늬가 이어짐

꼬리는 뒤쪽 가장자리
중간이 파여 있지 않음

수컷 성체 머리의 특징

수컷 성체는 주둥이가 길고 잘 발달되어
있으며 이마가 둥그스름하게 튀어나와
있다. 이 점은 암컷도 마찬가지이다. 또
암수 모두 주둥이와 눈 주변은 진한
색이고, 이마는 연한 색이며 목에서
눈높이까지는 흰색이다. 하지만 암컷
아닌 수컷 성체만이 갖는 특징은 아래턱
끝에 두 개의 이빨이 튀어나와 있다는
점인데, 이빨이 그렇게 눈에 띄지는
않는다.

몸 크기

갓 태어난 새끼: 3m
성체: 6.6~6.8m

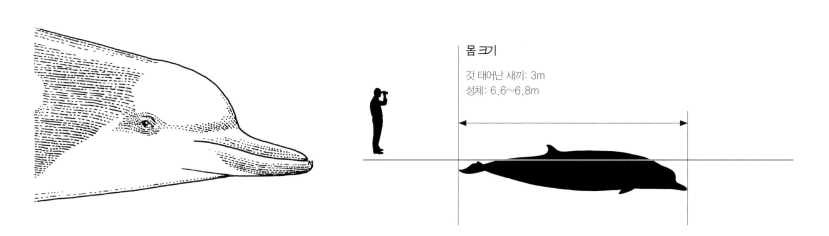

수면에 올라왔다가 잠수하는 동작

1. 물 위로 올라오면서 경사가
급하게 진 툭 튀어나온 이마와
주둥이가 40도 각도로 비스듬히
수면에 모습을 드러낸다. 고래가
뿜어낸 물은 눈에 잘 띄는 편은
아닌데, 배 갑판에서 보면 특히 거의
보이지 않는다.

2. 고래가 수면 아래로
몸을 굴려 잠수하기
시작하지만 주둥이와
이마는 계속 보인다.

3. 이윽고 돌고래와 비슷하게 생긴 등 뒤쪽에
달린 작은 등지느러미가 물 밖으로 모습을
드러낸다.

4. 고래가 등을 아치 모양으로
구부리면서 등지느러미는 더욱
두드러지고, 이제 이마는 수면 아래로
잠긴다.

5. 고래는 해수면 근처에서 얕게 잠수했다가
수면으로 올라오는 동작을 여러 번 반복하다가,
마지막으로 깊은 잠수에 들어가려고 등을 크게
구부린다. 이때 꼬리는 들어올리지 않는다. 관찰
결과에 따르면 이 고래는 수면 위 동작을
보여주지도 않는다. 단, 이 종이 직접 관찰된 적은
드물다는 사실을 염두에 두어야 한다.

민부리고래 CUVIER'S BEAKED WHALE

과명: 부리고래과

종명: 지피우스 카비로스트리스Ziphius cavirostris

다른 흔한 이름: 거위부리고래

분류 체계: 이 속의 유일한 종이며, 아종은 확인되지 않았음. 독립적인 개체군이 존재할 가능성이 있으나 확실하지는 않음

유사한 종: 부리고래류 가운데 몸집이 비슷한 종들, 특히 메소플로돈속의 암컷, 새끼들과 혼동되기 쉽지만, 주둥이가 상대적으로 짧기 때문에 다른 종과 구별 가능함

태어났을 때의 몸무게: 250~300kg

성체의 몸무게: 2,200~2,900kg

먹이: 깊은 바다에 사는 오징어를 주로 먹고 살며 약간의 물고기와 새우도 먹음

집단의 크기: 대개 3~4마리 정도로 적은 편이고 가끔은 최대 10마리까지 무리를 지음

주된 위협: 해군의 음파 탐지기로 말미암은 소음을 비롯해 자망과 해양 쓰레기에 몸이 얽히거나, 비닐봉지 같은 쓰레기를 삼키는 것 등이 주요 위험 요인임

IUCN 등급: 전 세계적으로 관심 필요종에 속함. 지중해의 하위 개체군은 취약종임

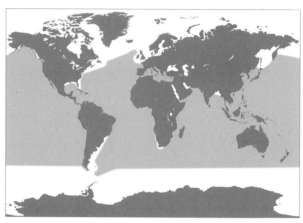

서식 범위와 서식지

이 종은 전 세계 거의 모든 시원한 온대지방에서 아열대 바닷물에 분포한다. 수심 1,000m 이상의 섬 근처나 대륙사면에서 주로 발견된다.

종 식별 체크리스트

- 부리고래과의 전형적인 특징 여럿을 가짐. 등에서 3분의 2 지점에 갈고리 모양의 작은 등지느러미가 있고, 작은 지느러미발이 몸의 오목하게 파인 부분에 주머니처럼 들어맞고, 상대적으로 큰 꼬리에는 가운데가 파여 있지 않았고, 목주름이 V자 모양임
- 주둥이는 상대적으로 짧고 입선이 독특하게 위로 올라가 있으며, 머리를 옆에서 보면 거위 주둥이를 보는 듯함
- 수컷 성체는 아래턱 끝에 앞으로 기울어진 원뿔 모양 이빨이 한 쌍 있는데, 입을 다물어도 밖으로 노출됨
- 몸 색깔은 진한 회색에서(수컷 성체) 붉은 색을 띤 갈색이고 (암컷 성체), 수컷 성체는 머리가 흰색이며 상어에게 물린 자국과 이빨에 긁힌 자국이 많음

해부학

민부리고래는 부리고래류 중에서도 몸집이 다부진 종으로 주둥이가 짧고 마치 거위와 비슷한 것이 특징이다. 종 이름인 '카비로스트리스'란 이 고래의 코뼈 바로 앞, 머리뼈의 맨 꼭대기에 있는 잘 발달된 빈 구멍을 가리킨다. 수컷 성체는 메소플로돈속의 다른 수컷 성체와 마찬가지로 위턱이 단단한데, 이것은 소리를 내는 데 활용되거나 수컷끼리의 다툼에 쓰일 것이라 여겨진다.

행동

이 고래는 평균적으로 3~4마리가 작은 무리를 이루며 이동하고, 때로는 10마리 이상이 무리를 짓거나 혼자서 다니기도 한다. 무리의 구성원들은 평균적으로 1시간 정도 잠수하고, 가끔은 그 이상 물속에 머무른다. 수컷 성체로 구성된 무리는 좁은 서식지에서 같은 구성원끼리 여러 해 머무르기도 한다.

먹이와 먹이 찾기

민부리고래의 주식은 오징어이지만, 가끔은 먼 바다의 중층, 심층수에 사는 다양한 유기체를 잡아먹기도 한다. 이 고래는 먹이를 잡기 위해 400~500m 깊이까지 잠수해 딸깍거리는 소리를 연이어 내는데, 그 속도는 1초당 2번이다. 먹잇감을 찾으면 딸깍 소리는 속도가 더욱 빨라지고 나중에는 응응 소리로 변한다. 사냥을 끝내면 고래들은 소리 내기를 멈추고 수면 근처로 올라와 조용히 머무르며 다음 번 깊은 잠수를 준비한다.

생활사

이 종의 생활사에 대해서는 알려진 바가 거의 없다. 단 평균적으로 암컷은 몸길이가 5.8m, 수컷은 5.5m에 이르렀을 때 성적인 성숙에 이르는 것으로 보인다.

보호와 관리

이 종은 부리고래류 가운데 개체수가 가장 많을 것으로 여겨지는데, 그 이유는 지리학적으로 널리 분포하며 바닷가에 좌초한 사례나 해상에서 관찰된 사례가 많기 때문이다. 이 종에게 가장 큰 위험 요인은 중주파수의 해군 음파 탐지기인데, 이 기기는 민부리고래를 비롯한 부리고래류들이 바닷가에 떼 지어 좌초하는 주범으로 주목받아 왔다. 캘리포니아 주에서는 유망에 자동으로 음파를 발생하는 장치인 음향 핑거를 장착해, 부리고래류가 그물을 미리 피해 사고로 몸이 얽히는 일이 없도록 하고 있다.

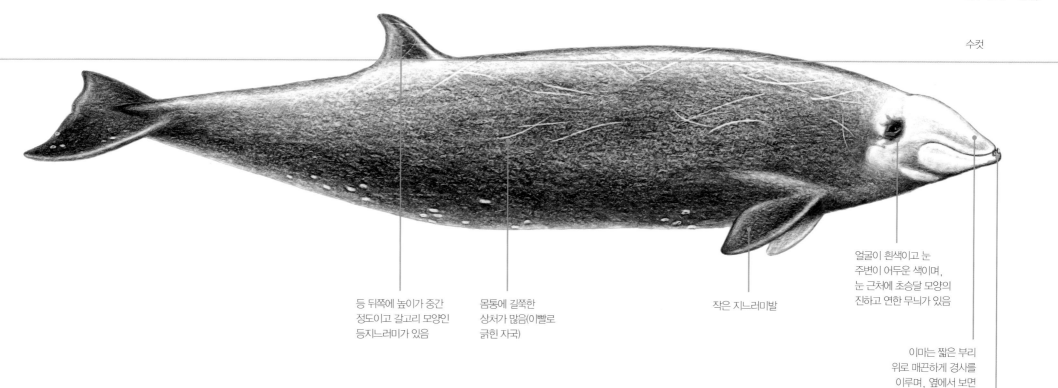

수컷

등 뒤쪽에 높이가 중간
정도이고 갈고리 모양인
등지느러미가 있음

몸통에 길쭉한
상처가 많음(이빨로
굵힌 자국)

작은 지느러미발

얼굴이 흰색이고 눈
주변이 어두운 색이며,
눈 근처에 초승달 모양의
진하고 연한 무늬가 있음

이마는 짧은 부리
위로 매끈하게 경사를
이루며, 옆에서 보면
거위 부리를 닮음

아래턱 끝에 작은 이빨이
한 쌍 튀어나옴(따개비가
종종 붙어 있음)

성체 머리의 모양

수컷 성체는 머리 앞부분이 흰색이며 이 얼룩이 머리 위쪽까지 이어지는
경우가 많고, 아래턱 끝에 앞으로 기울어진 이빨이 두 개 튀어나와 있어 암컷과
쉽게 구별된다. 암컷 성체는 이빨이 튀어나오지 않았으며 소리를 잘 내지
않고, 눈 주변에 연한 색 소용돌이무늬와 진한 색 얼룩 등 복잡한 패턴이 있다.

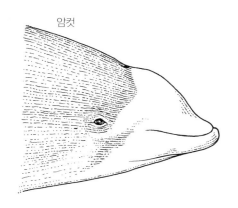

암컷

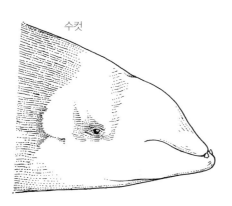

수컷

몸 크기

갓 태어난 새끼: 2.7m
성체: 평균 6.1m, 최대 6.9m

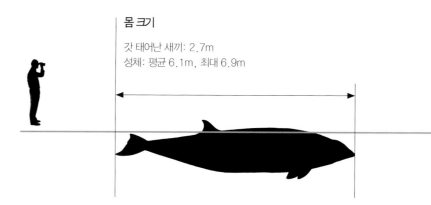

수면에 올라왔다가 잠수하는 동작

1. 짧은 주둥이와 머리가 먼저 물 위에
모습을 드러낸다. 이어 고래는 낮고
둥그스름한 모양의 물을 뿜는다.

2. 머리가 물에 잠긴 이후에, 상처가 많이 난 등과
높은 갈고리 모양 등지느러미가 물 위로 드러난다.

3. 민부리고래는 수면 아래로
잠수할 때 꼬리를 들어올리지
않으며, 수면 위로 뛰어오르는
동작도 거의 보이지 않는다.
일반적으로 이 고래는 바다가
잔잔할 때만 제대로 관찰할 수
있다.

강돌고래가 수면 위로 머리를 내민 모습(오른쪽)

수면 위로 머리를 드러내면 고래와 돌고래들은 물 밖 세상을 둘러볼 수 있다. 강돌고래들이 사진처럼 머리를 물 밖으로 내밀 때 폭이 좁은 주둥이를 쉽게 관찰할 수 있다.

이빨고래아목
강돌고래류

강돌고래류는 4개의 종으로 이루어진 몸집이 작은 고래들이다. 이 4개의 종들은 4개 과에 흩어져 있다. 대부분의 강돌고래 종은 남아메리카와 아시아의 민물에 살지만, 라플라타강돌고래는 짠물이 들어오는 강어귀와 해안이 서식지이다. 강돌고래류의 몸길이는 약 2~3m이며, 길쭉하고 폭이 좁은 주둥이가 특징이다. 비록 해부학적 특징과 서식지가 비슷하기는 해도 강돌고래과들이 서로 가까운 친척인 것은 아니다.

- 강돌고래류의 피부 색깔은 다양해서 회색, 검은색, 갈색, 노란색, 흰색, 분홍색 등을 아우른다. 피부색은 개체가 나이가 들면서 바뀌기도 한다.

- 강돌고래류는 앞이 잘 보이지 않는 탁한 진흙탕에 산다. 그 결과 이 돌고래들은 대개 눈이 작고 시력이 좋지 않다. 갠지스강돌고래에게는 수정체가 없고 눈이 빛을 감지하는 기관으로 활용될 뿐이다. 강돌고래의 모든 종은 방향을 찾기 위해 반향정위를 사용하며, 아마존강돌고래는 탁한 물속을 헤쳐 나가 방향을 잡기 위해 주둥이에 뻣뻣한 코털을 갖고 있다.

- 강돌고래류의 주식은 물고기이지만, 몇몇 개체는 두족류, 연체동물을 먹고 심지어는 거북을 잡아먹기도 한다.

- 대부분의 이빨고래류와는 달리 강돌고래류는 목 부위의 척추가 서로 합쳐져 있지 않아 목이 유연하다. 특히 아마존강돌고래는 유연한 목을 사용해 물에 잠긴 숲에서도 방향을 찾을 수 있다.

- 강에 사는 종들은 혼자서 살거나 규모가 작고 느슨한 무리를 이룬다. 이들은 강어귀나 해안에 사는데, 라플라타강돌고래는 1~20마리가 무리를 이루기도 하지만 넓은 바다에 사는 돌고래처럼 대규모 무리를 이루지는 않는다.

- 강돌고래류의 모든 종들은 현재 보호를 받고 있다. 갠지스강돌고래는 멸종 위기종이고 양쯔강돌고래는 사실상 멸종되었다고 여겨지는데 이것은 야생에서는 더 이상 생존하지 못한다는 뜻이다. 2004년 이래로 이 종이 관찰된 적은 한 번도 없다. 다른 강돌고래 종도 멸종될 위험에 놓여 있거나, 연구가 거의 되어 있지 않아 적절한 보전 노력을 하기 어려운 실정이다.

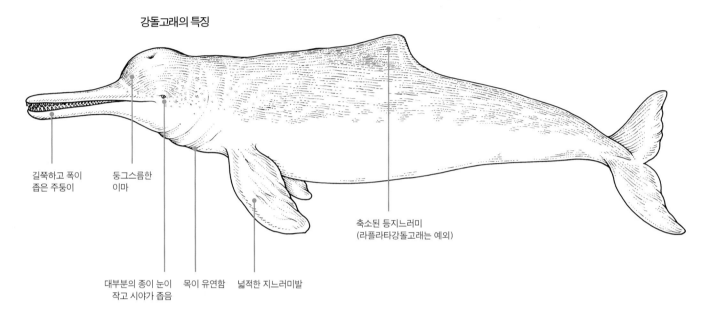

강돌고래의 특징

길쭉하고 폭이 좁은 주둥이

둥그스름한 이마

대부분의 종이 눈이 작고 시야가 좁음

목이 유연함

넓적한 지느러미발

축소된 등지느러미 (라플라타강돌고래는 예외)

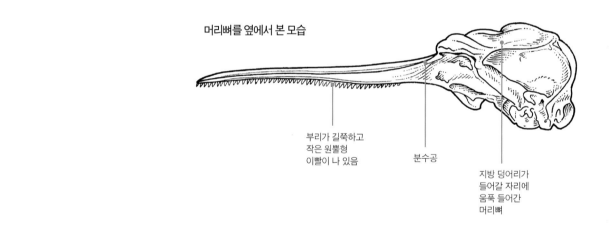

머리뼈를 옆에서 본 모습

부리가 길쭉하고 작은 원뿔형 이빨이 나 있음

분수공

지방 덩어리가 들어갈 자리에 움푹 들어간 머리뼈

피부 색깔

강돌고래는 피부 색깔과 패턴이 다양하다. 양쯔강돌고래(리포테스 벡실리페르)는 몸 위쪽이 회색이고 몸 아래쪽으로 갈수록 연한 회색 또는 흰색이다. 또 갠지스강돌고래(플라타니스타 미노르)는 몸이 전체적으로 갈색이지만 청회색이나 회색을 띠기도 한다. 아마존강돌고래(이니아 게오프레넨시스)는 몸 색깔이 회색에서 분홍색이며 나이가 들면서 반점과 얼룩이 생기기도 한다.

  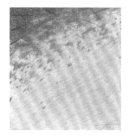

양쯔강돌고래 BAIJI

과명: 바이지과

종명: 리포테스 벡실리페르Lipotes vexillifer

다른 흔한 이름: 중국강돌고래, 바이지

분류 체계: 아마존강돌고래, 라플라타강돌고래와 가까운 친척임

유사한 종: 양쯔강쇠돌고래와 서식 범위가 겹침

태어났을 때의 몸무게: 6kg

성체의 몸무게: 수컷 125kg, 암컷 238kg

먹이: 붕어, 잉어 등 가까운 곳에 있는 민물고기를 모두 잡아먹음

집단의 크기: 대개 2~6마리이고, 가끔은 최대 16마리가 무리를 이루기도 함

주된 위협: 서식지 파괴, 강의 배 운항, 고기잡이 도구, 먹이 감소, 수질오염

IUCN 등급: 2007년 멸종되었다고 선언됨

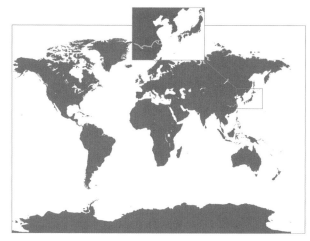

서식 범위와 서식지

이 종은 중국 양쯔강 중, 하류의 주류에 서식한다. 가끔은 홍수 때 강 지류에 속하는 호수에서 발견되기도 한다. 1955년에는 몇몇 개체들이 양쯔강 바로 남쪽의 푸춘강에서 발견되기도 했다.

종 식별 체크리스트	• 아주 길고 폭이 좁으며 살짝 위로 들린 주둥이 • 타원형 분수공 • 아주 작은 눈 • 주둥이에서 등 뒤쪽으로 3분의 2 지점에 있는 낮은 삼각형 등지느러미 • 넓적하고 둥그스름한 지느러미발

해부학

양쯔강돌고래는 몸 위쪽이 청회색이고 아래쪽은 연한 회색이나 흰색을 띤다. 성체는 주둥이가 길고 폭이 좁지만 새끼는 주둥이의 끝이 살짝 뭉툭하다. 눈은 아주 작고 머리 양 옆의 높은 곳에 붙어 있다. 위턱에는 이빨이 62~68개, 아래턱에는 64~72개가 있다. 이빨의 겉부분인 에나멜질은 불규칙한 고랑으로 덮여 있다.

행동

양쯔강돌고래는 대개 구불구불한 강 밑의 소용돌이치는 곳이나 물길이 합쳐지는 곳에서 발견된다. 이 돌고래는 작은 무리를 이루며 1980년대에는 주로 2~6마리가 무리를 지었다. 최대 16마리가 떼 지어 발견되기도 했다. 원래 이 돌고래가 발견되는 장소에서 최대 200km 떨어진 곳에서도 발견된 적이 있다.

먹이와 먹이 찾기

양쯔강돌고래는 주식이 따로 없고 강에서 그때그때 구할 수 있는 물고기를 먹고 산다. 먹이를 고르는 유일한 기준은 물고기의 크기인데, 너무 크면 삼킬 수가 없기 때문에 적당한 크기의 물고기를 고른다.

생활사

암컷과 수컷은 4살까지 성장 속도가 거의 같으며, 이때 수컷은 성적으로 성숙한다. 수컷은 성적으로 성숙한 이후에 암컷에 비해 자라는 속도가 느려진다. 한편 암컷은 6살 정도에 성적으로 성숙하며, 8살까지 계속 성장한다.

보호와 관리

1980년대 초반부터 이 종을 보호하려고 사람들이 많은 노력을 기울인 바 있다. 하지만 중국 양쯔강 유역이 급격한 산업화를 거치면서 서식지가 광범위하게 파괴되었고, 20년도 채 되지 않아 양쯔강돌고래의 개체수가 몹시 줄어들었다.

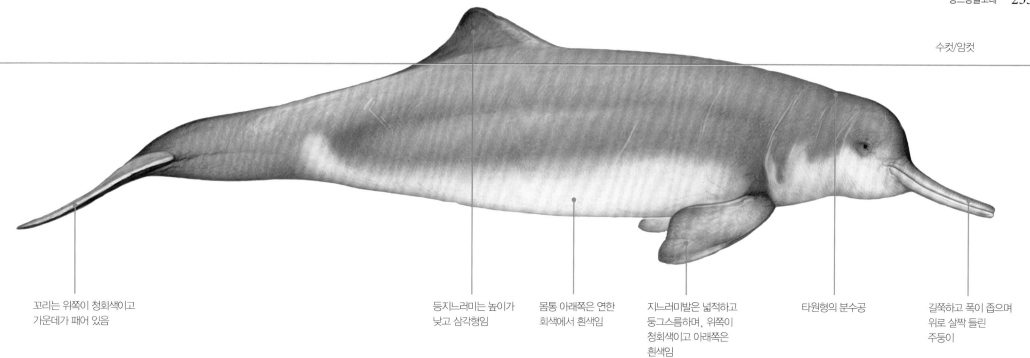

수컷/암컷

꼬리는 위쪽이 청회색이고 가운데가 패어 있음

등지느러미는 높이가 낮고 삼각형임

몸통 아래쪽은 연한 회색에서 흰색임

지느러미발은 넓적하고 둥그스름하며, 위쪽이 청회색이고 아래쪽은 흰색임

타원형의 분수공

길쭉하고 폭이 좁으며 위로 살짝 들린 주둥이

분수공과 지느러미발

위에서 보면 분수공은 위아래로 길쭉한 타원형이며, 지느러미발은 넓적하고 둥그스름하다.

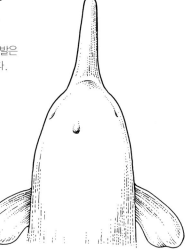

몸 크기

갓 태어난 새끼: 80~90cm
성체: 1.8~2.5m

물 뿜어내기

양쯔강돌고래는 수면 위에 올라올 때 눈에 띄게 물을 뿜어내지 않으며 천천히 숨을 내쉬며 살짝 물을 뿜는다. 물을 뿜는 시간은 0.2~0.6초에 불과하다.

수면에 올라왔다가 잠수하는 동작

이 종은 여러 번 짧게 숨을 쉬러 올라오기도 하고(10~30초 동안), 가끔 길게 숨을 쉬기도 하는데 이럴 때는 최대 200초 동안 숨을 들이마신다.

라플라타강돌고래 FRANCISCANA

과명: 프란시스카나과

종명: 폰토포리아 블라인빌레이Pontoporia blainvillei

다른 흔한 이름: 프란시스카나돌고래

분류 체계: 남아메리카 북부의 강에 서식하는 이니아속 아마존강돌고래와 가까운 친척임

유사한 종: 버마이스터돌고래, 꼬마돌고래

태어났을 때의 몸무게: 5~6kg

성체의 몸무게: 20~40kg이며, 암컷이 조금 더 커서 32kg 정도이고 수컷은 26kg 정도임

먹이: 다양한 종류의 작은 물고기, 연체동물, 오징어, 새우

집단의 크기: 대개 2~3마리, 최대 30마리

주된 위협: 자망이나 저인망에 몸이 얽혀 익사할 수 있음

IUCN 등급: 취약종

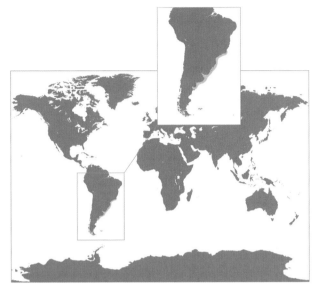

서식 범위와 서식지

이 종은 브라질 남동부에서 아르헨티나 북부에 이르는 남대서양 서부의 강어귀와 해안을 따라 발견된다. 수심이 최대 40m에 이르는 곳에서 주로 서식한다.

종 식별 체크리스트

- 몸집이 아주 작고 몸 색깔은 전체적으로 갈색임
- 등지느러미가 살짝 갈고리 모양이고 둥그스름함
- 목이 유연함
- 지느러미발이 넓적하고 울퉁불퉁한 고랑이 있어 마치 손가락이 있는 듯한 독특한 생김새임
- 물 위에서 활발하지 않은 조용한 성격임

해부학

라플라타강돌고래는 다른 강돌고래류와 생김새가 비슷하다. 성체는 주둥이가 폭이 좁고 길쭉하며, 지느러미발이 넓적하고 등지느러미는 둥그스름하고 작다. 주둥이의 길이는 나이가 들수록 길어지며, 대부분의 다른 고래류에 비해 작고 날카로운 이빨이 많다(위턱과 아래턱에 모두 합쳐 50~62쌍 있음).

행동

라플라타강돌고래는 작게 무리를 지어 물살이 센 강물 속에 살며, 수면 위에서 활발하게 여러 동작을 보이는 편은 아니다. 물 위로 뛰어오르는 동작은 드물게만 보이며, 선박 뱃머리를 따라 다니는지에 대해서는 알려져 있지 않다. 이 종은 자기가 태어난 지역에서 멀리 벗어나지 않으며, 그래서 서식 범위가 좁고 모계 중심의 작은 무리를 이룬다.

먹이와 먹이 찾기

대부분은 물 바닥에 사는 작은 물고기나 오징어 같은 다양한 먹잇감을 사냥하고, 때로는 연체동물이나 새우의 새끼나 유충을 먹기도 한다. 협동해서 섭식하는 모습이 관찰되기도 했지만 자주 보이는 행동은 아닌 듯하다.

생활사

라플라타강돌고래는 2~5살 사이의 아주 어린 나이에 성적으로 성숙한다. 1~2년에 한 마리씩 새끼를 낳으며 다른 돌고래에 비해 수명이 짧은 편이다. 대부분의 개체가 20살이 안 되어 죽는다. 수컷은 몸집이 암컷보다 작고 정소도 작은 편이며, 피부에 수컷끼리 싸워서 난 상처도 없다. 이것은 아마존강돌고래 같은 다른 돌고래와는 다른 점이다. 무리가 작은 편이며 사회 시스템도 독특하다. 수컷이 짝짓기 상대를 보호하고 새끼의 양육을 돕는다는 관찰도 있지만, 결정적인 증거가 부족하다. 짝짓기는 특정 계절에만 벌어지며 서식 범위의 북쪽보다 남쪽에서 훨씬 많이 행해진다.

보호와 관리

이 종은 고기잡이 도구에 몸이 얽혀 사망하는 빈도수가 새끼가 새로 태어나는 수보다 많아 결과적으로 전체 개체수가 줄어들고 있다. 브라질, 우루과이, 아르헨티나 같은 서식 범위 전체에서 이런 사고가 이어지는 실정이다.

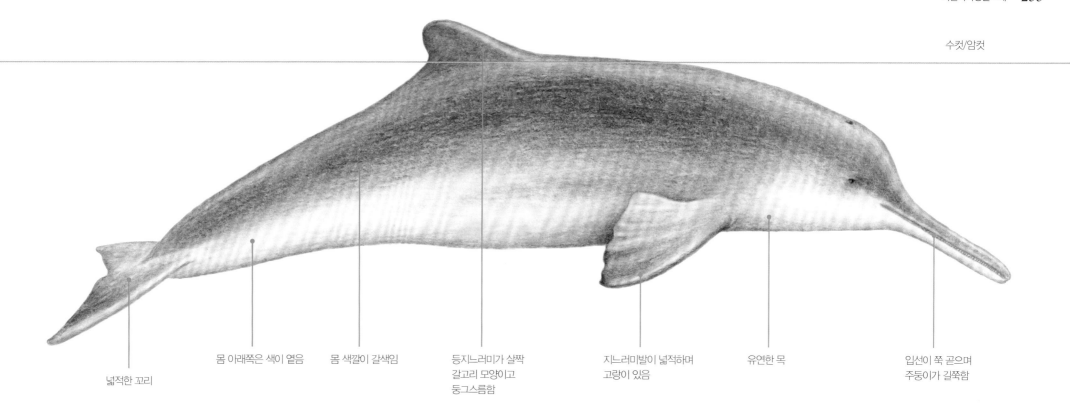

수컷/암컷

넓적한 꼬리

몸 아래쪽은 색이 옅음

몸 색깔이 갈색임

등지느러미가 살짝
갈고리 모양이고
둥그스름함

지느러미발이 넓적하며
고랑이 있음

유연한 목

입선이 쭉 곧으며
주둥이가 길쭉함

손가락이 달린 듯한 지느러미발

라플라타강돌고래의 지느러미발은 다른 돌고래들과 달리 특이하다.
지느러미발 안에 다른 종의 손가락뼈처럼 보이는 고랑이 있는
것이다. 이러한 독특한 모양이 있는 이유는 이 종이 원래 강에서 왔기
때문인데, 오늘날에는 모든 개체들이 바다에서만 발견된다.

몸 크기

갓 태어난 새끼: 70∼80cm
성체: 암컷 1.3∼1.5m, 수컷 1.1∼1.3m

수면에 올라왔다가
잠수하는 동작

1. 먼저 주둥이와
머리가 수면 위에
모습을 드러낸다.

2. 다음으로 등과
등지느러미가 잠깐
나타난다.

3. 돌고래가 수면
아래로 빠르게 잠수해
들어간다.

아마존강돌고래 AMAZON RIVER DOLPHIN

과명: 보토과

종명: 이니아 게오프레네시스Inia geoffrensis

다른 흔한 이름: 보토, 분홍돌고래

분류 체계: 예전에는 이 종의 아종으로 여겨졌던 두 개의 개체군이 있었는데, 지금은 각자 독자적인 종으로 분류됨. 이니아 볼리비엔시스와 이니아 아라구아이아인시스인데, 몇몇 과학자들은 이 고립된 개체군을 서로 다른 종으로 분류하는 데 반대하기도 함

유사한 종: 라플라타강돌고래, 양쯔강돌고래

태어났을 때의 몸무게: 10~13kg

성체의 몸무게: 100~207kg, 수컷이 암컷보다 몸집이 커서 평균 154kg이고, 암컷은 평균 100kg임

먹이: 물고기, 가끔 게와 거북

집단의 크기: 대개 1~5마리, 최대 40마리

주된 위협: 물고기 미끼로 쓰기 위해 사냥당하거나 고기잡이 그물에 몸이 얽힘

IUCN 등급: 자료 부족종

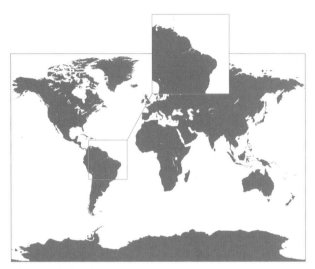

서식 범위와 서식지

이 종은 아마존이나 오리노코 분지 전역의 강이나 호수, 물길, 물에 잠긴 숲 같은 민물 서식지에만 산다. 계절에 따라 이동하기는 하지만 먼 거리를 이주하지는 않는다.

종 식별 체크리스트	• 새끼는 몸 색깔이 진한 회색이고, 수컷 성체는 밝은 분홍색임 • 주둥이가 길쭉하고 튼튼하며 폭이 좁음 • 특이하게 튀어나온 이마 • 등지느러미 또는 등 융기는 폭이 넓고 높이가 낮음 • 유연한 몸과 몸통

해부학

이 종은 몸이 유연하고 지느러미발이 넓적하며, 목의 척추가 서로 융합해 있지 않기 때문에 참고래과 같은 바다에 사는 사람들에게 익숙한 돌고래류와는 다르다. 민물에 사는 이 돌고래는 수컷 성체의 몸 색깔이 분홍색인 것으로 유명하다.

행동

이 종은 아마존 분지의 얕은 물에서 사는 데 적합한 행동 양식을 보인다. 수심 2m 이내의 물속에서 사는데, 물에 잠긴 숲에 식물이 뒤얽혀 있어도 이리저리 뚫고 헤엄칠 수 있다. 대개 작은 규모의 무리를 이루지만, 선호하는 장소에서는 최대 40마리가 무리를 이루기도 한다. 이 돌고래는 시야가 트이지 않는 탁한 물에서 살기 때문에 먹이를 찾기 위해 반향정위에 주로 의존한다. 수컷은 암컷보다 몸집이 훨씬 크며, 암컷에게 접근할 때 이 덩치를 활용해 다른 수컷과 경쟁을 벌인다. 특히 수컷은 바위나 나뭇가지 같은 도구를 활용해 성적인 과시 행동을 벌인다.

먹이와 먹이 찾기

다른 돌고래와 달리 두 종류의 이빨을 가진다. 하나는 먹이를 삼키기 위한 원통형의 앞쪽 이빨이고, 다른 하나는 먹이를 부수기 위한 끝이 뾰족한 뒤쪽 이빨이다. 이 이빨 덕분에 비늘이 단단한 메기나, 심지어는 거북도 잡아먹을 수 있다. 계절에 따라 그리고 물의 수위가 올라갔다 내려감에 따라 수중 생태계가 변화하는데, 이 돌고래는 여기에 맞춰 다양한 물고기를 잡아먹는다.

생활사

이 돌고래는 일 년 내내 새끼를 낳지만 가장 출산을 많이 하는 때는 수위가 낮은 계절이다. 새끼들은 태어나서 2년 이상은 어미와 같이 다닌다. 새끼에게 수유를 마치고 곧바로 다음 임신에 들어가는 경우는 꽤 흔해서, 암컷은 거의 평생 갓 낳은 새끼를 돌보며 지낸다. 암컷이 처음으로 새끼를 낳는 나이는 7~10살이다.

보호와 관리

아마존강돌고래는 평생 사람들이 사는 곳 근처에 서식하며, 사람들이 마시고 뱃길로 사용하는 강물을 공유한다. 지난 20년 동안 물고기 미끼용으로 이 돌고래를 사냥하는 사람들 때문에 아마존강돌고래의 개체수는 급격히 줄었다. 고기잡이 유망에 몸이 얽혀드는 일 또한 흔하다. 이 돌고래에 대한 지식이 부족하기 때문에 세계자연보전연맹의 등급은 '자료 부족종'이지만, 이 등급 때문에 이 돌고래가 서식 범위 전역에서 계속 개체수가 줄고 있다는 거의 확실한 사실이 드러나지 않는 측면이 있다.

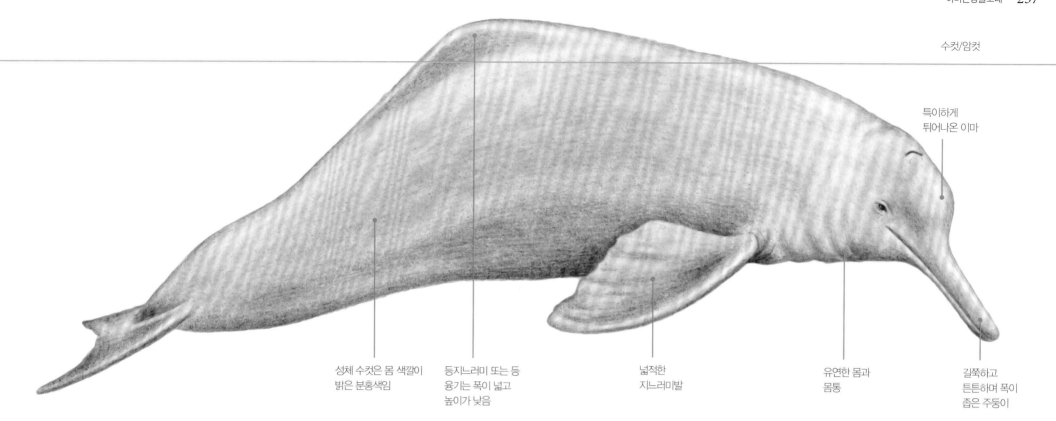

수컷/암컷

특이하게
튀어나온 이마

성체 수컷은 몸 색깔이
밝은 분홍색임

등지느러미 또는 등
융기는 폭이 넓고
높이가 낮음

넓적한
지느러미발

유연한 몸과
몸통

길쭉하고
튼튼하며 폭이
좁은 주둥이

아래턱에 난 이빨

이 돌고래는 위턱과 아래턱에 각각 31∼36개의 작고 원뿔형인 이빨이
있다. 아래턱 뒤쪽의 이빨은 특히 밑면이 넓어서, 몸의 표면이 단단한
비늘과 껍질로 덮인 물고기를 잡아먹기에 좋다.

옆에서 본 모습

머리 위에서 본 모습

몸 크기

갓 태어난 새끼: 80∼90cm
성체: 1.8∼2.6m

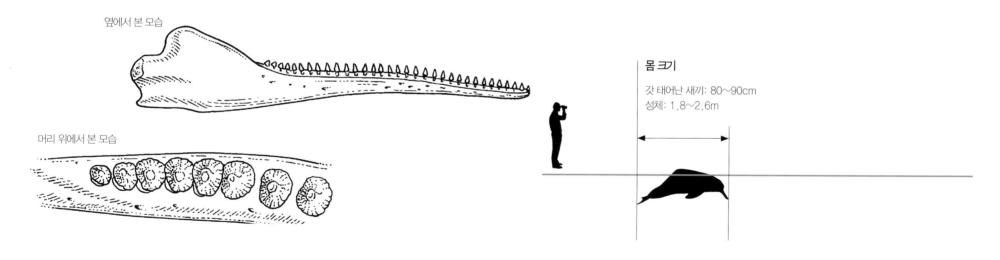

**수면에 올라왔다가
잠수하는 동작**

1. 먼저 주둥이와
이마가 수면 위로
모습을 드러낸다.

2. 그 다음으로 등과
등지느러미가 물 위에
보인다.

3. 이어, 돌고래의 등이 아치 모양으로
빠르게 구부러졌다가 수면 아래로
잠수하기 시작한다.

4. 물 아래로 들어가는
중에도 꼬리는 수면
아래에 머물러 있다.

갠지스강돌고래 GANGES RIVER DOLPHIN

과명: 인도강돌고래과

종명: 플라타니스타 간게티카 Platanista gangetica

다른 흔한 이름: 인도강돌고래, 수수, 눈먼강돌고래, 남아시아돌고래

분류 체계: 플라타니스타 간게티카(갠지스강돌고래)와 플라타니스타 미노르(인더스강돌고래)라는 두 가지의
아종으로 나뉜다.

유사한 종: 없음

태어났을 때의 몸무게: 4~5kg

성체의 몸무게: 70~90kg

먹이: 민물고기(망둥이 등)와 무척추동물(새우 등)

집단의 크기: 혼자서, 또는 둘이 짝을 지어 생활함. 드물게 6~10마리가 무리를 짓기도 함

주된 위협: 수력발전이나 관개사업, 사냥, 고기잡이 도구에 부수적으로 사로잡힘

IUCN 등급: 멸종 위기종

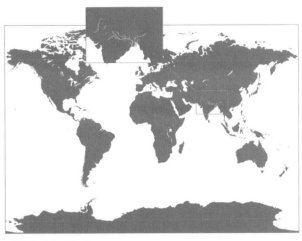

서식 범위와 서식지

이 종은 네팔, 인도, 방글라데시에 걸친 갠지스-브라마푸트라-메그나
강과 카르나풀리-산구 강 수계의 얕은 민물에만 서식한다. 일반적으로
염도가 10ppt(천분율) 이하인 물에서 주로 산다.

종 식별 체크리스트	• 주둥이가 길고 폭이 좁으며, 눈에 잘 띔 • 초승달 모양의 분수공 대신 틈 하나가 있음 • 등을 따라 3분의 2 지점에 삼각형 등지느러미가 있음 • 지느러미발이 넓적함

해부학

갠지스강돌고래는 몸이 다부지고 목에 주름이 많으며 유연하다.
암컷의 몸집이 수컷보다 살짝 크다. 몸 색깔은 진한 갈색인데, 몸
위쪽은 살짝 어둡고 아래쪽은 분홍색을 띤다. 눈은 위로 올라간 입
의 가장자리 바로 위에 있으며, 단춧구멍처럼 작다. 이 돌고래는
수정체가 없고 눈이 발달되어 있지 않아 '눈먼돌고래'라는 별명이
있을 정도이다. 이 종은 눈에 띄게 밖으로 드러나는 귀가 있으며,
이마는 세로 방향의 융기로 둘러싸여 있다. 위턱에는 이빨이
26~39개, 아래턱에는 26~35개 있다. 이 돌고래는 호흡할 때 내
는 소리 때문에 '수수'라는 이름으로 불리기도 한다.

행동

이 돌고래는 수면 위로 자주 올라오며, 물속에 30~90초 동안 잠
수해 머무르거나 가끔은 더 오랜 시간 잠수하기도 한다. 물 위에
서 묘기를 부리지는 않지만 지느러미발을 진흙탕인 강바닥에 질
질 끌면서 비스듬히 누워 헤엄치는 동작을 종종 보인다(특히 붙잡
혀 있을 때). 이 종은 탁한 급류 속에서 방향을 찾기 위해 자기가 내
는 소리에 의존하며, 짧은 거리 안에 있는 먹잇감을 탐지하려고
'딸깍' 하는 고주파음을 내 반향정위를 한다.

먹이와 먹이 찾기

주로 강바닥에서 먹이를 찾으며, 조개, 새우, 메기, 망둥이, 잉어
를 잡아먹는다. 낮 동안 먹이를 많이 잡기 위해 갠지스강돌고래는
두 강이 합류하는 지점과 강의 본류와 거꾸로 흐르는 웅덩이에서
무리 지어 사냥한다. 아침이나 오후에 사냥을 많이 하는 편이다.

생활사

갠지스강돌고래는 10살이 되어 몸길이가 1.7m 정도에 다다랐을
즈음 성적으로 성숙한다. 일 년 내내 새끼를 낳지만 12~1월, 3~5
월 사이에 출산율이 가장 높다. 짝짓기 행동에 대해서는 알려진 바
가 거의 없고, 암컷은 한 번에 새끼를 한 마리씩 낳는다. 임신 기
간은 9~11개월 사이이며 평균수명은 30년 정도이다.

보호와 관리

이 돌고래는 인도에서 국가 지정 수생동물이며 법적으로 보호된
다. 개체수는 2,500~3,000마리이다. 댐이나 보 건설로 말미암은
서식지 파괴, 물고기 미끼로 쓰기 위한 밀렵, 환경오염, 관개사업
등이 개체수에 영향을 주는 주된 위험 요인이다.

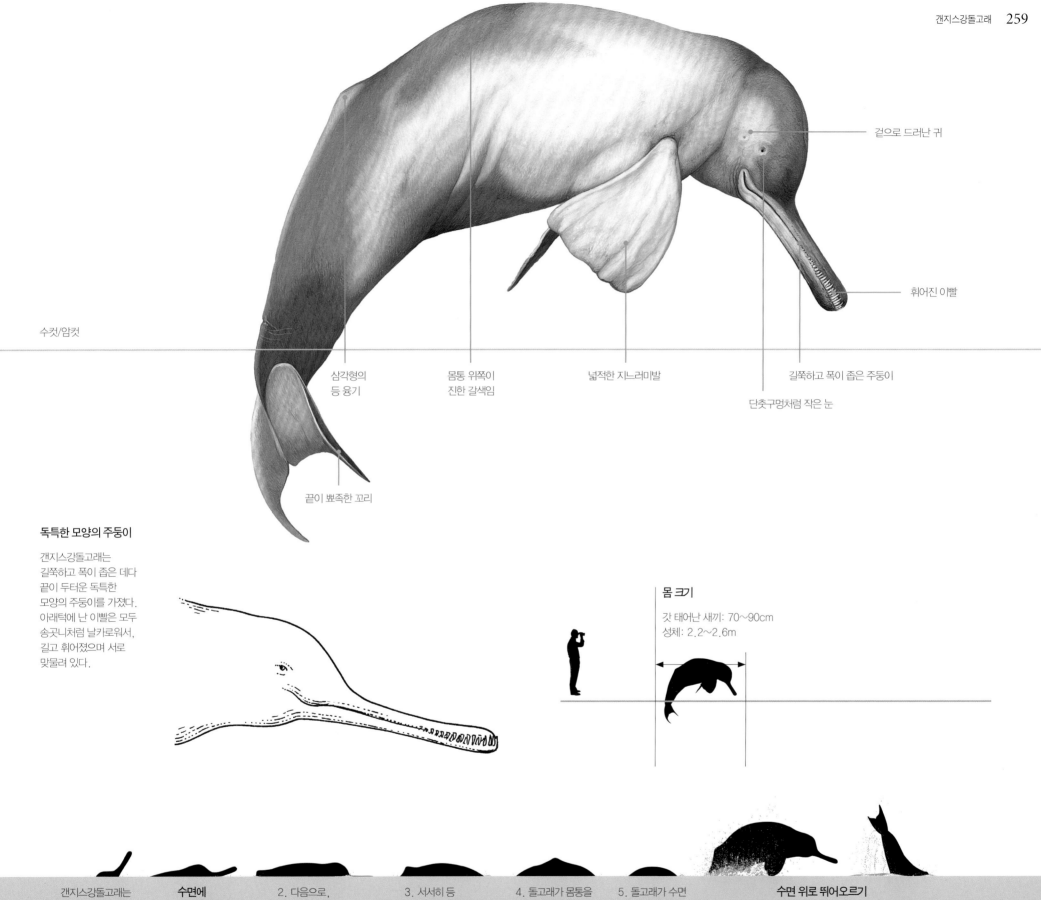

겉으로 드러난 귀

휘어진 이빨

수컷/암컷

삼각형의
등 융기

몸통 위쪽이
진한 갈색임

넓적한 지느러미발

길쭉하고 폭이 좁은 주둥이

단춧구멍처럼 작은 눈

끝이 뾰족한 꼬리

독특한 모양의 주둥이

갠지스강돌고래는
길쭉하고 폭이 좁은 데다
끝이 두터운 독특한
모양의 주둥이를 가졌다.
아래턱에 난 이빨은 모두
송곳니처럼 날카로워서,
길고 휘어졌으며 서로
맞물려 있다.

몸 크기

갓 태어난 새끼: 70~90cm
성체: 2.2~2.6m

갠지스강돌고래는
나이에 따라 수면
위에서 보이는
동작과 행동이
조금씩 다르다.

수면에
**올라왔다가
잠수하는 동작**

1. 이 돌고래는
먼저 위턱을 물
위로 불쑥 밀어
올린다.

2. 다음으로,
이마가 모습을
드러낸다.

3. 서서히 등
앞부분이 드러난다.

4. 돌고래가 몸통을
아치 모양으로
구부리면서, 등의
융기가 보이기
시작한다.

5. 돌고래가 수면
아래로 깊이 잠수하기
시작하면서, 등이 더욱
구부러지고 그에 따라
등의 융기도
두드러진다.

수면 위로 뛰어오르기

몸통을 완전히 물 밖으로 드러내며
뛰어오르는 동작은 갠지스강돌고래의
독특한 행동이지만 자주 하지는 않는다.
이 돌고래의 넓적하고 끝이 뾰족한
꼬리를 볼 수 있는 것도 이때뿐이다.

물속에서 쥐돌고래의 모습(오른쪽)

쇠돌고래는 야생에서 바다에 사는 돌고래류와
혼동되기 쉽다. 하지만 쥐돌고래(포코이나
포코이나) 같은 쇠돌고래들은 주둥이가 둥글고
튀어나오지 않았다는 차이점이 있다.

이빨고래아목
쇠돌고래과

쇠돌고래류는 바닷가의 얕은 물속에 주로 서식하며 조심성
이 많다. 3개 속에 걸쳐(네오포카이나속, 포코이나속, 포코이노
이데스속) 7종이 있다. 쇠돌고래과에는 심각한 위기종인 바
키타돌고래(포코이나 시누스)도 포함되는데, 이 종은 해양 포
유동물 가운데 서식 범위가 가장 좁아서 2,300제곱킬로미터
이하이다. 쇠돌고래는 몸집이 작은 해양 돌고래(참돌고래과)
와 혼동되기 쉽지만, 대부분의 돌고래와 달리 주둥이가 부리
처럼 튀어나오지 않았으므로 주둥이를 보면 구별 가능하다.

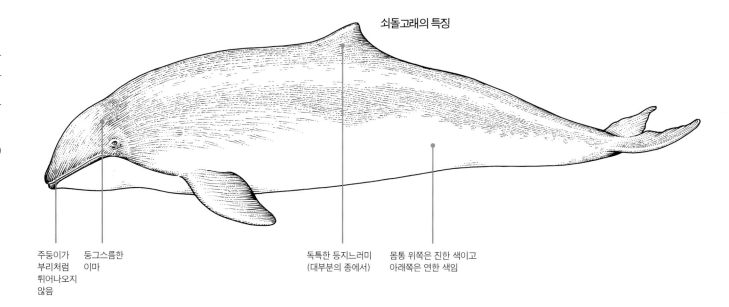

쇠돌고래의 특징

주둥이가
부리처럼
튀어나오지
않음

둥그스름한
이마

독특한 등지느러미
(대부분의 종에서)

몸통 위쪽은 진한 색이고
아래쪽은 연한 색임

- 쇠돌고래는 성체의 몸길이가 1.3~2.3m 정도여서 고래류 가운
  데서는 몸집이 작은 편이다.

- 쇠돌고래는 몸 아래쪽이 연한 색이지만, 까치돌고래(포코이노이
  데스 달리) 같은 몇몇 종은 독특한 무늬가 있다. 또 비마이스터돌
  고래(포코이나 스피니핀니스)는 몸통이 아주 진한 회색이며 죽고
  난 직후에 검은색으로 변한다.

- 비록 대부분의 쇠돌고래는 얕은 물속에 살지만, 까치돌고래는
  수심 90m 이상 깊이 잠수하는 것으로 알려져 있다.

- 대부분의 쇠돌고래는 바다에만 살지만, 상괭이(네오포카이나 아
  시아이오리엔탈리스)는 중국 양쯔강의 민물에도 서식한다.

- 쇠돌고래의 먹이는 거의 물고기와 두족류(오징어)이지만, 몇몇
  개체는 크릴새우 같은 갑각류도 먹는다.

- 쇠돌고래는 바다에 사는 돌고래만큼 군집성이 없어서 작게 무리
  를 지어 산다. 그리고 돌고래들이 그렇게 하는 것처럼 선박에 가
  까이 다가오거나 수면 근처에서 묘기를 보이지도 않는다.

- 쥐돌고래와 버마이스터돌고래의 지느러미발과 등지느러미의

앞쪽 가장자리에는 작은 혹이 있다. 까치돌고래의 등지느러미는
삼각형이고, 안경돌고래의 지느러미는 둥그스름하다. 그리고
상괭이류(네오포카이나속)는 영어 이름이 '지느러미 없는 쇠돌고
래(finless porpoise)'이듯 등지느러미가 없으며 그 대신에 등에 융
기가 있다.

- 가장 개체수가 많은 쥐돌고래와 까치돌고래는 보전 등급이 관심
  필요종이며 상괭이는 취약종, 바키타돌고래는 심각한 위기종이
  다. 물고기를 잡기 위해 설치한 자망은 쇠돌고래에게 가장 큰 위
  험 요인이다.

- 쇠돌고래의 이빨은 주걱 모양으로 앞뒤가 압축된 모양이며, 원
  뿔 모양인 바다돌고래(참돌고래과)와는 차이가 있다.

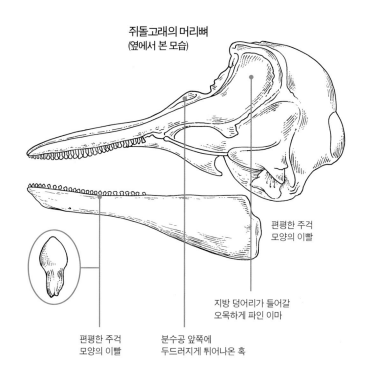

쥐돌고래의 머리뼈
(옆에서 본 모습)

편평한 주걱
모양의 이빨

지방 덩어리가 들어갈
오목하게 파인 이마

편평한 주걱
모양의 이빨

분수공 앞쪽에
두드러지게 튀어나온 혹

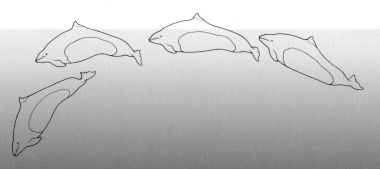

물 위로 올라갔다 내려오는
모습

쇠돌고래는 헤엄치는 동안에 물
위로 올라오기보다는 수면
가까이 올라오면서 몸을 앞으로
굴린다. 물 아래로 내려갈 때

꼬리는 대개 수면 아래에 잠겨
있지만, 등지느러미(만약 있다면)
는 수면 위로 드러나는 경우가
많다. 대부분의 종은 물 아래로
들어가면서 물보라를 크게
일으키지 않지만, 까치돌고래는
큰 물보라를 일으키는 것이

특징이다. 한편 쇠돌고래는 눈에
띌 정도로 물을 뿜어내지는
않는다.

상괭이 NARROW-RIDGED FINLESS PORPOISE

과명: 쇠돌고래과

종명: 네오포카이나 아시아이오리엔탈리스Neophocaena asiaeorientalis

다른 흔한 이름: 쇠돌고래, 쇠물돼지, 지느러미 없는 쇠돌고래

분류 체계: 최근 들어 개별적인 종으로 분리되었고, 양쯔강상괭이(네오포카이나 아시아이오리엔탈리스 아시아이오리엔탈리스)와 동아시아상괭이(네오포카이나 아시아이오리엔탈리스 수나메리)의 두 아종이 있음

유사한 종: 인도태평양상괭이

태어났을 때의 몸무게: 5~10kg

성체의 몸무게: 40~70kg

먹이: 작은 물고기, 오징어, 갑각류

집단의 크기: 1~5마리, 가끔 20마리

주된 위협: 부수어획, 서식지 감소와 파괴

IUCN 등급: 위기 근접종

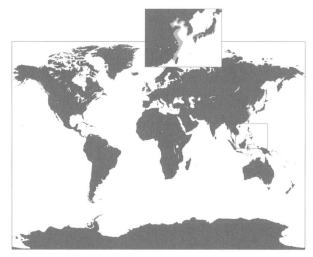

서식 범위와 서식지

이 종은 중국 동부와 한반도, 일본에 걸친 바닷가에 서식한다. 중국 양쯔강에도 개체군이 산다.

종 식별 체크리스트
• 등지느러미 없음
• 주둥이가 부리처럼 튀어나오지 않음
• 등에 폭이 좁은 융기가 있음

해부학

상괭이의 몸은 날씬하고 유연한 편이다. 이 종은 등지느러미가 없고, 등 중앙을 따라 폭이 좁은 융기가 있는 것이 특징이다. 융기의 모양은 개체군마다 조금씩 다르다. 또 가시 모양의 작은 혹이 융기를 따라 퍼져 있다. 혹의 기능은 알려져 있지 않지만 아마도 개체들 사이의 접촉 행동에 사용될 것으로 여겨진다. 이마는 둥글고 부리 모양의 주둥이가 없으며, 위턱과 아래턱에 15~20쌍의 삽 모양의 이빨이 있다.

행동

상괭이는 수면 위에서 여러 동작을 보이는 일이 드물며, 조용하게 수영하는 편이다. 수면에서는 등만 드러난다. 하지만 때때로 먹잇감인 물고기나 짝짓기 상대를 쫓아가는 과정에서 활발하게 물 위로 뛰어오르며 이동하기도 한다.

먹이와 먹이 찾기

이 종은 심해에 사는 물고기와 새우에서, 두족류와 떼 지어 다니는 물고기까지 다양한 작은 먹잇감을 먹고 산다.

생활사

이 종은 약 20년을 살며, 암수 모두 4~6살 사이에 성적으로 성숙해진다. 암컷은 2년마다 한 마리씩 새끼를 낳으며 임신 기간은 11개월이다. 대부분의 개체군은 봄에 새끼를 가장 많이 낳지만, 일본 아리아케해협에 사는 개체군은 겨울철에 새끼를 많이 낳는다. 이렇게 차이가 나는 이유는 어미가 새끼를 돌보아 젖을 뗄 때까지 키우는 데 먹잇감이 필요하고, 먹잇감이 풍부한 계절이 지역마다 다르기 때문이다. 어미는 새끼가 태어나고 약 6~7개월 동안 돌본다. 이 종은 몇 마리가 소규모의 느슨한 무리를 지은 모습으로 주로 발견된다.

보호와 관리

상괭이는 얕은 물에서 서식하기 때문에 서식지 파괴와 부수어획, 선박의 통행, 수질오염 같은 요인에 취약하다. 이 종의 주요 서식지 가운데 하나인 일본의 세토 내해에서는 1999~2000년 사이의 개체수가 1970년대 후반의 30~40퍼센트밖에 되지 않을 정도로 급격히 줄었다. 중국 양쯔강의 개체군은 매년 감소율이 5~7퍼센트에 이를 것으로 추정된다.

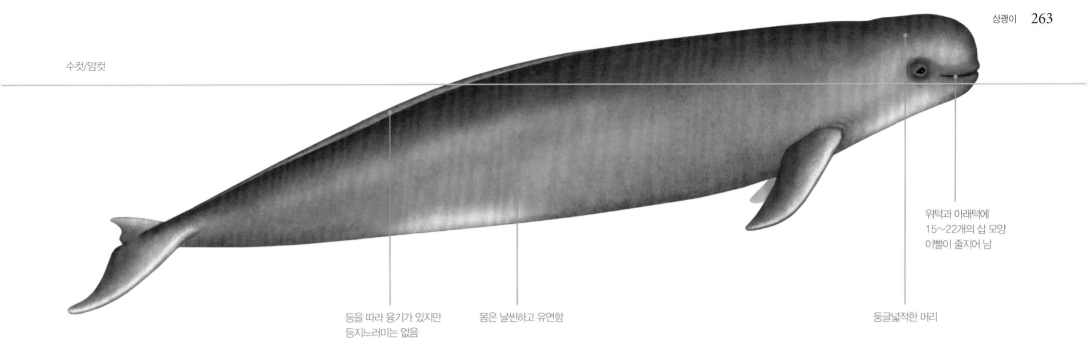

수컷/암컷

위턱과 아래턱에
15~22개의 삽 모양
이빨이 줄지어 남

등을 따라 융기가 있지만
등지느러미는 없음

몸은 날씬하고 유연함

둥글넓적한 머리

혹과 등 융기

상괭이는 폭이 좁은 등 융기에 작은 혹이 나 있다. 여기에
비해 인도태평양상괭이는 혹 사이의 간격이 더 넓고 끝이
거의 편평하거나 살짝 오목하다.

상괭이

인도태평양상괭이

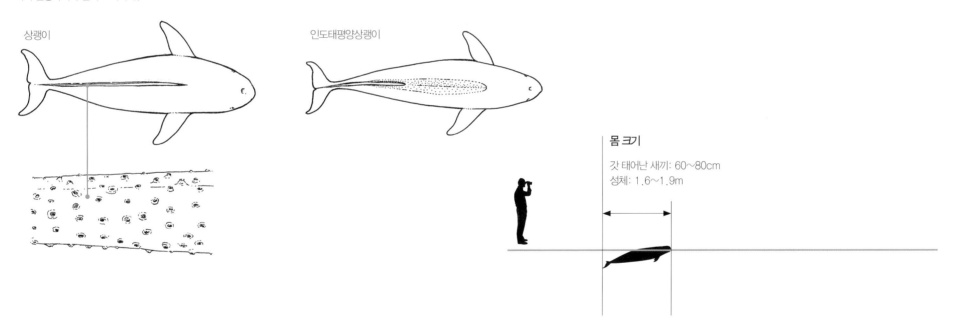

몸 크기

갓 태어난 새끼: 60~80cm
성체: 1.6~1.9m

수면에 올라왔다가 잠수하는 동작

1. 먼저, 머리가 수면 위에 조용히 모습을
드러낸다. 뿜어낸 물은 거의 보이지
않는다.

2. 다음으로
둥그스름한 등이
나타난다.

3. 꼬리는 물 밖에
거의 나오지
않는다.

4. 상괭이는 대개
수면에서 물보라를
아주 조금만
일으키는 편이다.

인도태평양상괭이 INDO-PACIFIC FINLESS PORPOISE

과명: 쇠돌고래과

종명: 네오포카이나 포카이노이데스 Neophocaena phocaenoides

다른 은한 이름: 없음

분류 체계: 최근에 상괭이(네오포카이나 아시아이오리엔탈리스)와 구별되는 하나의 종이라는 사실이 확인됨

유사한 종: 바다에서 등에 난 융기를 유심히 보지 않으면 상괭이와 거의 구별하기 어려움

태어났을 때의 몸무게: 5~10kg

성체의 몸무게: 40~70kg

먹이: 작은 물고기, 두족류, 갑각류

집단의 크기: 1~5마리, 가끔 최대 20마리까지 무리를 지음

주된 위협: 자망 같은 고기잡이 그물에 우연히 몸이 얽히거나(부수어획) 선박에 부딪히거나, 서식지가 줄어들고 파괴되어 위험에 처함

IUCN 등급: 취약종

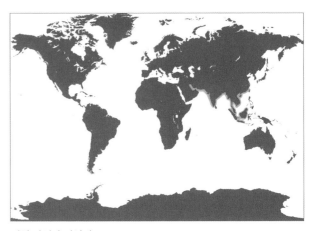

서식 범위와 서식지

이 종은 인도양과 태평양의 얕은 열대, 아열대 바닷물에서 서식한다. 이란과 페르시아만 동쪽에서 동남아시아 대부분 그리고 북쪽으로는 대만해협에 이르는 바닷가에서 발견된다. 이 종은 조류 세곡과 강어귀, 섬과 섬 사이의 해협 사이나, 바닷가 근처 수심 50m 이내의 얕은 물, 육지에서 50~240km 떨어진 황해나 동중국해에 주로 산다.

종 식별 **체크리스트**	• 머리가 둥글고 주둥이가 부리처럼 튀어나오지 않음
	• 등지느러미가 없지만 대신 꼬리 근처에 돌기가 있는 낮은 융기가 있음
	• 등을 따라 혹이 나 있는데 앞쪽은 혹이 난 구역이 널찍하고 뒤로 갈수록 폭이 좁아짐
	• 등 융기 앞 편평하거나 살짝 오목한 곳에 혹이 있음
	• 몸통은 어둡거나 중간 정도의 회색이고, 입술과 목은 흰색 또는 연한 색임

해부학

이 종은 몸이 날씬하고 유연하며, 머리는 둥그스름하다. 그리고 주둥이가 부리처럼 튀어나오지 않았고 꼬리 연결대는 꼬리 쪽으로 갈수록 많이 좁아진다. 위턱과 아래턱에는 각각 15~22쌍의 이빨이 있는데 이빨은 작고 삽 모양이다. 인도태평양상괭이는 상괭이와 마찬가지로 등지느러미가 없다. 대신에 등 뒤쪽에 융기가 하나 있는데, 등 전체 길이의 75~90퍼센트 되는 한참 뒤 지점이다. 등 융기 앞쪽의 편평하거나 살짝 오목한 구역에 작은 혹이 나 있다. 이 혹의 기능이 무엇인지는 알려져 있지 않다.

행동

상괭이류는 크게 무리를 짓지 않는 것으로 유명하며, 대개 2~5마리로 구성된 작은 무리를 이룬다. 먹이가 풍부한 구역에서는 더 큰 무리를 짓기도 한다. 인도태평양상괭이는 선박 가까이 와 파도를 타거나 수면 가까이에서 활발한 동작을 보이지 않으며, 다가가 관찰하기에도 쉽지 않다. 하지만 가끔은 빠르게 움직이는 선박을 쫓아오거나 배가 지나가고 고물 부근에 이는 파도를 타고 노는 모습도 보인다. 먹잇감을 쫓거나 사회적으로 다른 개체와 어울릴 때는 물 위로 몸통을 거의 드러내며 뛰어오르기도 하지만, 평소에는 수면 근처에서 조용히 위아래로 구르면서 등만 잠깐 물 위로 내비치는 정도이다.

먹이와 먹이 찾기

이 종은 바다 밑바닥에 사는 물고기나 갑각류, 떼 지어 사는 물고기뿐만 아니라, 오징어나 갑오징어, 문어 같은 두족류 연체동물에 이르기까지 몸집이 작은 다양한 먹잇감을 그때그때 구하는 대로 잡아먹는다. 또 깊이 잠수하는 편이 아니어서 물속에 머무르는 시간이 대개 1분을 넘지 않으며 몇 분에 이르는 경우는 거의 없다.

생활사

이 종은 수명이 20년 정도이며 4~6살에 성적으로 성숙한다. 암컷은 2년에 한 번씩 새끼를 낳으며 임신 기간은 11개월이다. 새끼를 낳는 기간은 꽤 길어서 6월에서 다음해 3월까지 가능하다. 새끼를 양육하는 기간은 약 6~7개월이다.

보호와 관리

이 종은 따뜻한 지방의 바닷가의 얕은 물에서 서식하기 때문에, 서식 범위가 인간이 활동하는 가까이에 있어 서식지 파괴나 환경오염, 선박 통행 등의 피해를 입고 있다. 자망 같은 고기잡이 그물에 몸이 얽히는 것도 큰 위험 요인이고, 선박에 몸이 부딪히거나 소음을 접하는 것도 나쁜 영향을 줄 수 있다.

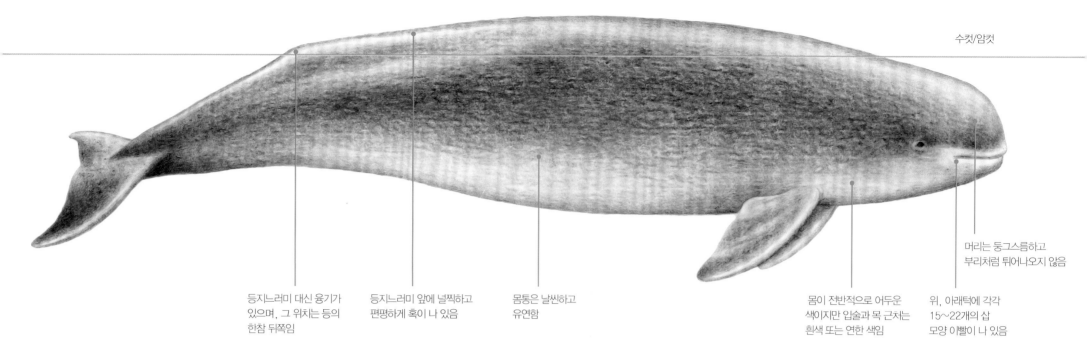

수컷/암컷

등지느러미 대신 융기가
있으며, 그 위치는 등의
한참 뒤쪽임

등지느러미 앞에 널찍하고
편평하게 혹이 나 있음

몸통은 날씬하고
유연함

몸이 전반적으로 어두운
색이지만 입술과 목 근처는
흰색 또는 연한 색임

위, 아래턱에 각각
15~22개의 삽
모양 이빨이 나 있음

머리는 둥그스름하고
부리처럼 튀어나오지 않음

혹과 등 융기

상괭이와 인도태평양상괭이는 겉모습이 무척
닮았다. 차이점이 있다면 혹이 난 구역과 등
융기의 모양과 면적이다. 인도태평양상괭이는
혹이 난 구역이 훨씬 넓고 편평하며 그 바로 뒤의
등 융기가 짧은 편이다. 또 이 융기가 꼬리 연결대
바로 앞에 있을 정도로 등의 한참 뒤쪽에 자리하고
있다.

인도태평양상괭이

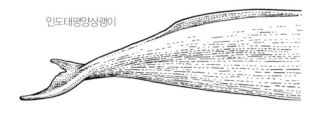

상괭이

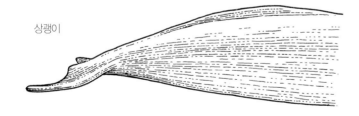

몸 크기

갓 태어난 새끼: 60~80cm
성체: 1.6~1.7m

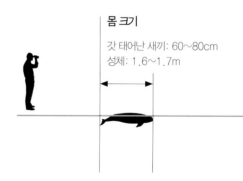

상괭이류는 고래목 가운데
눈에 띄지 않는 축에 들기
때문에, 바다의 기상 조건이
좋지 않으면 찾아내서
관찰하기가 힘들다.

**수면에 올라왔다가
잠수하는 동작**

1. 먼저 머리가 수면
위를 뚫고 조용히
올라오며, 물을 뿜지만
대개는 보이지 않는다.

2. 곧 등이 모습을 드러내지만,
상괭이가 앞으로 몸을 부드럽게
굴리기 때문에 물보라는 거의 일지
않는다.

3. 상괭이가 깊이 잠수하려고
마지막으로 등을 구부리면서,
등의 한참 뒤쪽에 있는 융기
꼭대기가 두드러져 보인다.

4. 꼬리는 대개
수면 아래에 잠겨
드러나지 않는다.

안경돌고래 SPECTACLED PORPOISE

과명: 쇠돌고래과

종명: 포코이나 디옵트리카Phocoena dioptrica

다른 흔한 이름: 없음

분류 체계: 아종은 없으나 가끔 지금의 속이 아닌 아우스트랄로포카이나라는 다른 속으로 바뀌어야 한다는 주장이 제기되기도 함

유사한 종: 사팔로린쿠스속의 크기가 비슷한 참돌고래류와 혼동될 수 있고, 남아메리카에서는 버마이스터돌고래와 혼동되기도 함

태어났을 때의 몸무게: 알려져 있지 않으나 10~15kg 사이로 추정됨

성체의 몸무게: 최대 120kg

먹이: 물고기(주로 멸치류), 크릴새우, 작은 오징어, 구각류

집단의 크기: 어미와 새끼 둘이서 다니거나 3마리 정도의 소규모 무리를 짓는 모습이 가끔 발견되며, 최대 10마리까지 무리를 짓기도 함

주된 위협: 부수어획, 해양오염, 소음공해, 지구온난화

IUCN 등급: 자료 부족종

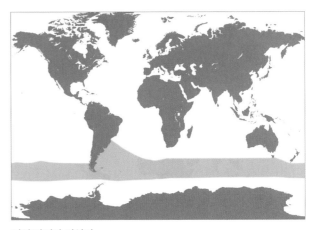

서식 범위와 서식지

이 종은 남극해 극지방과 남극에 가까운 바다, 근처의 온대지방 바다에서 서식한다. 대양이나 대륙붕 위 바다에서 발견된 경우도 몇 번 있다.

종 식별 체크리스트	
	• 몸통과 위쪽 옆구리는 검은색이고, 아래쪽 옆구리와 배는 흰색임
	• 튼튼하고 다부진 몸집
	• 등지느러미는 등 한가운데에 있고 삼각형이거나 둥그스름함. 성적 이형성이 있음
	• 눈 주변에 안경 모양의 무늬가 있음
	• 머리가 작고 주둥이가 부리 모양으로 튀어나오지는 않음
	• 작고 둥그스름한 지느러미발

해부학

이 종의 머리는 돌고래와 비슷하다. 둥글고 작으며 주둥이가 살짝 튀어나오거나 아예 튀어나오지 않는다. 입술은 검은색이고 위턱과 아래턱에 이빨이 각각 17~23쌍 있다. 몸통은 검은색과 흰색의 대비가 두드러진다. 입에서 지느러미발까지는 어두운 색의 줄무늬가 있는데, 가끔은 색이 연한 개체들도 있다. 지느러미발, 꼬리, 꼬리 연결대는 흰색에서 검은색까지 색깔이 다양하다. 등지느러미는 앞쪽과 뒤쪽 가장자리가 볼록하다. 수컷은 등지느러미가 암컷보다 크고 둥그스름하다.

행동

가끔 모습을 드러낼 때 관찰해보면 안경돌고래는 활발하기보다 조용한 편이다. 하지만 헤엄치는 속도는 빠르고 가끔은 선박에 먼저 다가오기도 한다.

먹이와 먹이 찾기

안경돌고래의 주식은 멸치같이 심해에서 떼를 지어 다니는 물고기라고 추정되지만, 위장 내용물을 확인한 표본이 몇 마리 안 되기 때문에 이 종의 먹이에 대한 지식은 다소 불완전하다. 이들의 먹이가 소규모 무리를 짓는 것을 보면, 안경돌고래는 둘이서 짝을 이루거나 혼자서 사냥을 벌일 것으로 여겨진다. 하지만 섭식 전략에 대한 지식은 확실하지 않다.

생활사

짝을 짓고 새끼를 낳는 행동은 주로 봄과 한여름에 일어난다. 임신 기간은 약 11개월이고 수유 기간은 6~15개월이다. 암컷은 몸길이 1.3m가 된 2살 정도에, 수컷은 몸길이 1.4m가 된 4살 정도에 성적으로 성숙한다. 수컷은 암컷보다 몸집이 조금 더 크다. 평균수명은 알려져 있지 않다.

보호와 관리

이 종의 보전 기준을 판단하기에는 자료가 부족하다. 간혹 이 종이 부수어획으로 잡힌다고 알려져 있다.

암컷

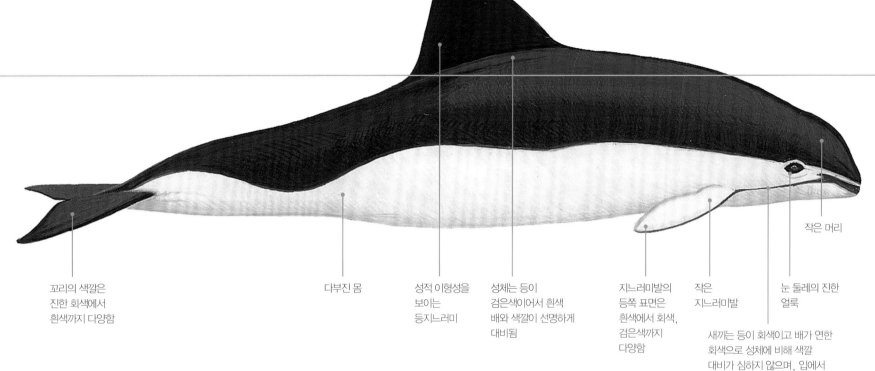

꼬리의 색깔은
진한 회색에서
흰색까지 다양함

다부진 몸

성적 이형성을
보이는
등지느러미

성체는 등이
검은색이어서 흰색
배와 색깔이 선명하게
대비됨

지느러미발의
등쪽 표면은
흰색에서 회색,
검은색까지
다양함

작은
지느러미발

눈 둘레의 진한
얼룩

작은 머리

새끼는 등이 회색이고 배가 연한
회색으로 성체에 비해 색깔
대비가 심하지 않으며, 입에서
지느러미발까지 줄무늬가 있음

성적 이형성

암컷과 달리 수컷은 등지느러미가 훨씬 크고 더 둥그스름하다.

수컷

암컷

몸 크기

갓 태어난 새끼: 90~110cm
성체: 암컷 1.4~2.1m, 1.5~2.3m

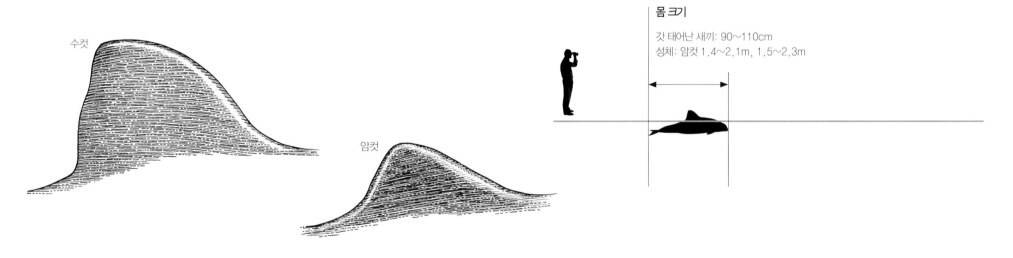

**수면에 올라왔다가
잠수하는 동작**

이 종은 그동안 관찰된
사례가 몹시 드물지만,
수면에 올라왔다 잠수하는
동작은 다른 쇠돌고래류와
비슷하리라 추정된다.

1. 뿜어낸 물이 눈에 띄지는
않는다. 먼저 머리와 등 앞부분이
수면 위로 모습을 드러낸다.

2. 그 다음으로,
삼각형의
등지느러미가
드러난다.

3. 안경돌고래가
물속으로 몸을
굴리듯 잠수하면서,
등지느러미와 등이
완전하게 드러난다.

4. 이 일련의 과정은 빠르게
진행되며, 이 종은 수면
근처를 몇 번 잠수했다 다시
올라오는 동작을 몇 번
반복하다가 더 깊이 잠수하기
시작한다.

쥐돌고래 HARBOR PORPOISE

과명: 쇠돌고래과

종명: 포코이나 포코이나Phocoena phocoena

다른 흔한 이름: 작은곱등돌고래

분류 체계: 네 종류의 아종이 있음. 북대서양에 포코이나 포코이나 포코이나, 흑해와 지중해 동부에 포코이나 포코이나 렐릭타, 북태평양 동부에 포코이나 포코이나 보메리나가 있고, 북태평양 서부에 아직 이름이 없는 네 번째 아종이 있음

유사한 종: 북태평양에 이 종과 서식 구역이 겹치는 까치돌고래가 살아 혼동될 수 있음

태어났을 때의 몸무게: 5~10kg

성체의 몸무게: 암컷 45~100kg, 수컷 35~75kg

먹이: 몸집이 작은 다양한 물고기를 잡아먹고, 가끔은 오징어도 먹음

집단의 크기: 1~10마리, 대개 1~2마리

주된 위협: 부수어획, 해양 오염, 소음 공해

IUCN 등급: 관심 필요종이지만, 몇몇 지역의 개체군은 심한 멸종 위기에 놓임

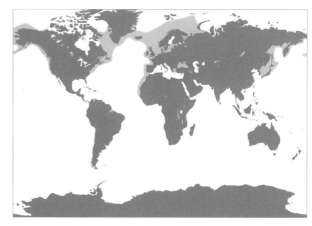

서식 범위와 서식지

이 종은 북대서양과 북태평양의 북극 근처와 온대지방 바닷물에서 발견된다. 주로 바닷가나 대륙붕에서 서식한다. 가끔 먼 바다나 민물에서 살기도 한다.

종 식별 체크리스트

- 등과 꼬리는 거의 검은색에 가까운 진한 회색임
- 턱과 배는 흰색에 가까운 연한 회색임
- 몸집은 땅딸막하고 다부짐
- 등지느러미는 삼각형이고 작음
- 주둥이가 부리처럼 튀어나오지 않음
- 지느러미발은 작은 편이고 둥그스름함

해부학

쥐돌고래의 등은 어두운 색이며 몸통 아래쪽으로 갈수록 연해진다. 등과 배를 연결하는 옆구리는 개체마다 얼룩무늬가 다양하다. 대부분의 개체는 눈 주변에 진한 색 얼룩이 있고, 눈과 지느러미발을 연결하는 줄무늬를 가진다. 암컷이 수컷보다 조금 덩치가 크다. 쥐돌고래는 고래류 가운데 몸집이 꽤 작은 축이지만, 몸집은 서식 구역에 따라 차이가 있어서 캘리포니아 해안과 아프리카 북서부에 사는 개체들이 더 크다. 다른 쇠돌고래과와 마찬가지로 쥐돌고래는 위턱과 아래턱에 20~29쌍의 삽 모양 이빨이 있다.

행동

쥐돌고래는 수면에서는 조용한 편이지만 먹이를 찾을 때는 잽싼 동작도 종종 보인다. 서식지의 조건에 따라 행동이 달라지는데, 어떤 지역에서는 조심성이 많지만 어떤 지역에서는 물 위로 뛰어오르거나 선박에 가까이 다가가기도 한다. 몸통에서 가장 위로 치솟은 부위인 분수공만 수면에 내놓고 둥둥 떠서 쉬는 행동도 자주 관찰된다. 혼자서 다니거나 작게 무리를 이루는 편이지만, 사냥을 할 때는 더 크게 무리 짓기도 한다. 수심 200m보다 깊은 곳까지, 5분 넘게 잠수하기도 한다.

먹이와 먹이 찾기

쥐돌고래의 주식은 무리를 이루는 작은 물고기이다. 청어, 까나리, 망둥이, 대구류를 비롯한 다양한 종류의 물고기를 잡아먹는다. 이 종은 바다 밑바닥 근처에서 먹이를 찾으며, 때로는 무리를 지어 사냥한다.

생활사

이 종은 짝짓기와 출산을 한여름에 한다. 임신 기간은 10~11개월이다. 수컷은 몸길이 1.3~1.4m, 암컷은 1.4~1.5m까지 자랐을 때 성적으로 성숙하며, 이때 나이는 암수 모두 2~5살이다. 암컷은 매년 새끼를 낳아 임신과 수유를 동시에 할 수도 있지만, 다음 번 출산 때까지 쉬기도 한다. 최대수명은 20년 이상이지만 대부분의 쥐돌고래가 수명 12년을 못 넘기는 편이다.

보호와 관리

서식 구역 대부분에서 고기잡이 그물에 몸이 얽히는 사고가 가장 큰 위험 요인이다. 소음이나 기타 교란, 환경오염 또한 이 종에 부정적인 영향을 끼친다.

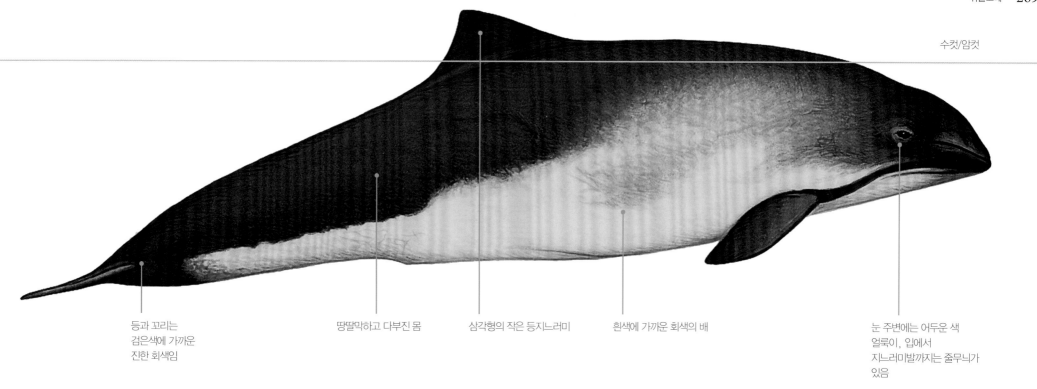

수컷/암컷

등과 꼬리는
검은색에 가까운
진한 회색임

땅딸막하고 다부진 몸

삼각형의 작은 등지느러미

흰색에 가까운 회색의 배

눈 주변에는 어두운 색
얼룩이, 입에서
지느러미발까지는 줄무늬가
있음

다양한 모양의 등지느러미

이 종은 서식지 전체를 통틀어 등지느러미 모양이 다양하다.
등지느러미가 삼각형인 개체가 있는가 하면, 돌고래처럼 갈고리 모양인
개체도 있다.

갈고리 모양

중간 형태

삼각형

몸 크기

갓 태어난 새끼: 65~80cm
성체: 암컷 1.4~2.1m, 수컷 1.3~1.8m

수면에 올라왔다가
잠수하는 동작

1. 뿜어낸 물이 눈에
띄지는 않는다. 먼저
머리와 등 앞부분이 수면
위로 모습을 드러낸다.

2. 그 다음으로,
삼각형의
등지느러미가
드러난다.

3. 안경돌고래가
물속으로 몸을 굴리듯
잠수하면서,
등지느러미와 등을
완전히 드러낸다.

4. 이 일련의 과정은
빠르게 진행되며, 이
종은 수면 근처를 몇 번
잠수했다 다시 올라오는
동작을 몇 번 반복하다가
더 깊이 잠수하기
시작한다.

물 위로 뛰어오르기

쥐돌고래는 수면 위로
뛰어오르는 동작을 거의
보이지 않는다.

바키타돌고래 VAQUITA

과명: 쇠돌고래과

종명: 포코이나 시누스 Phocoena sinus

다른 흔한 이름: 캘리포니아만쥐돌고래

분류 체계: 가장 가까운 친척은 포코이나 스피니핀니스임

유사한 종: 없음

태어났을 때의 몸무게: 7.5~10kg

성체의 몸무게: 55kg

먹이: 20종 이상의 물고기와 오징어를 잡아먹음

집단의 크기: 평균적으로 2마리이지만 최대 10마리까지 무리를 지음

주된 위협: 자망이나 고기잡이 그물에 몸이 얽혀 사로잡힘

IUCN 등급: 심각한 위기종

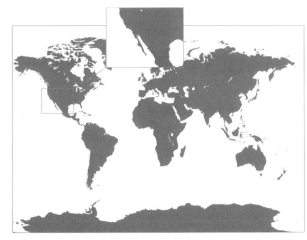

서식 범위와 서식지

이 종은 캘리포니아만 북부의 수심 30m 이하의 얕은 물에서 주로 서식한다.

종 식별 체크리스트	• 등지느러미는 몸집에 비해 높은 편임
	• 눈과 입 주변에 검은색 반점이 있음
	• 다른 쇠돌고래류에 비해 가슴지느러미가 큰 편임
	• 수면 가까이에 머무르는 시간이 아주 짧음

해부학

바키타돌고래의 가장 두드러진 특징은 눈과 입 주변에 검은색 얼룩이 있다는 점이다. 몸통 위쪽은 진한 회색이고 옆구리는 연한 회색, 아래쪽은 흰색이다. 꼬리와 등지느러미, 지느러미발은 다른 쇠돌고래류보다 큰 편이다. 등지느러미의 평균적인 높이는 17cm이다.

행동

이 종의 행동 양식에 대해서는 알려진 바가 아주 적다. 활발한 움직임을 보이지 않는 편이라, 물 위로 뛰어오르거나 물보라를 일으키지 않으며 선박에 가까이 다가오는 대신 피한다. 이 종의 짝짓기 방식에 대해서는 전혀 알려지지 않았지만, 수컷 정소의 크기가 크기 때문에 수컷 사이에 정자 경쟁이 벌어지리라 추정된다.

먹이와 먹이 찾기

바키타돌고래는 먼 바다의 밑바닥에 사는 다양한 종류의 작은 물고기와 오징어를 구할 수 있는 대로 사냥해 먹고 산다. 먹잇감 가운데 민어나 복어 같은 여러 종류가 소리를 내기 때문에 바키타돌고래는 먹잇감의 위치를 찾고자 간접적으로 소리를 감지하는 것으로 보인다. 이 종의 주요 먹잇감이 상업적으로 많이 잡히지는 않아 먹이가 고갈될 위험은 없지만, 트롤망에 몸이 얽혀드는 사례가 보고된 바 있다.

생활사

바키타돌고래는 느슨하게 무리를 짓는 경향이 있다. 이런 느슨한 무리는 짧은 기간 유지되며 한 장소에서 오래 머무르지 않고 장소를 옮긴다. 이 종은 새끼를 낳는 계절이 따로 있으며 3월경에 주로 새끼를 낳는다. 임신 기간은 10~11개월이며, 가장 나이 든 표본은 21살짜리 암컷이었다. 적절한 시기의 새끼 표본을 구해 조사한 적이 없기 때문에 이 종이 성적으로 성숙하는 시기는 추정하기 어렵다. 하지만 3살 미만의 암컷 개체들은 전부 성적으로 미성숙했던 반면 6살 이상의 암컷 개체들은 모두 성적으로 성숙해 있었다. 참고로 쥐돌고래는 암컷 대부분이 3살에 성적으로 성숙하며 매년 새끼를 낳는다.

보호와 관리

바키타돌고래의 생존을 위협하는 요인은 자망 등의 고기잡이 그물에 몸이 얽히는 것이다. 이 종은 전 세계 해양 포유동물 가운데서도 큰 멸종 위험에 처해 있지만 캘리포니아만 북부의 서식지 전체에서 자망어업을 금지하는 것이 보전 노력의 전부이다. 현재 개체수는 100마리 미만으로 추정된다.

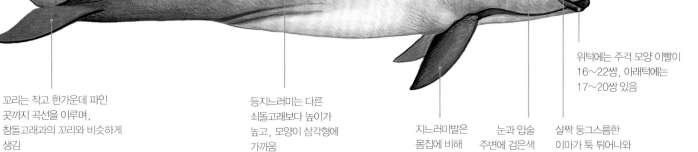

수컷/암컷

꼬리는 작고 한가운데 파인
곳까지 곡선을 이루며,
참돌고래과의 꼬리와 비슷하게
생김

등지느러미는 다른
쇠돌고래보다 높이가
높고, 모양이 삼각형에
가까움

지느러미발은
몸집에 비해
크고, 위로
뾰족하게
올라감

눈과 입술
주변에 검은색
큰 반점이 있음

살짝 둥그스름한
이마가 툭 튀어나와
주둥이 끝까지 경사를
이루며 이어짐

위턱에는 주걱 모양 이빨이
16~22쌍, 아래턱에는
17~20쌍 있음

등지느러미 모양 비교

바키타돌고래의 등지느러미는 다른 쇠돌고래 종에 비해
높고 갈고리 모양으로 휘어 있다. 평균 높이는 17cm
이다.

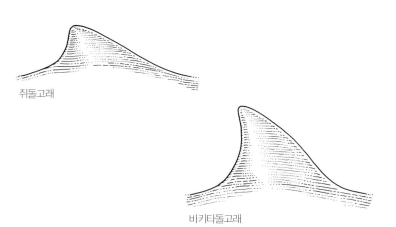

버마이스터돌고래

쥐돌고래

바키타돌고래

몸 크기

갓 태어난 새끼: 69~80cm
성체: 1.3~1.5m

물 뿜어 올리기

바키타돌고래는 조심성이 많아
바다에서 직접 관찰하기 쉽지
않다. 몸집이 작은 종이라
멀리서는 뿜어낸 물을 볼 수
없다.

수면에 올라왔다가 잠수하는 동작

1. 대부분의 경우 바키타돌고래의
위턱이 물 위로 올라오는 모습을 보기는
힘들지만, 눈과 주둥이의 검은색 반점을
확인할 수 있는 사진은 몇 번 찍힌 적이
있다. 등을 물 밖에 드러내고
등지느러미를 두드러지게 보이고 나서
물 아래로 잠수를 시작한다.

2. 이 돌고래는 등을 아치
모양으로 구부리는 동작을
계속하는데 동작의 지속
시간이 1초밖에 되지 않을
정도로 재빠르다.

3. 마지막으로
잠수하면서
등지느러미
끄트머리만 수면에
보인다. 꼬리
연결대는 보이지 않는
경우가 더 많다.

**꼬리로 수면
내려치기**

이 종은 꼬리를 물
밖으로 드러내지
않는다.

물 위로 뛰어오르기

바키타돌고래는 물 위로
훌쩍 뛰어오르는 동작을
보이지 않는다. 잘해봐야
아주 가끔 상반신을 수면
위로 드러낼 만큼 살짝
뛰어오르는 정도이다.

버마이스터돌고래 BURMEISTER'S PORPOISE

과명: 쇠돌고래과

종명: 포코이나 스피니핀니스Phocoena spinipinnis

다른 흔한 이름: 없음

분류 체계: 지금까지 아종이 발견되지 않음

유사한 종: 머리코돌고래나 칠레돌고래, 안경돌고래와 혼동될 수 있음

태어났을 때의 몸무게: 4~7kg

성체의 몸무게: 최대 105kg(범위는 알려지지 않음)

먹이: 주로 멸치나 대구, 이보다 더 작은 여러 물고기를 먹으며(먼 바다와 해저에 사는) 가끔은 오징어와 갑각류도 먹음

집단의 크기: 2~6마리, 최대 70마리까지 무리를 짓기도 함

주된 위협: 부수어획, 해양 오염, 소음 공해

IUCN 등급: 관심 필요종

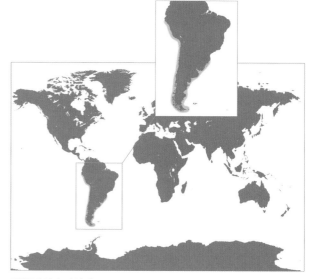

서식 범위와 서식지

버마이스터돌고래는 남아메리카 해안을 따라 발견된다. 온도가 낮은 한류인 훔볼트 해류가 흐르기 때문에 이 종의 서식 범위는 태평양 해안을 따라 훨씬 북쪽까지 올라간다.

종 식별 체크리스트	
	• 몸 색이 거의 검은색임
	• 등지느러미의 앞쪽 가장자리에 두드러진 혹들이 있음
	• 몸이 땅딸막하고 다부짐
	• 등지느러미가 낮고 등 한참 뒤쪽에 있으며, 앞쪽 가장자리가 뒤쪽 가장자리보다 훨씬 길고 뒤쪽으로 기울어져 있음
	• 주둥이가 부리처럼 튀어나오지 않음
	• 지느러미발이 크고 둥그스름함

해부학

버마이스터돌고래는 주둥이가 뭉툭하며 겉모습이 전형적인 쇠돌고래류이다. 지느러미발은 작은 편이다. 몸 색깔은 갈색에서 진한 회색까지 다양하다. 눈 주변에는 진한 색 반점이 두드러진다. 이빨은 다른 쇠돌고래류처럼 삽 모양이고 위턱과 아래턱 모두에서 14~23쌍이다.

행동

버마이스터돌고래는 조심성이 많아 모습을 잘 드러내지 않기 때문에 바다가 잔잔한 날에도 관찰하기 힘들다. 계절에 따라 이주를 하는 것 같지는 않지만 때때로 먹잇감이 많은 장소를 찾거나 먼 바다에서 가까운 바다, 남쪽에서 북쪽 사이를 이동한다. 이 종은 수면에서 활발한 행동을 하지 않지만, 먹이를 사냥할 때 갑자기 속도를 올리는 일은 흔하다. 이 종은 물 위로 뛰어오르거나 선박에 가까이 다가오는 행동을 아주 드물게 보인다.

먹이와 먹이 찾기

이 종의 주식은 먼 바다에 살거나 바다 밑바닥에 살며 무리를 짓는 작은 물고기이다. 다양한 종류의 먹이를 먹는다.

생활사

짝짓기와 새끼 출산은 한여름에 이루어진다. 새끼가 갓 태어났을 때의 몸길이는 85~90cm이다. 그리고 수컷은 몸길이가 1.6m일 때, 암컷은 1.55m일 때 성적으로 성숙한다. 암수가 성적으로 도달하는 나이는 다른 쇠돌고래류와 비슷하리라 추정된다. 임신 기간은 11~12개월인데, 이것은 암컷이 매년 새끼를 낳을 수 없다는 것을 의미한다. 최대 수명은 알려져 있지 않다.

보호와 관리

이 종은 대부분의 서식 범위에서 고기잡이 그물에 몸이 얽히는 것이 가장 큰 위험 요인이다. 소음과 기타 교란, 환경오염도 이 종에게 나쁜 영향을 준다.

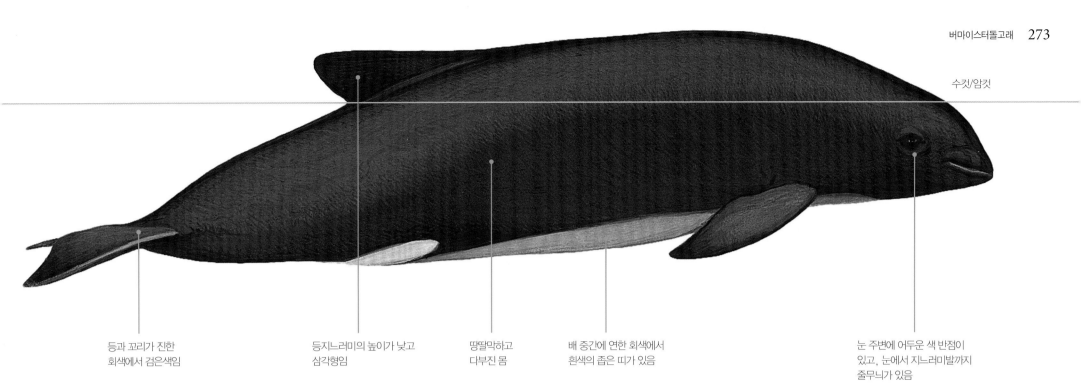

수컷/암컷

등과 꼬리가 진한
회색에서 검은색임

등지느러미의 높이가 낮고
삼각형임

땅딸막하고
다부진 몸

배 중간에 연한 회색에서
흰색의 좁은 띠가 있음

눈 주변에 어두운 색 반점이
있고, 눈에서 지느러미발까지
줄무늬가 있음

등지느러미에 난 혹

까치돌고래를 제외한 모든 쇠돌고래류는 등지느러미의 앞쪽 가장자리를 따라 작은 혹들이 나
있다. 이 혹은 태어나자마자 나기 시작한다. 혹이 어떤 역할을 하는지는 확실하게 알려져 있지
않지만 어쩌면 유체역학적으로 중요할지도 모른다는 연구 결과도 있다.

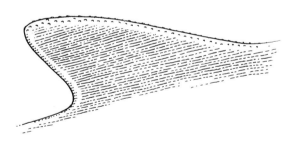

몸 크기

갓 태어난 새끼: 85cm
성체: 암컷 1.4~2m, 수컷 1.35~1.8m, 성체의 평균 몸길이는 2m

수면에 올라왔다가
잠수하는 동작

1. 뿜어낸 물이 눈에
보이지는 않는다.
먼저 머리와 상반신
앞쪽이 물 위에
나온다.

2. 삼각형 등지느러미가 수면 위로
드러난다.

3. 등지느러미와 등이 완전히
드러나고, 돌고래가 수면에서
몸을 구르듯이 잠수한다.

4. 이 일련의 과정은 빠르게
진행되며, 이 종은 수면 근처를 몇
번 잠수했다 다시 올라오는 동작을
몇 번 반복하다가 더 깊이
잠수하기 시작한다.

물 위로 뛰어오르기

버마이스터돌고래는 물 밖으로
뛰어오르는 동작을 거의 보이지
않는다.

까치돌고래 DALL'S PORPOISE

과명: 쇠돌고래과

종명: 포코이노이데스 달리 Phocoenoides dalli

다른 흔한 이름: 트루쇠돌고래(트루에이 아종)

분류 체계: 두 개의 아종이 있음. 포코이노이데스 달리 달리(달리 아종)와 포코이노이데스 달리 트루에이(트루에이 아종)임

유사한 종: 북태평양 연안에 사는 개체군은 쥐돌고래와 혼동될 수 있음

태어났을 때의 몸무게: 13~19kg

성체의 몸무게: 암컷 70~160kg, 수컷 80~200kg

먹이: 고등어, 청어, 멸치 같은 무리 짓는 물고기와 중층수에 사는 바다빙어와 비늘치류, 오징어 등이 먹이임

집단의 크기: 대개 1~10마리가 무리를 짓고 가끔 더 큰 무리를 이루기도 함

주된 위협: 부수어획, 사냥

IUCN 등급: 관심 필요종

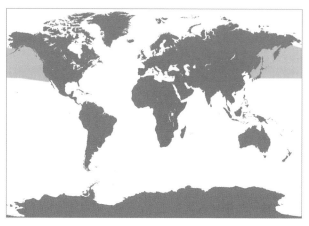

서식 범위와 서식지

이 종은 북태평양과 인근 해역의 온대, 아북극 지방의 바닷물에 서식한다. 먼 바다와 바닷가의 깊은 물속에서도 산다.

종 식별 체크리스트

- 등과 상반신, 머리가 진한 회색으로 거의 검은색에 가까움
- 옆구리와 배 뒤쪽 아래는 흰색임
- 개체가 나이 들수록 등지느러미와 꼬리 가장자리가 흰색으로 변함
- 몸은 몸길이가 짧고 매우 땅딸막함
- 성체 수컷은 등지느러미가 낮고 삼각형이며 앞으로 기울어짐
- 머리가 작고 주둥이가 튀어나오지 않음
- 지느러미발이 작고 둥그스름함

해부학

까치돌고래는 옆구리와 배의 흰색 반점이 분포하는 모양에 따라 두 종류로 나뉜다. 하나는 흰색 반점이 지느러미발 바로 앞까지 이어지지만, 다른 하나는 반점이 지느러미발 언저리에 미치지 못하고 훨씬 뒤쪽에 머무른다. 수컷은 암컷보다 몸집이 크며, 성체 수컷은 등지느러미의 앞쪽 가장자리가 앞으로 기울어져 있다. 또 수컷은 태어난 이후 몸에 혹이 두드러지며 꼬리 연결대가 깊숙하게 패였고 꼬리의 뒤쪽 가장자리가 볼록하다. 다른 쇠돌고래류와 마찬가지로, 까치돌고래는 이빨이 삽 모양이다. 이빨은 아주 작고 이빨 숫자는 다양하지만 대개 위턱과 아래턱에 21~28쌍이 있다. 까치돌고래는 척추가 고래류 가운데 가장 많아서 최대 98개나 되며, 이것은 빠르고 기운차게 수영하기 위해 몸이 적응한 결과이다.

행동

까치돌고래는 헤엄치는 속도가 빠르며 물 위에서 활발한 동작을 보인다. 헤엄칠 때 바닷물 표면에 V자 모양의 '닭 꼬리' 모양 물보라를 만든다. 이보다 천천히 헤엄칠 때는 다른 쇠돌고래와 행동 양식이 아주 비슷하다. 이 종은 빠르게 움직이는 선박을 쫓아가 뱃머리에 이는 물결을 타며, 물 위로 뛰어오르는 동작도 드물게 보여준다. 대개는 소규모 무리를 이루지만, 먹잇감을 사냥할 때는 더 큰 무리도 짓는다.

먹이와 먹이 찾기

까치돌고래의 주식은 고등어, 청어, 멸치 같은 먼 바다에 사는 작은 물고기 떼와 오징어이다. 먹이를 구하기 위해 수심 500m까지 잠수해 들어간다.

생활사

짝짓기와 출산은 여름철에 일어난다. 임신 기간은 10~12개월이다. 수컷은 몸길이가 1.8~2m까지, 암컷은 1.7~1.9m까지 자랐을 때 성적으로 성숙한다. 이때의 나이는 수컷은 3살 반에서 8살 사이, 암컷은 4~7살 사이이다. 암컷은 매년 새끼를 낳을 수 있고 임신한 상태에서 다른 새끼에게 젖을 먹일 수 있지만, 출산 이후에 한동안 다시 새끼를 낳지 않고 쉬기도 한다. 최대 수명은 20년 이상이지만, 대부분의 개체는 12살 이상 살지 못한다.

보호와 관리

고기잡이 그물에 사로잡히는 것이 까치돌고래를 심각하게 위협하고 있다. 환경오염, 소음, 서식지 파괴 또한 부정적인 영향을 준다.

수컷

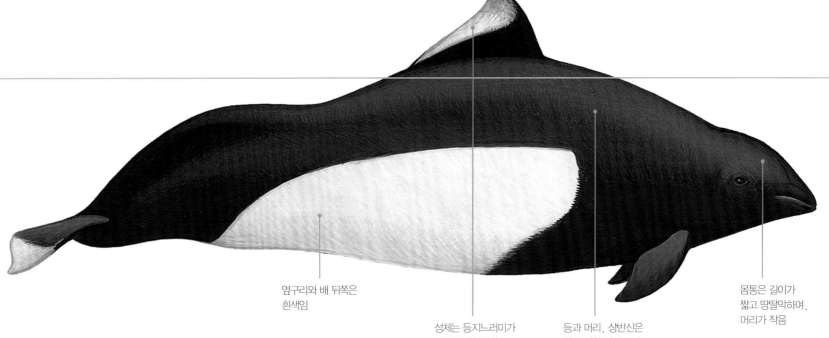

옆구리와 배 뒤쪽은
흰색임

성체는 등지느러미가
낮고 삼각형이며
가장자리가 흰색임. 특히
수컷은 지느러미가
앞으로 구부러짐

등과 머리, 상반신은
아주 진한 회색, 또는
검은색임

몸통은 길이가
짧고 땅딸막하며,
머리가 작음

몸의 색깔 패턴

까치돌고래는 몸의 색깔 패턴이 두
종류이다. 하나는 옆구리와 배의 흰색
반점이 등지느러미 부근까지 앞으로
이어지는 달리 아종의 패턴이고, 다른
하나는 반점이 지느러미발 부근까지
이어지는 트루에이 아종의 패턴이다.
달리 아종은 이 종이 서식하는 범위
전역에 고루 분포하지만, 트루에이
아종은 일본 동쪽 해안과 오호츠크해,
쿠릴열도에 주로 분포한다.

트루에이 아종

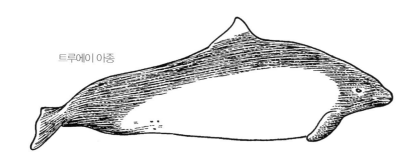

달리 아종

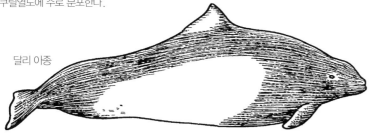

몸 크기

갓 태어난 새끼: 90~110cm
성체: 암컷 1.7~2.2m, 수컷 1.8~2.4m

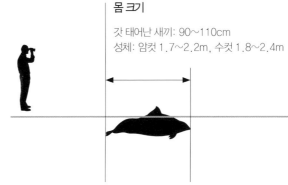

수면에 올라왔다가
잠수하는 동작

1. 뿜어낸 물이 눈에
보이지는 않는다. 빠르게
헤엄치는 동안 등과
등지느러미를 드러내며
수면에서 물보라를
일으킨다.

2. 천천히
헤엄치는 동안은
머리와 삼각형
등지느러미가
수면 위에 먼저
나타난다.

3. 돌고래가 수면에서 몸을
구부리며 잠수하는 동안
등지느러미와 등이 완전히
드러난다.

4. 이 일련의 과정은 빠르게
진행되며, 이 종은 수면 근처를
몇 번 잠수했다 다시 올라오는
동작을 몇 번 반복하다 더 깊이
잠수하기 시작한다.

물 위로 뛰어오르기

까치돌고래는 물 위로
뛰어오르는 동작을 거의
보이지 않는다.

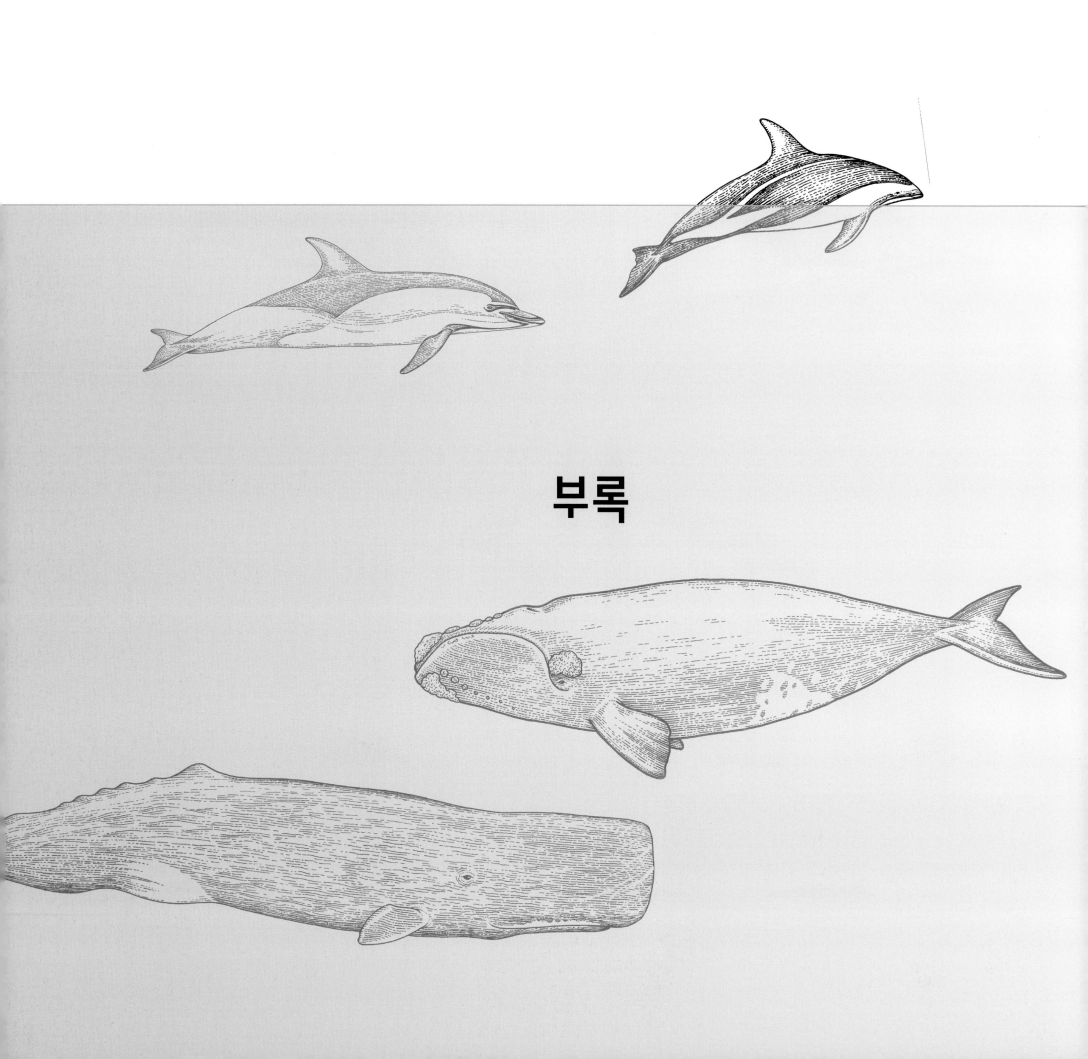

부록

고래목의 분류

수염고래아목

참고래과

발라이나 미스티케투스(*Balaena mysticetus*)—북극고래
에우발라이나 아우스트랄리스(*Eubalaena australis*)—남방참고래
에우발라이나 글라키알리스(*Eubalaena glacialis*)—북대서양참고래
에우발라이나 자포니카(*Eubalaena japonica*)—북태평양참고래

쇠고래과

에스크리크티우스 로버스투스(*Eschrichtius robustus*)—쇠고래

긴수염고래과

발라이노프테라 아쿠토로스트라타(*Balaenoptera acutorostrata*)—밍크고래
발라이노프테라 보나이렌시스(*Balaenoptera bonaerensis*)—남극밍크고래
발라이노프테라 보레알리스(*Balaenoptera borealis*)—정어리고래
발라이노프테라 에데니(*Balaenoptera edeni*)—브라이드고래
발라이노프테라 무스쿨루스(*Balaenoptera musculus*)—대왕고래
발라이노프테라 오무라이(*Balaenoptera omurai*)—오무라고래
발라이노프테라 피살루스(*Balaenoptera physalus*)—긴수염고래
메가프테라 노바이안글리아이(*Megaptera novaeangliae*)—혹등고래

꼬마긴수염고래과

카페레아 마르기나타(*Caperea marginata*)—작은참고래

이빨고래아목

참돌고래과

케팔로린쿠스 콤메르소니(*Cephalorhynchus commersonii*)—머리코돌고래
케팔로린쿠스 에우트로피아(*Cephalorhynchus eutropia*)—칠레돌고래
케팔로린쿠스 헤아비시디(*Cephalorhynchus heavisidii*)—히비사이드돌고래
케팔로린쿠스 헥토리(*Cephalorhynchus hectori*)—헥터돌고래
델피누스 카펜시스(*Delphinus capensis*)—긴부리참돌고래
델피누스 델피스(*Delphinus delphis*)—짧은부리참돌고래
페레사 아테누아타(*Feresa attenuata*)—난쟁이범고래
글로비케팔라 마크로린쿠스(*Globicephala macrorhynchus*)—들쇠고래
글로비케팔라 멜라스(*Globicephala melas*)—참거두고래
그람푸스 그리세우스(*Grampus griseus*)—큰코돌고래
라게노델피스 호세이(*Lagenodelphis hosei*)—사라와크돌고래
라게노린쿠스 아쿠투스(*Lagenorhynchus acutus*)—대서양낫돌고래
라게노린쿠스 알비로스트리스(*Lagenorhynchus albirostris*)—흰부리돌고래
라게노린쿠스 아우스트랄리스(*Lagenorhynchus australis*)—펄돌고래
라게노델피스 크루키게르(*Lagenorhynchus cruciger*)—모래시계돌고래
라게노린쿠스 오블리퀴덴스(*Lagenorhynchus obliquidens*)—낫돌고래
라게노린쿠스 오브스쿠루스(*Lagenorhynchus obscurus*)—더스키돌고래
리소델피스 보레알리스(*Lissodelphis borealis*)—홀쭉이돌고래
리소델피스 페로니(*Lissodelphis peronii*)—흰배돌고래
오르카일라 브레비로스트리스(*Orcaella brevirostris*)—이라와디돌고래
오르카일라 헤인소니(*Oracella heinsohni*)—오스트레일리아스납핀돌고래
오르키누스 오르카(*Orcinus orca*)—범고래
페포노케팔라 엘렉트라(*Peponocephala electra*)—고양이고래
프세우도르카 크라시덴스(*Pseudorca crassidens*)—범고래붙이
소탈리아 플루비아틸리스(*Sotalia fluviatilis*)—꼬마돌고래
소탈리아 구이아넨시스(*Sotalia guianensis*)—기아나돌고래
소우사 키넨시스(*Sousa chinensis*)—인도태평양혹등고래
소우사 플룸베아(*Sousa plumbea*)—인도양혹등돌고래
소우사 사훌렌시스(*Sousa sahulensis*)—오스트레일리아혹등돌고래
소우사 테우스지(*Sousa teuszii*)—대서양혹등고래
스테넬라 아테누아타(*Stenella attenuata*)—알락돌고래
스테넬라 클리메네(*Stenella clymene*)—클리멘돌고래
스테넬라 코이룰레오알바(*Stenella coeruleoalba*)—줄무늬돌고래
스테넬라 프론탈리스(*Stenella frontalis*)—대서양알락돌고래
스테넬라 론기로스트리스(*Stenella longirostris*)—스피너돌고래
스테노 브레다넨시스(*Steno bredanensis*)—뱀머리돌고래
투르시옵스 아둔쿠스(*Tursiops aduncus*)—남방큰돌고래
투르시옵스 트룬카투스(*Tursiops truncatus*)—큰돌고래

향유고래과

코기아 브레비켑스(*Kogia breviceps*)—꼬마향유고래
코기아 시무스(*Kogia simus*)—쇠향고래
피세테르 마크로케팔루스(*Physeter macrocephalus*)—향유고래

부리고래과

베라르디우스 아르눅시(*Berardius arnuxii*)—아르누부리고래
베라르디우스 바이르디(*Berardius bairdii*)—망치고래
히페루돈 암풀라투스(*Hyperoodon ampullatus*)—북방병코고래
히페루돈 플라니프론스(*Hyperoodon planifrons*)—남방병코고래
인도파케투스 파키피쿠스(*Indopacetus pacificus*)—인도태평양부리고래
메소플로돈 비덴스(*Mesoplodon bidens*)—소워비부리고래
메소플로돈 보우도이니(*Mesoplodon bowdoini*)—앤드루부리고래
메소플로돈 칼홉시(*Mesoplodon carlhubbsi*)—허브부리고래
메소플로돈 덴시로스트리스(*Mesoplodon densirostris*)—혹부리고래
메소플로돈 에우로파이우스(*Mesoplodon europaeus*)—제르베부리고래
메소플로돈 호타울라(*Mesoplodon hotaula*)—데라이야갈라부리고래
메소플로돈 긴크고덴시스(*Mesoplodon ginkgodensis*)—은행이빨부리고래
메소플로돈 그라이(*Mesoplodon grayi*)—그레이부리고래
메소플로돈 헥토리(*Mesoplodon hectori*)—헥터부리고래
메소플로돈 라야르디(*Mesoplodon layardii*)—끈모양이빨고래
메소플로돈 미루스(*Mesoplodon mirus*)—트루부리고래
메소플로돈 페리니(*Mesoplodon perrini*)—페린부리고래
메소플로돈 페루비아누스(*Mesoplodon peruvianus*)—난쟁이부리고래
메소플로돈 스테네게리(*Mesoplodon stejnegeri*)—큰이빨부리고래
메소플로돈 트라베르시(*Mesoplodon traversii*)—부채이빨고래
타스마케투스 셰페르디(*Tasmacetus shepherdi*)—셰퍼드부리고래
지피우스 카비로스트리스(*Ziphius cavirostris*)—민부리고래

인도강돌고래과

플라타니스타 간게티카(*Platanista gangetica*)—갠지스강돌고래

보토과

이니아 게오프레네시스(*Inia geoffrenesis*)—아마존강돌고래

바이지과

리포테스 벡실리페르(*Lipotes vexillifer*)—양쯔강돌고래

프란시스카나과

폰토포리아 블라인빌레이(*Pontoporia blainvillei*)—라플라타강돌고래

외뿔고래과

델피나프테루스 레우카스(*Delphinapterus leucas*)—흰고래
모노돈 모노케로스(*Monodon monoceros*)—일각돌고래

쇠돌고래과

네오포카이나 아시아이오리엔탈리스(*Neophocaena asiaeorientalis*)—상괭이
네오포카이나 포카이노이데스(*Neophocaena phocaenoides*)—인도태평양상괭이
포코이나 디옵트리카(*Phocoena dioptrica*)—안경돌고래
포코이나 포코이나(*Phocoena phocoena*)—쥐돌고래
포코이나 시누스(*Phocoena sinus*)—바키타돌고래
포코이나 스피니핀니스(*Phocoena spinipinnis*)—버마이스터돌고래
포코이노이데스 달리(*Phocoenoides dalli*)—까치돌고래

용어 해설

가슴지느러미: 고래 몸통 앞쪽의 지느러미 한 쌍. 이 지느러미발은 고래의 수영하는 모습을 반영하는데, 예컨대 혹등고래의 길쭉하고 폭이 좁은 지느러미발은 고래가 빠르게 수영하도록 하고, 북극고래나 참고래의 넓적한 지느러미발은 고래가 천천히 방향을 틀도록 도움

각질 조직: 참고래 머리에 난 단단하고 두껍게 튀어나온 피부의 일부분을 말하며, 여기에 고래 이나 따개비가 기생하는 경우도 종종 있음. 각질 조직이 분포하는 모양은 개체에 따라 다르기 때문에 개체를 식별하는 유용한 특징임

갈고리 모양: 등지느러미의 모양이 뒤로 휘어지거나 낫 모양으로 구부러졌을 때 쓰이는 말. 예컨대 긴수염고래는 갈고리 모양의 등지느러미가 특징임

건착망: 물속 깊이 둥글게 그물을 설치해 그 안에 물고기를 가두고, 그물이 바닥에 닿으면 오므리면서 물고기를 끌어올리는 방식의 그물. 1960년대에 황다랑어 근처에서 헤엄치던 알락돌고래, 스피너돌고래, 참돌고래 등이 건착망에 걸려 많이 목숨을 잃은 바 있음

고래 이: 몇몇 고래류, 특히 수염고래의 피부에 기생하는 갑각류의 하나로 고래 피부의 위쪽 층을 뜯어먹음. 고래에 기생하는 이가 육상 포유동물에 기생하는 이와 가까운 친척인 것은 아님

고래 지방층: 고래의 피부 깊은 곳에 있는 두툼한 지방층. 열이 빠져나가지 않게 하거나 지방(에너지)을 저장하는 기능과 함께, 고래의 체형을 매끄럽게 만들어 쉽게 헤엄칠 수 있도록 돕는 역할을 함

고래류(고래목): 고래, 돌고래, 쇠돌고래류를 포함하는 해양 포유동물

고래수염: 수염고래류의 입천장에 매달려 있는 케라틴으로 만들어진 판(포유동물의 털, 발톱, 손톱과 성분이 같은 상피세포)

광식성: 다양한 종류의 먹이를 먹는 성질

극피동물: 무척추동물의 한 종류로, 불가사리나 성게가 그 예임

긴수염고래: 영어로 로퀄(rorqual)이라고 하며, 노르웨이어로 고랑이 있는 고래를 뜻함. 긴수염고래과에 속하며, 입을 크게 벌려 먹잇감을 한꺼번에 삼킴. 대왕고래, 정어리고래, 브라이드고래, 오무라고래, 향유고래, 혹등고래가 여기에 속함

꼬리: 고래류는 수평 방향으로 꼬리가 편평한데, 그 모양은 종마다 달라 수면 위로 높이 들어올렸을 때 잘 보임. 고래가 나이가 들면서 꼬리 아랫면에는 개체마다 독특한 상처와 자국이 남기 때문에 현장에서 개체를 구별하는 데 쓰임

꼬리 연결대: 고래의 등지느러미와 꼬리 사이에 있는 꼬리의 근육질 부위

꼬리 쪽: '꼬리'나 몸의 '뒤쪽' 항목을 참고할 것

꼬리로 수면 내려치기: 고래류가 꼬리를 수면에 강하게 치는 행동. 이 행동은 비언어 의사소통이라는 기능을 가지리라 추정됨

다른 어미 양육: 암컷이 자기 자손이 아닌 새끼를 돌보는 것

돌고래 점프: 몇몇 고래류, 특히 쇠돌고래가 수면 근처에서 보이는 낮은 점프. 이 동작을 하면 헤엄칠 때 생기는 몸의 저항을 최소화해 에너지를 아낄 수 있음

동물성 플랑크톤: 해양의 상층부에서 발견되는 동물과 비슷한 성질을 가진 플랑크톤

두족류: 머리가 크고 입 주변에 눈과 촉수가 있는 연체동물(무척추동물)

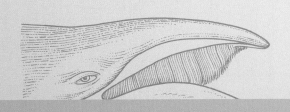

의 일종. 오징어와 문어가 그 예임. 두족류는 부리고래류 등 여러 고래들의 주된 먹이임

등지느러미: 고래류 대부분의 몸통에서 등에 달린 지느러미로, 개체가 중심을 잡도록 도움

등쪽: 등이 있는 몸 위쪽 표면

딸깍 소리: 이빨고래류가 방향을 찾거나 먹이를 사냥하기 위해 내는 광대역 주파수(30~150kHz)를 가진 소리. 대역폭이 좁은 소리는 휘파람과 비슷한데 몇몇 돌고래들이 다른 개체를 인식하려고 이런 소리를 냄

떼: 이빨고래류에게서 관찰되며, 장기간에 걸쳐 개체들끼리 어울리며 사회적인 무리를 짓는 것을 말함. 참돌고래과의 여러 종이 그 예임

레크: 수컷이 암컷을 유인하기 위해

짝짓기 전략이나 구애 과시를 하는 장소. 예컨대 혹등고래 수컷은 짝짓기 장소에서 노래를 부르는데, 이 레크는 그때그때 바뀜

망토 무늬: 이빨고래류의 등에 난 어두운 반점으로, 등지느러미 앞쪽에서 옆구리까지 이어짐. 예컨대 클리멘돌고래는 등에 어두운 회색의 망토 무늬가 있음

몸 뒤쪽: 어떤 동물 개체의 하반신 근처

몸 앞쪽: 몸통이나 기관의 앞쪽에 위치한

무리: 고래가 사회적인 행동을 하면서 떼를 짓는 것. 대부분의 고래 무리는 자기 가족을 바탕으로 함. 예컨대 범고래 무리는 암컷과 그 새끼들을 기본으로 이뤄짐

물 뿜기: 고래가 분수공에서 물, 기름

과 섞인 물을 뿜어내는 것. 종에 따라 높이가 낮고 둥그스름한 모양일 때도 있고, 높이가 높고 기둥 모양일 때도 있어 종을 구별하는 유용한 특징임

반향정위: 고주파를 내고 반사되어 온 메아리를 듣는 것으로, 이빨고래류가 먹이의 방향을 찾아 나아가는 데 사용하는 방식임

발정: 주로 암컷에게 나타나며 성적 충동이 나타나 수용성이 높아지는 것

배 쪽: 고래류 등의 몸 아래쪽

배가 지나간 물결 타기: 고래들이 선박이 지나가면서 일어난 물결에서 헤엄치는 행동

배꼽: 태아의 탯줄이 붙었다가 떨어진 흔적

뱃머리 물결 타기: 몇몇 이빨고래류(돌고래 등)가 헤엄치는 데 드는 에너지를 줄이기 위해 선박이나 몸집 큰 고래 바로 앞에 붙어다니며 물결을 타는 행동

부리 모양 주둥이: 고래류에서 위턱과 아래턱이 툭 튀어나온 것으로, 부리고래류 같은 몇몇 고래의 특징임

부수어획: 고기잡이 그물에 원래 잡으려고 의도하지 않은 돌고래 등의 다른 동물이 우연히 사고로 잡히는 것

분수공: 고래의 머리 꼭대기에 열린

구멍으로 숨 쉴 때 사용함. 이빨고래아목은 분수공이 한 개이고, 수염고래아목은 두 개임

분수공 혹: 분수공 근처에 짝지어 난 혹

사진 식별법: 해양 포유동물을 식별하려는 목적으로 사진을 모아 종이나 개체의 특징을 살피는 방식

상주형: 독특한 몸 형태, 유전학, 행동과 생태적 특징을 보이는 범고래의 한 생태형을 가리킴. 상주형 범고래는 물고기(특히 연어와 숭어)만 먹는다는 점에서 잠시 머물다 가는 개체들과 다름. 또 북아메리카 서쪽 해안을 따라서 서식함

새끼: 고래류의 어린 개체

쇠돌고래: 몸집이 작은 이빨고래류로 주둥이가 부리 모양으로 튀어나오

지 않았고, 몸집이 다부지며 이빨이 삽 모양임

수면 위로 뛰어오르기: 고래류가 물 밖으로 몸통을 완전히 드러내며 뛰어오르는 행동. 이 행동을 하는 데는 여러 이유가 있는데, 예컨대 다른 고래에게 신호를 보내거나 자신의 우월성을 과시하고, 위험을 경고하기 위해서임

수면 위로 머리 내밀기: 고래가 물 위로 머리를 들어올리는 행동으로, 잠재적인 먹잇감이나 다른 고래를 찾기 위해서임

수염고래아목: 고래목을 구성하는 두 개의 큰 무리(아목) 가운데 하나로, 성체에 이빨이 없고 고래수염을 가짐. 이빨고래아목을 참고할 것

수유: 어미가 새끼를 키우기 위해 젖을 생산해 먹이는 것

아북극: 북반구와 남반구의 고위도 지역으로 고래들의 서식지임. 예컨대 일각돌고래와 흰고래는 북극과 아북극 지방의 바닷물에 분포함

어미: 새끼를 낳는 암컷

원양의: 탁 트인 먼 바다를 가리킴

위로 갈수록 어두운 패턴: 몸 위쪽(등) 표면은 어두운 색인데 몸의 아래쪽(배)으로 갈수록 점점 연해지는 것(예컨대 큰돌고래와 뱀머리돌고래). 이렇게 하면 주변 환경으로부터 몸을 숨길 수 있는데, 바다 표면에서 빛을 받아 생기는 그림자를 제거할 수 있어서 포식자의 눈에 띄지 않기 때문임

유망: 그물을 바다 밑바닥에 고정시키지 않고 수직으로 걸어놓는 방식. 버려진 그물에 돌고래를 포함해 애초에 의도하지 않은 동물이 잡

히기도 함

유소성: 개체가 자기 고향으로 돌아오려는 특성

음파 탐지(소나): 이빨고래류가 초음파를 통해 사물의 위치를 알아내는 데 사용하는 고주파음 탐지 체계

이동형: 범고래 생태형의 하나로 한 곳에서 다른 곳으로 이동함. 북아메리카 서부 해안을 따라 서식하는 범고래에게서 전형적으로 나타남. 이 생태형은, 몸의 형태나 유전, 생태적인 측면에서 상주형과 차이가 있음. 예컨대 이동형 범고래는 먹잇감이 거의 해양 포유동물에 한정됨

이마 지방 덩어리: 이빨고래류의 툭 튀어나온 앞이마로, 그 안에는 반향정위에 사용하는 소리의 초점을 맞추는 데 쓰이는 지방이 들어 있음

이빨고래아목: 고래목을 이루는 두 개 아목 가운데 하나로, 이빨이 특징적이라 이런 이름이 붙음. 돌고래류와 범고래가 포함됨

이종 교배: 서로 다른 종끼리 교배가 일어나 새끼를 낳는 것. 몇 가지 사례가 있는데, 예컨대 클리멘돌고래는 스피너돌고래와 줄무늬돌

고래가 이종 교배해서 나온 종임

인위적인: 인간에 의해 일어난 무언가로, 고래류에게 부정적인 영향을 끼칠 수 있음. 상업적인 여객선이나 연구용 지진파, 음향, 석유 시추, 군사용 음파 탐지기 등이 일으킨 인위적인 소음이 그 예임

입 크기: 고래류가 턱을 벌렸을 때 양 끝의 길이

임신 기간: 수정에서 출산까지 걸리는 시간

자망: 물고기가 머리를 내밀었다가 빠져나가려 할 때 아가미가 그물눈 사이에 걸리게 만들어진 수직 방향의 고기잡이 그물. 돌고래같이 잡으려고 의도하지 않은 다른 종들이 버려진 자망에 걸려들어 잡힐 수 있음

전기수용기 민감성: 자연적인 전기 자극을 받아들이는 생물학적인 능력

으로, 기아나돌고래의 위턱의 털에 이 기능이 있다고 여겨짐

주낙: 물고기를 잡기 위해 미끼가 달린 바늘을 긴 줄에 엮은 것. 주낙에 돌고래 같은 애초에 의도하지 않은 동물들이 포획되거나, 버려진 주낙에 몸이 얽히는 경우가 있음

주둥이 또는 위턱: 고래의 부리 모양 주둥이

줄무늬 반점: 어떤 동물의 몸에 난 길쭉한 반점으로, 몸통이 진한 색이라면 반점이 연한 색인 경우가 많음. 대서양낫돌고래의 옆구리에

있는 흰색과 황토색 반점이 그 예임

중층해의: 수심 200~1,000m 사이의 중간층 바닷물

지느러미발: 고래류의 몸 앞쪽 지느러미는 모양이 다양한데, 예컨대 혹등고래는 빠르게 이동하기 위해 지느러미발이 길쭉하고 폭이 좁으며, 참고래류는 천천히 몸을 돌려 여러 동작을 할 수 있도록 지느러미발이 짧고 노처럼 생겼음

지느러미발로 수면 내려치기: 고래류는 수면 가까이에서 지느러미발을

사용해 물을 내려치는 눈에 띄는 행동을 보일 때가 있는데, 이것은 비언어 의사소통의 기능을 한다고 여겨짐

집단 좌초: 같은 종의 개체 세 마리 이상이 의도적으로 헤엄쳐 오거나, 파도나 조류에 떠밀려 의도하지 않게 바닷가에서 옴짝달싹 못하는 것. 어떤 지역에서는 고래류가 이처럼 떼를 지어 바닷가에 갇히는데, 2000년 부리고래 떼가 바하마에서 좌초된 사례는 해군의 음파 탐지기로 말미암은 교란과 관

련 있을 것으로 추정됨

참고래과: 참고래류와 북극고래를 포함한, 공통적인 혈통을 지닌 수염고래류의 한 과

측면: 몸의 옆면 또는 어떤 구조물의 세로면

통나무처럼 수면에 둥둥 뜨기: 동물이 수면 위에 가만히 떠 있는 행동

코털: 몇몇 고래의 주둥이에 있으며 감각 기능을 하는 털임

크릴새우: 갑각류의 한 종류로 수염고

래류의 주된 먹이임

해저: 바다 밑바닥 근처에 사는

해저성: 바다 밑바닥이나 그 근처에서 사는

IUCN 등급: 국제적인 보전 단체인 세계자연보전연맹이 지정한 멸종 위기에 놓이거나 위험에 처한 종의 등급(레드리스트 등급이라 하며 해마다 바뀜)

참고 자료

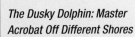

책

Biology of Marine Mammals
Edited by John E. Reynolds III
and Sentiel A. Rommel
(Smithsonian Books, 1999)

The Bowhead Whale
Edited by John J. Burns, J. Jerome
Montague, and Cleveland J. Cowles
(Special Publication Number 2. Society
for Marine Mammalogy, 1993)

Cetacean Societies: Field
Studies of Dolphins and Whales
Edited by Janet Mann,
Richard C. Connor, Peter L. Tyack,
and Hal Whitehead
(University of Chicago Press, 2000)

A Complete Guide
to Antarctic Wildlife
Hadoram Shirihai
(A & C Black, 2007)

Conservation and Management
of Marine Mammals
Edited by John R. Twiss
and Randall R. Reeves
(Smithsonian Institution Press, 1999)

The Cultural Lives of Whales
and Dolphins
Hal Whitehead and Luke Rendell
(University of Chicago Press, 2014)

The Dolphin and Whale
Career Guide
Thomas B. Glen (Omega Publishing
Company, Chicago, 1997)

Dolphins Down Under: Understanding
the New Zealand Dolphin
Liz Slooten and Steve Dawson
(Otago University Press, 2013)

The Dusky Dolphin: Master
Acrobat Off Different Shores
Edited by Bernd Würsig
and Melany Würsig
(Academic Press, 2009)

Encyclopedia of Marine Mammals
Edited by William F. Perrin, Bernd
Würsig, & J.G.M. Thewissen
(Academic Press, 2nd edition, 2009)

Handbook of Marine Mammals,
Volume 3: The Sirenians
and Baleen Whales
Edited by Sam H. Ridgway
and Sir Richard Harrison
(Academic Press, 1985)

Handbook of the Mammals of
the World, Vol 4: Sea Mammals
Edited by Don E. Wilson
and Russell A. Mittermeier
(Lynx Edicions, 2014)

Marine Mammals: Evolutionary
Biology
Annalisa Berta, James L. Sumich,
and Kit M. Kovacs
(Academic Press, 3rd edition, 2015)

Marine Mammals of the World:
A Comprehensive Guide to their
Identification
Thomas A. Jefferson, Marc A. Webber,
and Robert L. Pitman
(Academic Press, 2nd edition, 2015)

Marine Mammal Research:
Conservation Beyond Crisis
Edited by John E. Reynolds, William
F. Perrin, Randall R. Reeves, Suzanne
Montgomery and Tim J. Ragen
(Johns Hopkins University Press, 2005)

National Audubon Society Guide
to Marine Mammals of the World
Randall R. Reeves, Brent S. Stewart,
Phillip J. Clapham, and James
A. Powell (Knopf, 2002)

Return to the Sea: The Life
and Evolutionary Times
of Marine Mammals
Annalisa Berta
(University of California Press, 2012)

Starting Your Career
as a Marine Mammal Trainer
Terry S. Samansky
(DolphinTrainer.com, 2002)

The Urban Whale: North Atlantic
Right Whales at the Crossroads
Edited by Scott D. Kraus
and Rosalind M. Rolland
(Harvard University Press, 2007)

The Walking Whales: From Land
to Water in Eight Million Years
J.G.M. 'Hans' Thewissen
(University of California Press, 2014)

Whales, Dolphins, and Porpoises
Mark Carwardine
(Dorling Kindersley, 2002)

Whales and Dolphins of the
Southern African Subregion
Peter B. Best
(Cambridge University Press, 2009)

Whales, Whaling, and Ocean
Ecosystems
Edited by James A. Estes, Douglas
P. DeMaster, Daniel F. Doak, Terrie
M. Williams, and Robert L. Brownell
(University of California Press, 2007)

웹사이트

미국 고래 학회 acsonline.org
미국 고래 학회는 대중 교육, 연구비
지원, 보전 노력을 통해 고래와 돌고래,
쇠돌고래와 그들의 서식지를 보호하는
것을 임무로 여긴다.

캐스캐디아 연구 공동 사업 www.
cascadiaresearch.org
위험에 처한 해양 포유동물에 대한
연구를 실시한다. 이 사이트에는 유용한
자료표와 정보가 담겨 있다.

고래류 생태학, 행동, 진화 실험실
(CEBEL) www.cebel.com.au
동물의 행동, 개체군 생태학, 진화
생물학의 접점을 연구하는 다학제적
연구팀으로, 고래류 개체군의 구조,
역학, 역사, 궤적을 이해하는 것이
목적이다.

유럽 고래 학회(ECS) www.
EuropeanCetaceanSociety.eu
고래와 돌고래에 관심이 있는 전문
생물학자와 일반인들의 사람들의
모임이다.

하와이의 이빨고래류 www.
cascadiaresearch.org/Hawaii/
species.htm

열대 이빨고래류에 대한 연구와 관찰
결과를 담았다.

멸종 위기종에 대한 IUCN 레드리스트
www.iucnredlist.org
식물, 균류, 동물에 대한 분류학, 보전
등급, 분포에 대한 정보를 제공한다.

머독 대학교 고래 연구팀 www.
mucru.org
고래류와 듀공의 보전과 관리에 초점을
맞추는 학문적인 연구팀이다. 이들은
산업계와 정부가 환경적, 법적인 책임을
다하도록 지원하는 엄격한 응용, 경험적
연구를 설계하고 수행하려 애쓴다.

해양 포유동물학 학회 www.
marinemammalscience.org
이곳은 분류학적 문제를 다루는 협회이며
그 권위 있는 목록은 매년 업데이트된다.

이 책에 도움 준 사람들

엮은이

애널리사 베르타 Annalisa Berta

미국 캘리포니아주 샌디에이고 주립 대학의 생물학 교수로 30년 이상 근무했으며, 전공은 해양 포유동물의 해부학과 진화생물학이다. 척추동물 고생물학회의 전 회장이었으며 《척추동물 고생물학회지》의 공동 선임 편집인인 베르타는 수많은 과학 논문을 집필하거나 공동 집필했고, 《해양 척추동물의 생활과 진화학적인 시간》(University of California Press, 2012) 《해양 척추동물: 진화 생물학》, 3rd Ed. (Academic Press, 2015) 등 과학자나 비과학자를 위한 책을 여러 권 지었다.

저술한 부분: 들어가며, 계통발생과 진화, 해부학과 생리학, 고래 종 목록 사용설명서, 용어 해설

도움 준 사람들

◆ **알렉스 아귈라 Alex Aguilar**

스페인 바르셀로나 대학의 교수이자 생물다양성 연구소의 소장이다. 해양 포유류의 개체군 생물학과 보전이 연구의 초점이며, 이 동물에 대한 생태독성학, 해부학, 생리학을 비롯해 고래잡이의 역사에도 관심을 갖고 연구 중이다.

저술한 부분: 긴수염고래(모르가나 비기와 공동으로 저술)

◆ **르네 앨버트슨 Renee Albertson**

오리건 주립대학(OSU)에서 박사 학위를 받았으며, 뱀머리돌고래의 개체군 구조와 계통 생물지리학에 중점을 두어 연구 중이다. 오리건 주립대학에서 여러 강의를 맡았으며 흑등고래를 비롯한 고래류의 개체군 구조도 연구하고 있다.

저술한 부분: 뱀머리돌고래

◆ **세라 G. 앨런 Sarah G. Allen**

30년 넘게 해양 조류와 포유류를 연구했으며 거의 미국 캘리포니아 주에서 연구가 이뤄졌지만 남극에도 두 번 다녀온 적이 있다. 최근에는 미국 국립공원 관리청의 태평양 서부 지부 해양과 해안 자원 프로그램을 이끌고 있다. 캘리포니아 버클리 대학에서 학사, 석사, 박사 학위를 마쳤다. 《태평양 연안의 해양 포유류 현장 가이드: 바하, 캘리포니아, 오리건, 워싱턴, 브리티시컬럼비아》(UC Press, California Natural History Guide Series)를 공동 저술했다.

저술한 부분: 쇠고래과와 긴수염고래과 소개글, 밍크고래, 정어리고래, 대왕고래, 오무라고래

◆ **아마노 마사오 天野雅男**

일본 나가사키 대학의 해양 포유동물학 교수이다. 최근에는 향유고래와 큰돌고래의 행동과 사회 구조를 비롯해 나가사키 근방의 상괭이 생물학에 관심을 갖고 있다.

저술한 부분: 상괭이

◆ **아나 리타 아마랄 Ana Rita Amaral**

진화생물학 연구로 박사 학위를 받았으며 지금은 미국 자연사 박물관과 포르투갈 리스본 대학의 생태학, 진화, 환경 변화 센터의 박사후 연구원이다. 참돌고래과의 진화적 역사와 분자 생태학에 대해 연구 중이다.

저술한 부분: 긴부리참돌고래, 짧은부리참돌고래, 클리멘돌고래

◆ **제시카 아셰티노 Jessica Aschettino**

2010년 하와이 태평양 대학에서 석사 학위를 받았으며, 연구 분야는 하와이 고양이고래의 개체군 크기와 구조이다. 캐스캐디아 연구 공동 사업의 연구원이며 열대 이빨고래류에 대한 폭넓은 현장 경험을 갖췄다. 지금은 대서양과 태평양의 연구 모니터링을 담당하는 해양 과학자이자 프로젝트 매니저로 일하고 있다.

저술한 부분: 난쟁이범고래, 들쇠고래, 참거두고래, 고양이고래, 범고래붙이, 알락돌고래, 스피너돌고래

◆ **라르스 베이더 Lars Bejder**

오스트레일리아 머독 대학교의 교수이며 미국 듀크 대학교의 비상근 부교수이다. 연구 분야는 복잡한 동물 사회 구조에 대한 정량적인 평가 방법 개발, 고래류에 인간 활동이 미치는 영향 평가(해안 개발, 관광, 서식지 파괴), 해양 야생동물의 개체수와 서식지 이용 평가를 포함한 기초 생물학과 생태학이다. 연구 분야에 대한 보전과 관리를 최적화하기 위해 야생동물 관리 기관과 밀접하게 관계를 이루며 작업하고 있다.

저술한 부분: 남방큰돌고래(크리스타 니콜슨과 공동으로 저술)

◆ **수전 치버스 Susan Chivers**

미국 캘리포니아 라호야의 국립해양 대기청 남서부 어업 과학 센터의 연구원이다.

저술한 부분: 생활사

◆ **프랭크 시프리아노 Frank Cipriano**

미국 캘리포니아 주 샌프란시스코 주립 대학의 유전체학과 전사체학 분석 센터(GTAC)의 소장을 맡고 있다. 연구 분야는 고래류의 계통학과 행동 생태학, 보전을 비롯해 분자적 법의학과 종식별 도구 개발, 해양 생태계의 종 분화와 진화, 분기에 영향을 미치는 요인 분석이다.

저술한 부분: 대서양낫돌고래

◆ **로셸 콘스탄틴 Rochelle Constantine**

뉴질랜드 오클랜드 대학의 연안과 해양 과학 대학원 협동 과정을 이끌고 있다. 남태평양 섬에서 남극지방에 서식하는 고래와 돌고래의 생태학을 이해하기 위한 다학제적 협동 연구를 시도하는 해양 포유류 생태학 연구팀을 맡아 연구 중이다.

저술한 부분: 브라이드고래

◆ **스티브 도슨 Steve Dawson**

헥터돌고래 연구로 1990년에 박사 학위를 받았으며 대학원 학생들과 함께 돌고래와 고래의 보전 생물학, 생태학, 소리 내기 행동을 집중적으로 연구 중이다. 아내 엘리자베스 슬루텐 교수와 함께 장기간에 걸쳐 헥터돌고래(30년), 향유고래(25년), 피오르드랜드 큰돌고래(25년)를 연구했다. 뉴질랜드 오타고 대학의 해양 과학과 교수이다.

저술한 부분: 머리코돌고래, 칠레돌고래, 히비사이드돌고래, 헥터돌고래

◆ **나탈리아 A. 델라비안카 Natalia A. Dellabianca**

생물학자로 아르헨티나 티에라델푸에고 우수아이아의 남부 과학연구센터(CADIC–CONICET) 보조 연구원으로 근무한다. AMMA 프로젝트 연구팀의 구성원이기도 하다. 주된

연구 분야는 기후 변동이 남아프리카 남단과 남극에 사는 해양 포유류에 미치는 영향 등이다.

저술한 부분: 펄돌고래, 모래시계돌고래(나탈리 구달과 공동으로 저술)

◆ 루엘라 돌라Louella Dolar

필리핀 실리만 대학교의 환경과 해양 과학 연구소(IEMS) 비상근 교수이다. 연구 분야는 해양 포유류의 생태학과 자연사, 어업이 해양 포유류에 미치는 영향, 어류 생물학, 어업 영향 평가이다.

저술한 부분: 사라와크돌고래

◆ 에릭 에크데일Eric Ekdale

미국 캘리포니아 샌디에이고 주립대학교의 생물학과 비상근 강사이자 연구원이다. 연구 분야는 수염고래류의 감각과 섭식 체계의 진화를 비롯해 해양 포유류 종 사이의 진화적 유연관계 등이다.

저술한 부분: 종을 식별하는 열쇠들, 참고래과 소개글, 작은참고래, 참돌고래과 소개글, 외뿔고래과 소개글, 강돌고래류 소개글, 쇠돌고래과 소개글

◆ 아리 S. 프리들랜더Ari S. Friedlaender

오리건 주립대학교 조교수이며, 연구 분야는 전 세계 해양 포유류의 섭식 생태학을 연구하기 위한 태그 기술에 초점을 맞추고 있다. 특히 남극 지방에 사는 수염고래류의 섭식 행동에 관심이 있다.

저술한 부분: 먹이와 먹이 찾기, 서식 범위, 서식지

◆ 앤더스 갈라티우스Anders Galatius

덴마크 오르후스 대학교에서 연구원으로 근무 중이며 2009년 코펜하겐 대학교에서 박사 학위를 받았다. 연구 분야는 돌고래와 쇠고래, 바다표범의 형태학, 진화, 생태학이다. 해양 포유류 생태학 연구팀 여러 곳의 구성원이다.

저술한 부분: 흰부리돌고래, 안경돌고래, 쥐돌고래, 버마이스터돌고래, 까치돌고래(칼 킨즈와 공동으로 저술)

◆ R. 나탈리 P. 구달R. Natalie P. Goodall

식물학자이자 동물학자로, 아르헨티나 티에라델푸에고 에스탄시아 하베르톤에 있는 아카투순 박물관을 설립하고 이끈다. 이곳은 남반구의 가금류와 해양 포유동물을 전시하는 박물관(AMMA)으로, 남아메리카 남단의 많은 표본을 보유 중이다. 이 박물관은 따뜻한 달에는 한 달에 한 번 8~10명의 학부 수준 인턴을 받아 훈련시킨다.

저술한 부분: 펄돌고래, 모래시계돌고래(나탈리아 A. 델라비안카와 공동으로 저술)

◆ 아르만도 자라밀로-레고레타Armando Jaramillo-Legorreta

멕시코 국립 생태학 연구소의 해양 포유류 연구 및 보전 팀에서 근무하는 연구원이다. 바키타돌고래의 서식지 활용과 소리 모니터링 연구를 담당한다. 현재 멕시코 해양 포유류 학회의 회장을 맡고 있다.

저술한 부분: 바키타돌고래(로렌초 로하스-브라초와 공동으로 저술)

◆ 로버트 D. 케니Robert D. Kenney

미국 로드아일랜드 대학교 해양학 대학원의 거의 은퇴한 연구교수로, 이곳에서 30년 넘게 북대서양참고래를 비롯한 카리스마 넘치는 해양 거대동물상을 연구했다.

저술한 부분: 남방긴수염고래, 북대서양참고래, 북태평양참고래, 북극고래

◆ 칼 크리스천 킨즈Carl Christian Kinze

박사 학위를 보유한 고래류 전문가로, 분류학, 명명법, 고래학, 동물지리학 분야에서 연구한다. 현재 덴마크 코펜하겐에 거주하고 있다.

저술한 부분: 흰부리돌고래, 안경돌고래, 쥐돌고래, 버마이스터돌고래, 까치돌고래(앤더스 갈라티우스와 공동으로 저술)

◆ 토니 마틴Tony Martin

영국 던디 대학교의 동물 보전학 교수이다. 이전에는 해양 포유류 연구팀과 영국 남극 조사팀에서 수중 포유류와 바다새를 연구했으며 특히 극지방과 적도 지방에 중점을 두었다.

저술한 부분: 꼬마돌고래(베라 M. F. 다 실바와 공동으로 저술)

◆ 크리스타 니콜슨Krista Nicholson

오스트레일리아 머독 대학교 소속이며, 오스트레일리아 서부 샤크만의 큰돌고래를 연구해 이학석사 학위를 받았다. 주된 연구 분야는 고래류 개체군을 더 잘 보전, 관리하기 위해 개체군 인구학 조사 방법론을 개선하는 것이다.

저술한 부분: 남방큰돌고래(라르스 베이더와 공동으로 저술)

◆ 그렉 오코리-크로Greg O'Corry-Crowe

분자, 행동 생태학자로 흰고래를 포함한 해양 포유류를 연구하는 현장 기술과 유전적 분석을 결합한다. 특히 해양 정점 포식자에 미치는 기후 변화의 효과와 생태계에 관심이 있으며, 과학적 연구와 해당 지역의 지식을 결합해 효과적인 공동 관리와 보전 방법을 개발하려 한다.

저술한 부분: 흰고래

◆ 귀도 J. 파라Guido J. Parra

콜롬비아 태생 생물학자로, 오스트레일리아 남부 플린더스 대학교 생명과학부의 고래류 생태학, 행동, 진화 연구실(CEBEL)을 이끌고 있다. 개체군 생태학, 행동 생태학, 보전 생물학 분야에 광범위한 흥미가 있다. 해양 포유류의 생태학과 행동, 진화를 더 잘 이해해서 이들 동물의 긴급한 보전 문제를 해결할 실마리를 찾는 것이 연구의 목적이다.

저술한 부분: 오스트레일리아스넙핀돌고래, 인도태평양혹등고래, 인도양혹등돌고래, 오스트레일리아혹등돌고래, 대서양혹등고래

◆ 하이디 피어슨Heidi Pearson

미국 알래스카사우스이스트 대학교 해양 생물학과 조교수이다. 연구 분야는 더스키돌고래, 혹등고래, 해달을 중심으로 한 해양 포유류의 행동과 생태학이다. 특히 해양 포유류의 사회 구조의 진화와 생태계 서비스에 관심이 있다.

저술한 부분: 행동, 보호와 관리, 물 위에서 보이는 행동, 어디에서 어떻게 관찰할까, 큰돌고래

◆ 로버트 피트먼Robert Pitman

미국 캘리포니아 주 라호야의 남서부 어업 과학 센터에서 일하는 해양 생태학자이다. 지난 40년 동안 전 세계를 돌아다니며 해양 포유류에 대한 연구를 수행했다. 최근에는 오스트레일리아와 남극에 사는 범고래의 보전 등급과 생태학에 초점을 맞추고 있다.

저술한 부분: 범고래

◆ 랜들 리브스Randall Reeves

캐나다 퀘벡 주 허드슨을 중심으로 컨설턴트 일을 한다. 1996년부터 고래류 IUCN 전문 연구팀의 팀장을 맡아왔다. 주된 관심사와 전문 영역은 해양 포유류 생물학과 보호이다. 지금은 미국 해양 포유류 위원회의 과학 위원회 고문과 IUCN 서부 쇠고래 자문위원직을 맡고 있다.

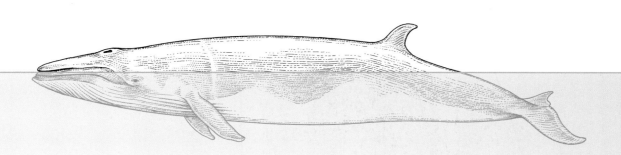

저술한 부분: 홀쭉이돌고래, 흰배돌고래, 줄무늬돌고래, 대서양알락돌고래, 부리고래과 소개글, 아르누부리고래, 망치고래, 북방병코고래, 남방병코고래, 롱맨부리고래, 소워비부리고래, 앤드루부리고래, 허브부리고래, 혹부리고래, 제르베부리고래, 은행이빨부리고래, 그레이부리고래, 헥터부리고래, 데라이냐갈라부리고래, 끈모양이빨고래, 트루부리고래, 페린부리고래, 난쟁이부리고래, 큰이빨부리고래, 부채이빨고래, 셰퍼드부리고래, 민부리고래, 인도태평양상괭이

◆ 로렌초 로하스–브라초Lorenzo Rojas-Bracho
멕시코의 INECC에서 해양 포유류 연구와 보호 분과를 조직했다. 바키타돌고래를 대상으로 한 국제 복구팀을 맡고 있으며, 고래류 보호와 관련한 여러 국제적인 위원회와 워크숍, 연구팀을 이끌고 있다. IUCN의 고래류 전문 연구팀과 레드리스트 인가팀, CMS 과학 연구 위원회의 해양 포유류 연구팀 소속이다.
저술한 부분: 쇠고래(호르헤 우르반 라미레스와 공동으로 저술), 바키타돌고래(아르만도 자라밀로–레고레타와 공동으로 저술)

◆ 베라 M. F. 다 실바Vera M. F. da Silva
브라질의 아마존강 연구 국립 연구소에서 일하며, 해양 포유류 연구소 소장이고 CGC/IUCN의 구성원이다. 활발하게 활동하는 현장 생물학자이고 브라질의 강돌고래 보호를 위한 장기 계획인 '보토 프로젝트'를 조직했다.
저술한 부분: 꼬마돌고래(토니 마틴과 공동으로 저술), 기아나돌고래, 라플라타강돌고래, 아마존강돌고래

◆ 프레드 샤프Fred Sharpe
캐나다 사이먼프레이저 대학교에서 행동 생태학으로 박사 학위를 받았고 1987년부터 알래스카 남동부에서 혹등고래를 연구했다. 4단계 대형고래 해방가이며 혁신적 해양 포유류 연구를 위한 페어필드상과 해양 포유동물학회의 과학 커뮤니케이션상을 받았다.
저술한 부분: 혹등고래

◆ 브라이언 D. 스미스Brian D. Smith
2001년부터 야생생물보전협회의 아시아 고래류 프로그램을 이끌었으며, 지금은 IUCN 종 생존 위원회 고래류 전문팀의 팀장이며 해양 포유동물 학회의 보전 위원회 구성원이다.
저술한 부분: 이라와디돌고래

◆ 므리둘라 스리니바산Mridula Srinivasan
해양 생태학자이며 인도의 비영리단체인 테라 해양 연구소(TeMI)의 해양 포유류 프로그램을 공동 설립하고 이끌었다. 테라 해양 연구소는 인도 카르와르에 있으며 공동체에서 투자하는 해법을 통해 인도의 해양, 육지 생물다양성을 보전하고 연구한다.
저술한 부분: 큰코돌고래, 낫돌고래, 더스키돌고래, 갠지스강돌고래

◆ 호르헤 우르반 라미레스Jorge Urbán Ramírez
IUCN의 고래류 전문팀과 국제포경위원회(IWC)의 과학 위원회 구성원이다. 1988년부터 멕시코 라파스의 바하칼리포르니아 수르 자치 대학교의 해양 포유류 연구 프로그램을 이끌어왔다.
저술한 부분: 쇠고래(로렌초 로하스–브라초와 공동으로 저술)

◆ 모르가나 비기Morgana Vighi
스페인 바르셀로나 대학교에서 박사 과정을 밟고 있으며, 북대서양긴수염고래와 남대서양참고래의 개체군 구조와 이 마지막으로 남은 개체군에 대한 고래잡이의 영향을 조사하고 있다. 해양 생물학 전공으로 이학 석사 학위를 받았고 2007년부터 고래류를 연구하고 있다. 정기적으로 지중해 현장 연구에 참여하고 있으며 고래류 생물학의 다양한 측면에 초점을 맞춘 여러 연구 프로젝트를 공동으로 진행한다.
저술한 부분: 긴수염고래(알렉스 아귈라와 공동으로 저술)

◆ 크리스티 웨스트Kristi West
하와이 태평양 대학교의 생물학과 조교수이며, 이 대학교의 해양 포유류 집단 좌초 연구 프로그램을 이끌고 있다. 연구 분야는 하와이와 태평양의 고래류 개체군의 건전성에 대한 위협 요인을 결정하는 것이다.
저술한 부분: 향유고래과 소개글, 향유고래, 꼬마향유고래, 쇠향고래

◆ 알렉산더 제르비니Alexandre Zerbini
고래류를 연구하는 생물학자로, 전문 분야는 개체군 존재량과 평가법, 위성 태그 기술이다. 미국의 NOAA 어업 연구소, 국립 해양 포유류 연구소, 캐스캐디아 연구 공동 사업과 같이 연구하고 있다. 브라질에 본부를 둔 비영리단체인 아쿠알리에 연구소의 과학 분야 책임자이다.
저술한 부분: 남극밍크고래

◆ 저우카이야周
중국 남경사범대학교의 교수이며, 1950년대 중반부터 멸종할 때까지 양쯔강돌고래를 연구했다. 중국의 수계에 서식하는 돌고래와 쇠돌고래를 보호하는 것이 주된 관심 분야이다.
저술한 부분: 양쯔강돌고래

찾아보기

감사의 말

애널리사 베르타

나는 2년 넘게 이 작업에 동참해 종에 대한 정확한 설명과 고래 생물학의 흥미로운 지식을 전해준 37명의 생물학자들에게 감사를 전한다. 고래라는 놀라운 바다 포유류의 시각적인 아름다움을 전하는 멋진 사진을 찍어준 사진가들과 세세한 부분까지 그려준 화가들에게도 감사한다. 멸종한 고래의 개체군 복원 작업에 대한 조언을 해준 로버트 보세네커(Robert Boessenecker)에게도 고맙다. 마지막으로, 출판사 아이비프레스의 출판팀 전원에게 고마움을 전한다. 특히 기획 편집자 케이트 섀너핸(Kate Shanahan)과 선임 편집자 캐럴라인 얼(Caroline Earle), 교열 담당자 루스 오루커-존스(Ruth O'Rourke-Jones)는 원고 정리와 편집을 담당하고 전문 기술을 제공해주었다.

사진 저작권

출판사는 이 책을 위해 사진을 신도록 관대하게 허락해준 데 대해 다음 개인과 단체에 감사한다. 사진의 사용 허락을 받도록 최선을 다했지만, 의도치 않게 누락된 바가 있다면 사과를 전한다.

Alamy: 73t: /© Naturfoto-Online.
Corbis: 72t: /©Barrett & MacKay/All Canada Photos.
Ari S. Friedlaender: 26, 28r, 31, 40, 43tl.
Getty Images: 24 /Barcroft / Alexander Sofonov.
J. C. Lanaway: 61b, 202r.
Sergio Martinez/PRIMMA-UABCS: 84t.
Nature Picture Library: 195: /Doug Allan; 67: /Franco Banfi; 18tr, 34, 34–35, 36, 37bl, 37br, 44tr, 48t, 69t (small repeat, 54), 71t (small repeat, 54, 60), 75t (small repeat 54), 75t (small repeat 11, 54) 77t (small repeat 11, 54), 77b, 79t (small repeat 11, 53), 83t (small repeat 11, 54), 83c, 85b, 87t (small repeat 53), 89b, 91t (small repeat 55), 91b, 93t (thumbnail repeat 55, 60), 93b, 95t (thumbnail page 55), 97b, 101t (thumbnail repeat 55), 101b, 103t (small repeat 55, 61), 105b, 109b, 117t (small repeat 10, 50), 117b, 119t (small repeat page 50), 119b, 121t (small repeat 51), 123t (small repeat 53), 125t (small repeat 53), 127t (small repeat 51),129t (small repeat page 51), 129b, 131t (small repeat 51), 131b, 133t (small repeat 51, 61), 133b, 135t (small repeat 51), 137t (small repeat 51), 139t (small repeat 51), 141t (small repeat 51), 143t (small repeat 50), 143b, 145t (small repeat 50), 145b, 147t (small repeat 51), 147b, 151t (small repeat 53, 60), 153t (small repeat 51), 153b, 155t (small repeat 53), 155b, 161t (small repeat 50), 167t (small repeat 50), 167b, 169t (small repeat 50), 169b, 171t (small repeat 50), 171b, 173t (small repeat 50), 175t (small repeat 50), 175b, 177t (small repeat 50), 177b, 179t (small repeat 50), 179b, 181t (small repeat 50), 183t (small repeat 50, 61), 183b, 187t (small repeat 10, 54), 187c, 189b, 191t (small repeat 51), 191b, 193t (small repeat 10, 51), 193b, 197t (small repeat 10, 53), 201t (small repeat 53), 203b, 207t (small repeat 52), 209t (small repeat 52), 211t (small repeat 10, 52), 213t (small page 52), 215t (small repeat 52), 219t (small repeat 52), 221t (small repeat 52), 235t (small repeat 52), 253t (small repeat 10, 50), 259t (small repeat 10, 50), 267t (small repeat 51), 267b, 269t (small repeat 10, 51), 271t (small repeat 51), 271b, 273t (small repeat 51), 273b, 275t (small repeat 51), 275b: /Martin Camm (WAC), 44l, 49tc, 96, 251: /Mark Carwardine; 107, 185: /Brandon Cole; 59r: /Armin Maywald; 21, 58bl, 81, 105t, 189t /Doug Perrine; 57l, 205: /Todd Pusser; 188: /Luis Quinta; 64, 69b, 72–73b, 75b, 79b, 99t (small repeat 11, 53), 99b,111b, 113b, 115b, 121b, 123b, 125b, 127b, 135b, 137b, 139b, 141b, 149t (small repeat 51), 149b, 151b, 157b, 159t (small repeat 50), 159b, 161b, 163t (small repeat 50), 163b, 165t (small repeat 50), 165b, 173b, 181b, 199b, 207b, 209b, 211b, 213b, 215b, 217b, 221b, 223b, 225b, 227b, 229b, 231b, 233t (small repeat 52), 233b, 253b, 237b, 239b, 241b, 243b, 245t (thumbnail repeat 52), 247b, 249b, 253b, 255b, 257b, 259b, 263t (small page 51), 263b, 265b, 269b: /Rebecca Robinson; 59l: /Gabriel Rojo; 95bl, 97t,

104, 198, 199t, 202bl, 203t: /Doc White; 261: /Solvin Zankl.
NOAA, NMFS, Southwest Fisheries Science Center: 33br; 38; 39r: /W. Perryman; 32–33, 33tl: /D. Weller.
Dan Olsen, North Gulf Oceanic Society: 25bl.
Richard Palmer: 11tl, 12 (fossil whale restorations after Carl Buell), 14, 15 (after Robert Boessenecker), 16–17, 18cl, 19, 20, 22, 27, 28l, 29, 30, 35r, 45, 56, 58r.
Christopher Pearson: 25tl.
Heidi Pearson: 23, 25tr, 25br, 57r, 58tl.
Sandra Pond: 4–5, 18bl, 18br, 48b, 49r, 66 (all), 69cl, 71b, 72br, 75cl, 77cl, 79cl, 80 (all), 83bl, 87cl, 91cl, 93cl, 95br, 99cl, 101cl, 103bl, 103br, 106 (all), 109t (small repeat 51), 109cl, 111t (small repeat 51), 111cl, 113t (small repeat 51), 113cl, 115t (small repeat 51), 115cl, 117cl, 119cl, 121cl, 123cl, 125cl, 127cl, 129cl, 131cl, 133cl, 135cl, 137cl, 139cl, 141cl, 143cl, 145cl, 147cl, 149cl, 151cl, 153cl, 155cl, 157t (small repeat 50), 159cl, 161cl, 163cl, 165cl, 167cl, 169cl, 171cl, 173cl, 175cl, 177cl, 179cl, 181cl, 183cl, 184 (all), 187b, 191cl, 193cl, 194 (all), 197bl, 197br, 201bl, 204 (all), 207cl, 209cl, 211cl, 213cl, 215cl, 217t (small repeat 52), 217cl, 219cl, 219br, 221cl, 223t (small repeat 52), 223cl, 225t (small repeat 52), 225cl, 227t (small repeat 52), 227cl, 229t (small repeat 52), 229cl, 231t (small repeat 52), 231cl, 233cl, 235cl, 237t (small repeat 52), 237cl, 239t (small repeat 52), 239cl, 241t (small repeat 52), 241cl, 243t (small repeat 52), 243cl, 245cl, 245br, 247t (small repeat 52), 247cl, 249t (small repeat 52), 249cl, 250 (all), 253cl, 255t (small repeat 10, 50), 255cl, 257t (small repeat 10, 50, 60), 257cl, 259cl, 260 (all), 263cl, 265t (small repeat 51), 265cl, 267cl, 269cl, 271cl, 273cl, 275cl, 276–287.
Nick Rowland: 13 (modified from Marx and Uhen, 2010), 37t (modified from Berta et al., 2015), 39l, 41, 60–61 (map).
Shutterstock: 43tc: /James Michael Dorsey; 43tr: /guentermanaus; 46–47: /Alberto Loyo, 2: /Tom Middleton; 43br: /Jonathan Nafzger; 8–9, 43bl: /pierre_j; 42: /Kristina Vackova; 7: /Chris G. Walker; 62–63: /Paul S. Wolf; 6: /Igor Zh.
Jorge Urbán/PRIMMA-UABCS: 84b, 85t.